Q萌造型 療癒系暖心甜品
湯圓×元宵
Cute style Tangyuan × Yuan Xiao

作者序

◆◆◆ PREFACE ◆◆◆

從小我就喜歡拿起色筆隨意塗鴉，透過多彩的畫筆創作出繽紛可愛的動物造型，舉凡衣服、帽子、鞋子、車子、牆壁等都是我的畫布。在學時，常利用假日幫同學客製手繪鞋子、帽子，並且於創意市集推廣自己的作品、百貨公司設計專櫃、經營 DIY 童話故事館，希望讓喜愛 DIY 的大小朋友們，也能創作出專屬於自己獨一無二的作品，將自己創作的作品穿在身上，那是屬於自己的名牌，是一種成就感，也是一種幸福。

造型湯圓的誕生，起源於我的 DIY 童話故事館，每年的冬至與元宵節，總是吃著媽媽煮的傳統紅白湯圓，心想，假若湯圓也能如同我的鞋子般有許多可愛的造型，除了滿足口腹之欲外，又有可愛繽紛的造型增添心裡的愉悅，這是多麼幸福的事啊！於是我於店內開放體驗造型湯圓 DIY，常因手做的湯圓實在太可愛了，都捨不得吃，也因此有了訂單。之後，也陸續成功的將我們的手工造型湯圓銷往大陸。

本人秉持手創的信念，開始研發配方，讓糯米團能更好塑型且不龜裂，使其能做出各種可愛的動物造型，又設計多款適合湯圓大小的各種角色扮演，例如：童話故事裡的白雪公主與七矮人、聖誕老公公、聖誕樹、雪人、麋鹿、熊貓、老虎、小白兔、狗狗、熊熊、發財貓、財神、元寶、麻將、貓掌、章魚、各種水果等等，內容豐富多樣，造型可愛討喜，將 DIY 簡單化，也設計適合湯圓的造型，是本書的特色。

談起造型湯圓是有一段故事的，還記得三年前，我用過去多年的網路銷售經驗，把造型湯圓提案到網購平台，銷售第一天其實到晚餐時才銷售 10 幾份，我心想……應該是新商品……應該是尚未付款……心裡有很多猜測，記得當天的晚餐是鐵板燒，前菜吃完時已經跳了上百份，那頓飯吃得心情很三溫暖，吃飽時已經販售 500 多份，往後的每一天都是跳倍增加，一個禮拜的時間銷售了近萬份，手工湯圓做一盒大約需要 30 分鐘，上萬盒的湯圓訂單，你們一定很好奇，是怎麼過關的吧！感謝創業的路上有很多貴人，團結的力量真的很大，一周完成了 8 成的數量！經過一次冬至的上萬盒訂單，又讓我再次體會到，成功真的是把機會留給準備好的人，也讓我對造型湯圓有更多的不同經驗。

我也幫藝人莫文蔚演唱會設計專屬造型湯圓，希望我的創作，能為大家帶來色彩繽紛的生活，增添愉悅的幸福感，更期待傳統的湯圓轉型為可愛的造型湯圓後，成為下一個台灣之光。各位喜愛 DIY 的大小朋友們不要錯過此本造型湯圓的書，若是大家都能在家自己 DIY 製作各種可愛的造型湯圓，除了能發揮孩子的想像力、創造力，還能促進親子間的互動，好玩、有趣，又能煮食，將會是很棒的創意。

董馨濃

現任
- 棒棒糖異想世界設計總監
- 家樂福量販店活動講師
- DIY 童話故事館館長
- 台灣矽膠魚尾設計人魚泳教學
- 無人商店開發設計規劃總監
- 韓國創意冰品加盟總監
- 創業諮詢顧問

經歷
- 專業護理師轉型設計師
- 實踐大學時尚設計與管理學系
- 台灣創意市集協會設計師
- 皮革手作設計師
- SOGO 百貨活動講師
- 新光三越百貨活動講師
- 久久國際集團專聘講師
- 家樂福量販店活動講師
- 三麗鷗品牌商品設計
- 迪士尼品牌商品設計
- 三桶金國際企業有限公司設計顧問

推薦序

◆◆◆ FOREWORD ◆◆◆

淘氣、創意、帶點玩世不恭、不按牌理出牌、特立獨行、搞笑、顛覆……這就是 QQ 董馨濃，腦子裡永遠有用不完的點子，隨時隨地蹦出來！厲害的是，這個堅持的小女生還會想盡辦法把天馬行空想法真正落實！

所以小時候過年和拜拜時，會和媽媽圍著大桌子，兩隻手搓來搓去，和妹妹弟弟比賽誰搓得圓的紅白湯圓，到了 QQ 的手裡，變成一個個超萌小尖兵，負責讓每一位在場的人回春逆齡回到童年！你看看、你看看，那個逗趣俏皮的凸眼小金魚；活靈活現、表情無辜的小麋鹿；胖嘟嘟又圓滾滾的 Panda、熊掌、笑笑臉、皮卡丘……；還有超應景、過年應該會旺到停不了的麻將金元寶組合！想得到的、想不到的，QQ 負責變出來給你！從第一眼看到，嘴角就不禁漾著微笑到後面愈看愈喜歡，竟然可以看著發呆十分鐘都捨不得吃！太～可～愛了！

就在腦子忍不住回到小時候的場景，雙手也不禁有些想 DIY 的衝動，但…咁無可能？！我還是直接跟 QQ 下訂單好了……只是這樣就少了樂趣，總覺得遺憾可惜……，沒想到連這點小小遺憾，QQ 都不捨得讓它發生，這個可愛的小女生不藏私出書教大家了！獨樂樂不如眾樂樂！除了在苗栗公館搞了家「棒棒糖 DIY 童話故事館」，還揹起行囊到處趴趴 GO 教學，現在甚至直接出書到你眼前挑逗你想手作的衝動！這在現代親子關係疏遠的時代，可是甘地般的春風雨露啊！想想帶著你家寶貝、或者帶著整班幼童，讓他們也可以盡情發揮創意玩「湯圓」，那一雙雙巴巴的眼神，多有成就感啊！而這也將成為陪伴他們一輩子難忘的回憶！多好！

「Q 萌造型湯圓」這一本書，是一本值得收藏、家戶必備的好書！只要動手做，肯定回憶滿滿、成就滿滿；不然光用看的，其實也夠療癒！身為一個有少女心、又珍惜親子時光、超努力創造共同回憶的媽咪，真心推薦給您！

東森財經新聞台 主播／主持人

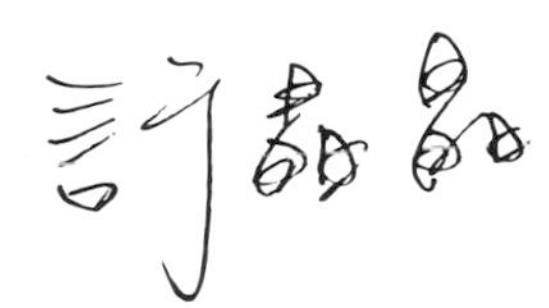

CONTENTS 目錄

作者序 002
推薦序 004
湯圓、元宵介紹 007
不可不知的湯圓小知識 008
工具與材料 009
湯頭製作 022
鹹湯 022
甜湯 023
食用方法 024
熱食 024
冷食 024

Chapter 1
基本技巧 Basic skills

糯米團製作方法 012
內餡製作 013
甜內餡 013
鹹內餡 014
灌內餡方法 015
調色方法 016
色膏 016
天然色粉 017
包餡方法 018
壓模方法 019
圖繪方法 020
烹煮方法 021
水煮法 021
蒸煮法 021

Chapter 2
可愛造型篇 Cute style

萌寵動物系列 026
黑熊 029
咖啡熊 032
貓掌 034
粉紅豬 036
黃色小雞 038
粉紅兔 041
小狗 044
小貓 047
獅子 051
老虎 055
青蛙 058
金魚 1 061
金魚 2 064
企鵝 068

烏龜 072
章魚 076
熊貓 081
海豹 084
狗狗屁股 087
無尾熊 090
貓頭鷹 094

蔬果系列 098
橘子 099
蘋果 101
草莓 103
鳳梨 106
玉米 109
蘿蔔 112

趣味延伸系列 115
微笑 116
字母 118
花朵 121
壽桃 123
小煤炭 126
搗木桶 128
壓模掌印 130

Chapter 3

節日X童話篇 Festival & fairy

聖誕節系列 132
聖誕樹 133
雪人 136
拐杖 140
薑餅人 142
麋鹿 145
聖誕老公公 148

年節系列 153
麻將 154
元寶 157
骰子 159
招財貓 161
福氣蛋 165
米甕 168
財神 171

情人節系列 175
玫瑰花 176
愛心 179
I♥U 字母 181
嘴唇 184

童話故事系列 187
小矮人 188
茶壺 192
杯子 196
白雪公主 199
美人魚 204
長髮公主 209
貝兒 214

Introduction

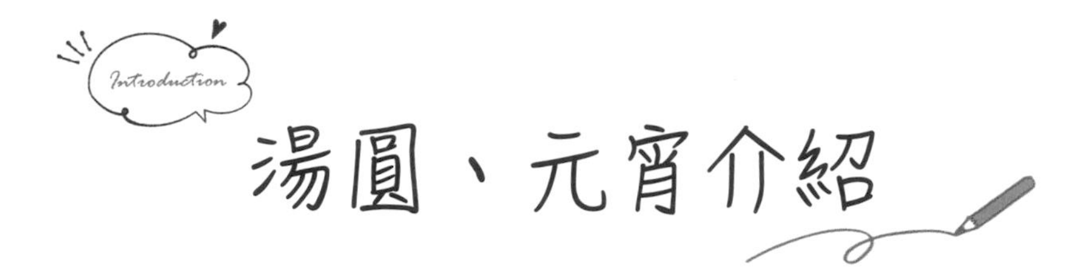

湯圓、元宵介紹

冬至這天的太陽是直射在地球的南迴歸線上，所以是北半球國家日照最短的一天，通常時間會在國曆 12 月 22 日或 23 日，農曆日期則和清明節一樣沒有固定日期，因此被稱為「活節」。

冬至吃湯圓除了象徵團圓、圓滿，也有「取圓以逹陽氣」，因為「天」代表陽，冬至後陽氣開始回升，所以為了使陽氣回復，以「圓」象徵迎接陽氣，再加上大團圓、凡事圓滿是大家的期望，所以才有吃湯圓祈求圓滿的習俗。冬至的湯圓，俗稱冬節圓，一般是紅、白兩種顏色。另外再做像雞蛋般大的湯圓，紅白各六顆，內包甜餡料，稱「圓仔母」。

家中有小孩的，可以讓他們用染色的圓仔（生粿）捏一些動物造型，俗稱「做雞母狗仔」，想不到吧，當時就有造型湯圓。而拜過祖先的冬節圓，照習俗要黏貼一、兩顆在門扉、窗戶、椅桌、床櫃等地方。傳說，這些冬節圓乾燥後給小孩吃，能保佑小孩平安長大。

習俗中象徵吃過冬至湯圓就代表長一歲，所以也有冬至不吃湯圓避免年齡老化的說法。吃冬至湯圓代表添加歲數的觀念，有可能來自周代到漢初以冬至為歲首的歷制，在南宋陸游（冬至）詩注中有：「吃盡冬至飯便添一歲」可見，吃冬至湯圓象徵添加歲數的觀念出現已久。而那又紅又白的圓圓外觀也被解釋為「團圓」、「圓滿」，跟華人熱愛好兆頭的觀念相結合。

元宵節為什麼要吃湯圓？

正月十五吃元宵，是華人地區的習俗。專家稱湯圓為「湯糰」、「圓子」、「糰子」，南方人也稱為「水圓」、「浮圓子」。每到正月十五，幾乎家家戶戶都要吃元宵。湯圓煮熟時會漂在水上，也讓人想到一輪明月掛高空。天上明月，碗裡湯圓，家家戶戶團團圓圓，象徵著團圓吉利。

元宵節，又稱「上元節」、「燈節」。根據史料記載，元宵節約在漢代出現，到了明清時期與春節、中秋節一起被稱為中國民間的三大傳統節日，至今已有兩千多年的歷史。傳說漢武帝時有一宮女，叫做「元宵」，長年被幽禁於宮中，因思念父母，每天以淚洗面。所以東方朔決心幫助她，於是對漢武帝謊稱，火神奉玉帝之命於正月十五火燒長安，要逃過劫難的唯一方法是讓「元宵姑娘」在正月十五這天做很多火神愛吃的湯圓，並由全體臣民張燈供奉。而漢武帝准奏，這也讓「元宵姑娘」終於見到家人，之後形成了元宵節，這也讓元宵節吃湯圓的習俗流傳開來。

但元宵節吃湯圓的習俗大約形成在宋代。根據記載，唐朝，元宵節吃「面繭」、「圓不落角」。在南宋出現「乳糖圓子」，這應該是湯圓的前身。到了明朝，「元宵」的稱呼就出現的比較多了。

元宵即「湯圓」以花生、白糖、芝麻、豆沙、核桃仁、果仁、棗泥等為內餡，用糯米粉包成圓形，可葷可素，各有風味。可湯煮、油炸、蒸食，象徵團圓美滿。糯米湯圓外型圓圓的，裡面有內餡或實心，在北方叫元宵，到了南方則叫湯圓。元宵湯圓以有包內餡的為主。甜內餡一般有豆沙、白糖、芝麻、果仁、棗泥、杏仁等；鹹內餡一般有肉燥、鮮肉丁、蝦米等。還有菜內餡元宵用芥、韭、蔥、薑、蒜組成，稱為「五味元宵」，寓意勤勞、長久、向上。

不可不知的湯圓小知識

QUESTION
Q1 在搓揉糯米團時，如果糯米團變乾要怎麼辦？

可以在掌心沾一點水後，再搓揉糯米團，但要注意不可沾太多水，以免使糯米團過度濕黏。

QUESTION
Q2 剛從冷凍庫拿出來的湯圓或元宵可以直接煮嗎？

可以，湯圓與元宵烹煮前無須解凍，但建議等到水滾後再丟下去煮，煮至浮起約 3 分鐘，以免煮太久使外皮變過度軟爛。

QUESTION
Q3 糯米團可以保存多久？

冰冷凍庫密封約可保存半年。因湯圓一旦乾掉就會久煮不熟糊掉，常溫或冷藏會持續發酵。

QUESTION
Q4 如果將糯米團放在冷凍庫保存，糯米團變硬要怎麼搓揉？

可在前一天放到冷藏退冰，隔天再放回室溫回軟。若搓揉會因水份流失碎開，可放到一個塑膠袋內加水揉至柔軟（放塑膠袋內揉捏可防止碎得散開不好控制）。

QUESTION
Q5 煮湯圓或元宵的水量要多少？

要高於湯圓或元宵，不可過少，以免在下鍋時，讓他們黏在一起。

QUESTION
Q6 在煮造型湯圓或元宵時，要怎麼避免糯米團分離？

可在冷藏前，運用牙籤沾水，並在各糯米團的接合處輕點水，加強接合處的密合。

隱形版拉麵湯圓
動態影片 QRCODE

工具與材料

工具

各式雕塑工具

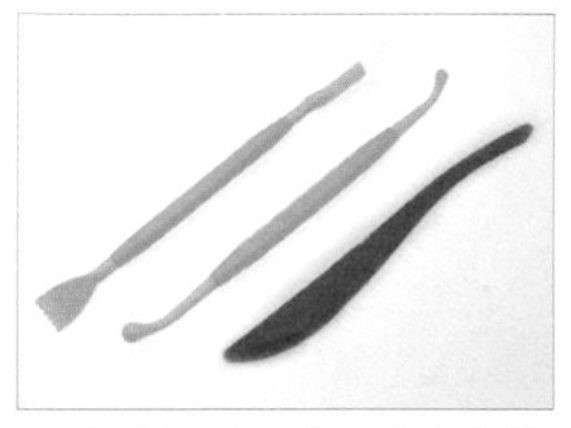

可在糯米團上切壓出紋路、凹陷，或分割糯米團等，可依需求取用。

各式壓模器

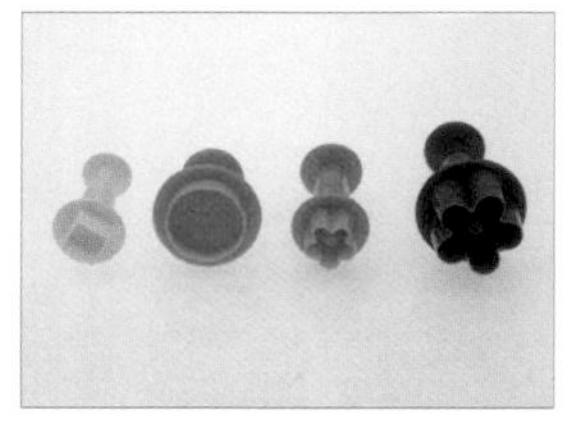

可壓出各式圖案，如花朵、方形等。

調理盆

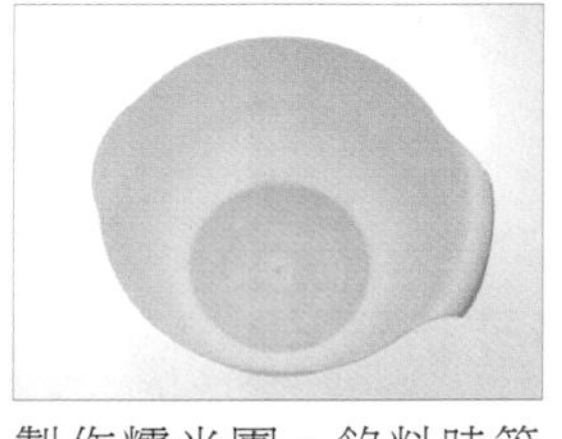

製作糯米團、餡料時等容器。

刮板

製作糯米團時攪拌粉類成團。

畫筆

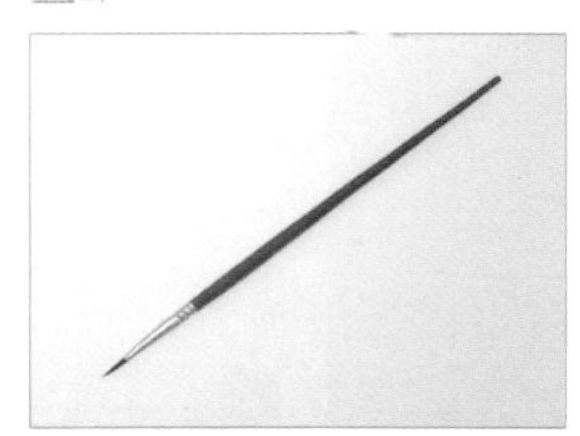

繪製造型湯圓細部細節時使用。

剪刀

修剪湯圓造型時使用。

牙籤

調整湯圓細節，或戳出造型。

塑膠盒

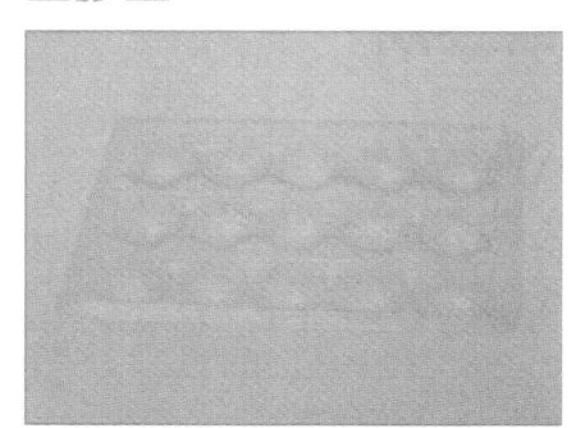

保存製作好的造型湯圓，以免接觸空氣過久，導致乾裂。

吸管

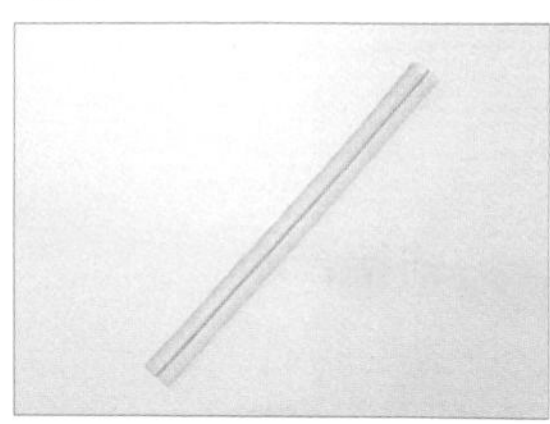

可壓製簡易造型，或在製作餡料時使用。

模具

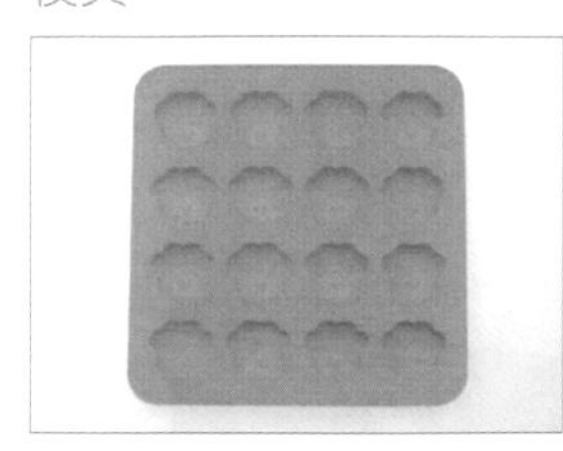

可運用模具直接做出簡易造型湯圓。

擠花袋

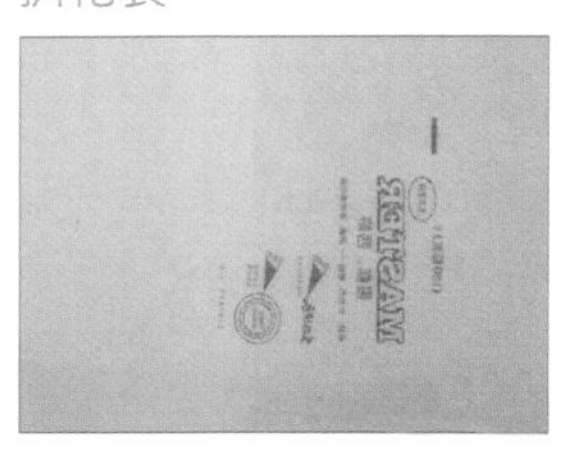

放置調製的色膏。

材料

糯米粉

製作糯米團的材料。

天然色粉

調色時使用，如：可可粉、竹炭粉、紅麴粉等。

色漿

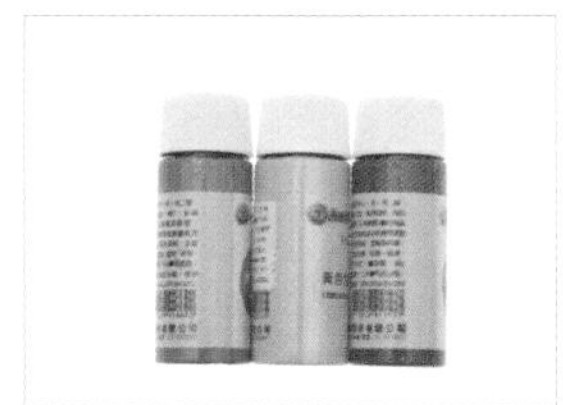

調色時使用。

色膏

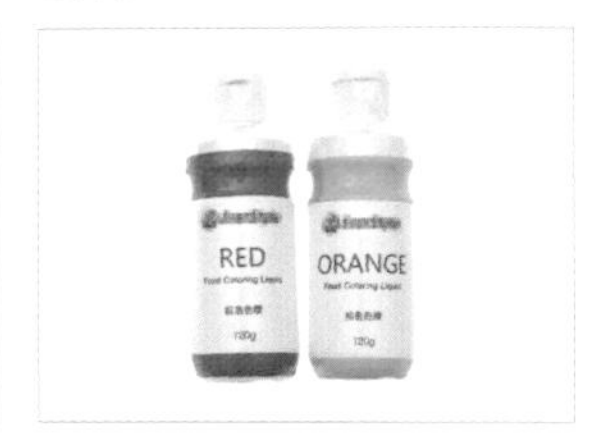

調色時使用。

| 內餡 |

製作甜內餡時使用。

花生粉

花生醬

果醬

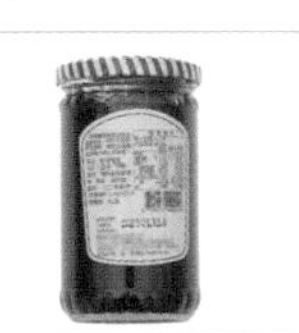

黑芝麻粉

冷壓椰子油

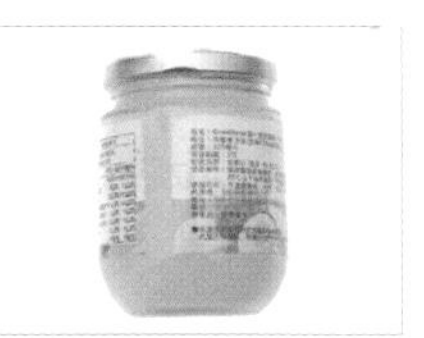

製作鹹內餡時使用。

橄欖油

醬油

太白粉

香油

胡椒粉

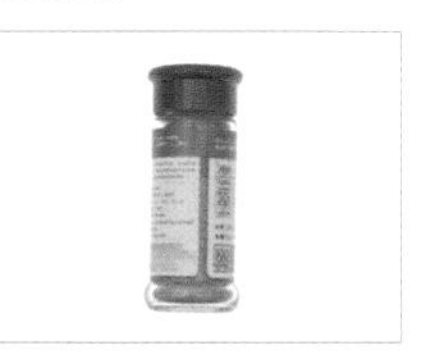

| 湯頭 |

煮鹹湯時使用。

紫菜湯快速調理包

煮甜湯時使用，可任選喜愛的糖類。

二號砂糖

黑糖

紅豆

CHAPTER

01

基本技巧

基本技巧 01

糯米團製作方法

材料 Ingredients

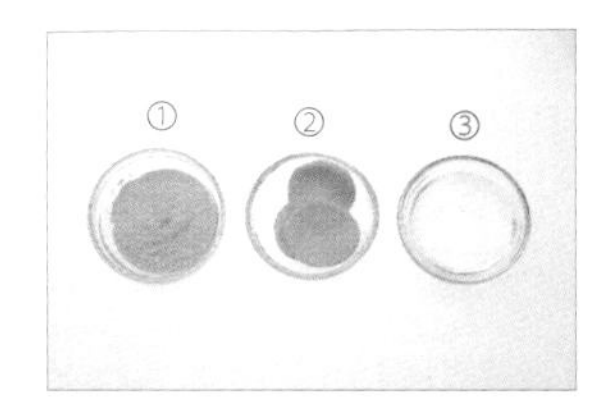

① 糯米粉 600g
② 粄媽 150g
③ 水（或果汁）300g

步驟說明 Step by step

01　將糯米粉倒入調理盆。

02　將水倒入調理盆。

03　以攪拌棒將粉團均勻混合。

04　混合至成團。

05　將粄媽倒入調理盆中。

06　用手將粄米團揉捏均勻。

07　用手將粄米團揉捏成團。

08　如圖，糯米團製作完成。

此為製作湯圓、元宵的主要材料，在製作須注意因天氣或室內濕度會影響加入的水量，所以操作時可適量調整。而若要調色，可以加入適量的色粉、色素調出需要的顏色

基本技巧
02

內餡製作

灌內餡方法動態
影片 QRCODE

在製作元宵的時候，可以依照個人喜好做鹹或甜的內餡，以下介紹絞肉和芝麻粉製作的內餡，但若沒時間製作，也可以選擇市售的花生醬、果醬、巧克力、肉燥等半成品直接使用。

內餡製作
- 自行製作 ➡ 可流動 ➡ 粉類（花生粉、芝麻粉、抹茶粉等）、肉類（絞肉等）
- 市售半成品
  - 可流動 ➡ 甜醬（果醬、巧克力醬等）、肉燥
  - 不可流動 ➡ 巧克力塊等遇熱會融化的固體 ➡ 可直接包入

（可流動者）須裝入吸管後冷凍，較易包入。

column 01

甜內餡

材料 Ingredients

① 椰子油（豬油、奶油等固態油）70-100g
② 橄欖油 70-100g
③ 芝麻粉（或花生粉）100g
④ 細砂糖（或冰糖、麥芽糖）70-100g

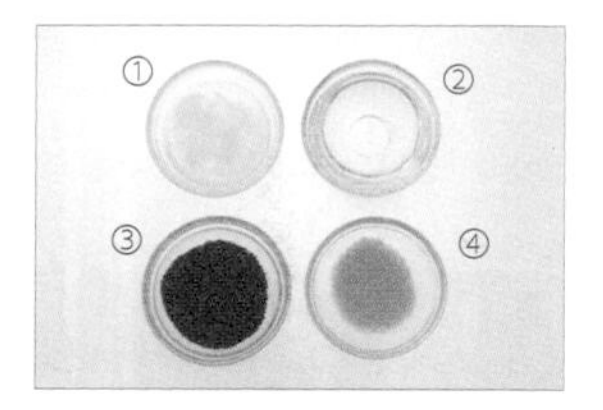

步驟說明 Step by step

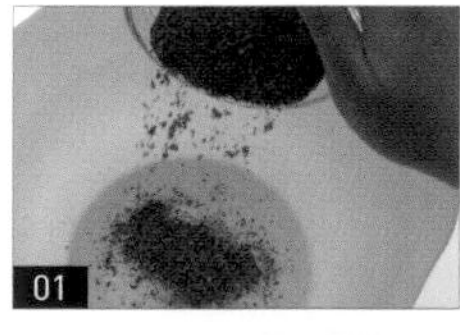

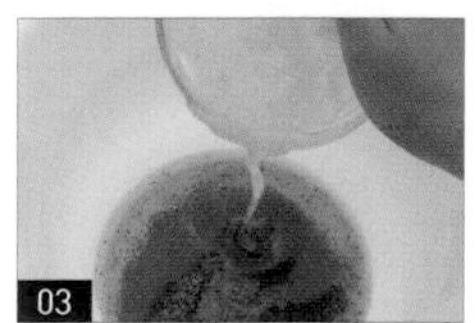

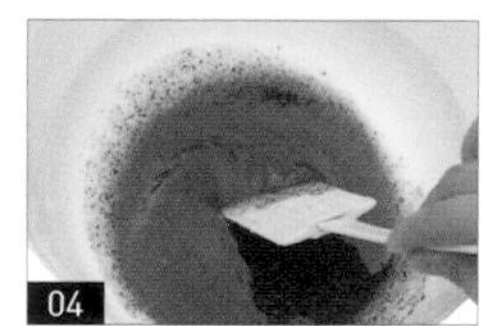

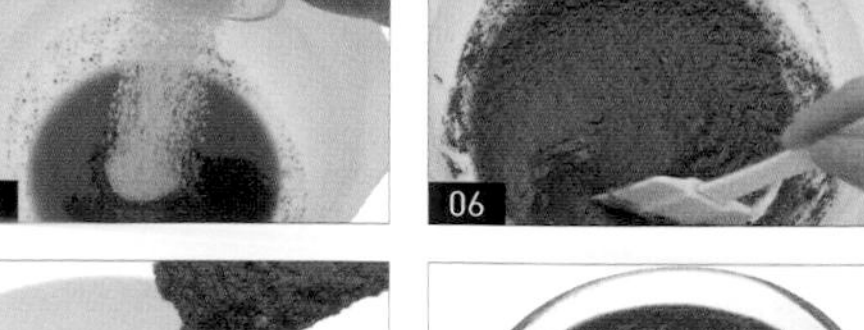

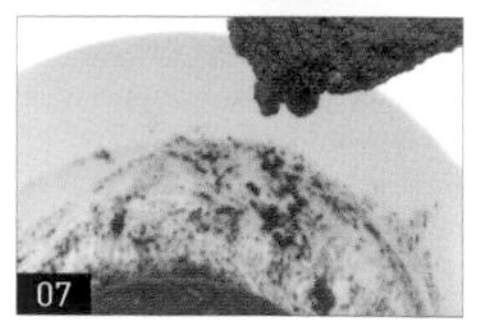

01 將芝麻粉倒入調理盆。

02 倒入橄欖油。（註：內餡是否流動性好，加入糖和油的多寡是重要關鍵；若不希望太甜，又希望流動性好，可增加油脂量。）

03 倒入椰子油。（註：23℃以上固體可隔水加溫使其液化，較好攪拌。）

04 以攪拌棒攪拌均勻。

05 倒入砂糖。

06 以攪拌棒攪拌均勻，並攪拌成流動狀。

07 以攪拌棒確認餡料是否呈可滴落狀，此時的流動狀態，就是湯圓咬開之後的流動狀態。（註：若希望湯圓流動性好，可用液、固態油調整。）

08 如圖，甜內餡完成。（註：可使用市售花生醬、果醬、芝麻醬取代，並攪拌至稍有流動狀，即可當餡料。）

此內餡完成後可放入冰箱硬化，包內餡時可用小勺挖取，並放手心搓球備用，也可直接包入，但比較難包，因軟化快速。

column 02

鹹內餡

材料 Ingredients

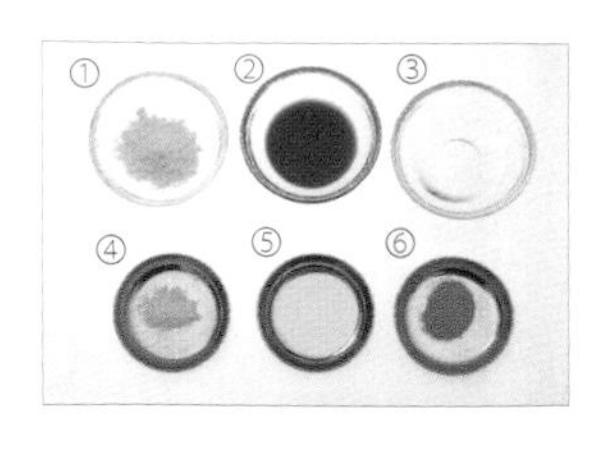

① 太白粉
② 醬油
③ 橄欖油
④ 鹽巴
⑤ 香油
⑥ 胡椒
⑦ 絞肉

步驟說明 Step by step

01 將絞肉倒入調理盆。

02 倒入醬油。

03 倒入胡椒。

04 倒入香油。

05 以筷子攪拌均勻。

06 倒入橄欖油。

07 以筷子攪拌均勻。

08 倒入太白粉。

09 以筷子攪拌均勻。

10 倒入鹽巴。

11 以筷子攪拌均勻。

12 如圖，鹹內餡完成。

column 

灌內餡方法

材料 Ingredients

① 湯匙
② 吸管兩支
③ 擠花袋
④ 果醬
⑤ 5x5 的塑膠袋

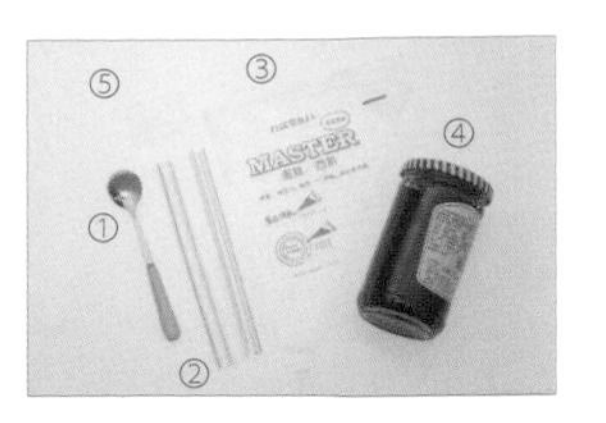

步驟說明 Step by step

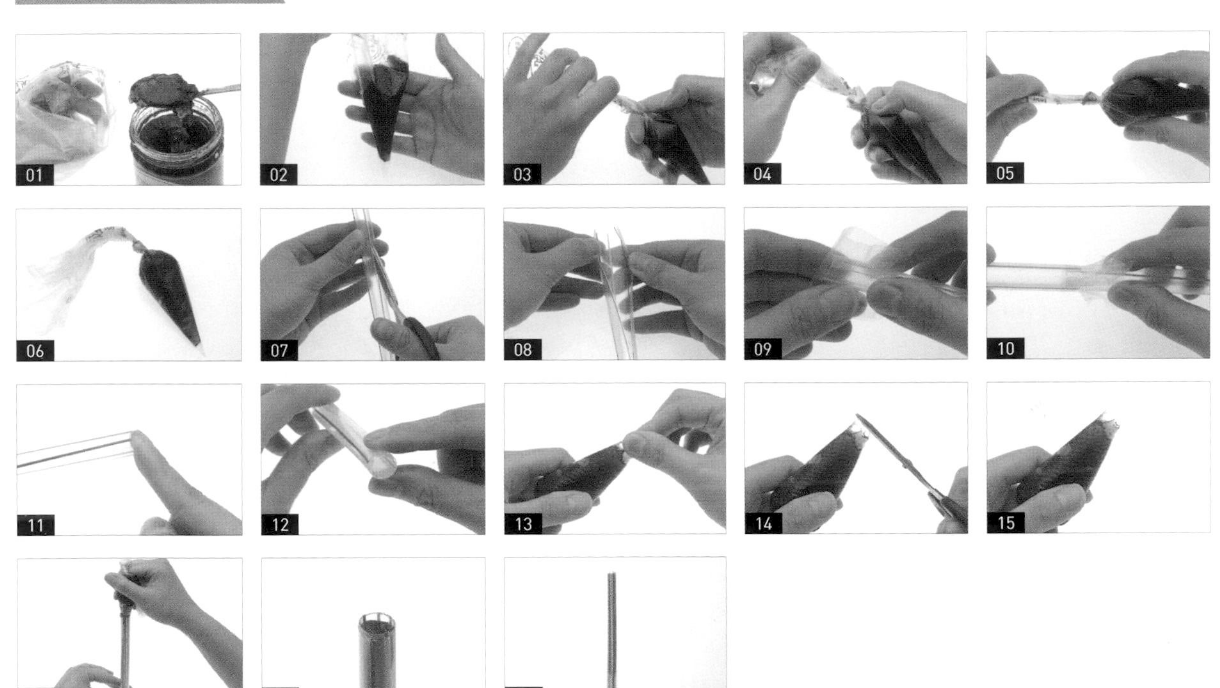

01　以湯匙將果醬挖入擠花袋內。

02　挖至所需要的量。

03　將擠花袋扭轉，並順勢將果醬集中。

04　打一個結，使果醬固定。

05　拉緊，使擠花袋不鬆脫。

06　果醬擠花袋完成，放旁備用。

07　以剪刀將吸管①剪開。

08　剪至吸管①尾端。

09　以塑膠袋包住吸管①口。

10　取吸管②，將吸管①連同塑膠袋塞入吸管②內。

11　承步驟 10，塞至吸管②底端。

12　吸管基底完成，有一處有塑膠底座。

13　捏果醬擠花袋的尖端，使果醬往後聚集。

14　以剪刀剪去尖端透明處。

15　擠花袋剪洞完成。

16　將果醬擠花袋塞入吸管基底內，並擠入果醬。（註：垂直擠入會較平均。）

17　將果醬擠至距離吸管口約 0.3 公分，冰至冷凍庫。（註：不可擠太滿，因之後冷凍會熱脹冷縮。）

18　如圖，內餡灌入完成。（註：此方法可簡單定量內餡，無需購買模具，且取出冷凍後的內餡可在硬的狀態下包入湯圓中，較為方便。）

基本技巧 03

調色方法

在製作元宵的時候，可以依照作品需求調出需要的顏色，如果沒有購買太多色素，也可運用基本的色彩原理調色，如：紅＋藍＝紫、黃＋紅＝橙、藍＋黃色＝綠色等。

如果不想選擇色素、色膏類，也可以選擇天然的色粉，如：可可粉、草莓粉等已含有顏色的粉類，再和糯米團揉勻即可。

column 01

材料 Ingredients

① 天然色膏
② 糯米團
③ 牙籤

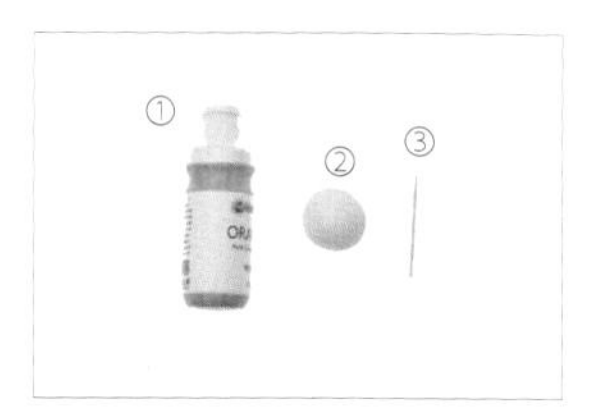

步驟說明 Step by step

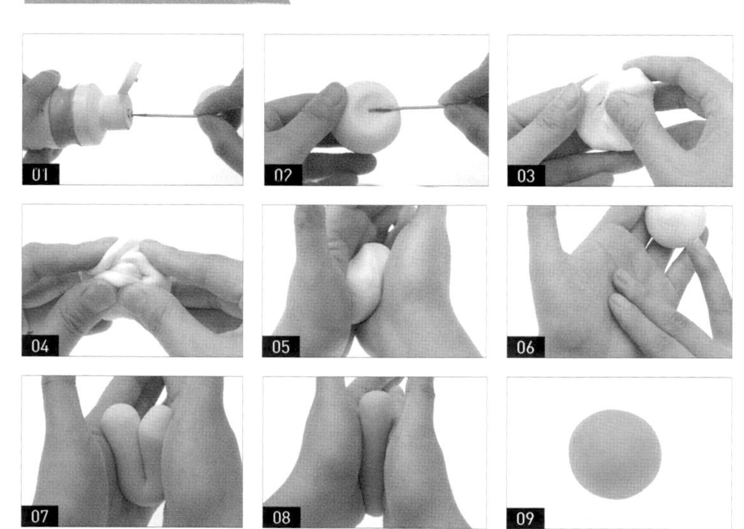

01 以牙籤沾取色膏。（註：要沾少量色膏慢慢調色，不可一次加太多，以免使顏色過重。）

02 用指腹將糯米團中心稍微摸凹後，抹上糯米團。

03 摺疊糯米團。

04 再次摺疊糯米團，以包覆色膏。

05 用手掌下半部揉勻糯米團。

06 在手掌心抹上食用水。（註：若在調色的過程中糯米團過乾，可在掌心沾少許水。）

07 先揉糯米團，使水分進入糯米團後對折。

08 搓成長條形。

09 持續揉捏、沾水，直到調色完成。

column 02

天然色粉

材料 Ingredients

① 可可粉
② 糯米團

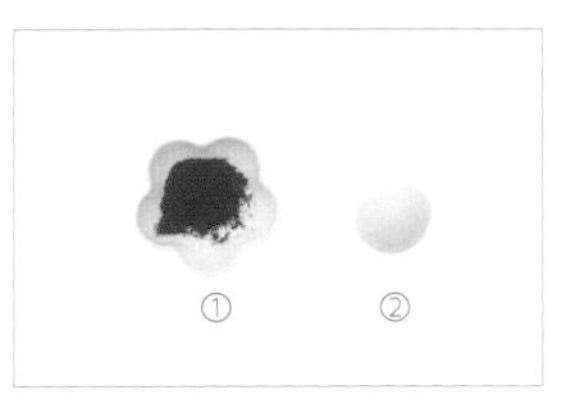

步驟說明 Step by step

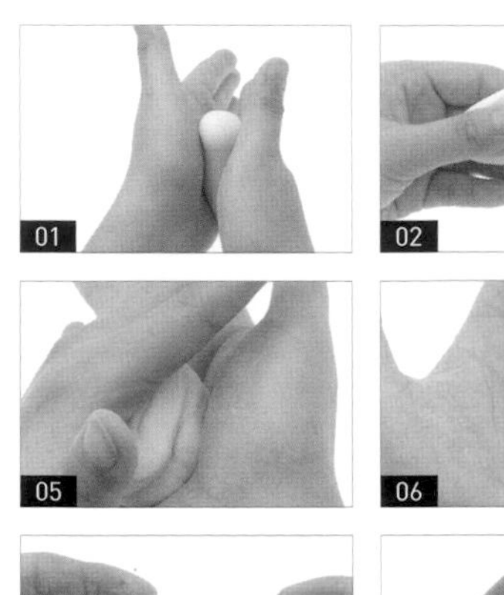
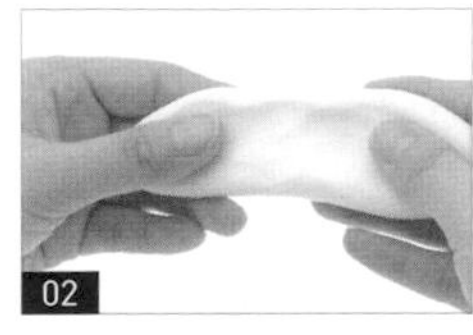

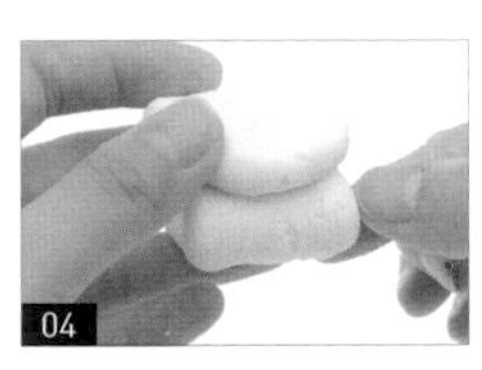
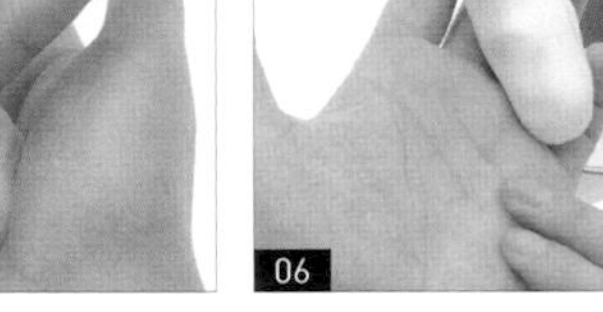
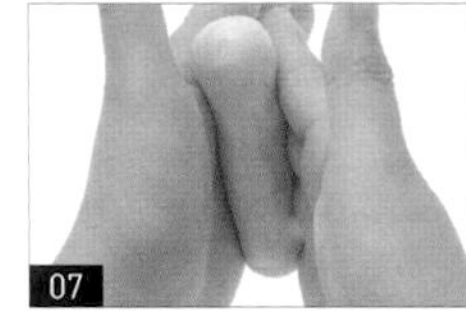
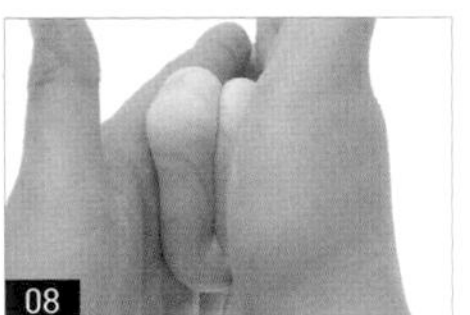
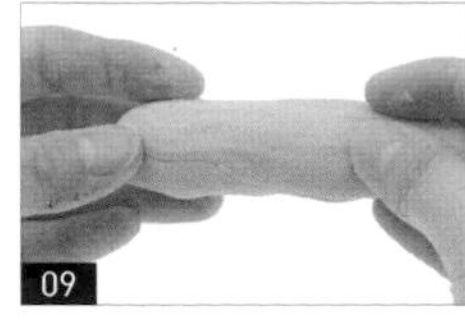
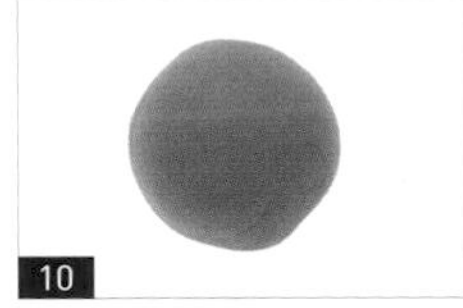

01　將糯米團揉成長條形。

02　將長條形糯米團中心稍微捏凹。

03　將可可粉抹上糯米團凹陷處。

04　摺疊糯米團。

05　將糯米團揉圓。

06　在手掌心抹上食用水。（註：若在調色的過程中糯米團過乾，可在掌心沾少許水。）

07　揉糯米團，使水分進入糯米團。

08　將糯米團對折。

09　搓成長條形。

10　持續揉捏、沾水，直到調色完成。

tips

NG

不可將糯米團直接沾水，須用水在掌心，以控制水量。

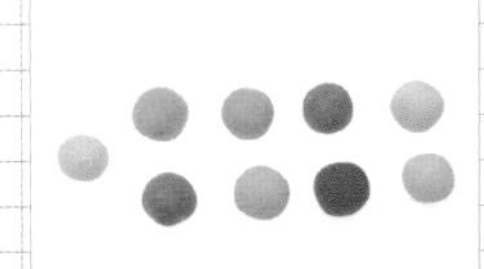

可預先調出需要的顏色。

包餡手法

包餡手法動態影片
QRCODE

可以選擇鹹內餡或甜內餡包入外皮，但在包之前都須確認內餡是否凝固（因造型湯圓糯米團比較結實，冷凍後的內餡相對較好包），若沒有凝結成固體，在包餡時會因流動的餡料，使外皮難完整包覆餡料。但若選擇巧克力塊等遇熱會融化的固體，則不在此限。

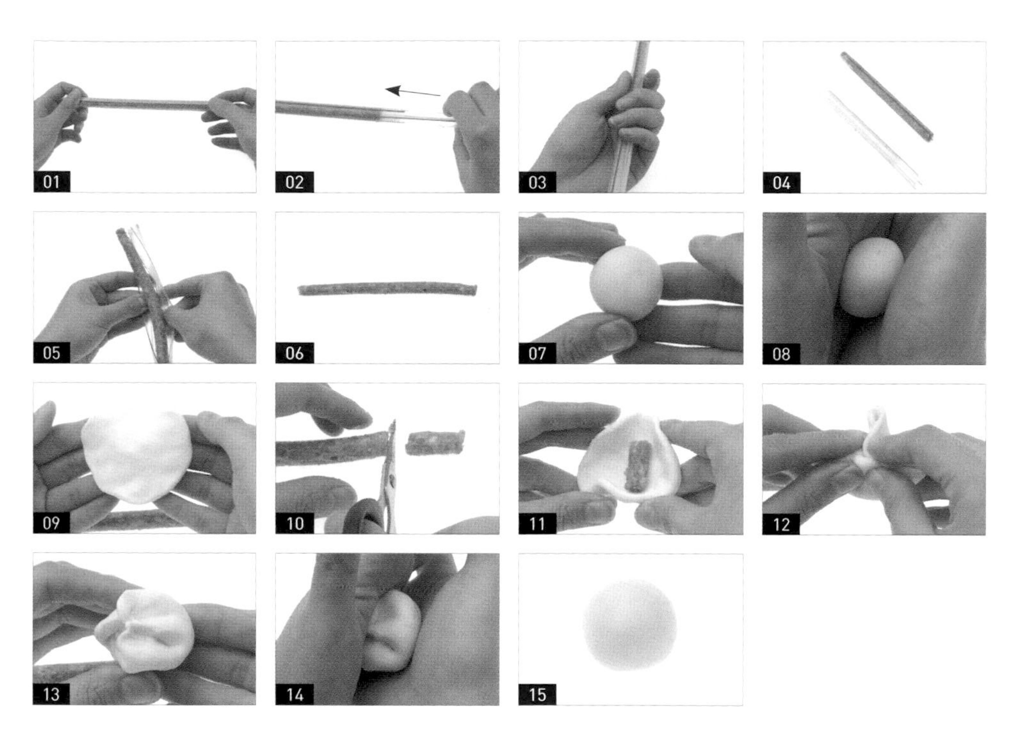

01 取冰凍完成的內餡。（註：此以鹹內餡做示範。）

02 將另一隻粗吸管插入內餡的吸管中。

03 將包住內餡的吸管戳出。

04 如圖，包住內餡的吸管取出完成。

05 剝開吸管。

06 取出內餡。

07 取直徑約 4 公分的糯米團。

08 用手掌搓揉糯米團。

09 用指腹將糯米團捏至均勻厚薄，為外皮。

10 以剪刀剪下約 2 公分的內餡。

11 將內餡放入外皮中。

12 用指腹將外皮往內捏。

13 捏至外皮完整包覆內餡。

14 用手掌搓圓糯米團。

15 包餡完成。

基本技巧 05

壓模方法

在製作造型湯圓的過程中，可以運用各式壓模器（鐵製、彈簧等壓模器）製造出造型片，但糯米團較軟易變形，所以在取出造型片時要小心。

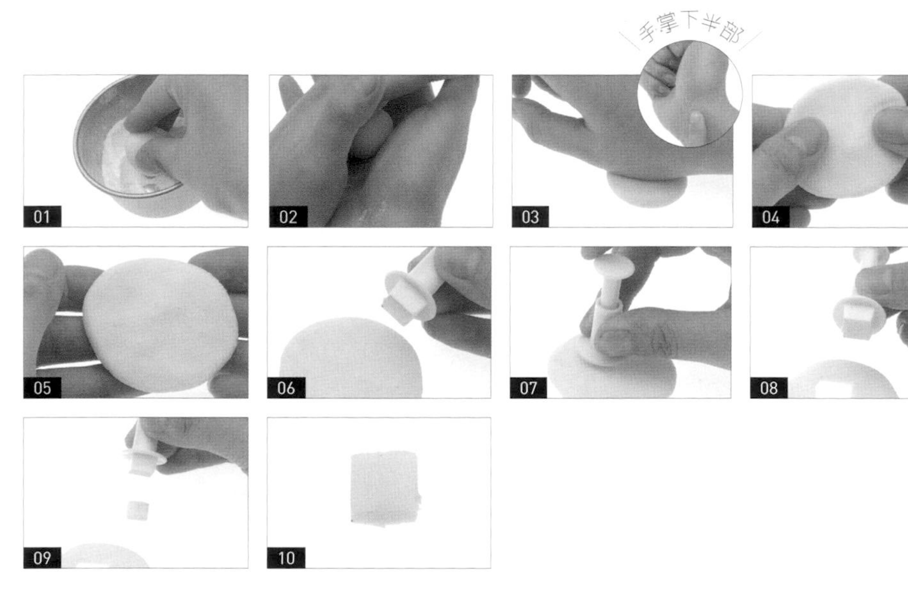

01 將糯米團沾糯米粉，以防沾黏。

02 用手掌搓勻，使糯米團均勻沾上粉。

03 用手掌下半部壓平糯米團。

04 用指腹將糯米團捏至均勻厚薄。

05 如圖，糯米團皮完成。

06 取壓模器。（註：此以彈簧壓模器為示範。）

07 將壓模器壓入糯米團皮中。

08 拔出壓模器。

09 按壓壓模器的頂端，以取出造型片。

10 如圖，造型片完成。

圖繪方法

在繪製造型湯圓時，可用色膏、色水直接繪製，而如果想要有立體感的話，則可以選擇竹炭粉水（竹炭粉加水調成）、可可粉水（可可粉加水調成）、紅麴粉水（紅麴粉加水調成）等依需求選擇不同的粉類，加水調製後，再繪製出需要的表情、圖案。

材料 Ingredients

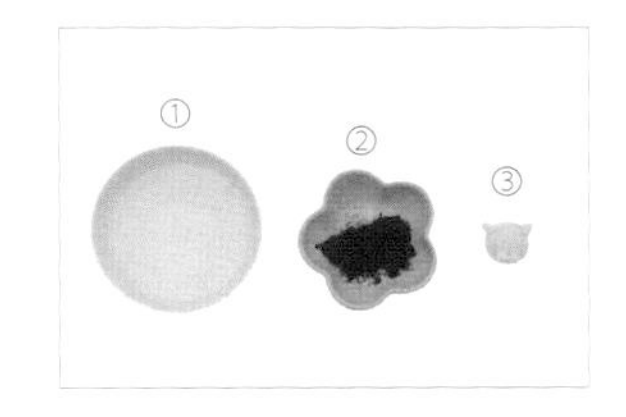

① 水
② 可可粉
③ 造型湯圓

步驟說明 Step by step

01

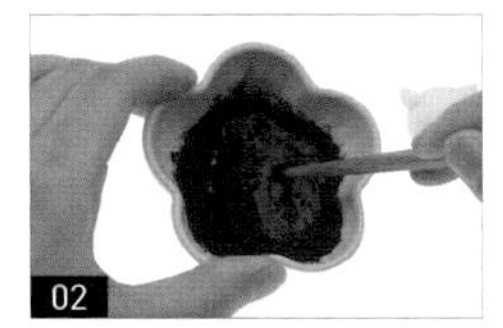
02

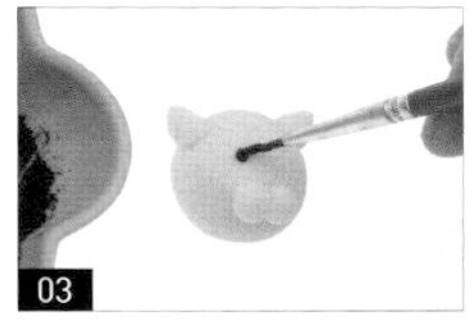
03

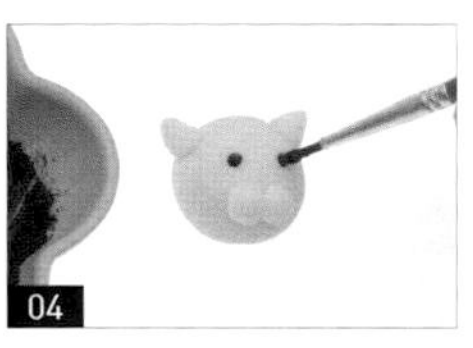
04

05

06

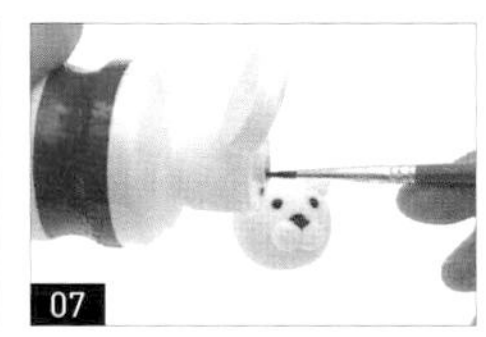
07

08

09

10

◆ 使用可可粉加水繪製

01 將水加入可可粉中。（註：水量不可一次加太多。）

02 以筷子攪拌均勻。（註：可依需求分次並少量調製。）

03 以畫筆沾少許色膏點在造型湯圓上。

04 重複步驟 3，完成右眼。

05 以畫筆沾少許色膏點在造型湯圓的吻部上。

06 如圖，鼻子完成。

◆ 使用色膏或水繪製

07 以畫筆沾少許色水。

08 以畫筆在右側畫三條橫線，為鬍鬚。

09 重複步驟 8，繪製左側鬍鬚。

10 如圖，繪製完成，可見眼睛、鼻子較有立體感，鬍鬚較為平面，操作者可依需求自行選擇。

基本技巧 07

烹煮方法

將湯圓、元宵煮熟的方法有水煮（煮完後，顏色會加深，所以可依需求調整顏色）和蒸煮，而水煮除了清水外，也可以依個人喜好選擇鹹或甜的口味（可參考湯頭製作 P.22）；而蒸煮除了可以直接吃到湯圓本身的 Q 彈感外，也可以搭配蜂蜜、煉乳、日式醬油等不同調味品（可參考食用方法 P.24），會另有一番風味。

column 01 水煮法

01 將水煮滾。

02 將湯圓放入滾水中。

03 依序將湯圓放入後，用湯匙輕攪拌，以免湯圓黏鍋底。

04 煮至湯圓熟透後，關火。

05 將湯圓撈起，並將水瀝乾，並放在盤子上。（註：也可連同清水撈入碗中，較不易黏底，但要注意湯圓不可在水中放置太久，會變較軟爛。）

06 如圖，湯圓水煮完成。

column 02 蒸煮法

01 在電鍋上放一盤子，或任何可放湯圓的器皿。

02 在外鍋倒入一杯水。

03 將湯圓放在盤子上。（註：若擔心黏底，可在盤上抹一層淺淺的油。）

04 蓋上蓋子後，按下開關。

05 待電源跳起後，將湯圓取出。

06 如圖，湯圓蒸煮完成。

湯頭製作

湯頭有鹹湯和甜湯，可以依個人喜好選擇鹹或甜的口味。

鹹湯可依個人喜好加入菜、肉絲、香菇、蝦米等不同食材，此處示範簡易的鹹湯製作；而甜湯則可加入黑糖、砂糖等糖類外，也可加入紅豆、桂圓、紅棗等食材，更可以配合冬天製作酒釀甜湯、薑汁甜湯等，暖和冷冷的身體，而此處介紹紅豆甜湯。

column 01

鹹湯

材料 Ingredients

① 水
② 紫菜湯調味包（任何可快速調理的調味包皆可）

步驟說明 Step by step

01 將水煮滾。

02 將紫菜湯調味包倒入水中。

03 用湯匙稍微攪拌均勻。

04 將湯圓放入鹹湯中。

05 依序將湯圓放入後，用湯匙輕攪拌，以免湯圓黏鍋底。

06 煮至湯圓熟透後，關火。

07 將湯圓撈起，並舀入碗內。

08 如圖，鹹湯湯圓完成。

column 02

甜湯

材料 Ingredients

① 水
② 紅豆
③ 二號砂糖

步驟説明 Step by step

01 準備一鍋水。

02 將紅豆倒入水中。

03 開火。

04 煮至滾。（註：蓋上鍋蓋可加速煮滾。）

05 倒入二號砂糖。

06 以湯匙稍微攪拌均勻。

07 煮至滾，可依個人喜好選擇紅豆的軟爛程度。（註：紅豆前一天泡水，可使紅豆更快速煮至軟爛；也可在煮滾後關火，燜約 30 分再次煮滾，重複至喜歡程度，省火力又快速。）

08 將湯圓放入甜湯中。（註：造型湯圓可與湯頭分開煮，以保持造型漂亮及完整。）

09 依序將湯圓放入後，用湯匙輕攪拌，以免湯圓黏鍋底。

10 煮至湯圓熟透後，關火。

11 將湯圓撈起，並舀入碗內。

12 如圖，甜湯湯圓完成。

基本技巧 09

食用方法

湯圓、元宵的吃法除了一般常見的熱食方法（搭配甜湯、鹹湯）外，也有冷食方法，主要是將湯圓冰鎮後，搭配甜醬油、煉乳、蜂蜜等調味料，讓愛吃湯圓的人，夏天也能涼爽的吃著湯圓。

column 01

熱食

熱食方法，可參考湯頭製作，再放入湯圓或元宵煮熟後食用。

鹹湯 P.22

甜湯 P.23

column 02

冷食

材料 Ingredients

① 冰塊水（冰塊加水）
② 熟湯圓
③ 撈勺

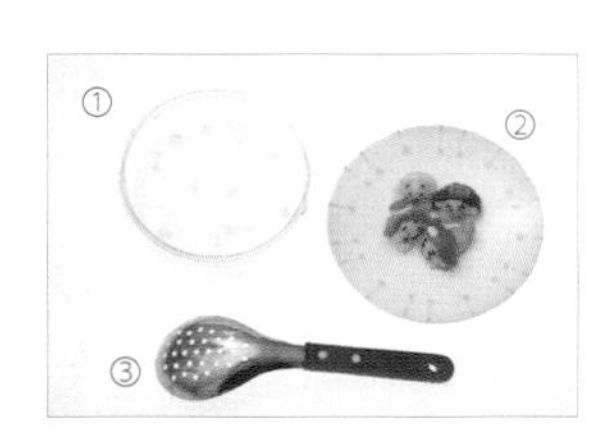

步驟說明 Step by step

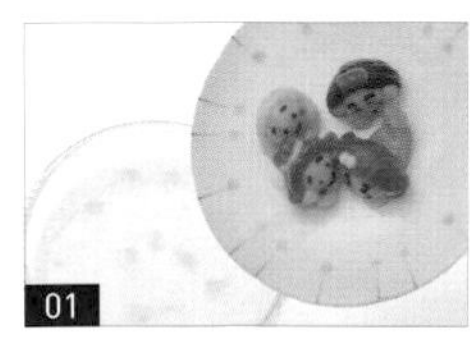
01

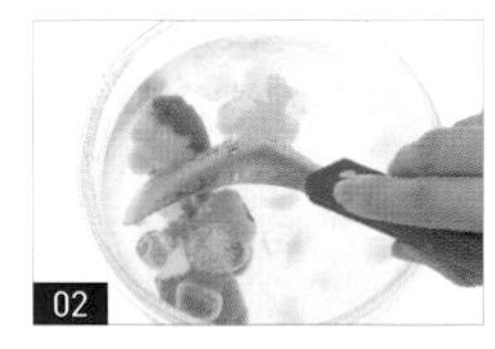
02

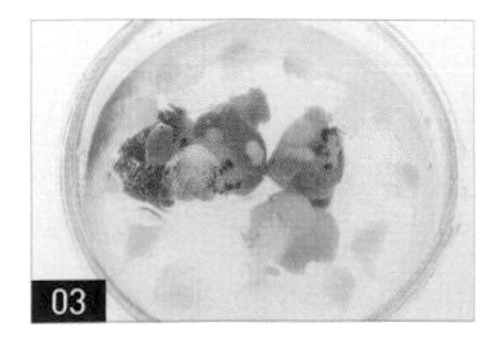
03

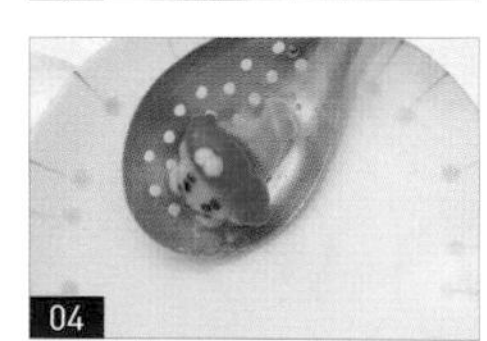
04

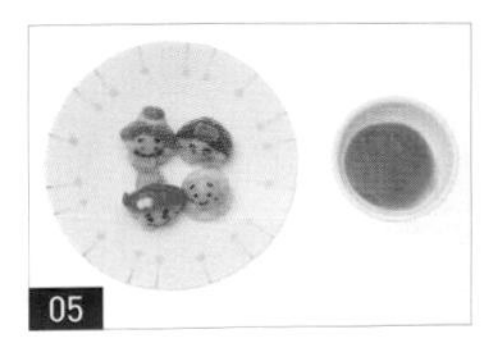
05

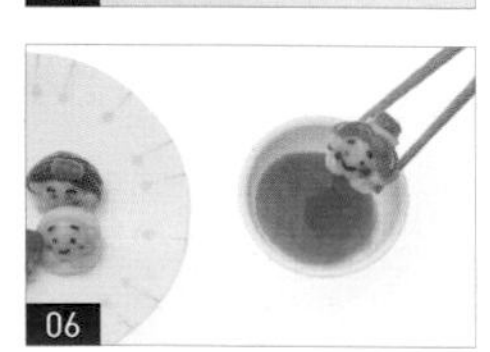
06

01 將煮熟的湯圓倒入冰塊水中。（註：湯圓烹煮方法請參考 P.21。）

02 用撈勺稍微攪拌。

03 靜置 10 秒左右。

04 以撈勺將湯圓撈至盤中。

05 依序將湯圓撈至盤中，並準備甜醬油。

06 以筷子夾取湯圓，並沾甜醬油直接食用。（註：可沾花生粉、煉乳、蜂蜜食用，也可在冰淇淋或剉冰上放造型湯圓，作為配料食用。）

CHAPTER

02

可愛造型篇

becomes
becomes

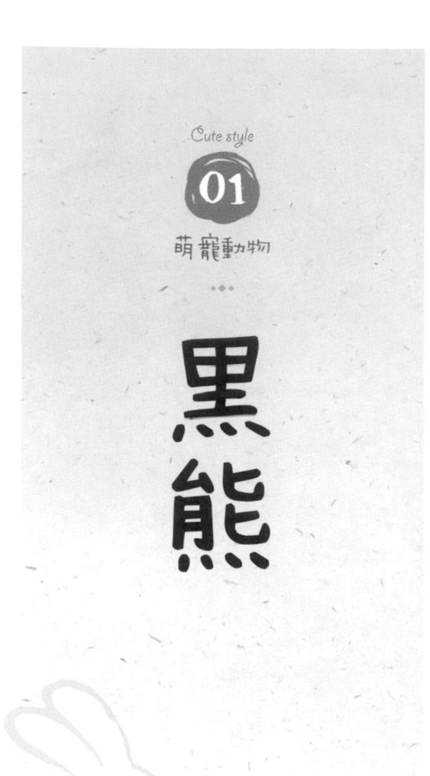

Cute style

01

萌寵動物

黑熊

01 湯圓

使用糯米團	製作部位	糯米團直徑
黑色糯米團 a	頭部	2 公分
黑色糯米團 b1	耳朵	1 公分
黑色糯米團 b2	耳朵	1 公分
白色糯米團 c	吻部	1 公分
白色糯米團 d1	眼窩	0.5 公分
白色糯米團 d2	眼窩	0.5 公分

02 元宵

使用糯米團	製作部位	糯米團直徑
黑色糯米團 a	頭部	4 公分
黑色糯米團 b1	耳朵	2 公分
黑色糯米團 b2	耳朵	2 公分
白色糯米團 c	吻部	2 公分
白色糯米團 d1	眼窩	1 公分
白色糯米團 d2	眼窩	1 公分

步驟說明 Step by step

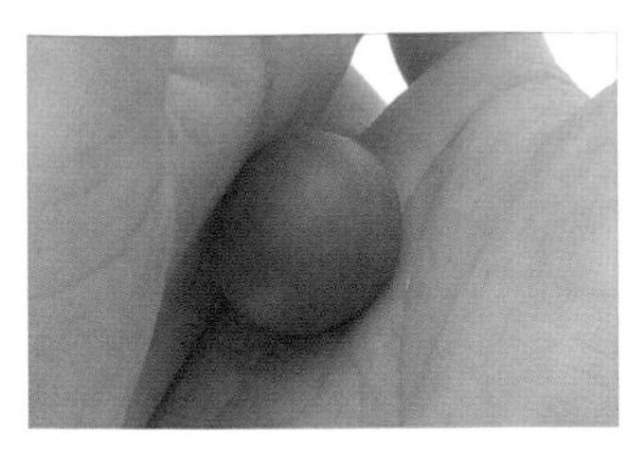

01 用手掌將黑色糯米團 a 搓揉成圓形，為熊頭。

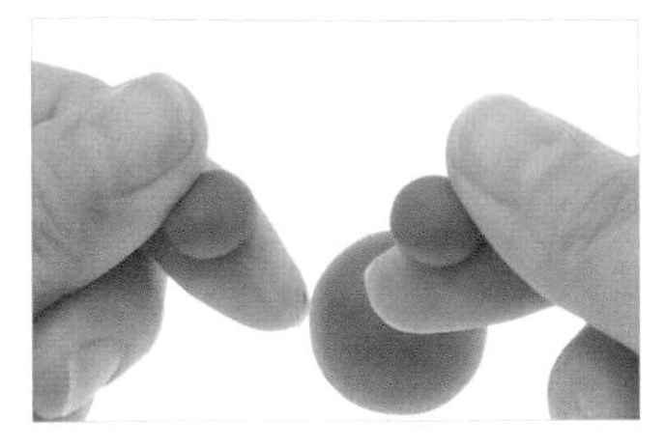

02 用指腹將黑色糯米團 b1、b2 搓揉成圓形，為熊耳。

03 將熊耳放在熊頭左右兩側。

04 用指腹將熊耳輕捏出耳窩。

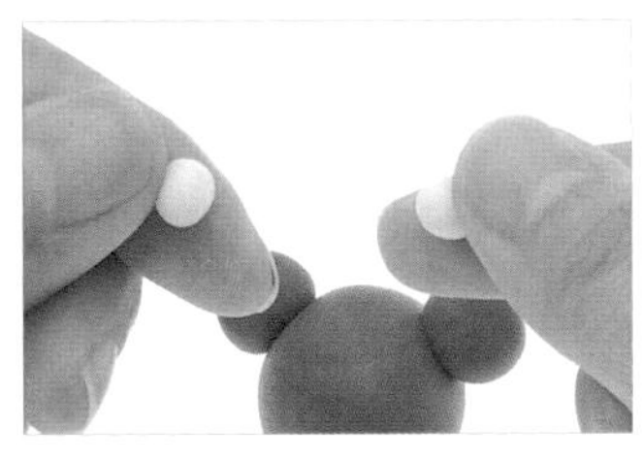

05 用指腹將白色糯米團 d1、d2 搓揉成圓形，為眼窩。

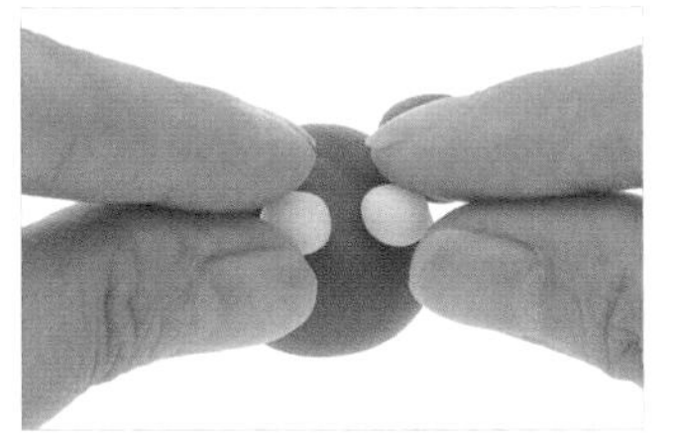

06 將眼窩放在熊臉左右兩邊。

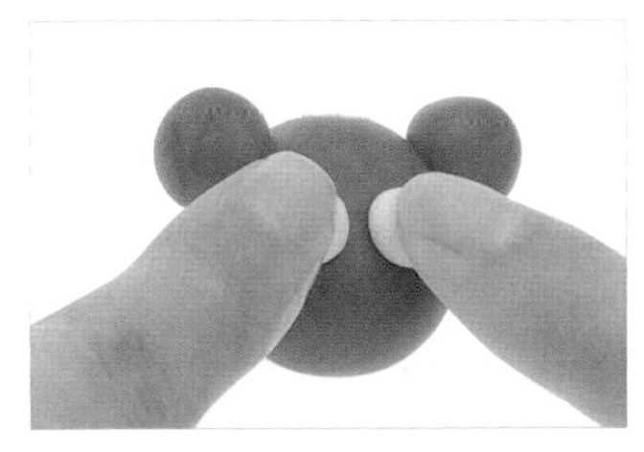

07 用指腹輕壓眼窩，以加強黏合。

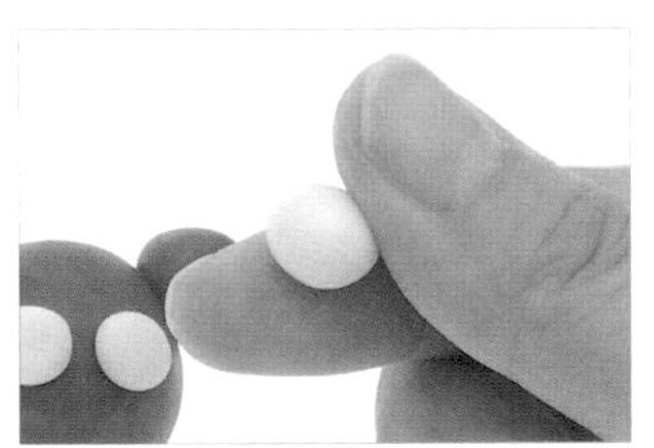

08 用指腹將白色糯米團 c 搓揉成圓形，為吻部。

09 將吻部放在眼窩下方。

10　用指腹將吻部輕壓扁。

11　如圖，黑熊主體完成。

12　以畫筆沾取咖啡色色膏，畫出弧線，為左眼。

13　重複步驟 12，畫出右眼。

14　以畫筆沾取咖啡色色膏，畫出圓點，為鼻子。

15　以畫筆沾取咖啡色色膏，畫出弧線，為嘴巴。

16　以畫筆沾取紅色色膏，畫出圓點，為左邊酒窩。

17　重複步驟 16，畫出右邊酒窩。

18　如圖，黑熊完成。

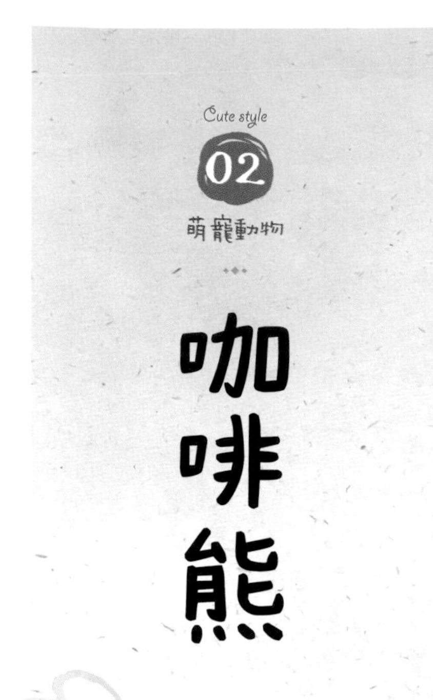

Cute style

02

萌寵動物

咖啡熊

湯圓

使用糯米團	製作部位	糯米團直徑
咖啡色糯米團 a	頭部	2 公分
咖啡色糯米團 b1	耳朵	1 公分
咖啡色糯米團 b2	耳朵	1 公分
白色糯米團	吻部	0.5 公分

元宵

使用糯米團	製作部位	糯米團直徑
咖啡色糯米團 a	頭部	4 公分
咖啡色糯米團 b1	耳朵	2 公分
咖啡色糯米團 b2	耳朵	2 公分
白色糯米團	吻部	1 公分

步驟說明 Step by step

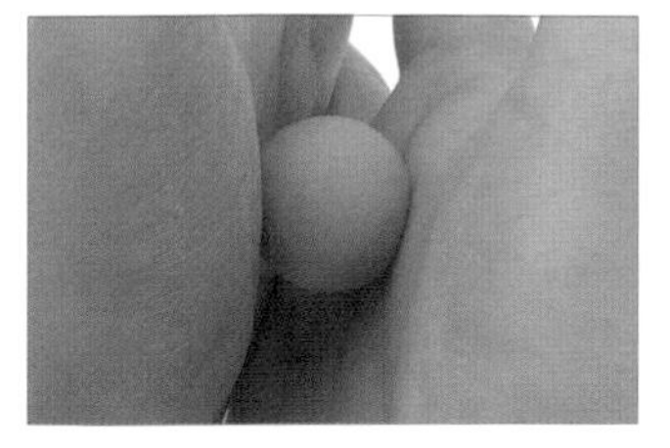

01 用手掌將咖啡色糯米團 a 搓揉成圓形，為熊頭。

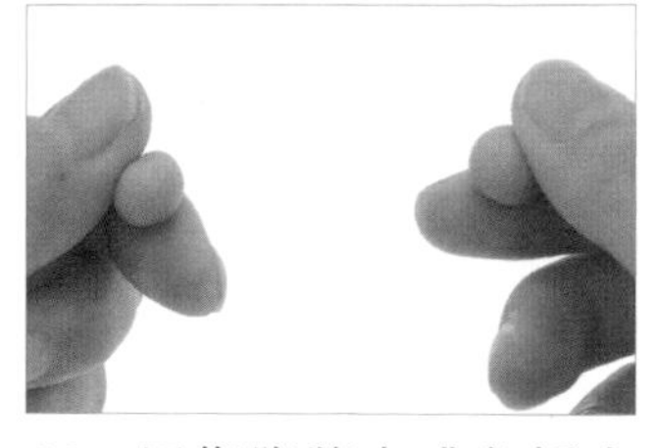

02 用指腹將咖啡色糯米團 b1、b2 搓成圓形，為熊耳。

03 將熊耳放在熊頭左右兩側。

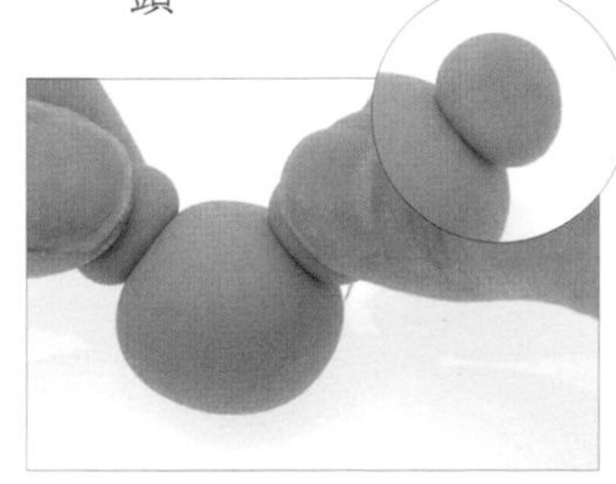

04 用指腹將熊耳輕捏出耳窩。

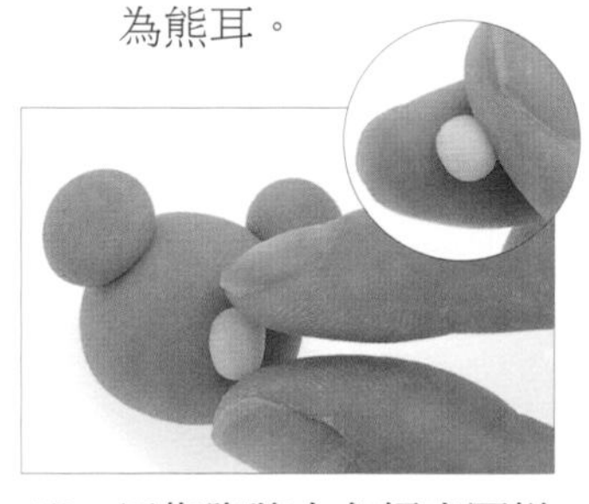

05 用指腹將白色糯米團搓揉成圓形，並放在熊臉的下側。

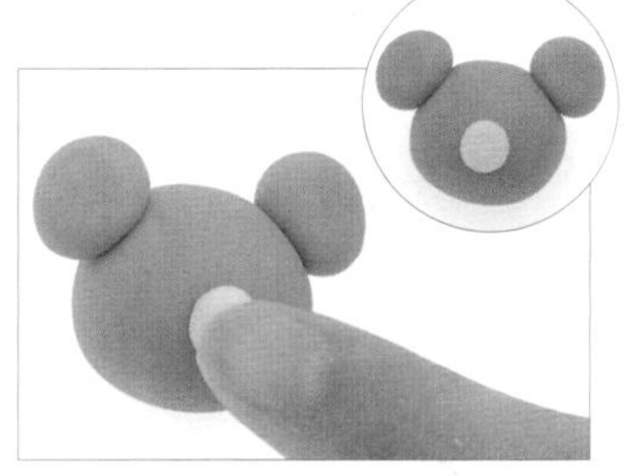

06 承步驟 5，用指腹輕壓糯米團，即完成吻部。

07 以畫筆沾取咖啡色色膏，畫出圓點，為左眼。

08 重複步驟 7，畫出右眼。

09 以畫筆沾取咖啡色色膏，畫出圓點，為鼻子。

10 以畫筆沾取咖啡色色膏，畫出弧線，為嘴巴。

11 以畫筆沾取紅色色膏，畫出圓點，為酒窩。

12 如圖，咖啡熊完成。

Cute style

03

萌寵動物

貓掌

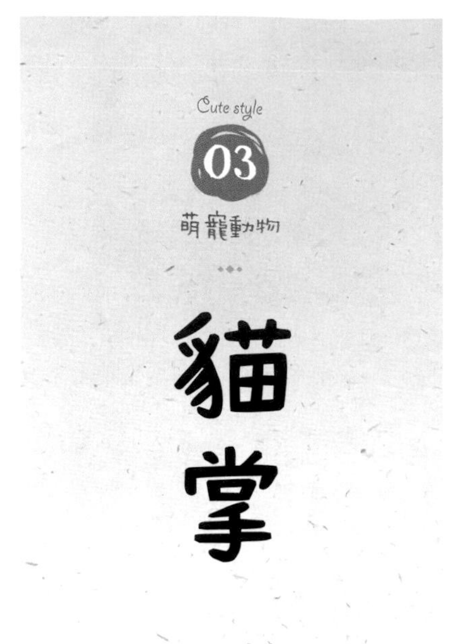

01 湯圓

使用糯米團	製作部位	糯米團直徑
白色糯米團	掌心	2 公分
粉色糯米團 a	肉球	1 公分
粉色糯米團 b1	腳趾	0.5 公分
粉色糯米團 b2	腳趾	0.5 公分
粉色糯米團 b3	腳趾	0.5 公分

02 元宵

使用糯米團	製作部位	糯米團直徑
白色糯米團	掌心	4 公分
粉色糯米團 a	肉球	2 公分
粉色糯米團 b1	腳趾	1 公分
粉色糯米團 b2	腳趾	1 公分
粉色糯米團 b3	腳趾	1 公分

步驟說明 Step by step

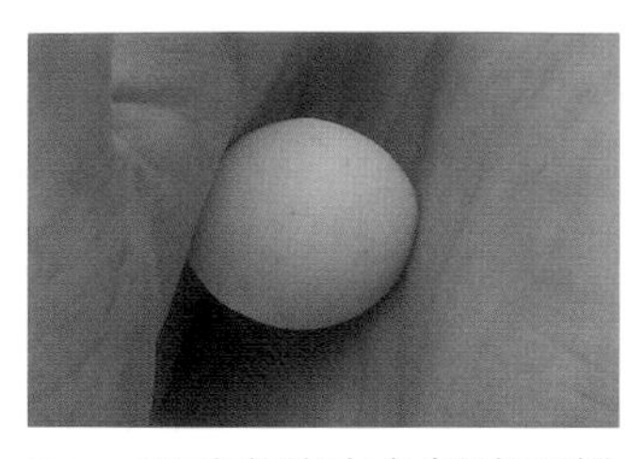

01 用手掌將白色糯米團搓揉成圓形。

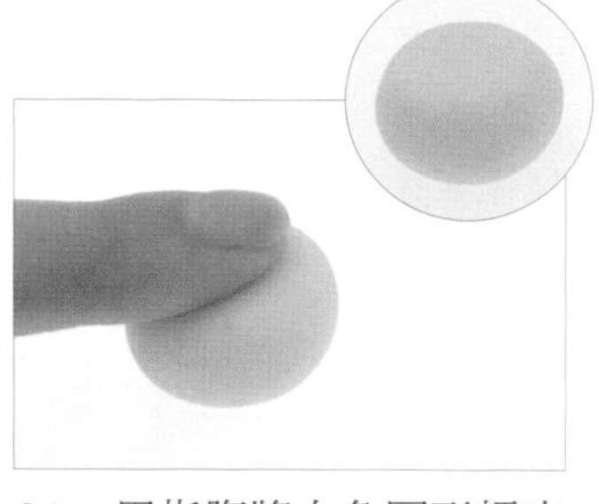

02 用指腹將白色圓形糯米團輕壓扁，為掌心。

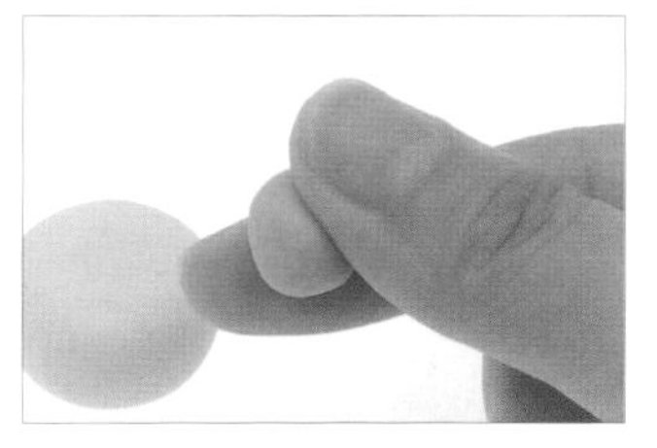

03 用指腹將粉色糯米團 a 搓揉成圓形。

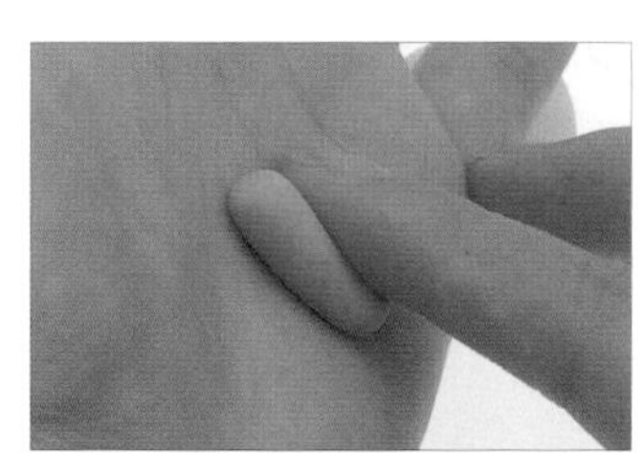

04 將粉色圓形糯米團 a 在掌心搓揉成條狀。

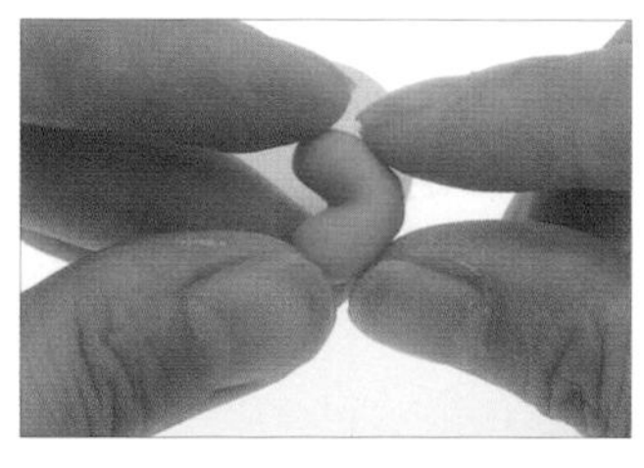

05 將粉色條狀糯米團 a 彎折成倒 V 形，為肉球。

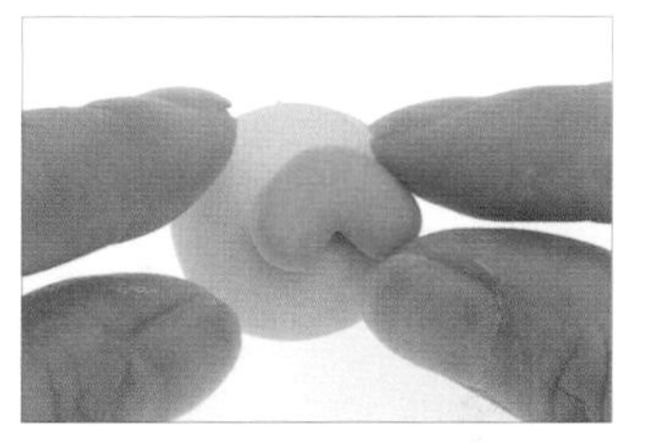

06 將肉球放在掌心下方。

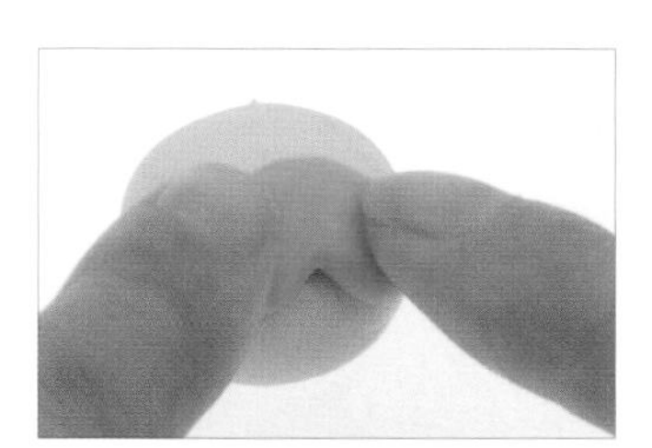

07 用指腹按壓固定。

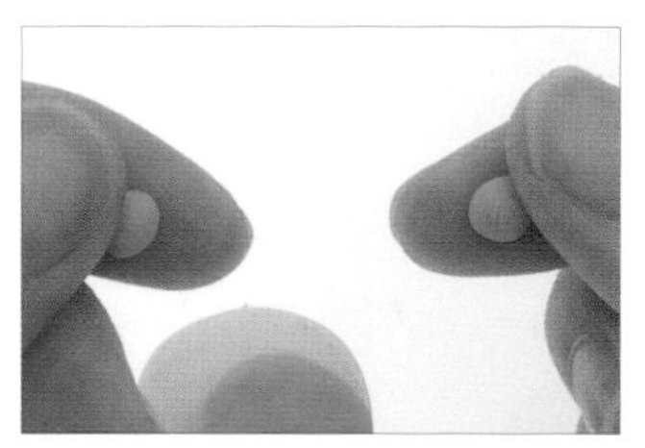

08 用指腹將粉色糯米團 b1、b2 搓揉成圓形，為腳趾。

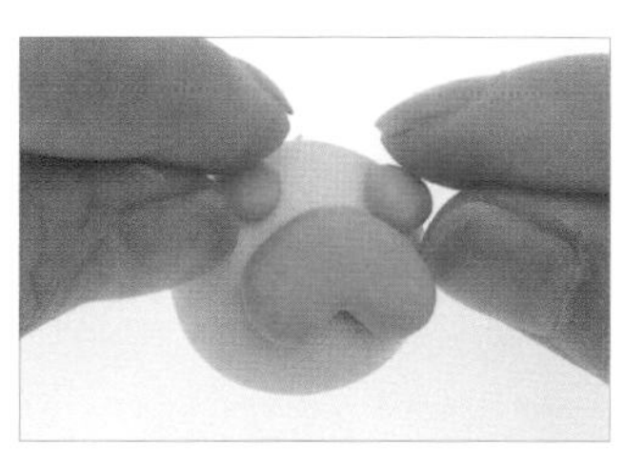

09 將腳趾放在肉球上方。

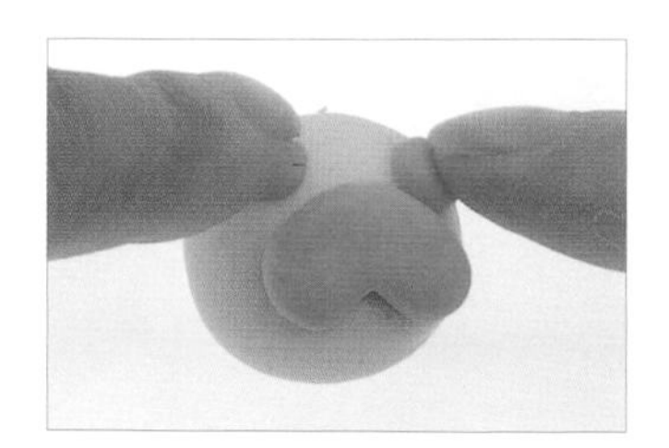

10 用指腹按壓固定。

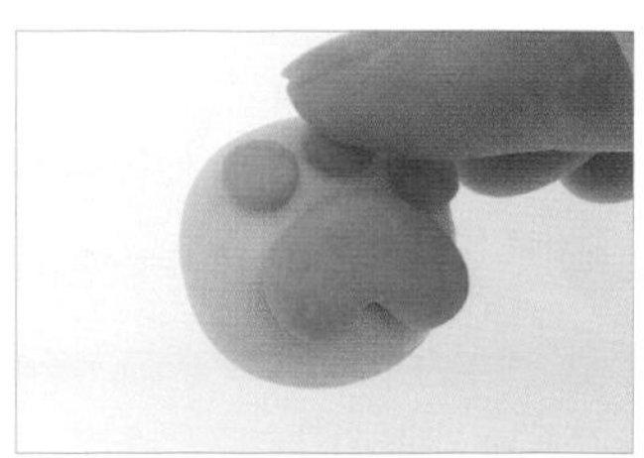

11 重複步驟 8-10，完成粉色糯米團 b3 的擺放。

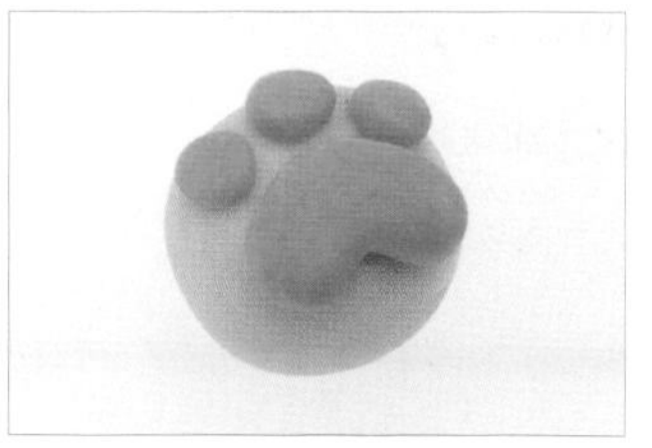

12 如圖，貓掌完成。

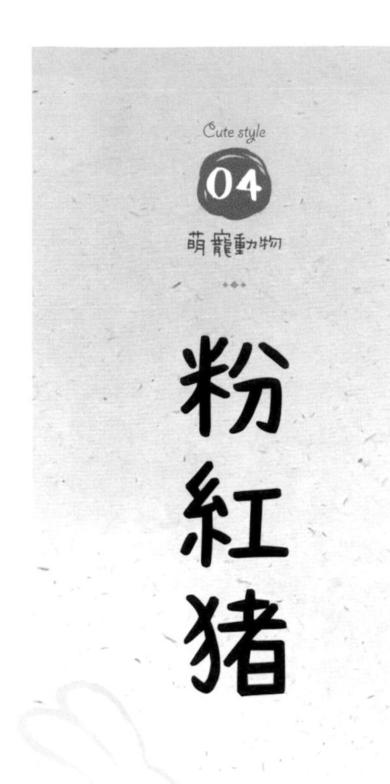

Cute style

04

萌寵動物

粉紅猪

湯圓

使用糯米團	製作部位	糯米團直徑
淺粉色糯米團	頭部	2 公分
粉色糯米團 a	鼻子	1 公分
粉色糯米團 b1	耳朵	0.5 公分
粉色糯米團 b2	耳朵	0.5 公分

元宵

使用糯米團	製作部位	糯米團直徑
淺粉色糯米團	頭部	4 公分
粉色糯米團 a	鼻子	2 公分
粉色糯米團 b1	耳朵	1 公分
粉色糯米團 b2	耳朵	1 公分

步驟說明 Step by step

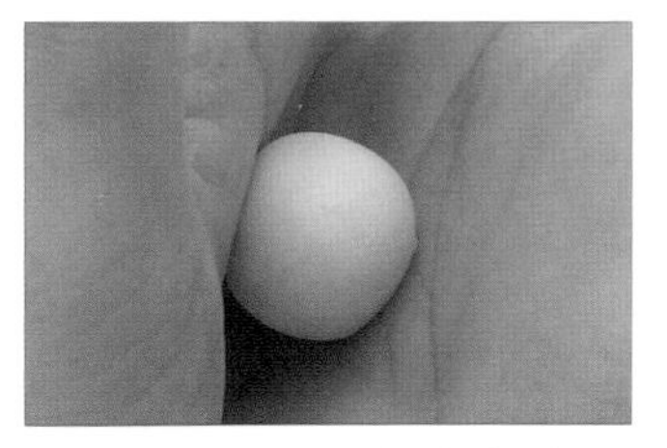

01 用手掌將淺粉色糯米團搓揉成圓形，為豬頭。

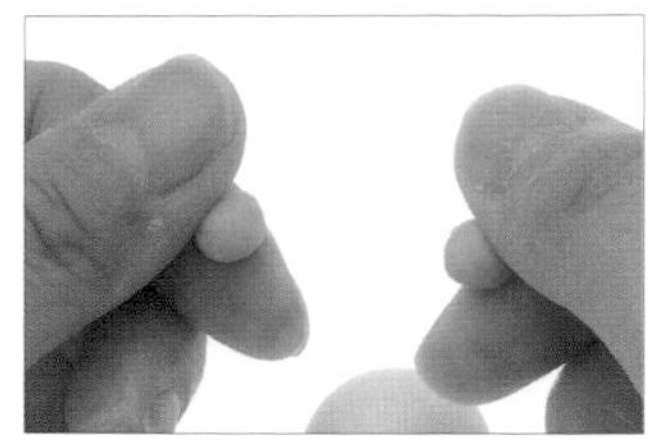

02 用指腹將粉色糯米團b1、b2搓揉成圓形，為豬耳b1、b2。

03 將豬耳b1放在豬頭左側，並用指腹捏成三角形。

04 重複步驟3，將豬耳b2放在豬頭右側。

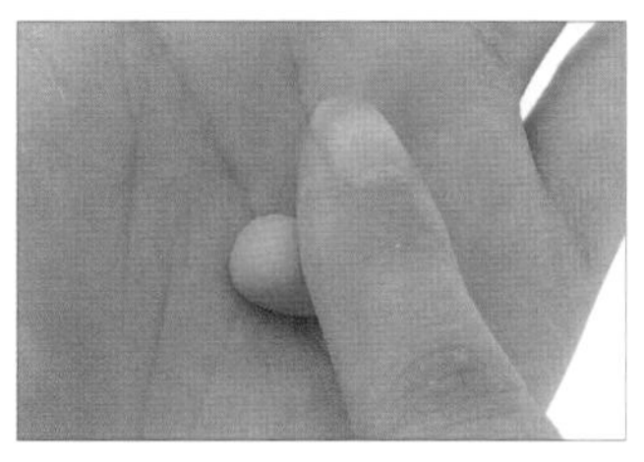

05 先將粉色糯米團a搓揉成圓形後，再放在掌心搓成橢圓形，為豬鼻。

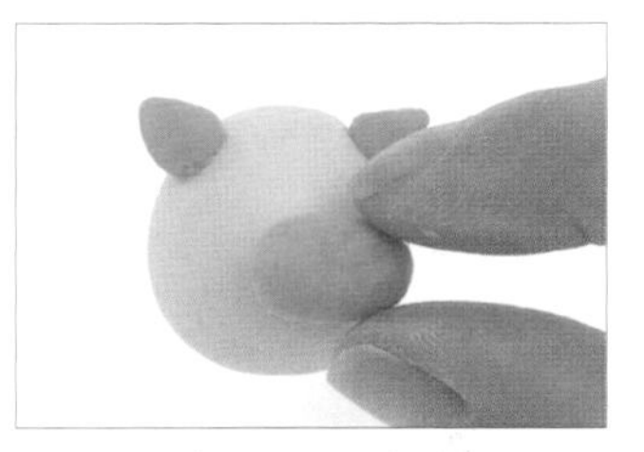

06 將豬鼻放在豬臉下側。

07 用指腹輕壓豬鼻，以加強黏合。

08 如圖，粉紅豬主體完成。

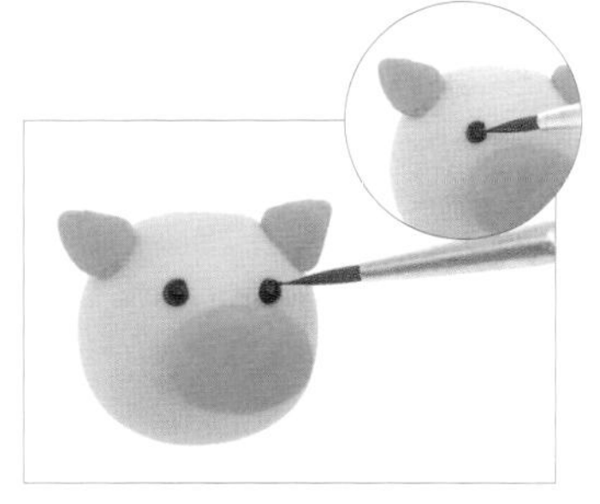

09 以畫筆沾取咖啡色色膏，畫出圓點，為眼睛。

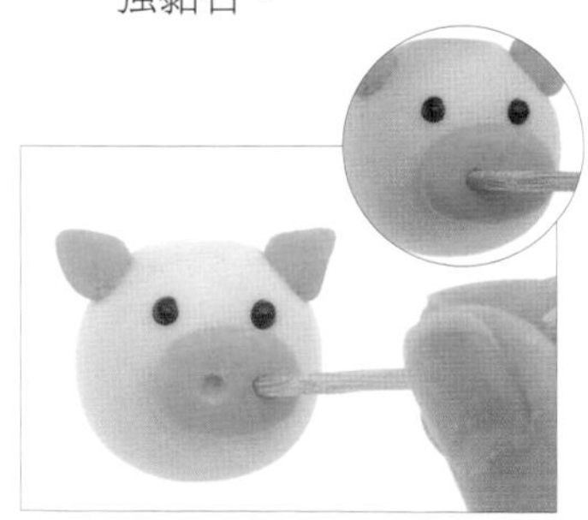

10 以牙籤尾端在豬鼻兩側壓出凹洞，為鼻孔。

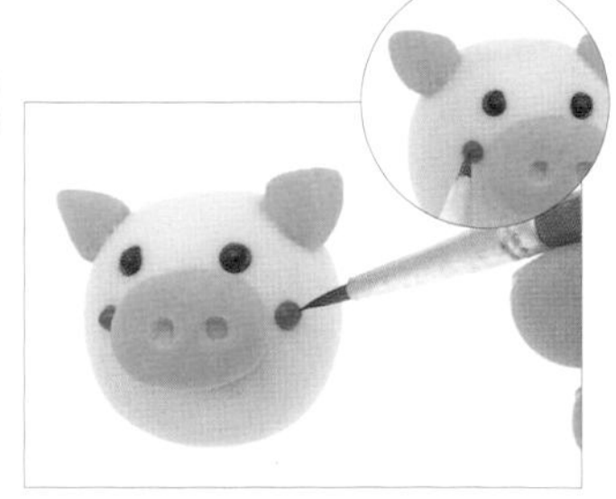

11 以畫筆沾取紅色色膏，畫出圓點，為酒窩。

12 如圖，粉紅豬完成。

Cute style

05

萌寵動物

黃色小雞

湯圓

使用糯米團	製作部位	糯米團直徑
黃色糯米團 a	身體	2 公分
黃色糯米團 b1	翅膀	1 公分
黃色糯米團 b2	翅膀	1 公分
橘紅色糯米團	嘴巴	0.5 公分
粉色糯米團	帽子	1 公分

元宵

使用糯米團	製作部位	糯米團直徑
黃色糯米團 a	身體	4 公分
黃色糯米團 b1	翅膀	2 公分
黃色糯米團 b2	翅膀	2 公分
橘紅色糯米團	嘴巴	1 公分
粉色糯米團	帽子	2 公分

步驟說明 Step by step

01 用手掌將黃色糯米團a搓揉成圓形，為小雞身體。

02 將小雞身體放在桌上。

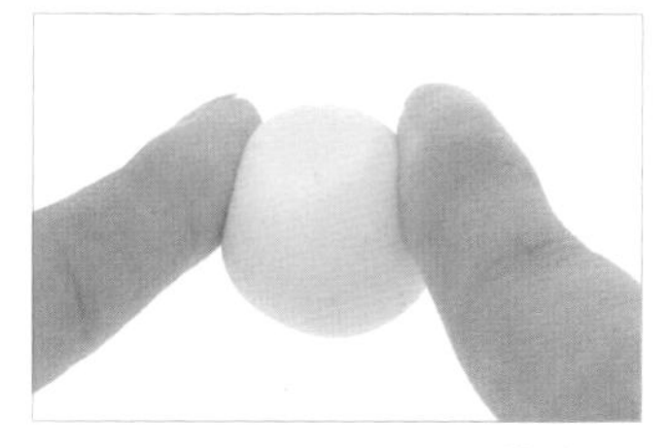

03 用雙手指腹將小雞身體的兩上側稍微壓出弧度，區分出頭和下半部。

04 如圖，小雞身體完成。

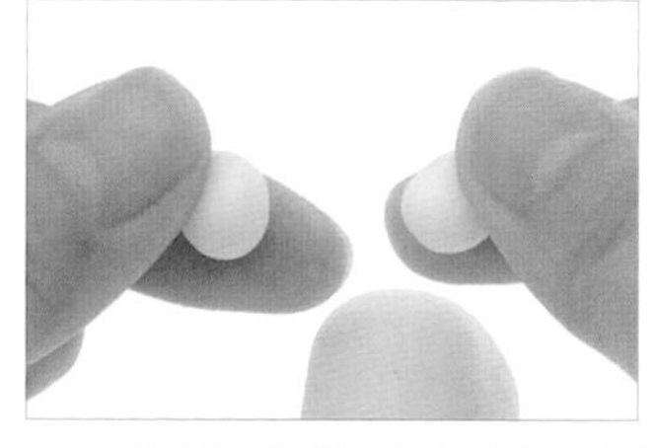

05 用指腹將黃色糯米團b1、b2搓揉成圓形。

06 用指腹將黃色圓形糯米團b1、b2搓成長條形。

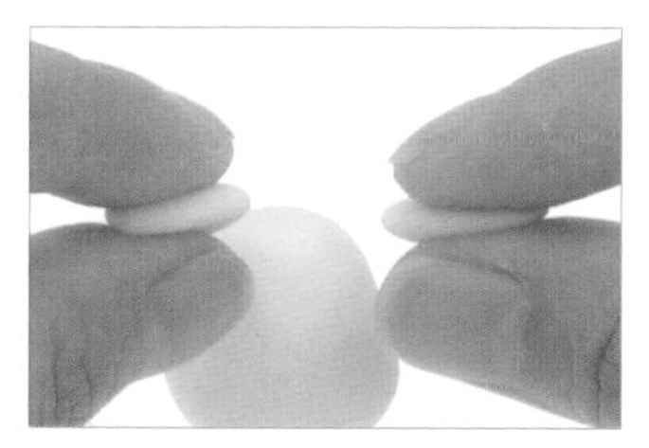

07 用指腹將黃色長條形糯米團b1、b2壓成扁長形，為翅膀。

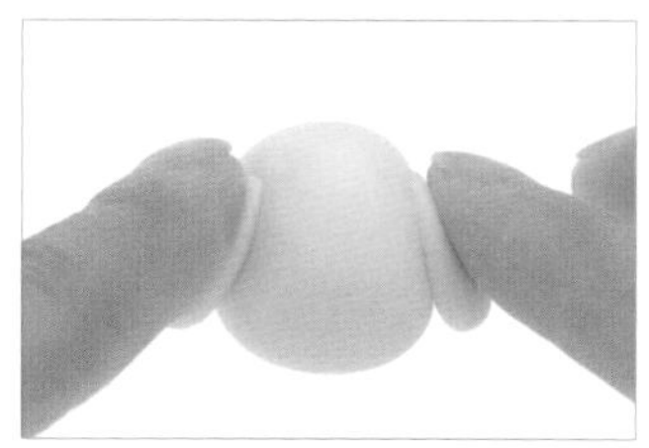

08 將翅膀放在小雞身體兩側後，再用指腹輕壓，以加強黏合。

09 如圖，小雞翅膀擺放完成。

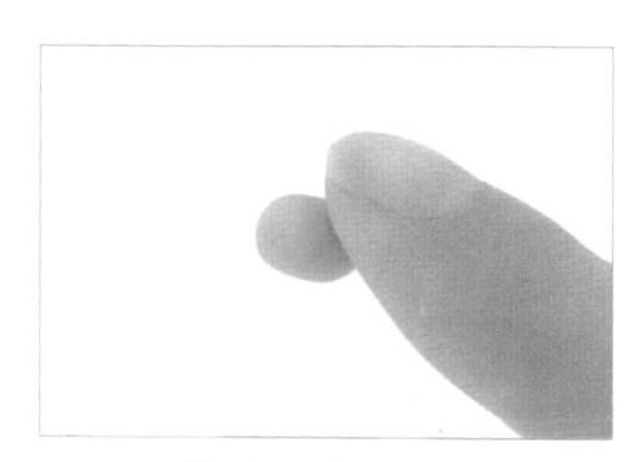

10 用指腹將橘紅色糯米團搓揉成橢圓形。

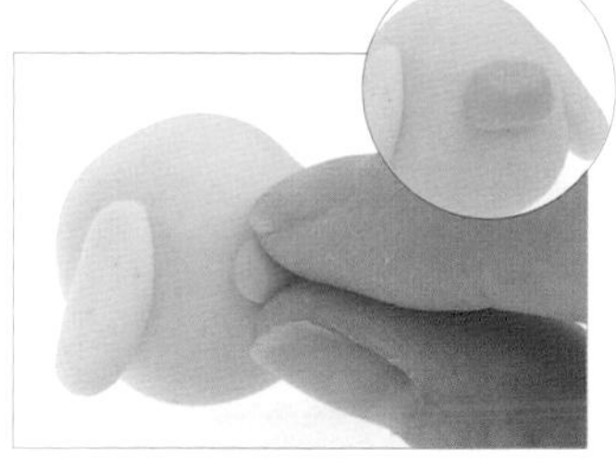

11 將橘紅色橢圓形糯米團放在小雞臉上，並用指腹順勢捏尖，為嘴巴。

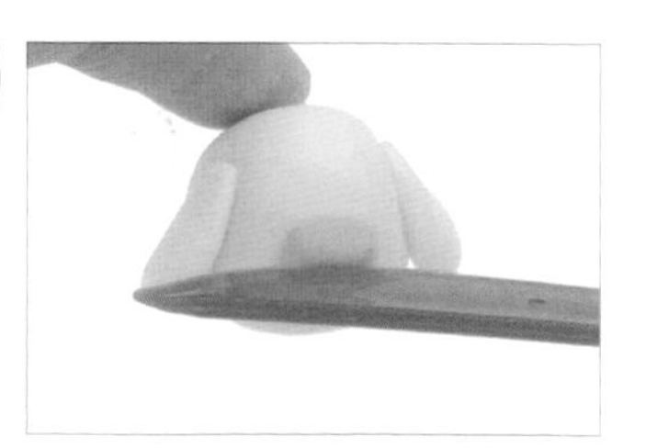

12 以切刀棒在小雞嘴巴中間橫切一刀。

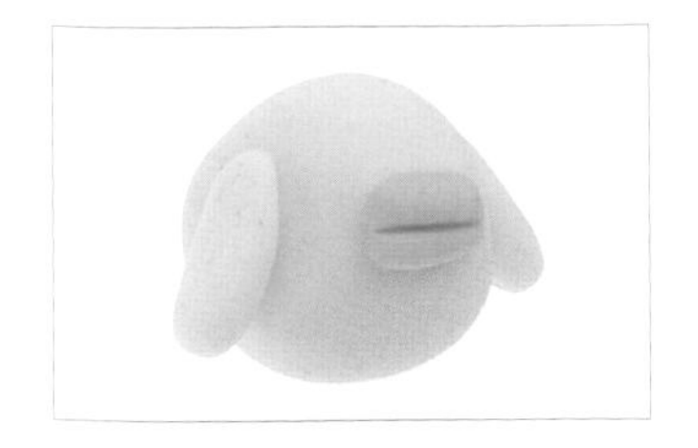

13 如圖，小雞嘴巴中間的接合處製作完成。

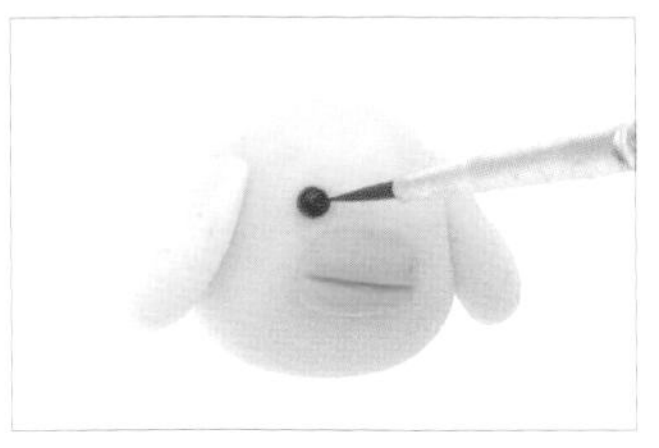

14 以畫筆沾取咖啡色色膏畫出圓點，為左眼。

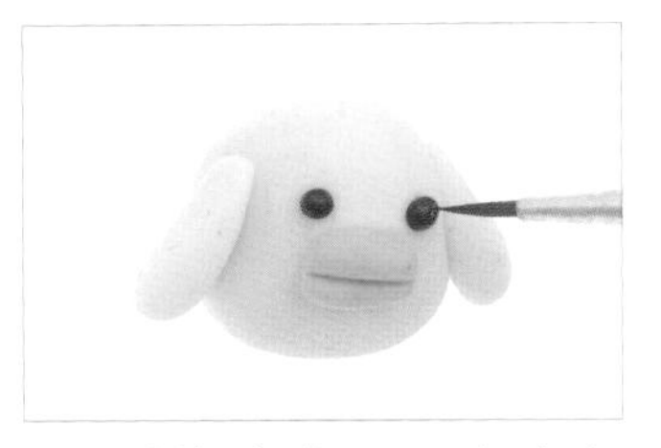

15 重複步驟 14，畫出右眼。

16 以畫筆沾取紅色色膏，畫出圓點，為左邊酒窩。

17 重複步驟 16，畫出右邊酒窩。

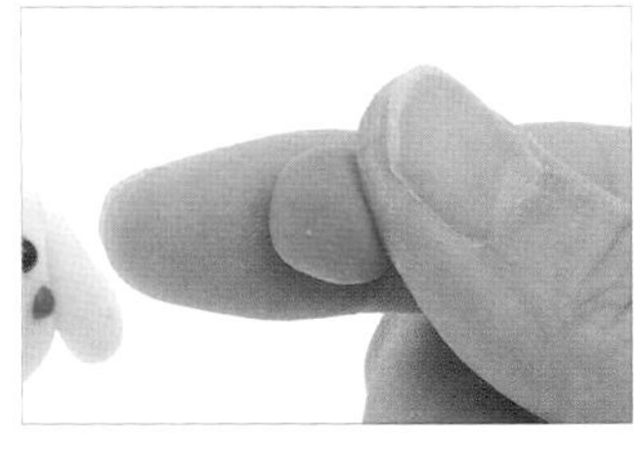

18 用手掌將粉色糯米團的 2/3 搓揉成圓形。

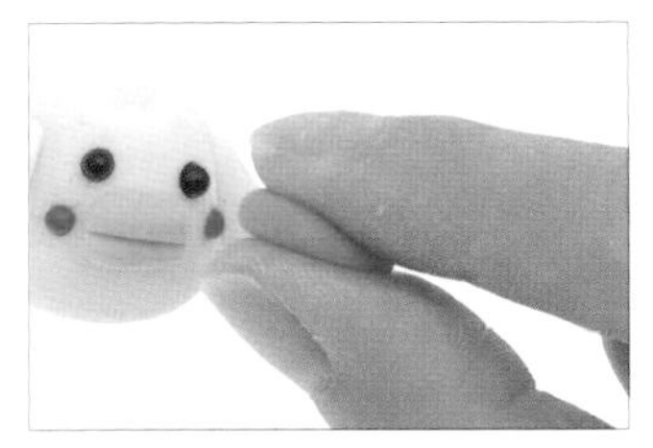

19 承步驟 18，將圓形粉色糯米團壓扁，為帽子。

20 將帽子放在小雞頭左側。

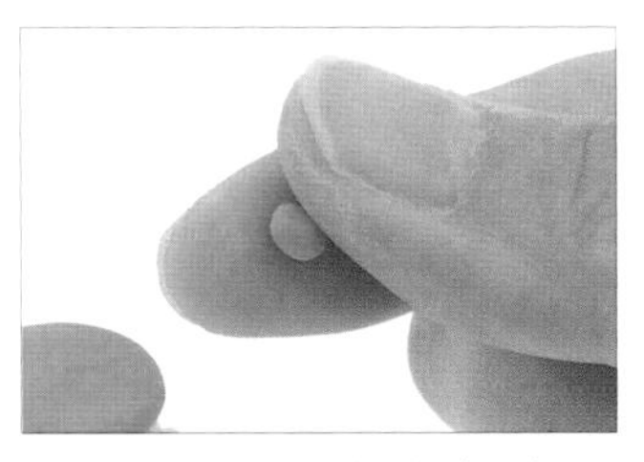

21 用手掌將粉色糯米團的 1/3 搓揉成圓形，為帽子上的鈕扣。

22 將鈕扣放在帽子中間。

23 用指腹輕壓鈕扣，以加強黏合。

24 如圖，黃色小雞完成。

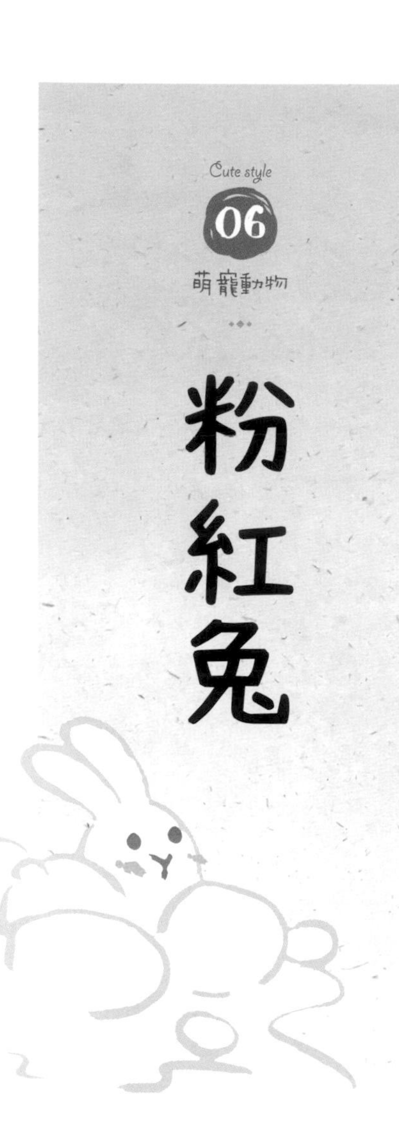

粉紅兔

湯圓

使用糯米團	製作部位	糯米團直徑
粉色糯米團 a	頭部	2 公分
粉色糯米團 b1	耳朵	1 公分
粉色糯米團 b2	耳朵	1 公分
白色糯米團 c1	吻部	0.5 公分
白色糯米團 c2	吻部	0.5 公分
紅色糯米團	鼻子	0.25 公分

元宵

使用糯米團	製作部位	糯米團直徑
粉色糯米團 a	頭部	4 公分
粉色糯米團 b1	耳朵	2 公分
粉色糯米團 b2	耳朵	2 公分
白色糯米團 c1	吻部	1 公分
白色糯米團 c2	吻部	1 公分
紅色糯米團	鼻子	0.5 公分

步驟說明 Step by step

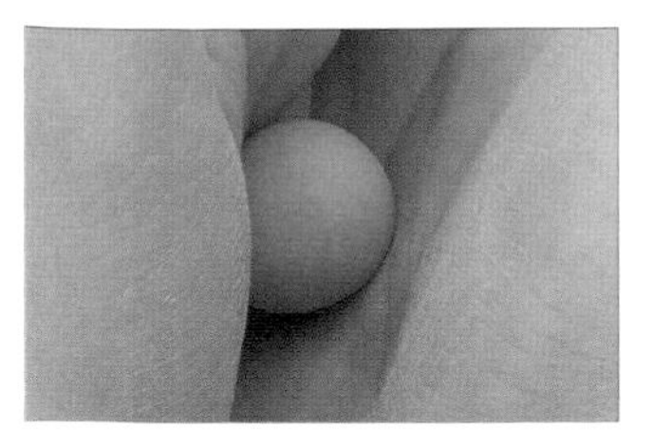

01 用手掌將粉色糯米團a搓揉成圓形，為兔頭。

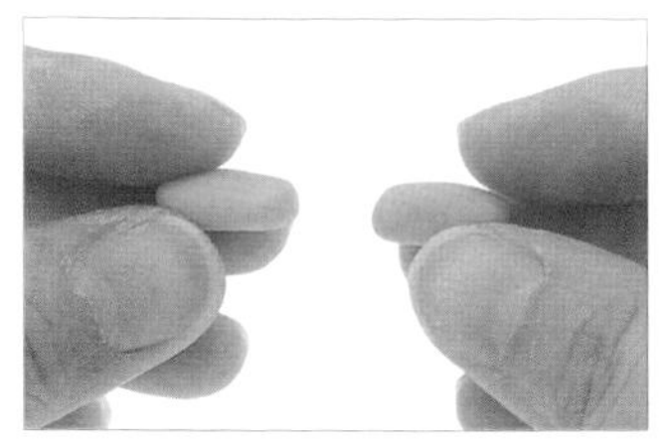

02 用指腹將粉色糯米團b1、b2搓揉成長條形，為兔耳。

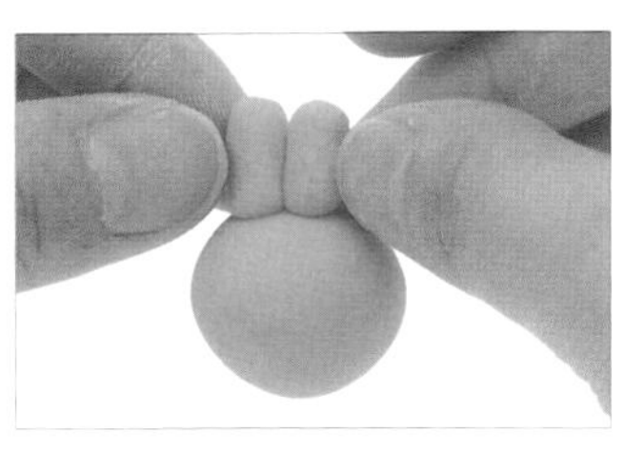

03 將兔耳並排放在兔子的頭頂上。

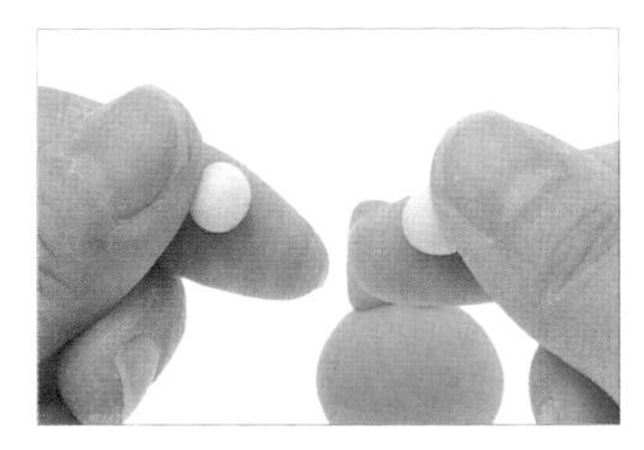

04 用指腹將白色糯米團c1、c2搓揉成圓形，為吻部。

05 將吻部放在兔臉下側。

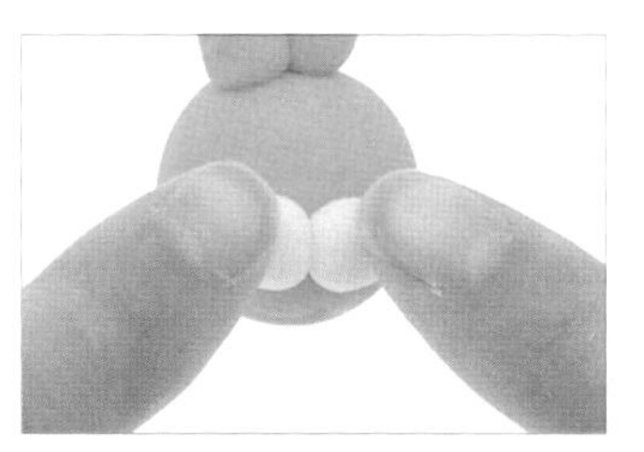

06 用指腹輕壓，以加強黏合。

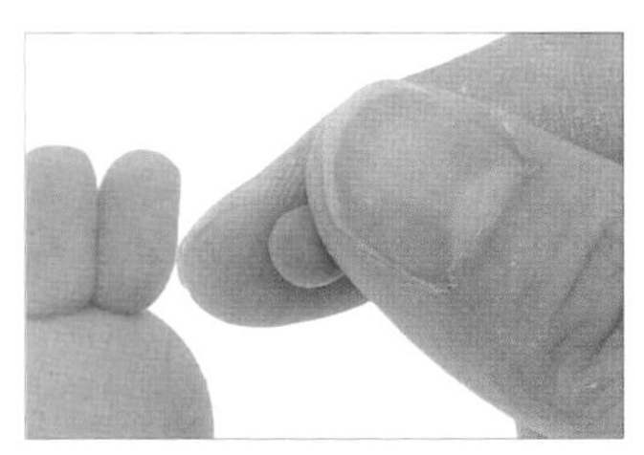

07 用指腹將紅色糯米團搓揉成圓形。

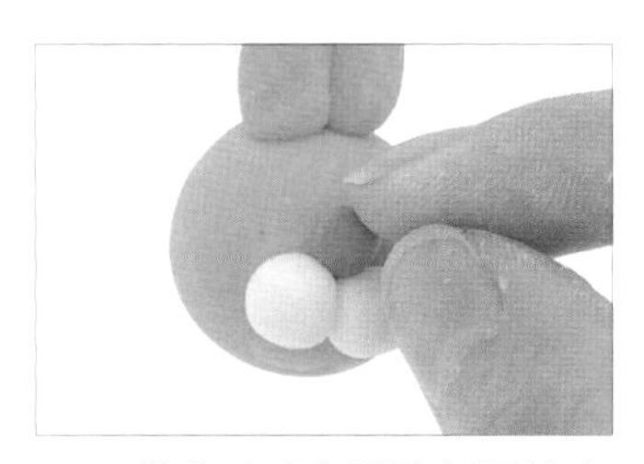

08 將紅色圓形糯米團放在吻部上側。

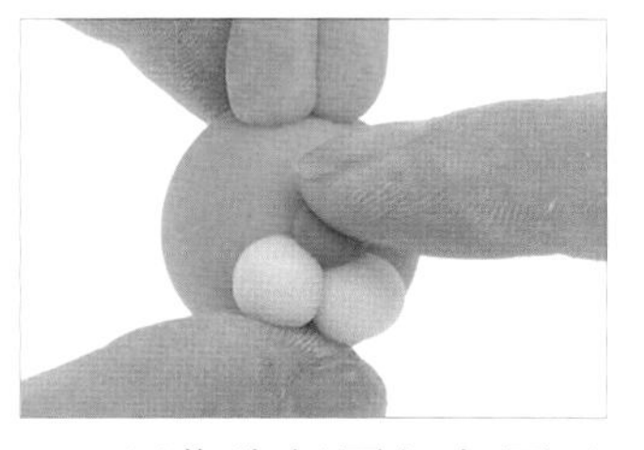

09 用指腹輕壓紅色圓形糯米團上側。

10 如圖，兔鼻完成。

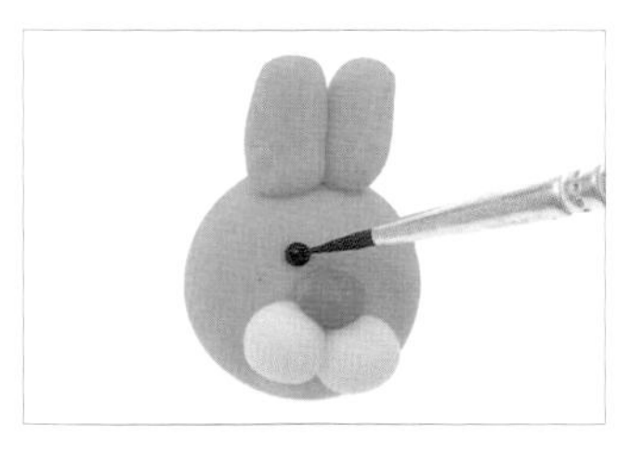

11 以畫筆沾取咖啡色色膏，畫出圓點，為左眼。

12 重複步驟11，畫出右眼。

13 如圖，兔眼繪製完成。

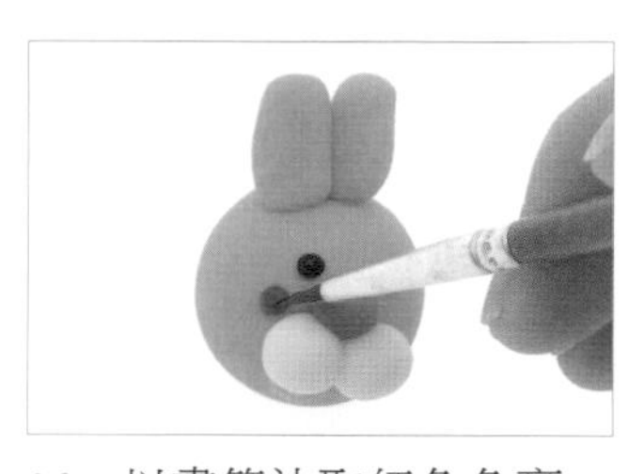

14 以畫筆沾取紅色色膏，畫出圓點，為左邊酒窩。

15 重複步驟 14，畫出右邊酒窩。

16 如圖，酒窩繪製完成。

17 以牙籤尖端在左邊吻部上戳三個小洞。

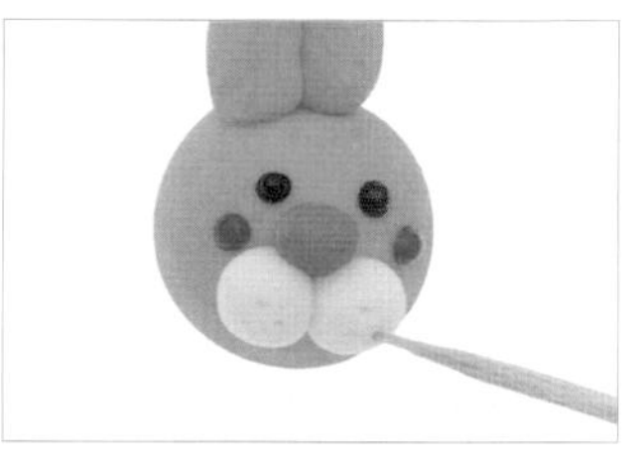

18 以牙籤尖端在右邊吻部上戳三個小洞。

19 如圖，粉紅兔完成。

 湯圓

使用糯米團	製作部位	糯米團直徑
白色糯米團	頭部	1.5 公分
棕色糯米團 a	花色	1 公分
棕色糯米團 b1	耳朵	1 公分
棕色糯米團 b2	耳朵	1 公分
粉色糯米團	帽子	1 公分

元宵

使用糯米團	製作部位	糯米團直徑
白色糯米團	頭部	3 公分
棕色糯米團 a	花色	2 公分
棕色糯米團 b1	耳朵	2 公分
棕色糯米團 b2	耳朵	2 公分
粉色糯米團	帽子	2 公分

步驟說明 Step by step

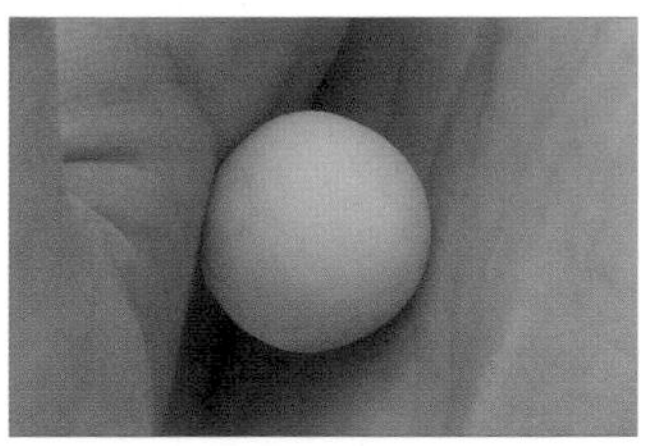

01 用手掌將白色糯米團搓揉成圓形，為小狗頭。

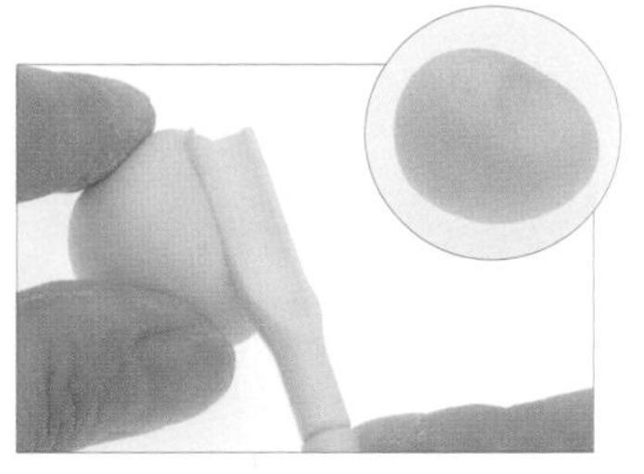

02 以彎形棒在小狗頭側邊壓出弧形。（註：可用指腹輕壓替代。）

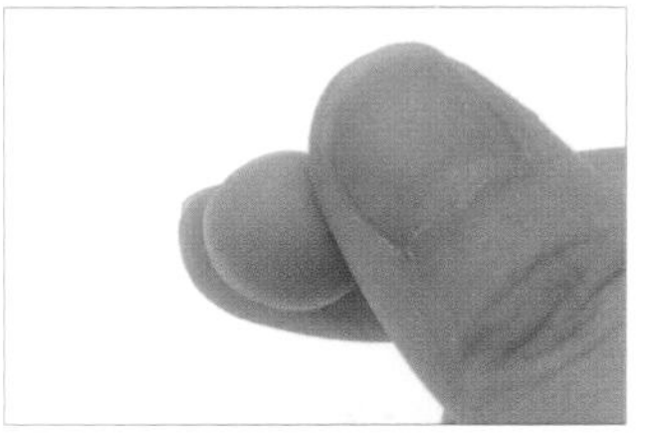

03 用指腹將棕色糯米團a搓揉成圓形。

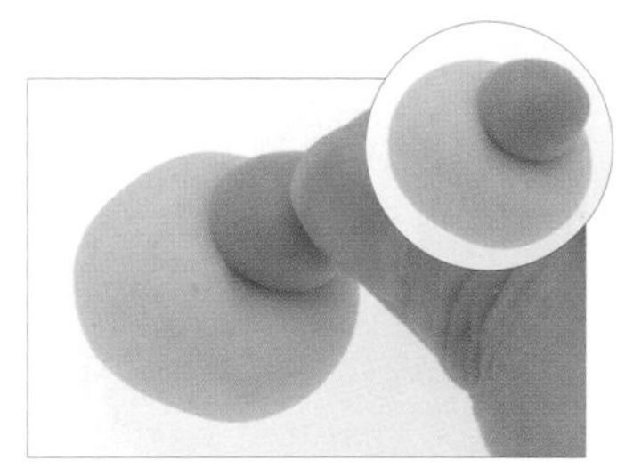

04 將棕色圓形糯米團a放在小狗頭右側弧形上。

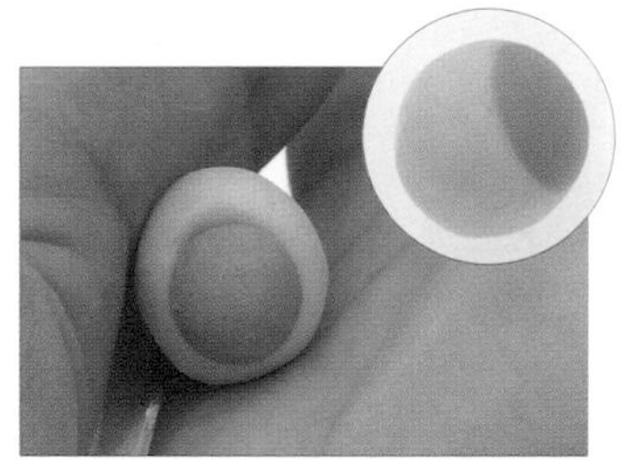

05 用手掌搓揉白色、棕色糯米團，使兩色融合成一個糯米團，為小狗頭上的花色。

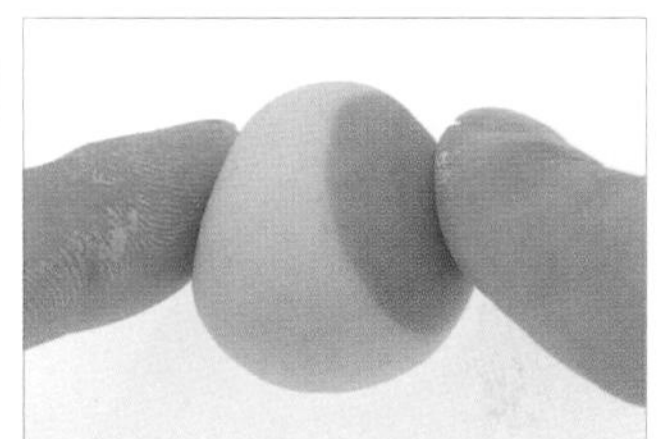

06 用指腹在小狗頭的兩上側稍微壓出弧度，為之後耳朵的放置處。

07 如圖，小狗頭製作完成。

08 用指腹將棕色糯米團b1、b2搓揉成圓形。

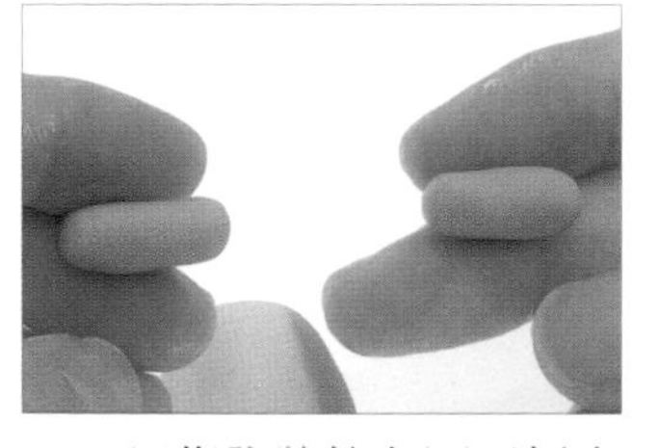

09 用指腹將棕色圓形糯米團b1、b2搓揉成長條形。

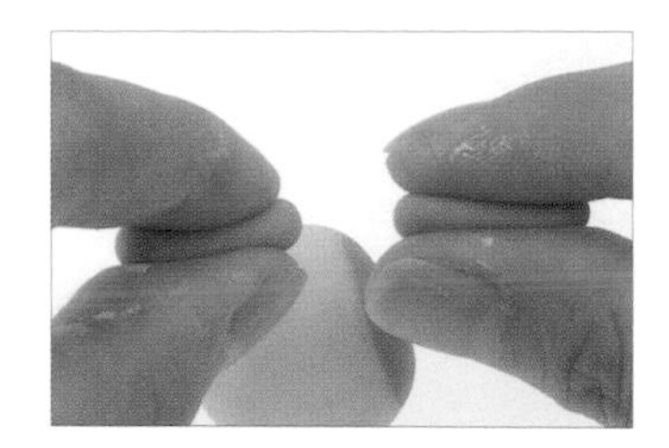

10 用指腹將棕色長條形糯米團b1、b2壓成扁長形，為耳朵。

11 將耳朵放在小狗頭兩側，再用指腹輕壓，以加強黏合。

12 承步驟11，將耳朵稍微向上扳起，即完成小狗主體。

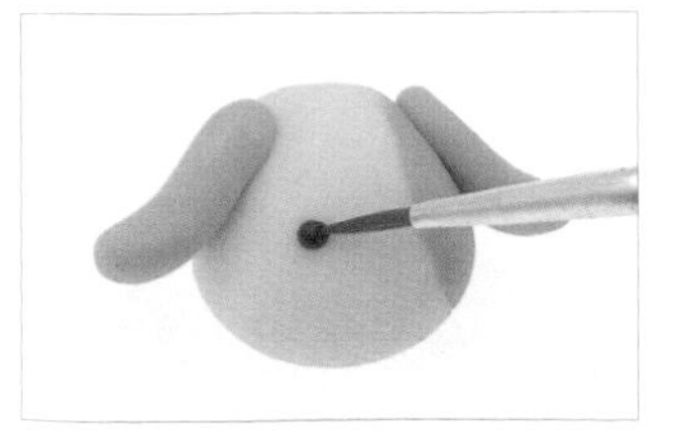

13 以畫筆沾取咖啡色色膏，畫出圓點，為左眼。

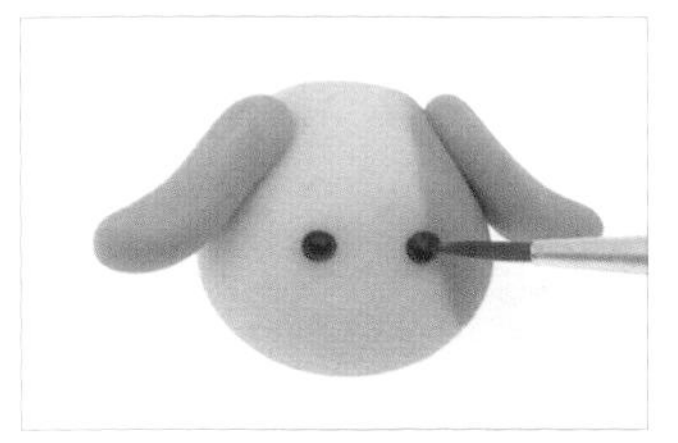

14 重複步驟13，畫出右眼。

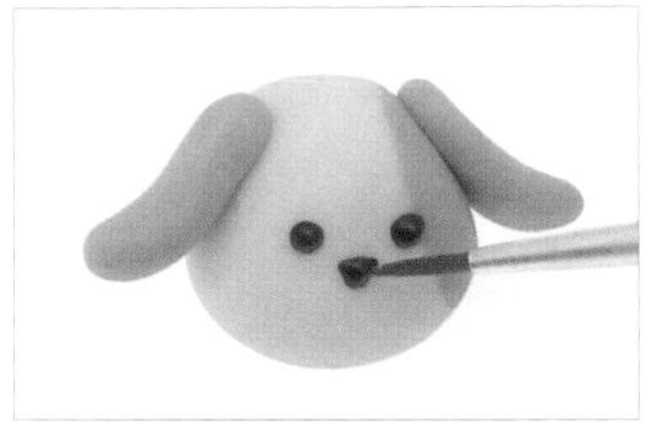

15 以畫筆沾取咖啡色色膏，在眼睛下方畫三角形，為鼻子。

16 以畫筆沾取咖啡色色膏，在鼻子下方畫 ω 形，為嘴巴。

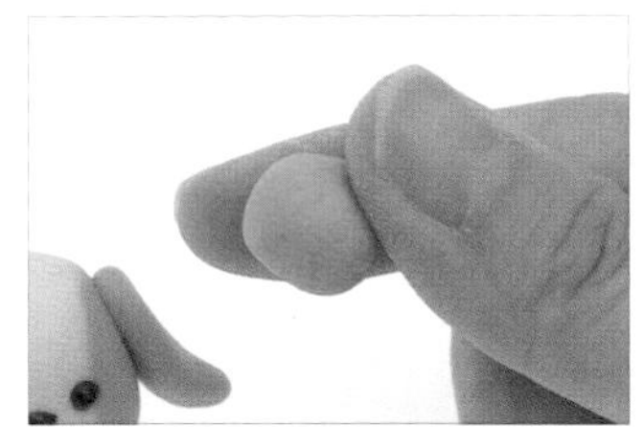

17 用指腹將粉色糯米團的2/3搓揉成圓形。

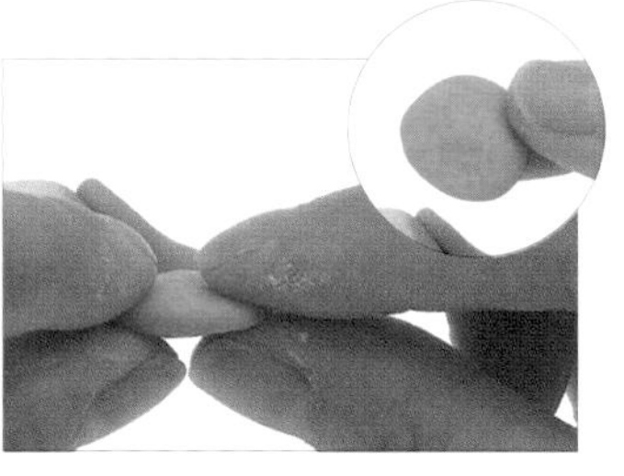

18 承步驟17，將圓形粉色糯米團壓扁，為帽子。

19 將帽子放在小狗頭左側，並用指腹輕壓固定。

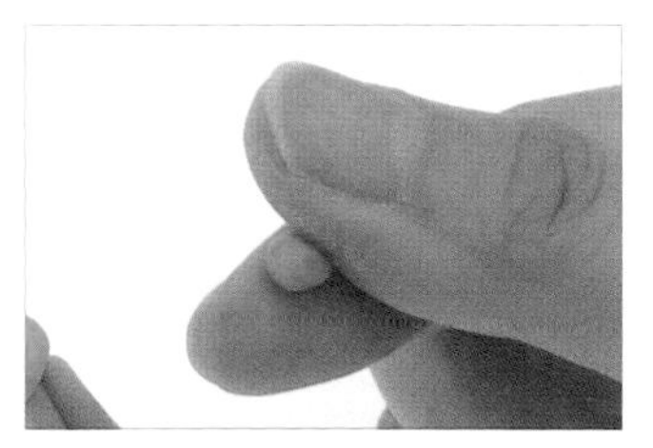

20 用指腹將粉色糯米團的1/3搓揉成圓形，為帽子上的鈕扣。

21 將鈕扣放在帽子中間。

22 用指腹輕壓鈕扣，以加強黏合。

23 以畫筆沾取紅色色膏，在嘴巴兩側畫圓點，為酒窩。

24 如圖，小狗完成。

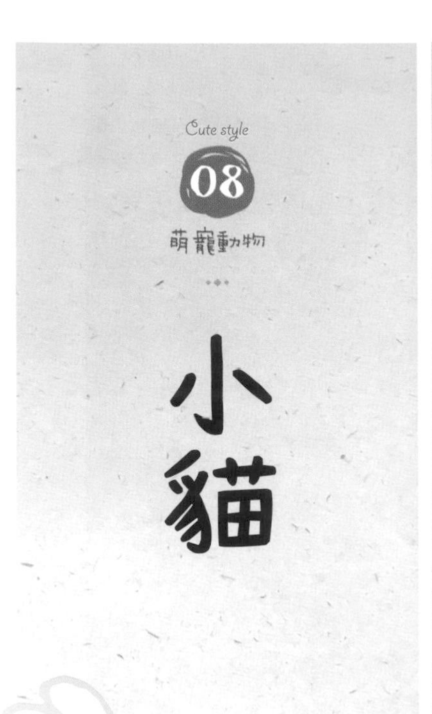

小貓

湯圓

使用糯米團	製作部位	糯米團直徑
白色糯米團 a	頭部	2 公分
白色糯米團 b	身體、尾巴	1 公分
白色糯米團 c1	吻部	0.5 公分
白色糯米團 c2	吻部	0.5 公分
白色糯米團 d1	貓耳	0.5 公分
白色糯米團 d2	貓耳	0.5 公分
黃色糯米團 e	帽子	1 公分
黃色糯米團 f	領帶	0.5 公分
紅色糯米團	鼻子	0.25 公分

元宵

使用糯米團	製作部位	糯米團直徑
白色糯米團 a	頭部	4 公分
白色糯米團 b	身體、尾巴	2 公分
白色糯米團 c1	吻部	1 公分
白色糯米團 c2	吻部	1 公分
白色糯米團 d1	貓耳	1 公分
白色糯米團 d2	貓耳	1 公分
黃色糯米團 e	帽子	2 公分
黃色糯米團 f	領帶	1 公分
紅色糯米團	鼻子	0.5 公分

步驟說明 Step by step

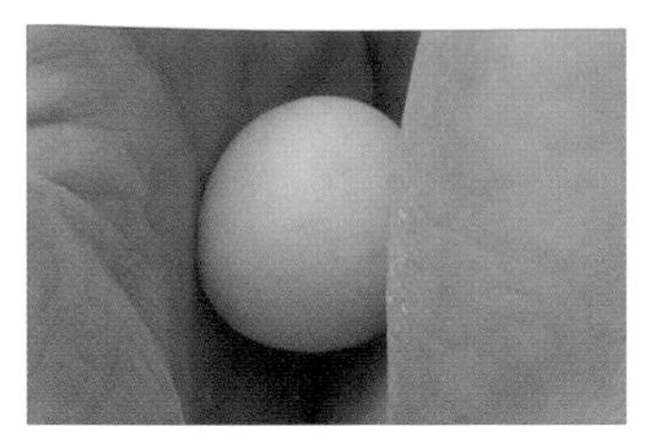

01　用手掌將白色糯米團 a 搓揉成圓形，為小貓頭。

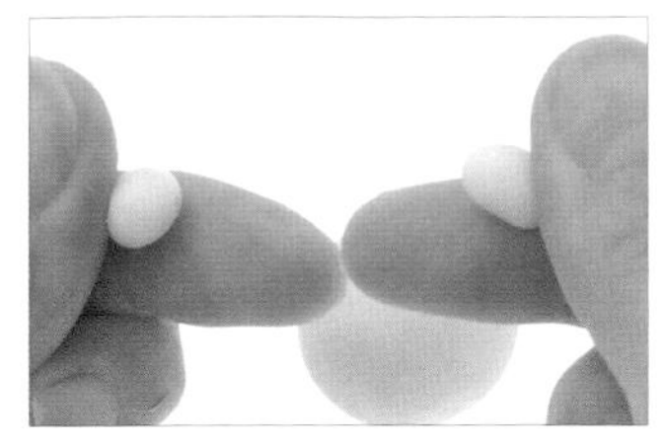

02　用指腹將白色糯米團 c1、c2 搓揉成圓形，為吻部。

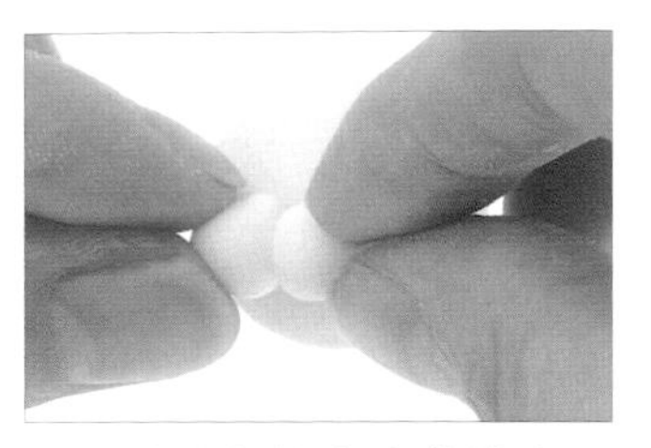

03　將吻部放在小貓臉上。

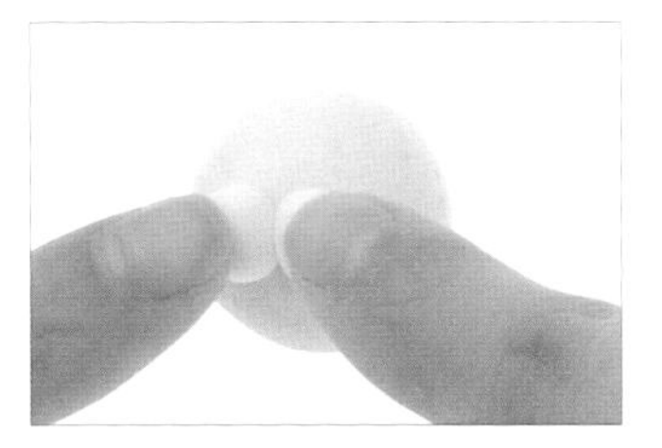

04　承步驟 3，用指腹輕壓，以加強黏合。

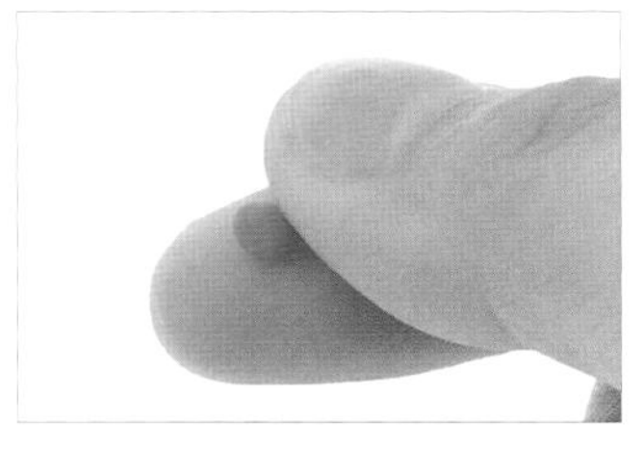

05　用指腹將紅色糯米團搓揉成圓形。

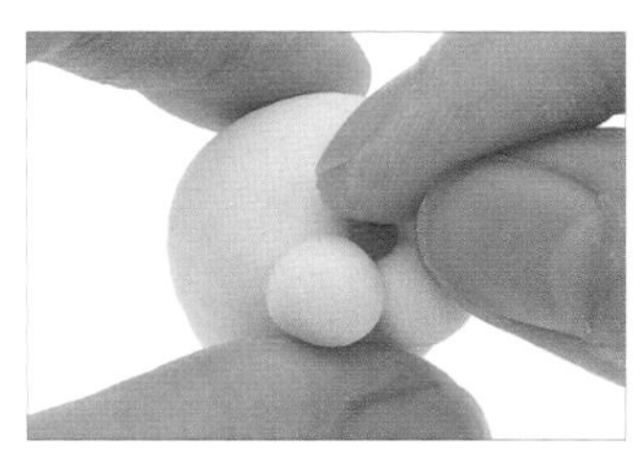

06　將紅色圓形糯米團放在吻部上側。

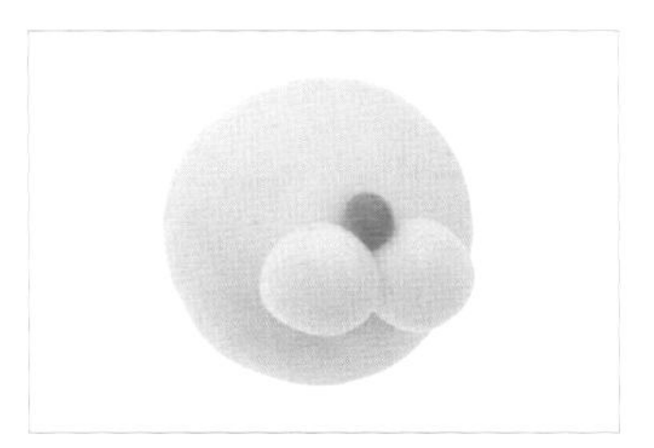

07　用指腹輕壓紅色圓形糯米團上側，為鼻子。

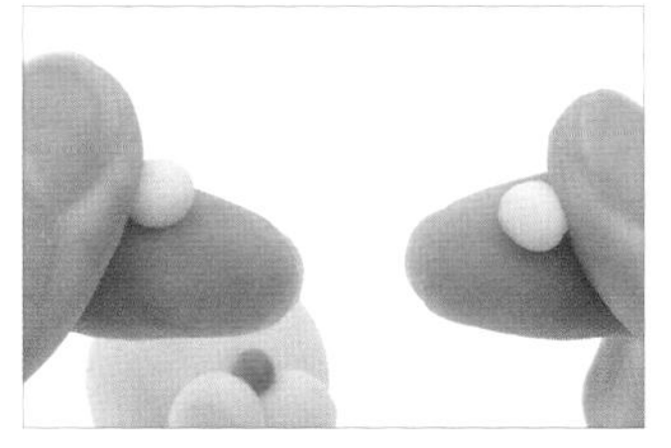

08　用指腹將白色糯米團 d1、d2 搓揉成圓形，為貓耳。

09　將貓耳放在小貓頭的兩側，並用指腹順勢捏成三角形。

10　用指腹將白色糯米團 b 搓揉成圓形。

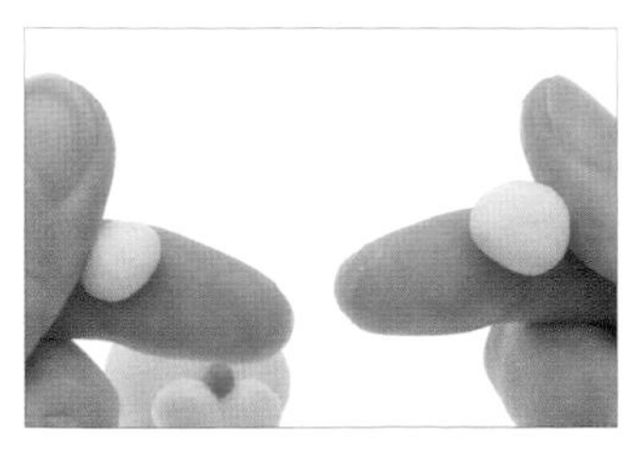

11　承步驟 10，將糯米團分成 2/3 的身體糯米團，和 1/3 的尾巴糯米團。

12　將身體糯米團放在小貓頭下方。

13 以切刀棒在身體糯米團下方壓出短直線。

14 承步驟 13，壓出共三個短直線，為貓腳。

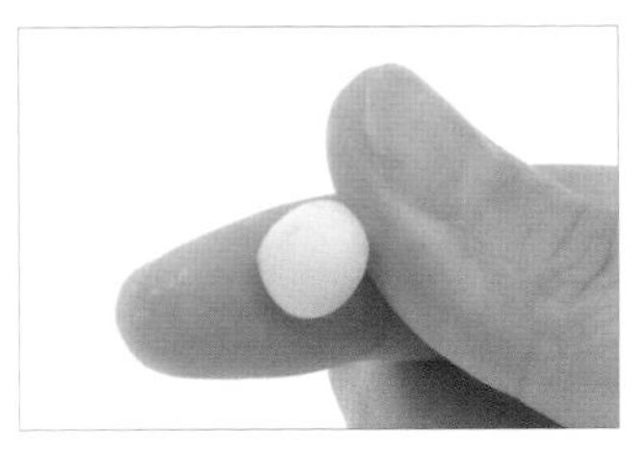

15 用指腹將尾巴糯米團搓揉成圓形。

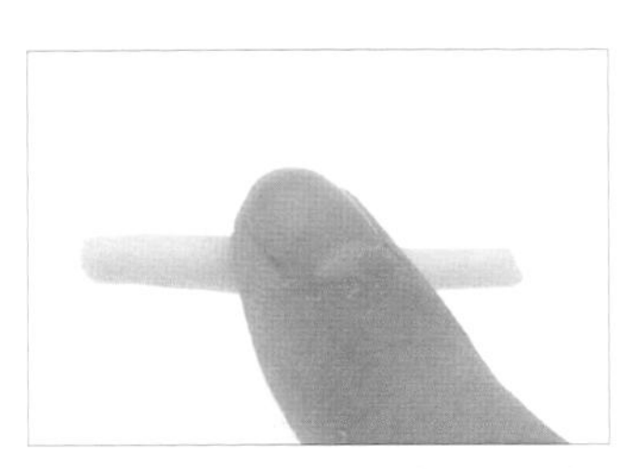

16 承步驟 15，將糯米團搓成長條形。

17 用指腹將長條形糯米團右側輕壓扁，為尾巴。（註：將一側尾巴壓扁會較好與身體黏合。）

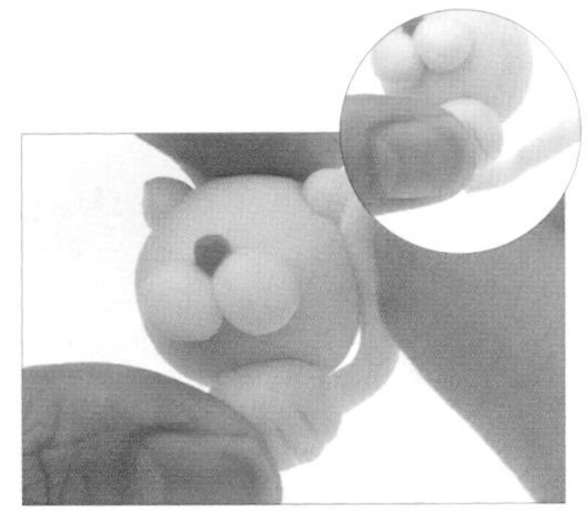

18 將尾巴被壓扁那側放到貓身體後面。

19 將尾巴前端與小貓頭黏合。（註：在烹煮時，糯米團較不易脱落。）

20 用指腹將黃色糯米團 e 搓揉成圓形。

21 承步驟 20，將糯米團分成 2/3 的帽簷糯米團，和 1/3 的帽頂糯米團，並揉圓。

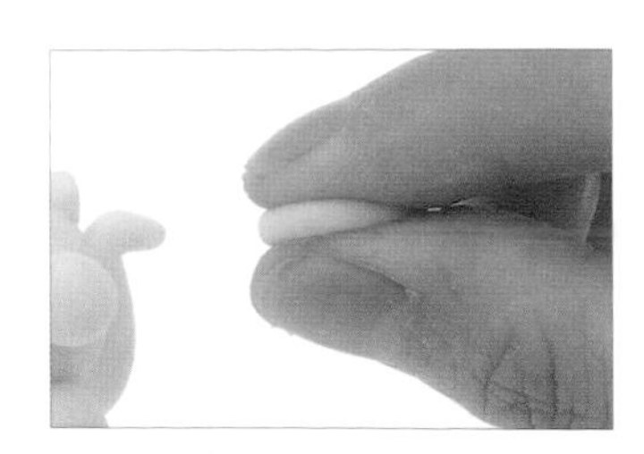

22 將帽簷糯米團壓扁。

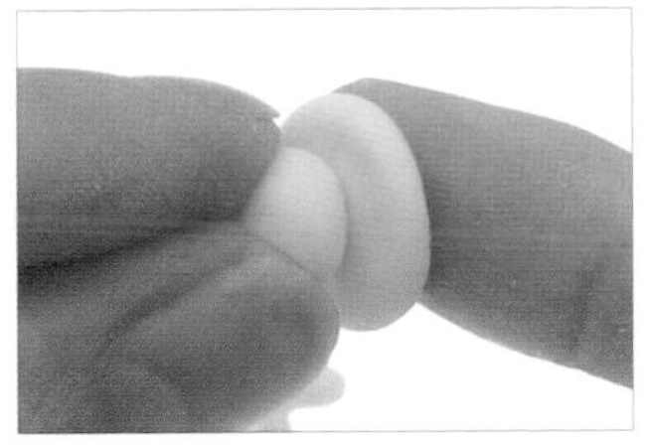

23 將帽頂糯米團放在帽簷糯米團上方。

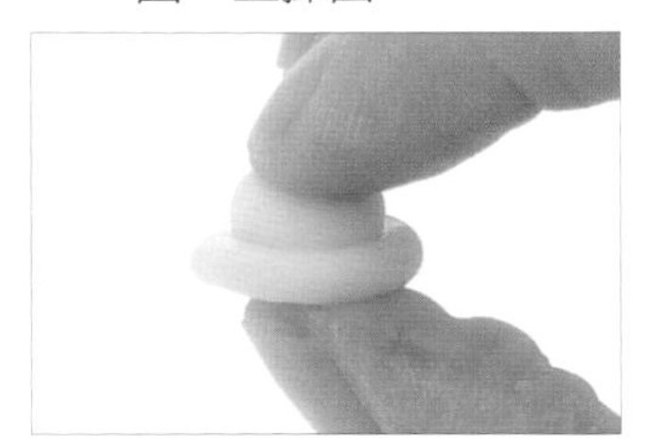

24 承步驟 23，用指腹輕壓固定，為草帽。

25 將草帽放在小貓頭左側，再用指腹輕壓，以加強黏合。

26 用指腹將黃色糯米團 f 搓揉成圓形。

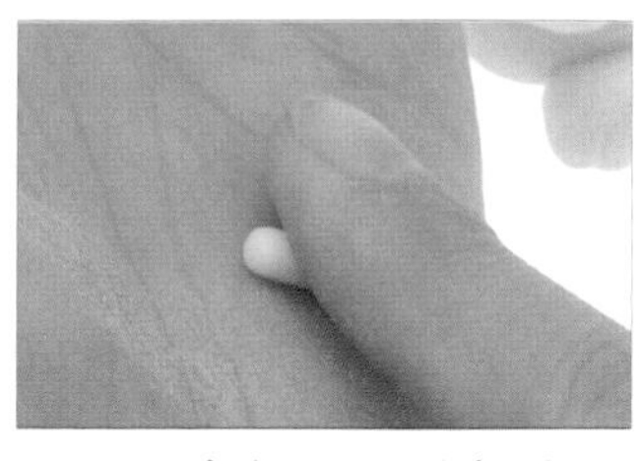

27 承步驟 26，將糯米團搓成長條形。

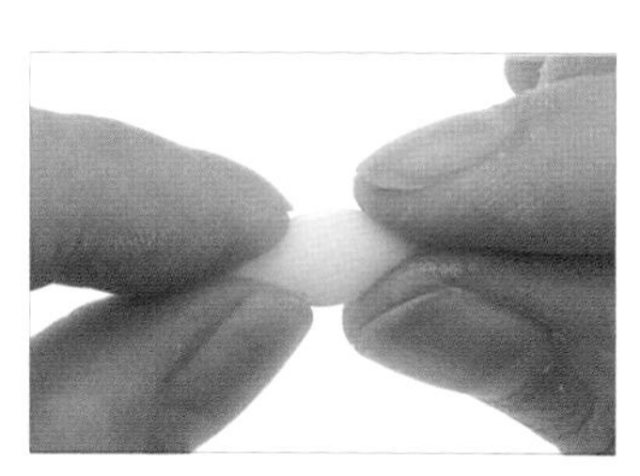

28 用雙手指腹將長條形糯米團兩側捏尖，形成菱形。

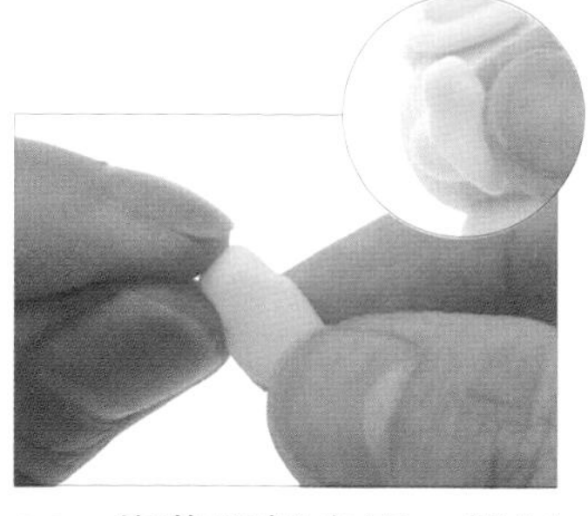

29 將菱形糯米團一側捏平，即為領帶。

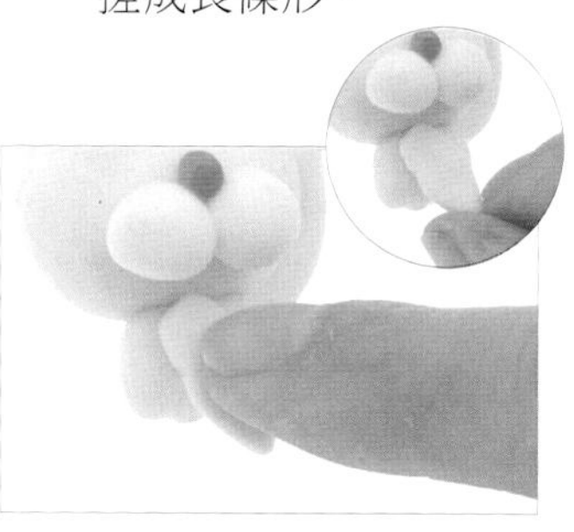

30 將領帶放在貓身體上，並用指腹輕壓領帶，以加強黏合。

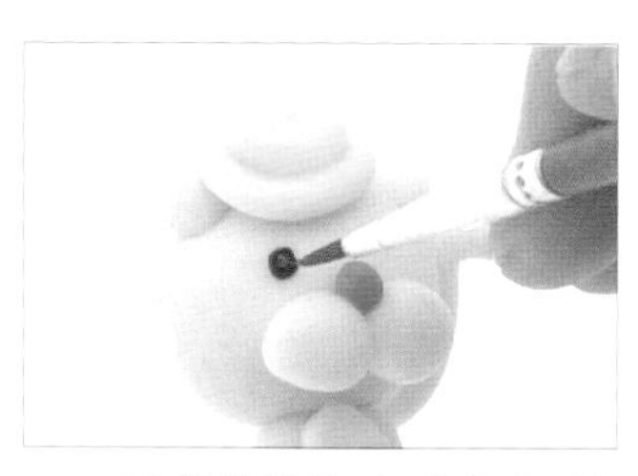

31 以畫筆沾取咖啡色色膏，畫出圓點，為左眼。

32 重複步驟31，畫出右眼。

33 以畫筆沾取咖啡色色膏，在吻部右側畫出三條橫直線，為鬍鬚。

34 重複步驟 33，在吻部左側畫出三條橫直線。

35 以牙籤尖端在兩側吻部各戳三個小洞。

36 如圖，小貓完成。

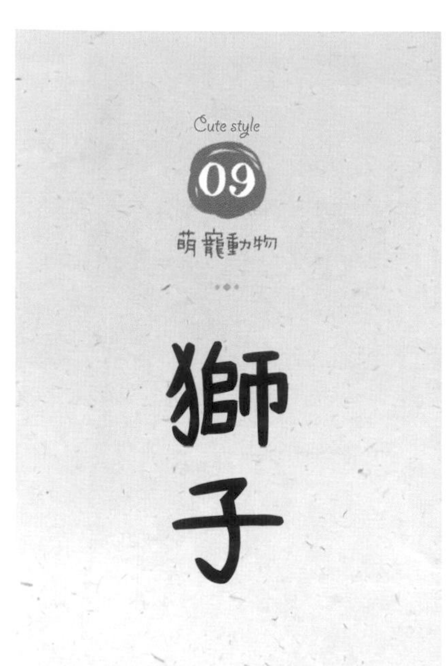

Cute style

09

萌寵動物

獅子

 湯圓

使用糯米團	製作部位	糯米團直徑
土黃色糯米團 a	頭部、身體	3 公分
土黃色糯米團 b1	後腳	0.5 公分
土黃色糯米團 b2	後腳	0.5 公分
土黃色糯米團 c	尾巴	0.5 公分
咖啡色糯米團 d	鬃毛	1 公分
白色糯米團 e1	吻部	0.5 公分
白色糯米團 e2	吻部	0.5 公分
咖啡色糯米團 f	尾巴鬃毛	0.5 公分
紅色糯米團	鼻子	0.25 公分

元宵

使用糯米團	製作部位	糯米團直徑
土黃色糯米團 a	頭部、身體	6 公分
土黃色糯米團 b1	後腳	1 公分
土黃色糯米團 b2	後腳	1 公分
土黃色糯米團 c	尾巴	1 公分
咖啡色糯米團 d	鬃毛	2 公分
白色糯米團 e1	吻部	1 公分
白色糯米團 e2	吻部	1 公分
咖啡色糯米團 f	尾巴鬃毛	1 公分
紅色糯米團	鼻子	0.5 公分

步驟說明 Step by step

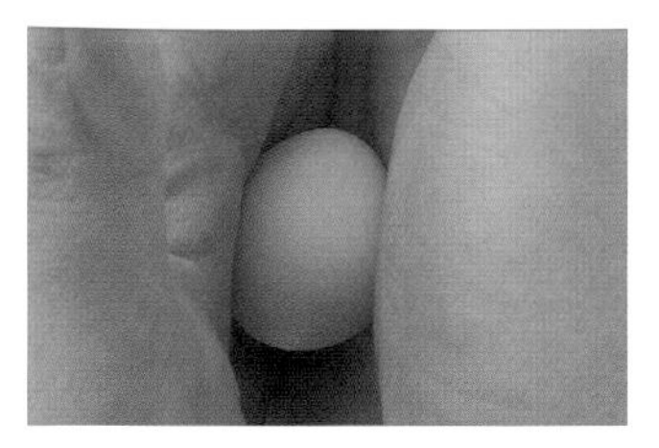

01 用手掌將土黃色糯米團a搓揉成圓形。

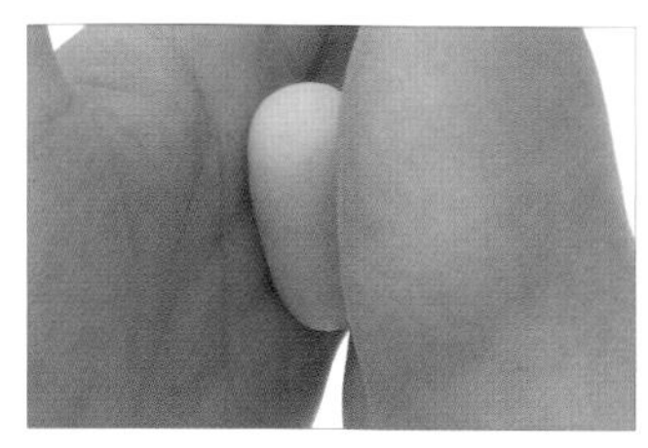

02 承步驟1，將糯米團搓成長條形。

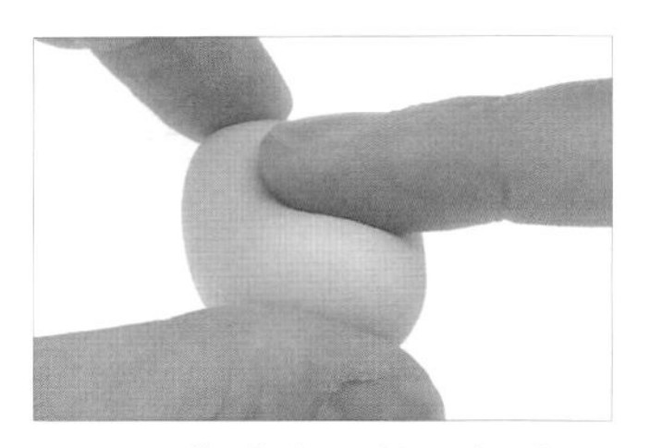

03 用指腹在長條形糯米團a中間壓出凹洞。

04 如圖，區分出獅子頭和獅子身。

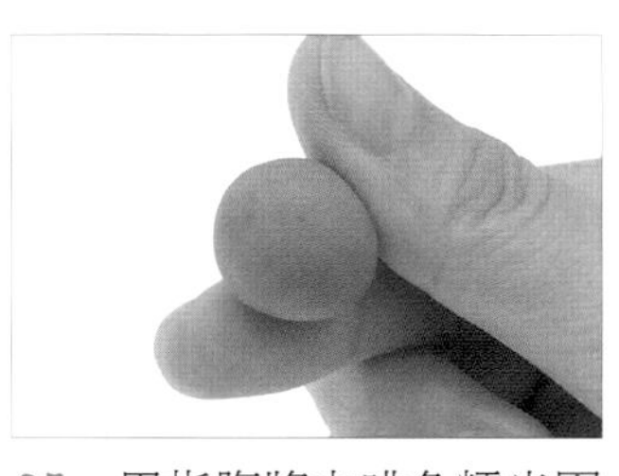

05 用指腹將咖啡色糯米團d拌揉成圓形。

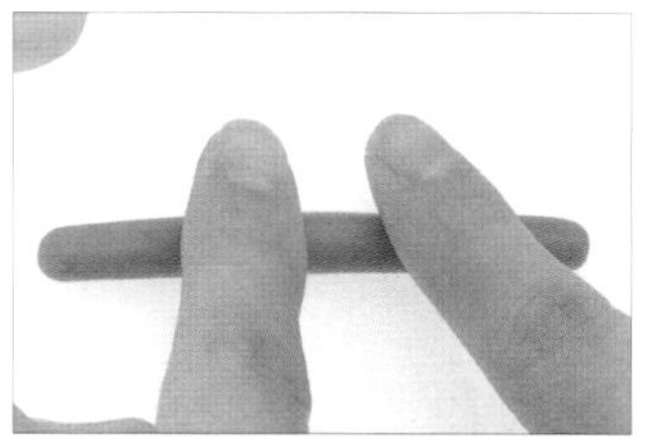

06 承步驟5，將糯米團在桌面上搓成長條狀。

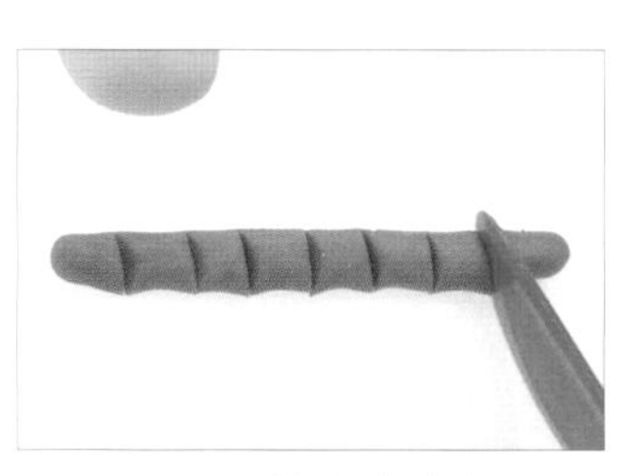

07 以切刀棒將咖啡色長條狀糯米團d切成八份。

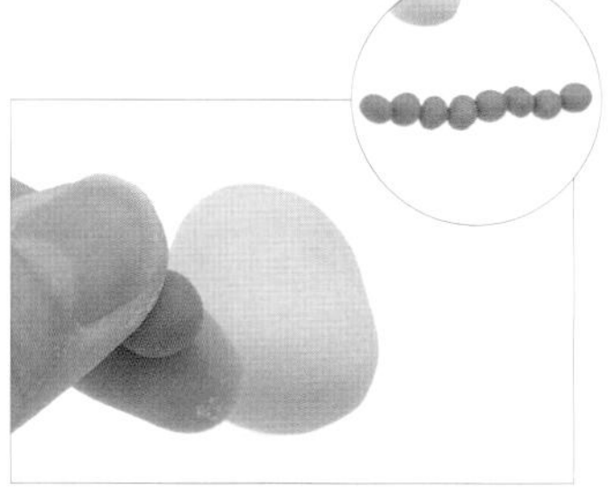

08 承步驟7，用指腹將糯米團搓成圓形。

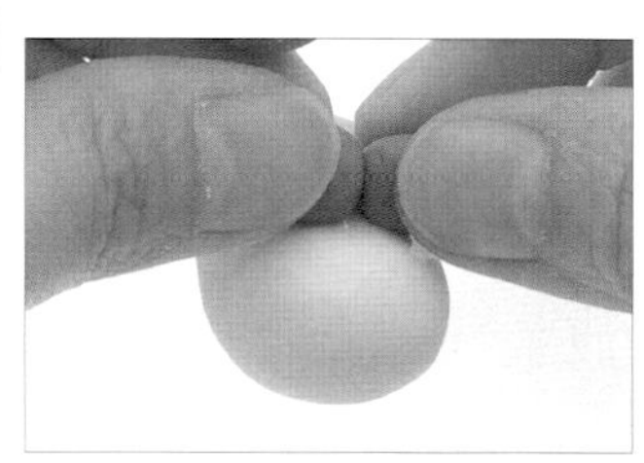

09 將咖啡色圓形糯米團d放在獅子頭上，再用指腹順勢壓尖，為鬃毛。

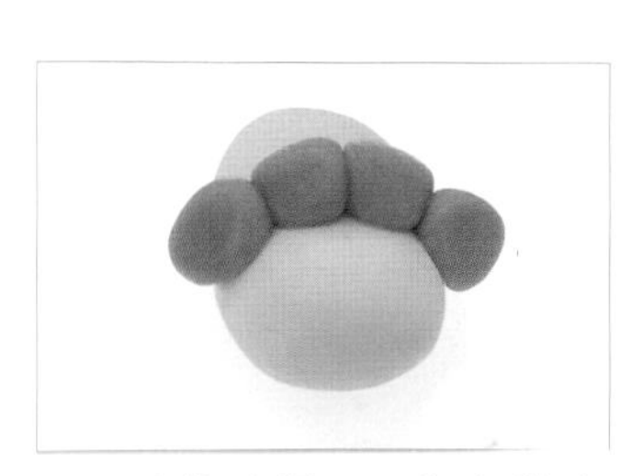

10 重複步驟9，依序將咖啡色圓形糯米團d壓放到獅子頭上側。

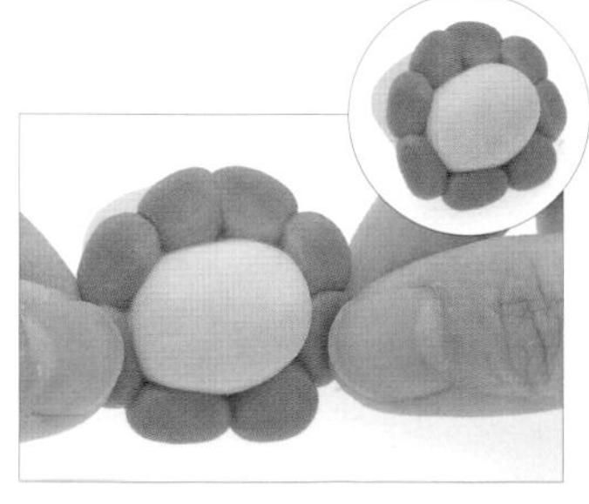

11 重複步驟9，依序將糯米團放到獅子頭下側，繞成一圈。

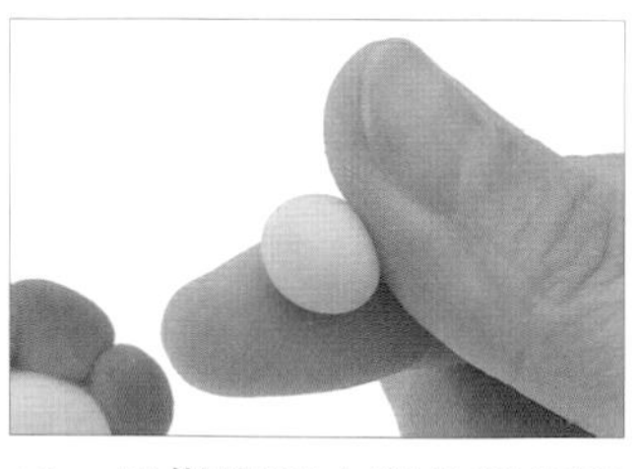

12 用指腹將土黃色糯米團c搓揉成圓形。

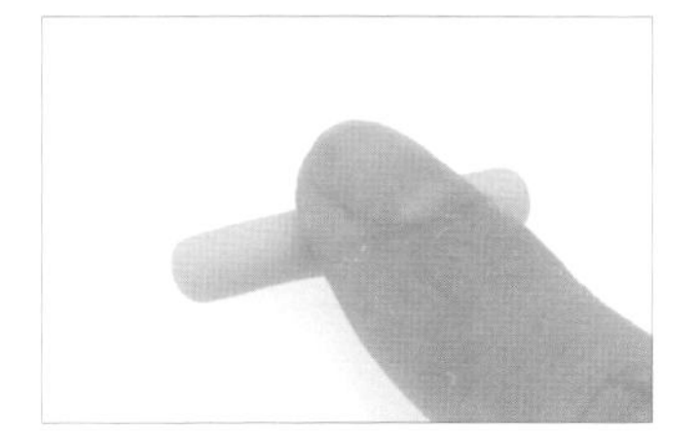

13 承步驟 12，將糯米團搓成長條形。

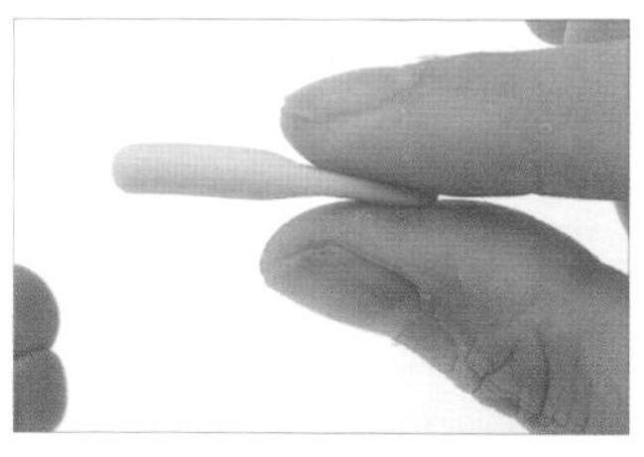

14 用指腹將長條形糯米團 c 一側稍微壓扁，為尾巴。（註：將一側尾巴壓扁會較好與身體黏合。）

15 將尾巴被壓扁那側放到獅子身體下方。

16 用指腹將尾巴與屁股稍微按壓黏合。

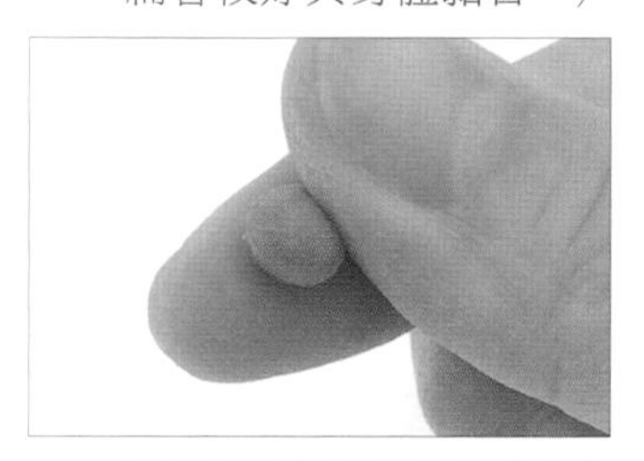

17 用指腹將咖啡色糯米團 f 搓揉成水滴形。

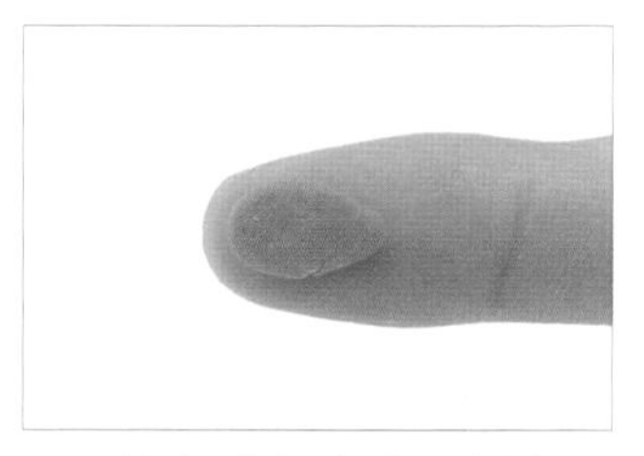

18 將咖啡色水滴形糯米團 f 壓扁。

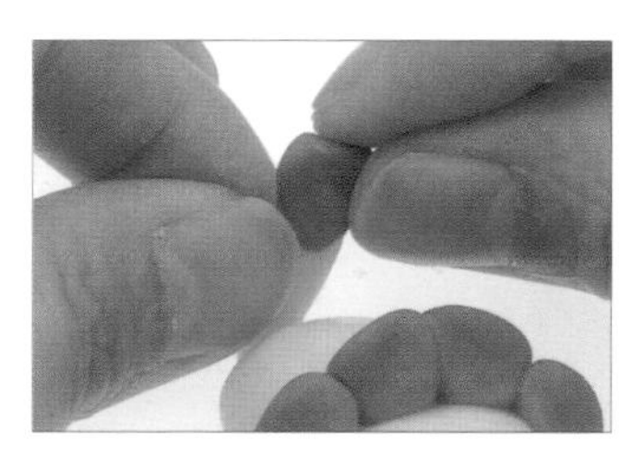

19 將咖啡色水滴形糯米團 f 放在尾巴前端，並指腹按壓黏合，為尾巴鬃毛。

20 將尾巴與獅子的身體黏合。（註：在烹煮時，糯米團較不易脱落。）

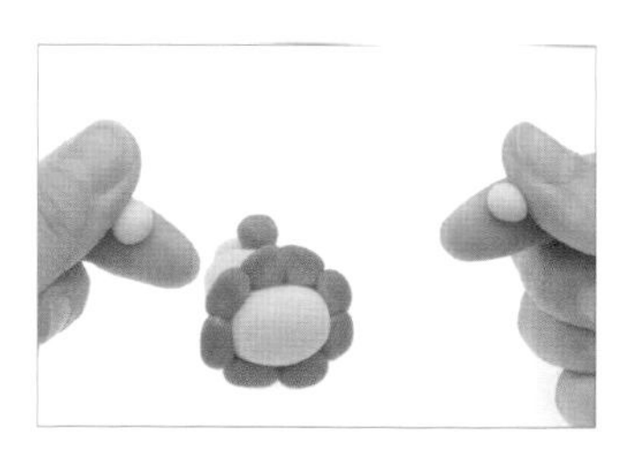

21 用指腹將土黃色糯米團 b1、b2 搓揉成圓形。

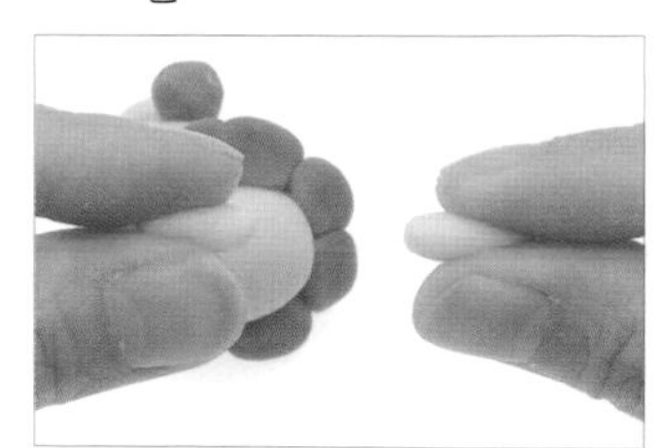

22 將土黃色圓形糯米團 b1、b2 壓扁。

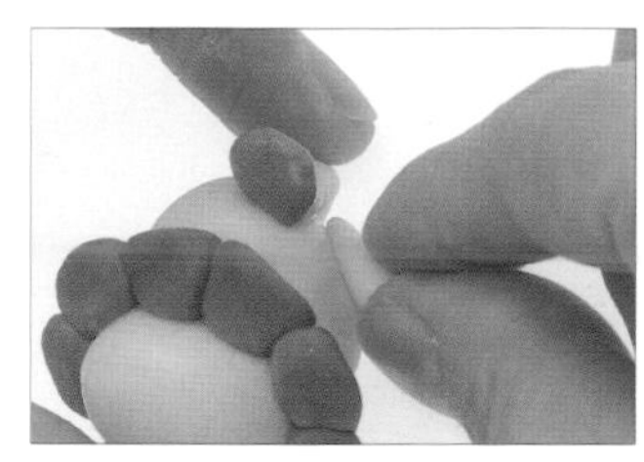

23 將土黃色扁形糯米團 b1 放在獅子身體側邊。

24 承步驟 23，用指腹按壓，以加強黏合，為右後腳。

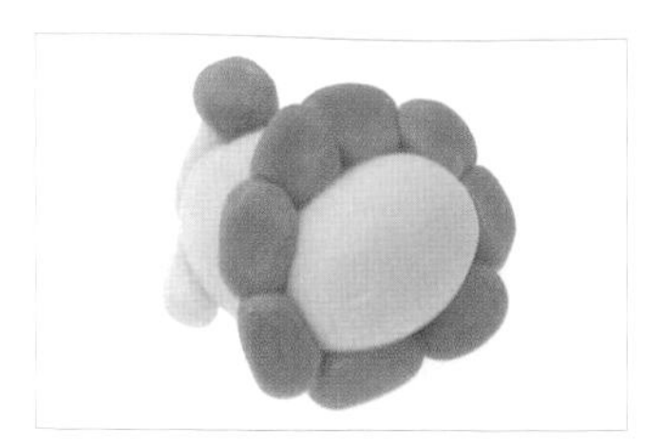

25 重複步驟 23-24，完成左後腳。

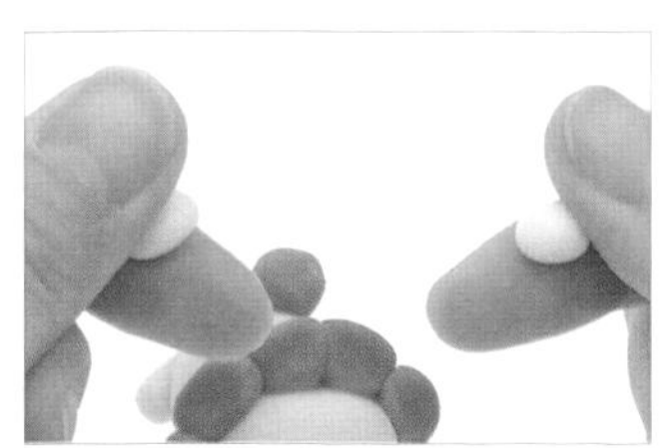

26 用指腹將白色糯米團 e1、e2 搓揉成圓形。

27 承步驟 26，將糯米團放在獅子臉上，並按壓黏合，為吻部。

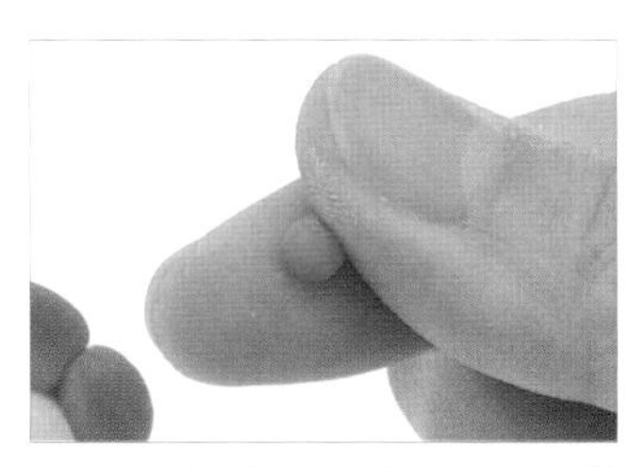

28 用指腹將紅色糯米團搓揉成圓形。

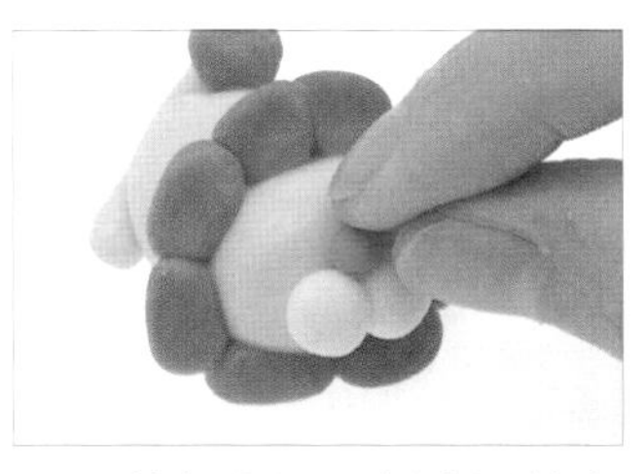

29 將紅色圓形糯米團放在吻部上方。

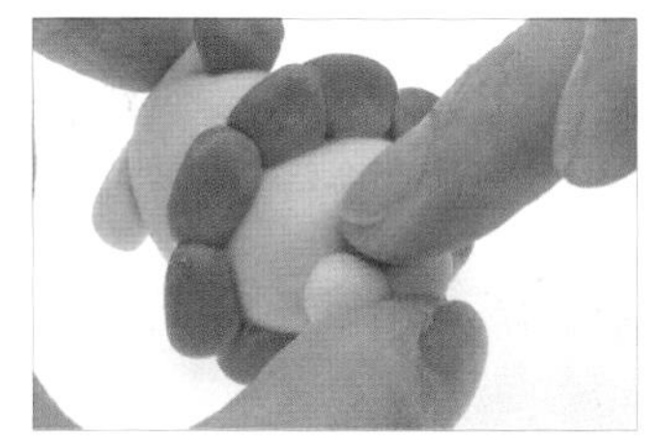

30 用指腹輕壓紅色圓形糯米團的上側，以加強固定，為鼻子。

31 如圖，獅子主體完成。

32 以畫筆沾取咖啡色色膏，畫出圓點，為左眼。

33 重複步驟 32，畫出右眼。

34 以牙籤尖端在左邊吻部上戳三個小洞。

35 以牙籤尖端在右邊吻部上戳三個小洞。

36 如圖，獅子完成。

Cute style

10

萌寵動物

老虎

湯圓

使用糯米團	製作部位	糯米團直徑
黃色糯米團 a	頭部	2 公分
黃色糯米團 b1	耳朵	1 公分
黃色糯米團 b2	耳朵	1 公分
白色糯米團 c1	吻部	0.5 公分
白色糯米團 c2	吻部	0.5 公分
紅色糯米團	舌頭	0.25 公分

元宵

使用糯米團	製作部位	糯米團直徑
黃色糯米團 a	頭部	4 公分
黃色糯米團 b1	耳朵	2 公分
黃色糯米團 b2	耳朵	2 公分
白色糯米團 c1	吻部	1 公分
白色糯米團 c2	吻部	1 公分
紅色糯米團	舌頭	0.5 公分

步驟說明 Step by step

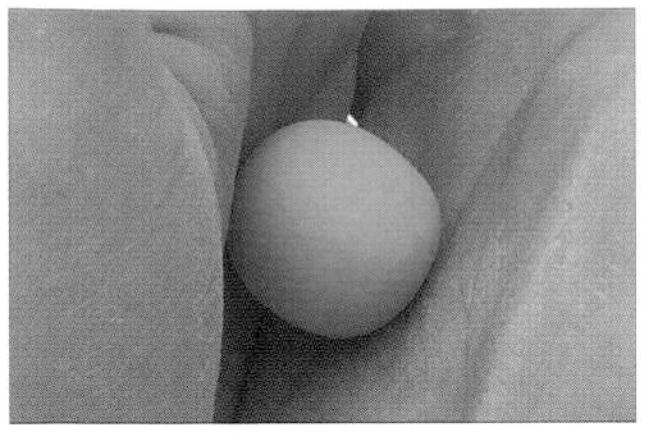

01 用手掌將黃色糯米團a搓揉成圓形，為老虎頭。

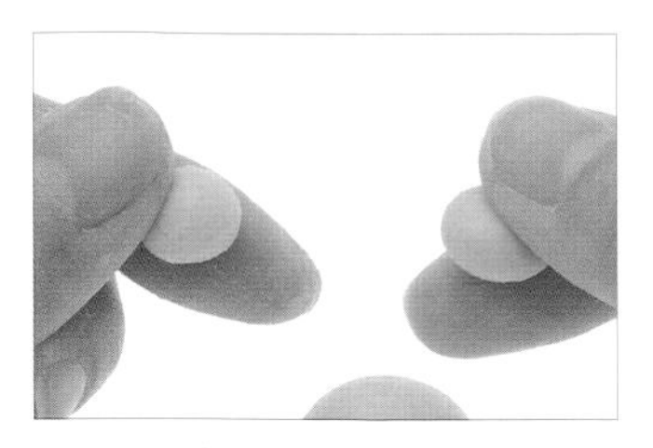

02 用指腹將黃色糯米團b1、b2搓揉成圓形，為老虎耳。

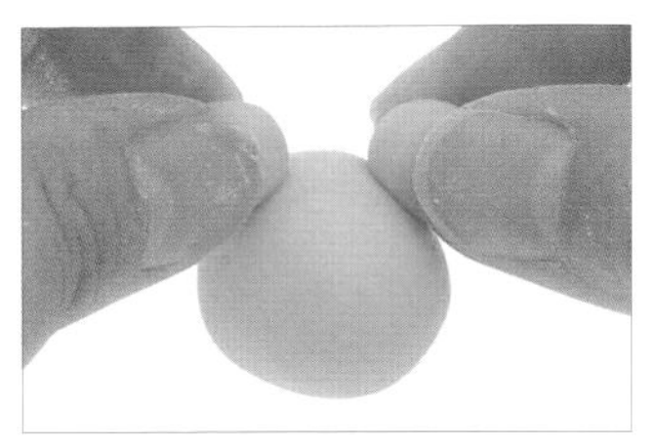

03 將老虎耳放在老虎頭左右兩側。

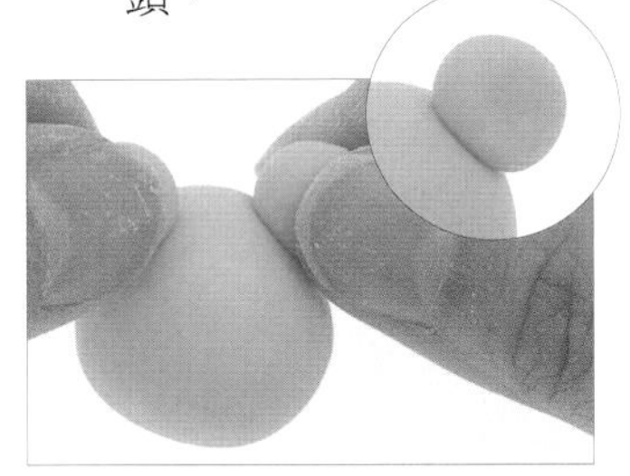

04 用指腹將老虎耳輕捏出耳窩。

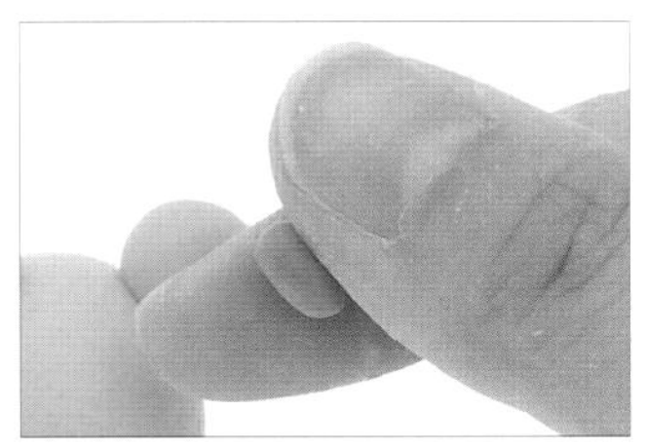

05 用指腹將紅色糯米團搓成長條形，為舌頭。

06 將舌頭放在老虎臉上。

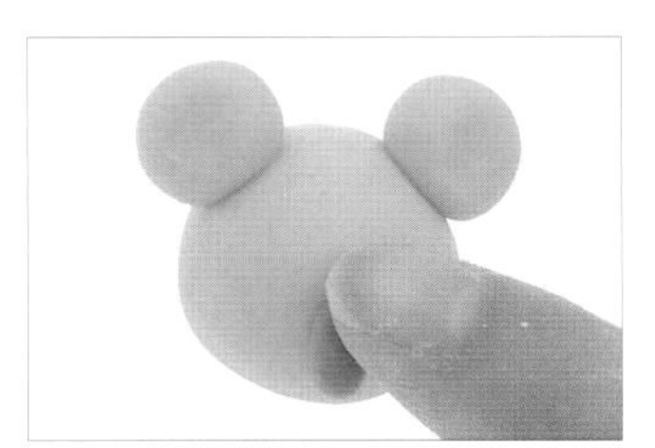

07 用指腹輕壓，以加強黏合。

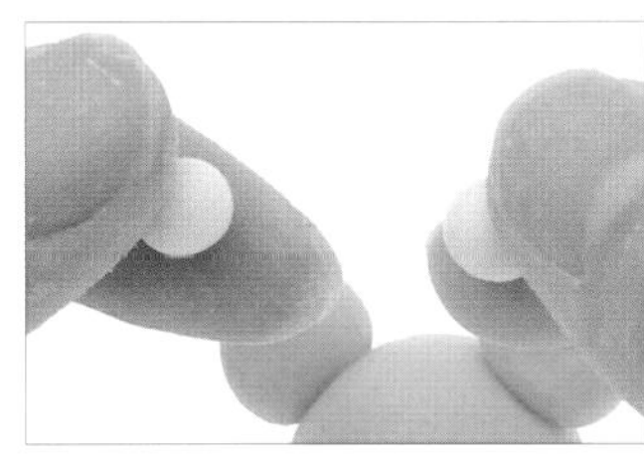

08 用指腹將白色糯米團c1、c2搓揉成圓形。

09 承步驟8，將糯米團放在舌頭上方，為吻部。

10 以畫筆沾取咖啡色色膏，在頭頂上方畫一條橫線。

11 重複步驟10，再畫出一條橫線。

12 承步驟11，在兩條橫線中間畫直線，為斑紋。

13 以畫筆沾取咖啡色色膏，畫出圓點，為左眼。

14 重複步驟13，畫出右眼。

15 以畫筆沾取紅色色膏，在吻部左側畫圓點，為酒窩。

16 重複步驟 15，在吻部右側畫圓點。

17 以牙籤尖端在左邊吻部上戳三個小洞。

18 以牙籤尖端在右邊吻部上戳三個小洞。

19 如圖，老虎完成。

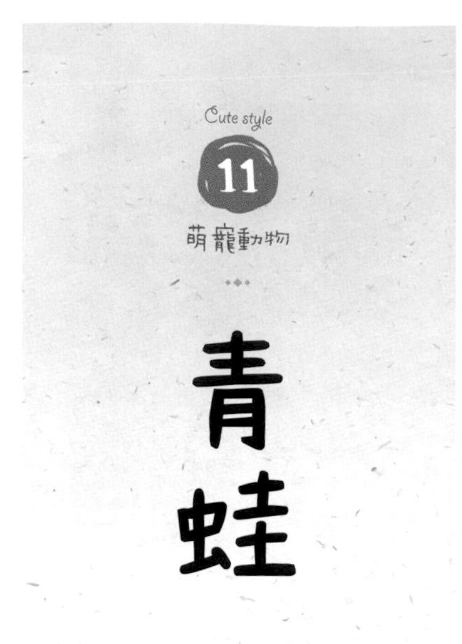

Cute style

11

萌寵動物

青蛙

01 湯圓

使用糯米團	製作部位	糯米團直徑
綠色糯米團	頭部	2 公分
白色糯米團 a1	眼窩	1 公分
白色糯米團 a2	眼窩	1 公分
粉色糯米團	蝴蝶結	1 公分

02 元宵

使用糯米團	製作部位	糯米團直徑
綠色糯米團	頭部	4 公分
白色糯米團 a1	眼窩	2 公分
白色糯米團 a2	眼窩	2 公分
粉色糯米團	蝴蝶結	2 公分

步驟說明 Step by step

01 用手掌將綠色糯米團搓揉成圓形。

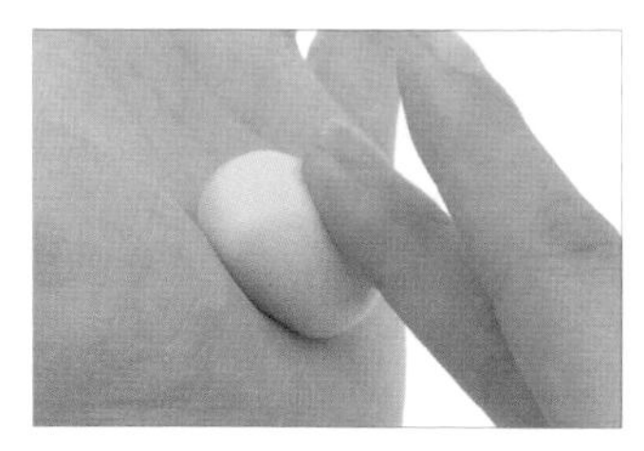

02 將綠色圓形糯米團放在掌心搓揉成橢圓形。

03 如圖，綠色橢圓形糯米團完成，為青蛙頭。

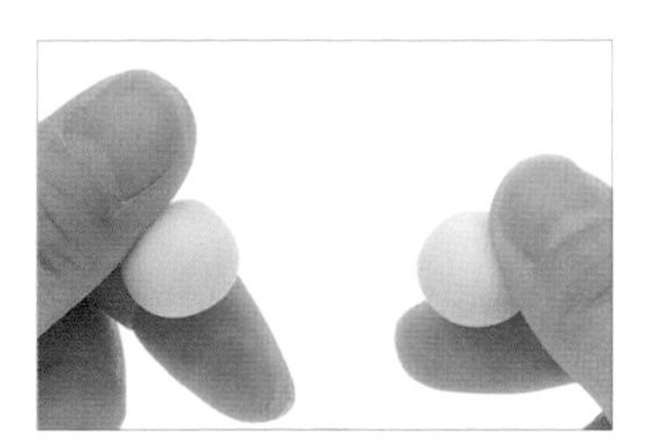

04 用指腹將白色糯米團 a1、a2 搓揉成圓形。

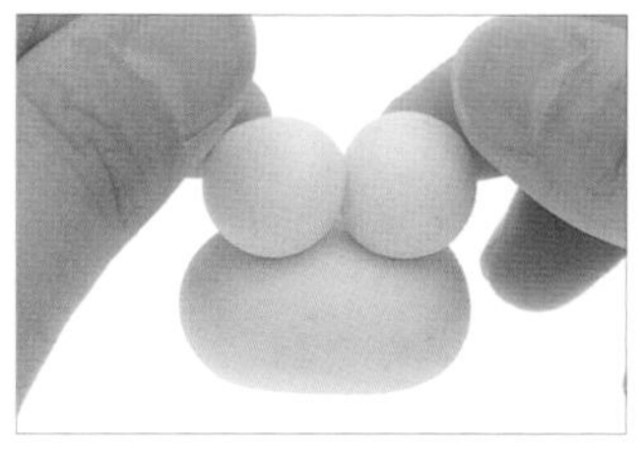

05 承步驟4，將糯米團a1、a2 放在青蛙頭的上方。

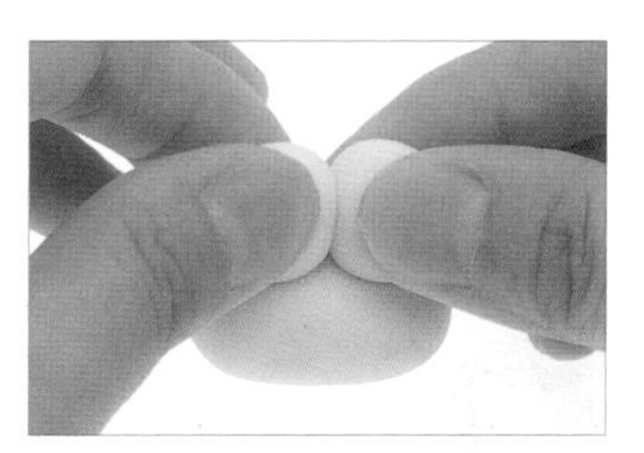

06 用指腹輕壓白色圓形糯米團 a1、a2，並將兩個糯米團黏合。

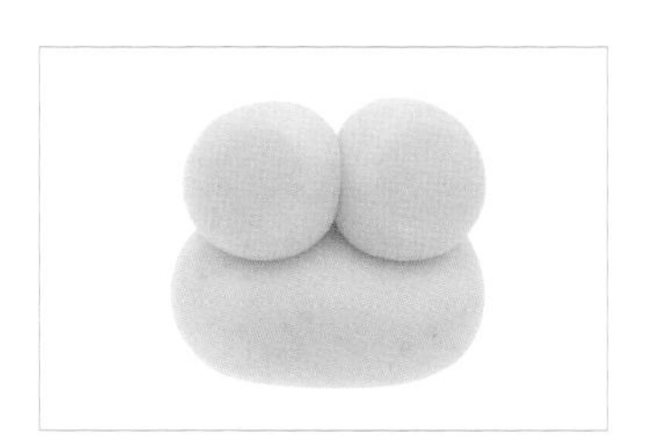

07 如圖，青蛙眼窩完成。

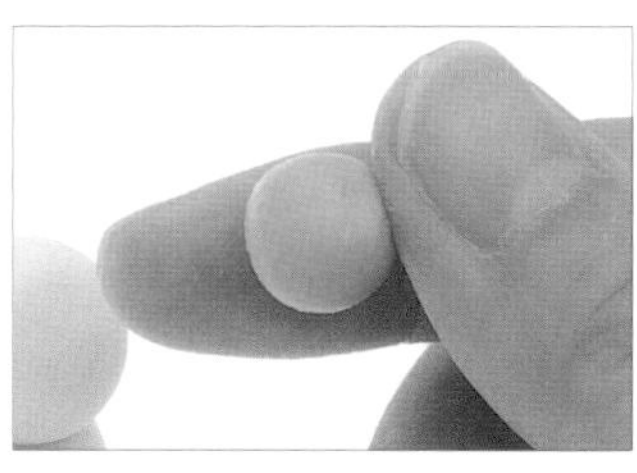

08 用指腹將粉色糯米團搓揉成圓形。

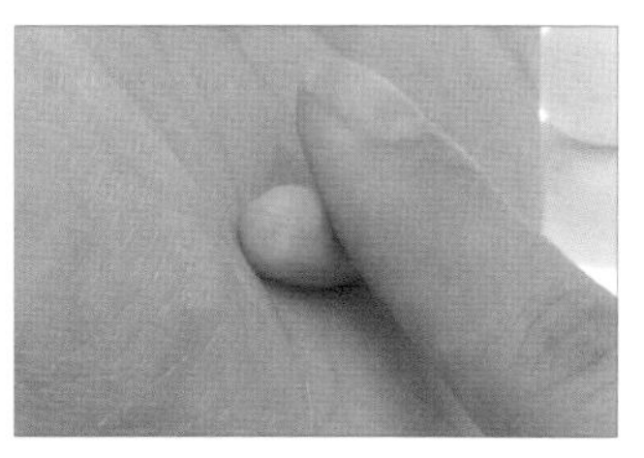

09 將粉色圓形糯米團放在掌心搓揉成長條形。

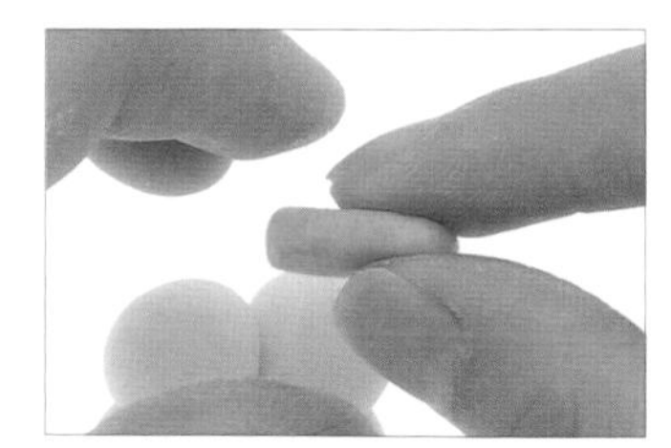

10 將粉色長條形糯米團壓扁。

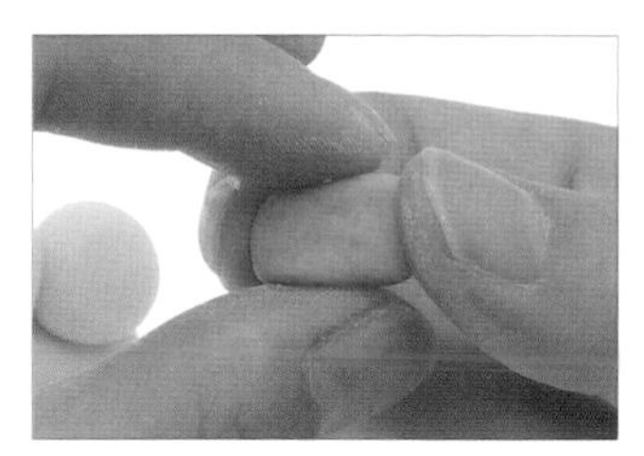

11 承步驟 10，將扁狀糯米團四邊用指腹捏成長方形，為蝴蝶結主體。

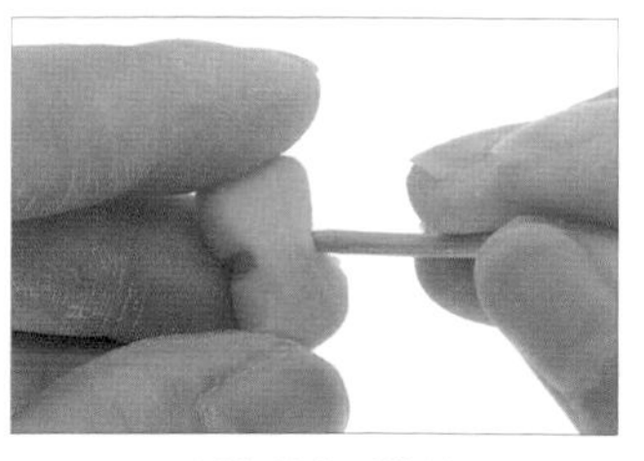

12 以牙籤將蝴蝶結主體兩側壓出凹痕，為領結處。

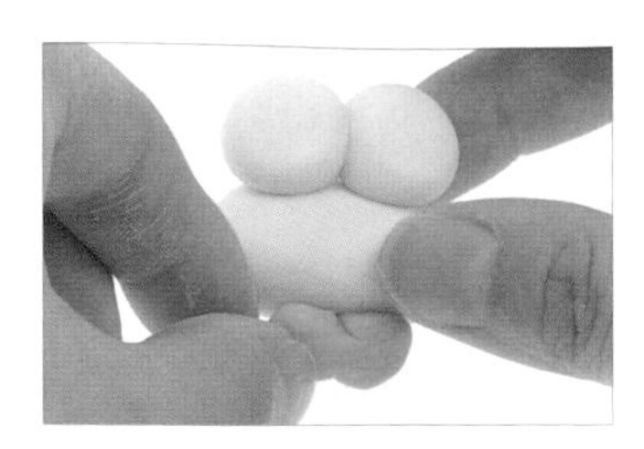

13 將蝴蝶結主體放在青蛙頭的下方並輕壓，以加強黏合。

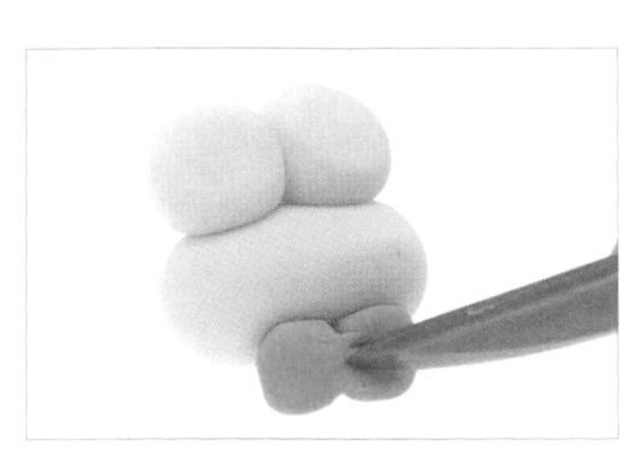

14 以切刀棒在領結右側切出兩條短直線。

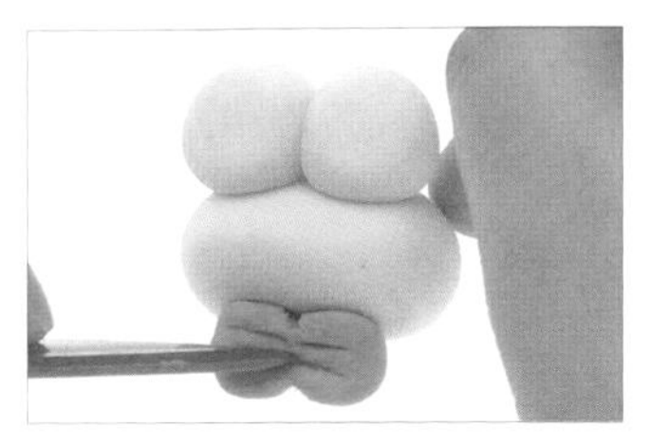

15 以切刀棒在領結左側切出兩條短直線。

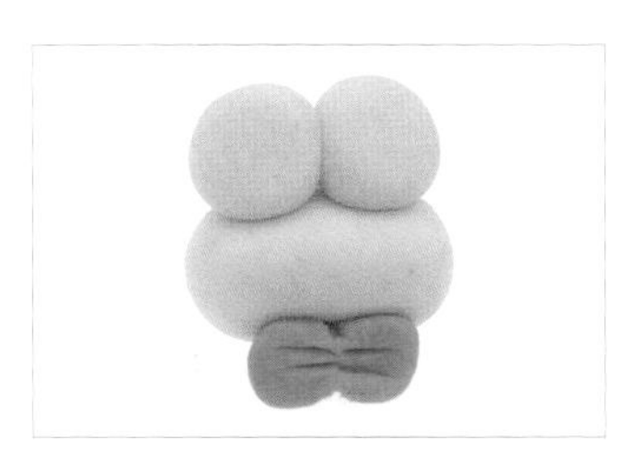

16 如圖，青蛙主體完成。

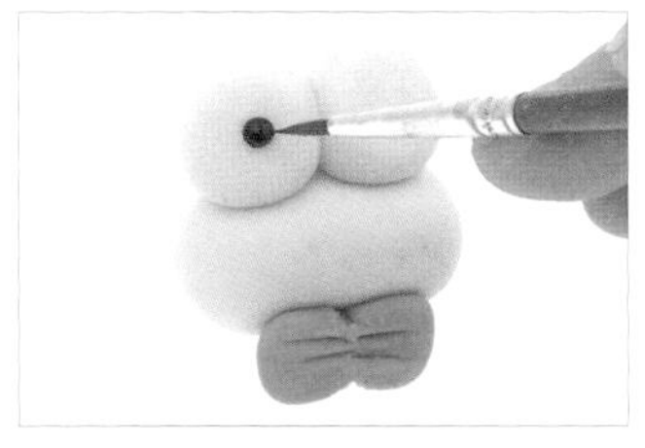

17 以畫筆沾取咖啡色色膏，畫出圓點，為左眼。

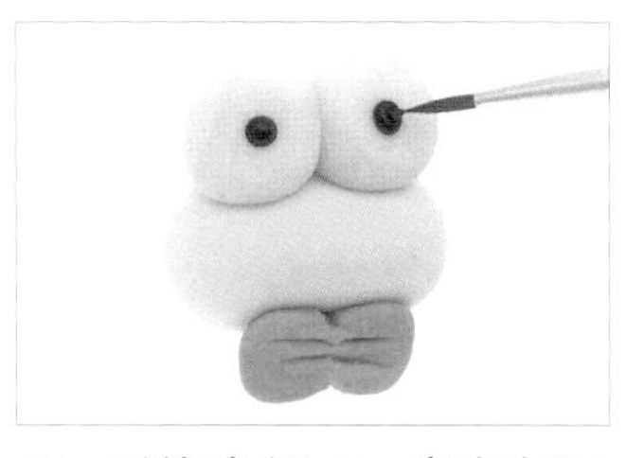

18 重複步驟 17，畫出右眼。

19 以畫筆沾取咖啡色色膏，畫出大 V 形，為嘴巴。

20 以畫筆沾取紅色色膏，畫出圓點為左邊的酒窩。

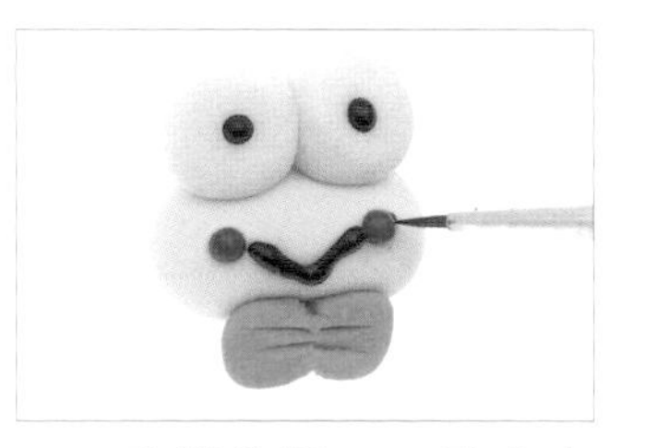

21 重複步驟 20，畫出右邊的酒窩。

22 如圖，青蛙完成。

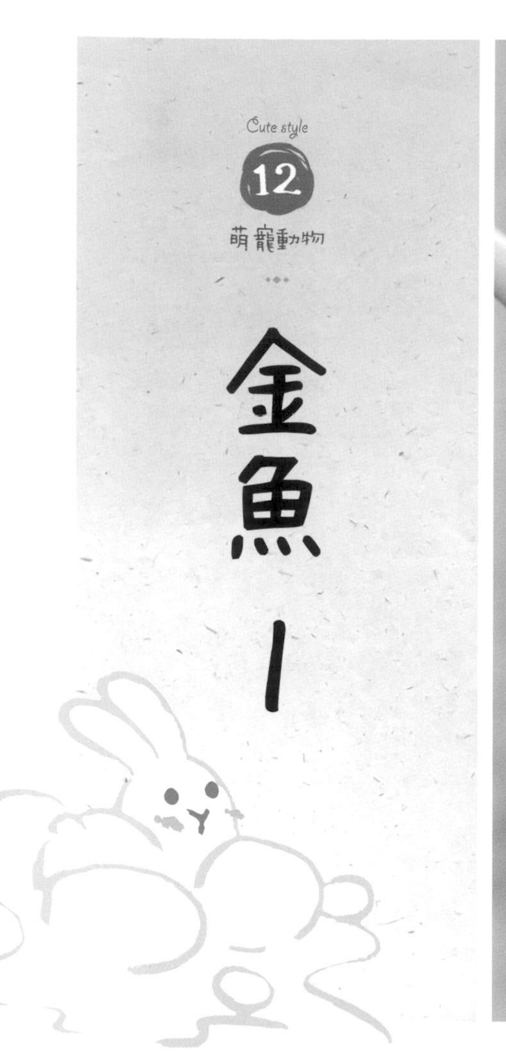

湯圓

使用糯米團	製作部位	糯米團直徑
粉色糯米團 a	身體	2 公分
粉色糯米團 b	尾巴	1.5 公分
白色糯米團 c1	眼窩	1 公分
白色糯米團 c2	眼窩	1 公分

元宵

使用糯米團	製作部位	糯米團直徑
粉色糯米團 a	身體	4 公分
粉色糯米團 b	尾巴	3 公分
白色糯米團 c1	眼窩	2 公分
白色糯米團 c2	眼窩	2 公分

步驟說明 Step by step

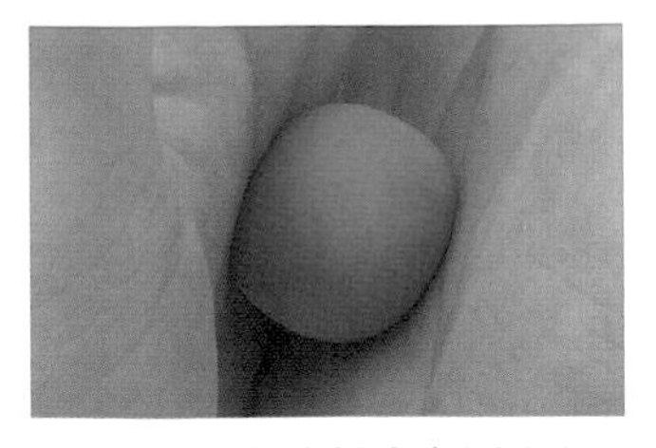

01 用手掌將粉色糯米團 a 搓揉成陀螺形，為魚身。

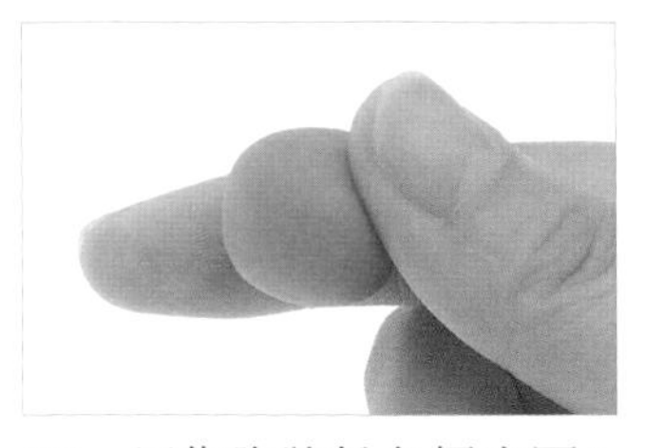

02 用指腹將粉色糯米團 b 搓揉成圓形。

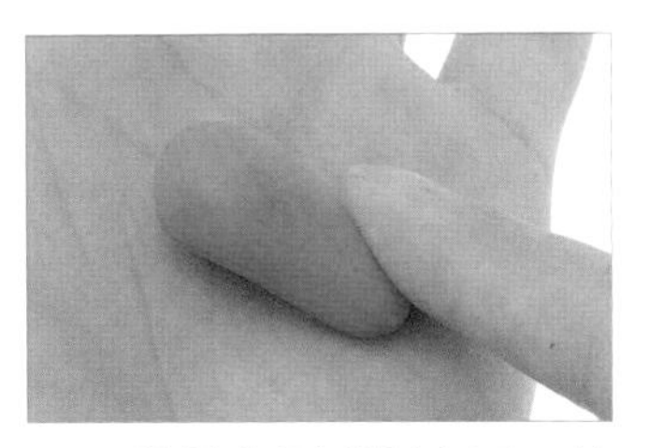

03 將粉色圓形糯米團 b 放在掌心搓揉成陀螺形。

04 將粉色陀螺形糯米團 b 壓扁。

05 如圖，魚尾完成。

06 以切刀棒在魚尾尾端切出一條短直線。

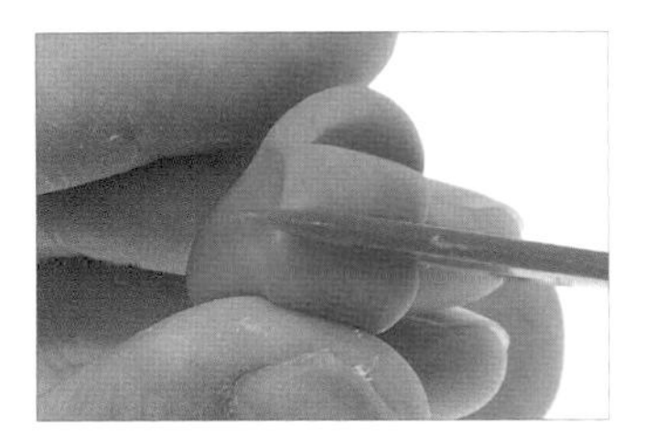

07 重複步驟 6，再切出另一條短直線。

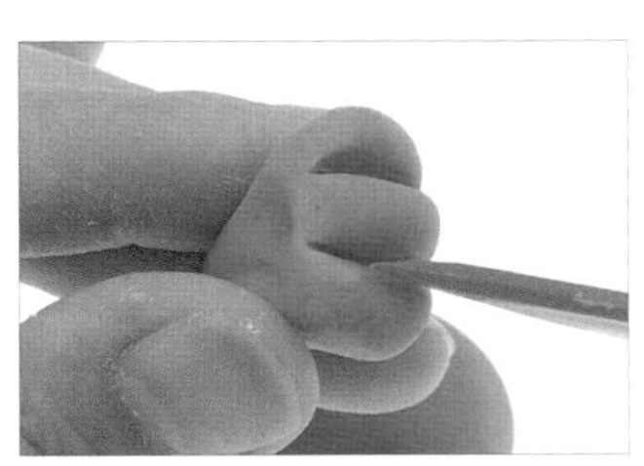

08 以切刀棒在切線兩端上下搖動輕壓，以擴大切痕。

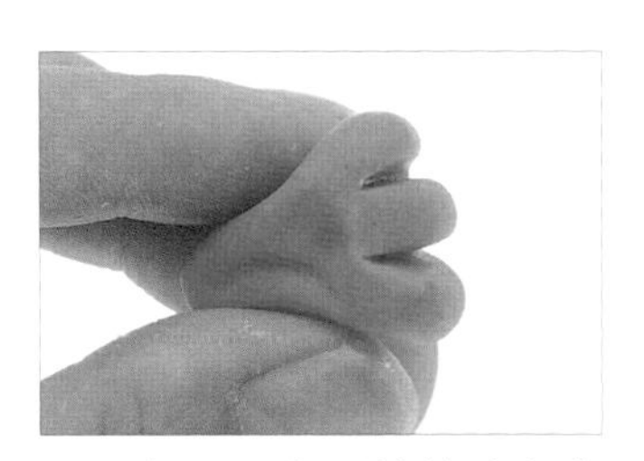

09 如圖，魚尾的紋路完成。

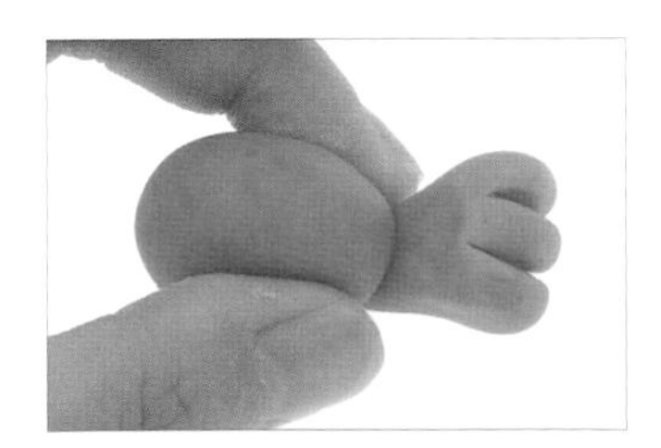

10 將魚身放在魚尾上，並稍微按壓固定。

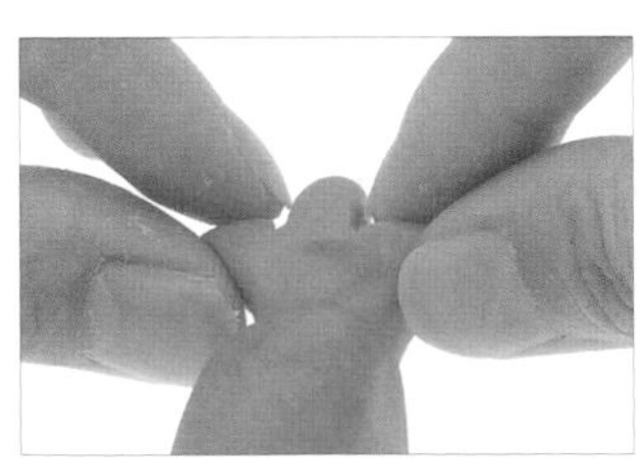

11 以指腹將魚尾紋路捏尖。

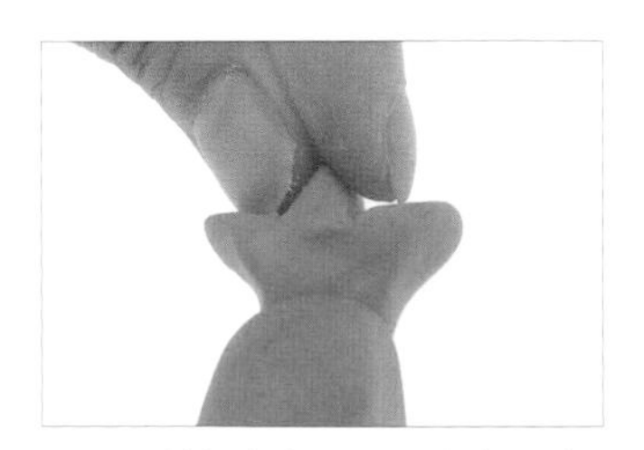

12 重複步驟 11，將魚尾捏尖。

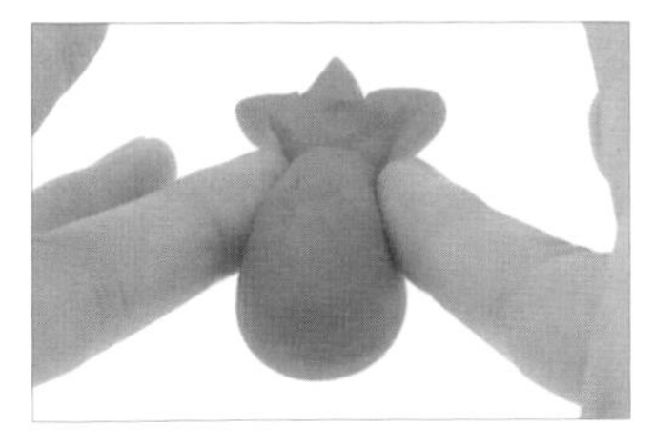

13 用指腹調整魚尾與魚身的接合處，使曲線更明顯。

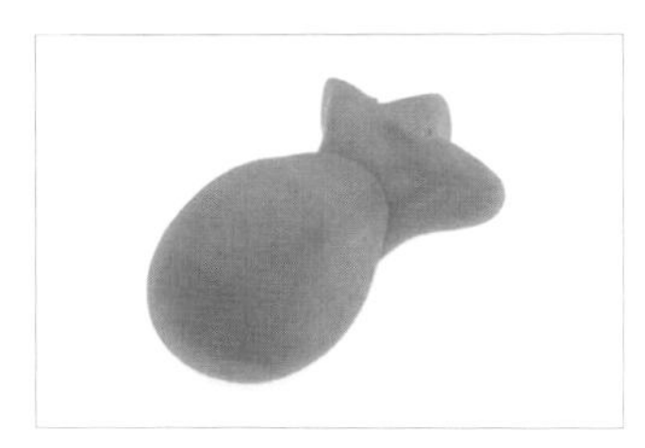

14 如圖，金魚主體完成。

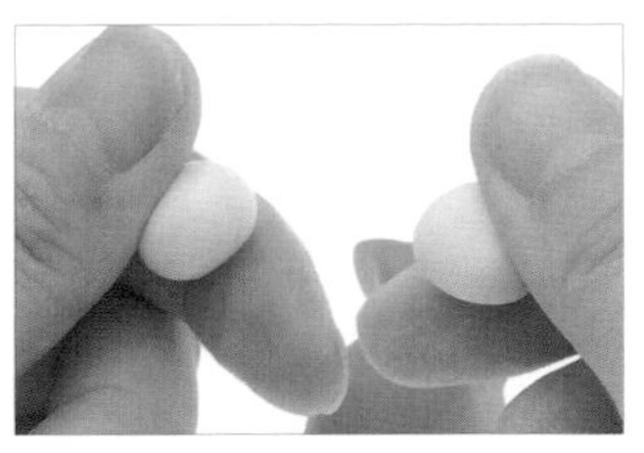

15 用指腹將白色糯米團 c1、c2 搓揉成圓形。

16 將白色圓形糯米團 c1、c2 放在金魚頭的上方。

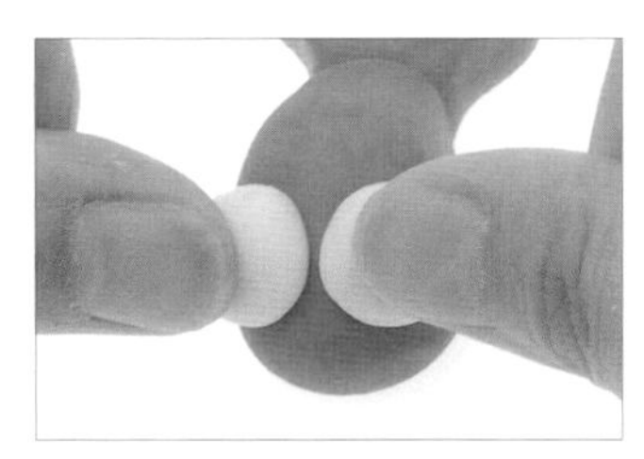

17 用指腹輕壓白色圓形糯米團 c1、c2，以加強固定。

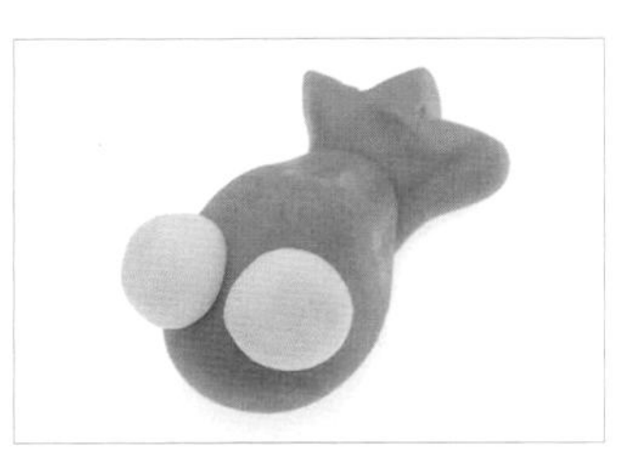

18 如圖，金魚眼窩完成。

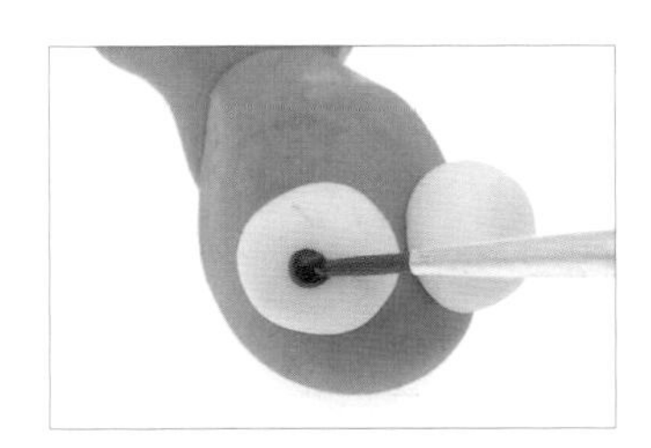

19 以畫筆沾取咖啡色色膏，畫出圓點，為左眼。

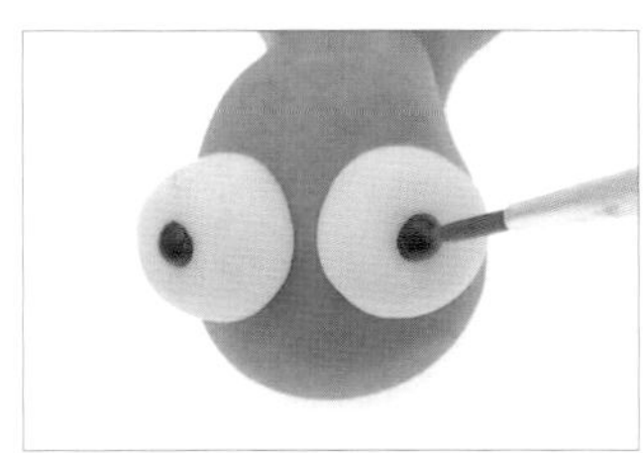

20 重複步驟 19，畫出右眼。

21 如圖，金魚 1 完成。

Cute style

13

萌寵動物

金魚 2

01 湯圓

使用糯米團	製作部位	糯米團直徑
黃色糯米團 a	身體	2 公分
黃色糯米團 b1	腹鰭	1 公分
黃色糯米團 b2	腹鰭	1 公分
黃色糯米團 c1	尾鰭	1 公分
黃色糯米團 c2	尾鰭	1 公分
黃色糯米團 c3	尾鰭	1 公分
黃色糯米團 d1	前鰭	0.5 公分
黃色糯米團 d2	前鰭	0.5 公分
白色糯米團 e1	眼窩	0.5 公分
白色糯米團 e2	眼窩	0.5 公分

02 元宵

使用糯米團	製作部位	糯米團直徑
黃色糯米團 a	身體	4 公分
黃色糯米團 b1	腹鰭	2 公分
黃色糯米團 b2	腹鰭	2 公分
黃色糯米團 c1	尾鰭	2 公分
黃色糯米團 c2	尾鰭	2 公分
黃色糯米團 c3	尾鰭	2 公分
黃色糯米團 d1	前鰭	1 公分
黃色糯米團 d2	前鰭	1 公分
白色糯米團 e1	眼窩	1 公分
白色糯米團 e2	眼窩	1 公分

步驟說明 Step by step

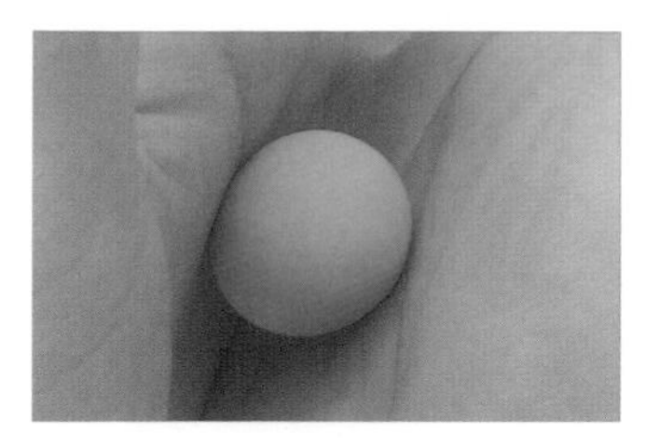

01 用手掌將黃色糯米團 a 搓揉成圓形。

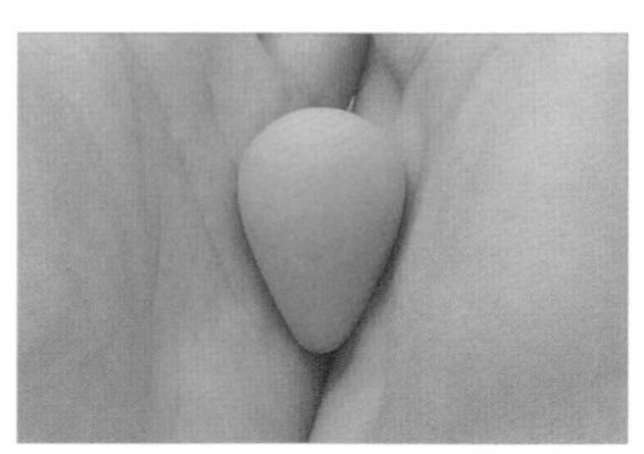

02 用手掌將黃色圓形糯米團 a 搓成水滴形。

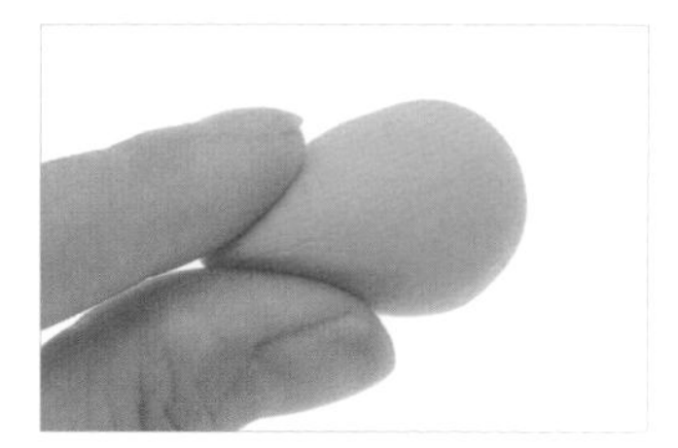

03 用指腹將黃色水滴形糯米團 a 尖端捏尖。

04 如圖，魚身完成。

05 用指腹將黃色糯米團 d1、d2 搓揉成圓形。

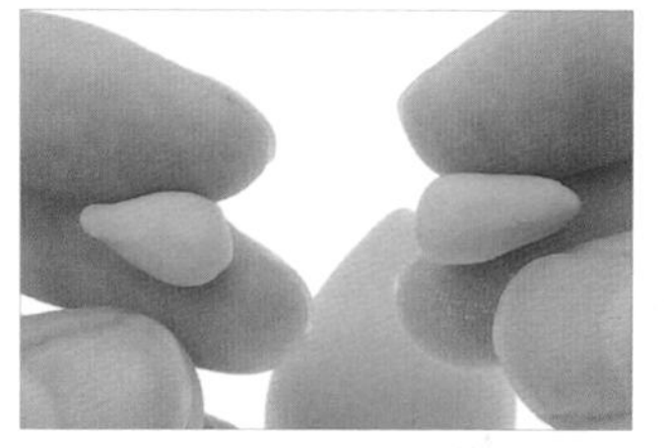

06 用指腹將黃色圓形糯米團 d1、d2 搓揉成水滴形。

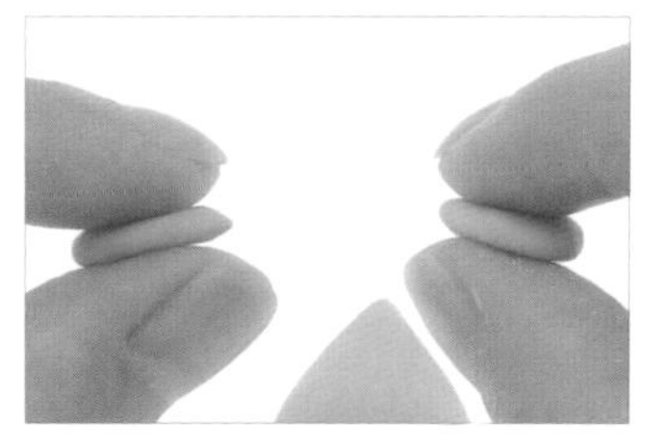

07 將黃色水滴形糯米團 d1、d2 壓扁。

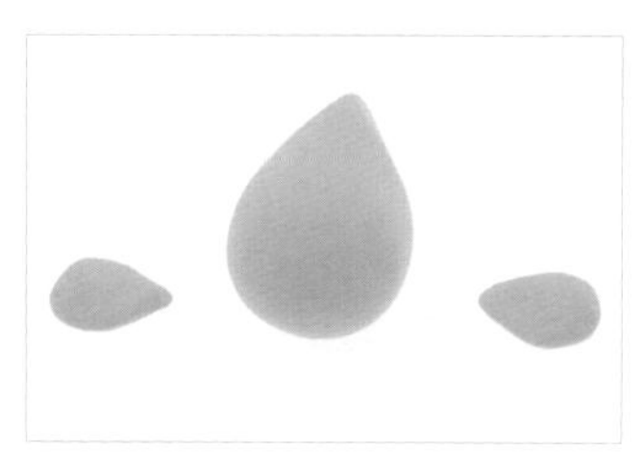

08 如圖，前鰭完成。

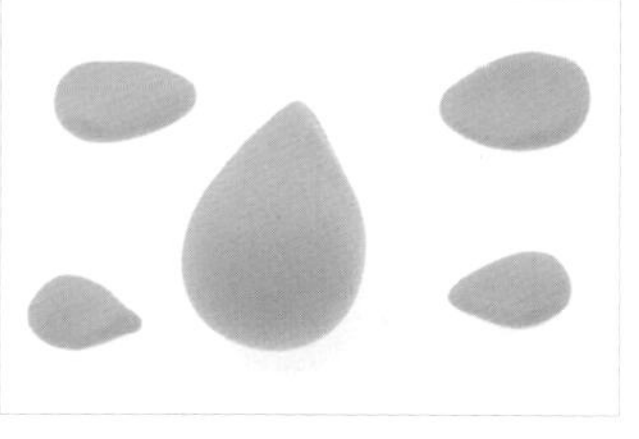

09 重複步驟 5-7，取黃色糯米團 b1、b2 製作出腹鰭。

10 重複步驟 5-7，取黃色糯米團 c1 ～ c3 製作出尾鰭。（註：可稍微將水滴形前端再捏尖一些。）

11 將前鰭和腹鰭對稱放好。（註：中間約距離 0.5 公分。）

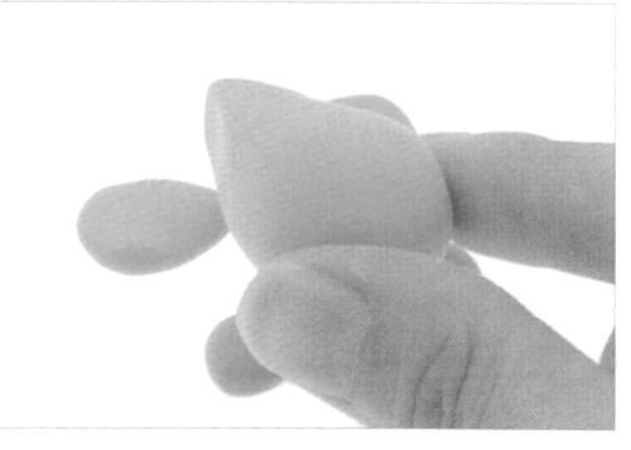

12 將魚身放在前鰭和腹鰭上。

13 用指腹稍微調整前鰭和腹鰭的位置。

14 用指腹輕壓魚身，以加強與魚鰭的黏合。

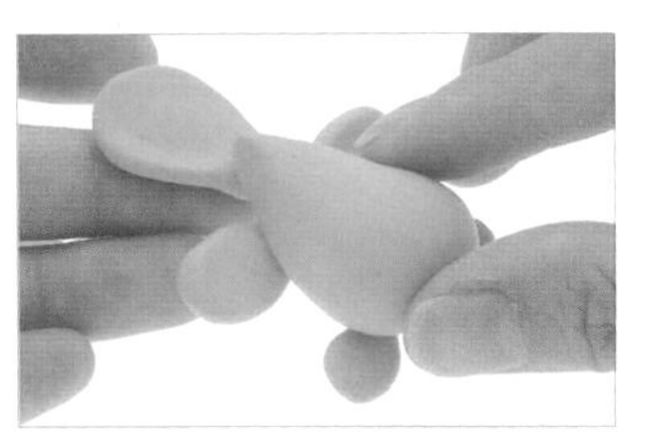

15 將尾鰭放在魚尾處（水滴形尖端），並用指腹按壓黏合。

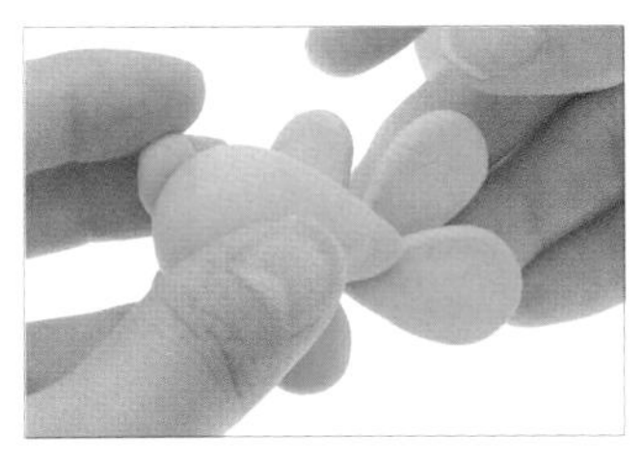

16 取剩餘尾鰭依序放在步驟 15 的尾鰭側邊。

17 如圖，尾鰭擺放完成。

18 用指腹輕捏尾鰭兩側，順勢與魚身黏合。

19 以切刀棒在尾鰭切出短直線，即為尾鰭上的紋路。

20 重複步驟 19，依序切出短直線，數量可依尾鰭大小做調整。

21 如圖，尾鰭紋路切製完成。

22 以切刀棒在腹鰭切出短橫線，為腹鰭上的紋路。

23 重複步驟 22，依序切出短橫線。

24 如圖，腹鰭紋路切製完成。

25 以切刀棒在前鰭切出短橫線，為前鰭上的紋路。

26 重複步驟 25，在前鰭依序切出短橫線，

27 如圖，前鰭紋路切製完成。

28 用指腹將白色糯米團 e1、e2 搓揉成圓形，為眼窩。

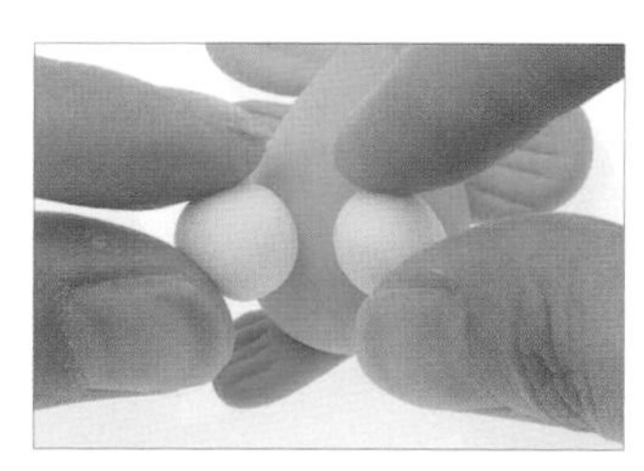

29 將眼窩放在金魚頭的上方。

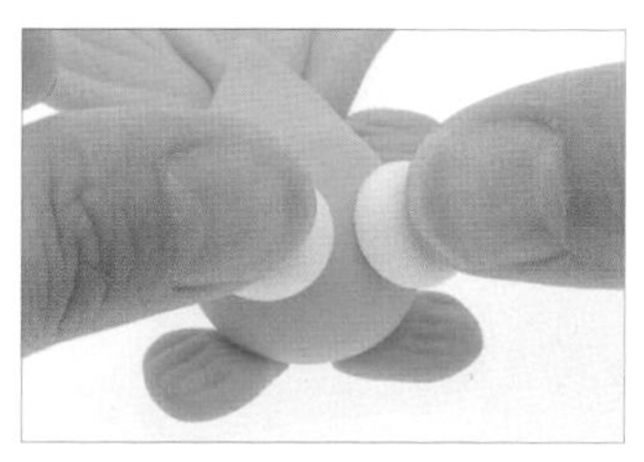

30 用指腹輕壓眼窩，以加強固定。

31 如圖，金魚眼窩完成。

32 以畫筆沾取咖啡色色膏，畫出圓點，為左眼。

33 重複步驟 32，畫出右眼。

34 以花紋棒在魚身上壓出魚鱗的紋路。

35 重複步驟 34，依序在魚身上壓出魚鱗的紋路。

36 如圖，金魚 2 完成。

企鵝

01 湯圓

使用糯米團	製作部位	糯米團直徑
黑色糯米團 a	身體	2 公分
黑色糯米團 b1	手	1 公分
黑色糯米團 b2	手	1 公分
白色糯米團	腹部白毛	1 公分
黃色糯米團 c1	腳	0.25 公分
黃色糯米團 c2	腳	0.25 公分
黃色糯米團 d	嘴巴	0.5 公分
粉色糯米團	帽子	1 公分
紅色糯米團	緞帶	0.5 公分

02 元宵

使用糯米團	製作部位	糯米團直徑
黑色糯米團 a	身體	4 公分
黑色糯米團 b1	手	2 公分
黑色糯米團 b2	手	2 公分
白色糯米團	腹部白毛	2 公分
黃色糯米團 c1	腳	0.5 公分
黃色糯米團 c2	腳	0.5 公分
黃色糯米團 d	嘴巴	1 公分
粉色糯米團	帽子	2 公分
紅色糯米團	緞帶	1 公分

步驟說明 Step by step

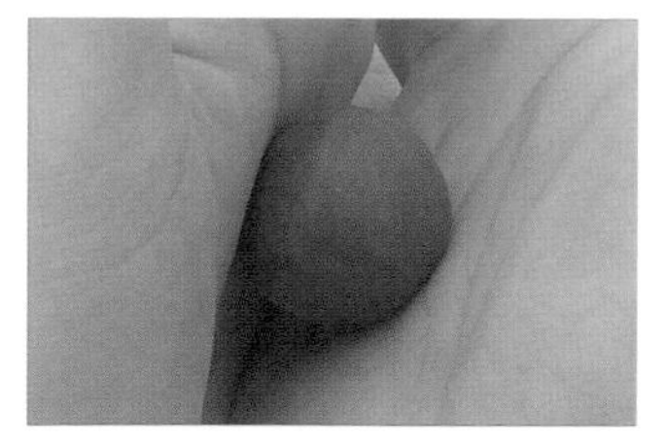

01　用手掌將黑色糯米團a搓揉成圓形，並放在桌面上。

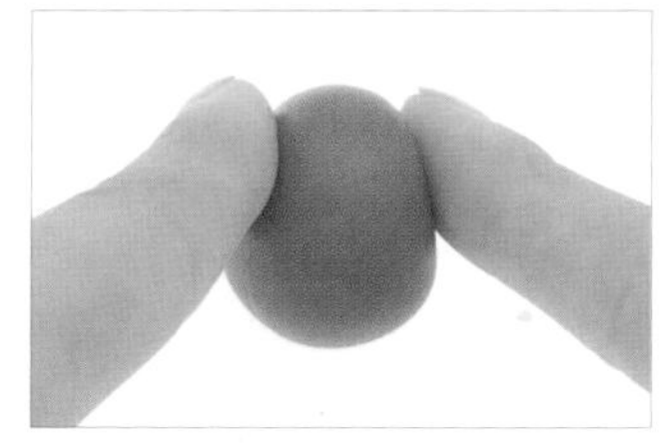

02　用指腹在企鵝身體的兩上側稍微壓出弧度，區分出頭和下半部。

03　如圖，企鵝身體完成。

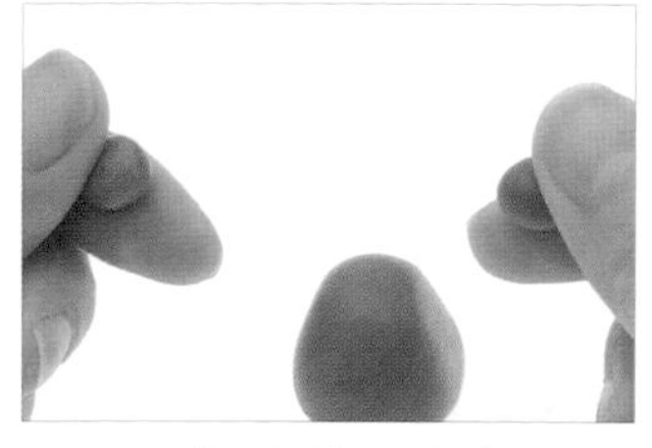

04　用指腹將黑色糯米團b1、b2搓揉成圓形。

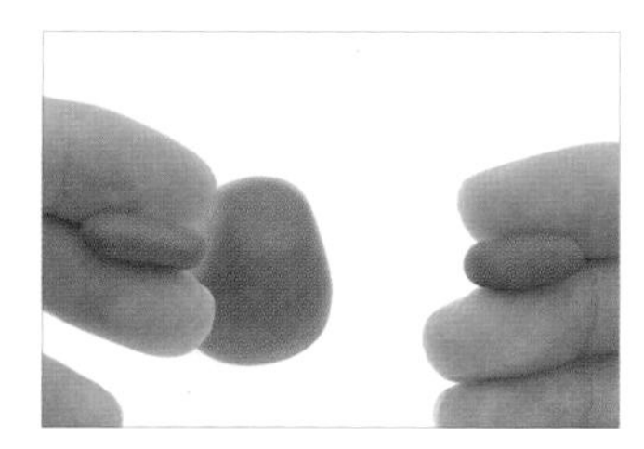

05　承步驟4，將糯米團搓成長條形。

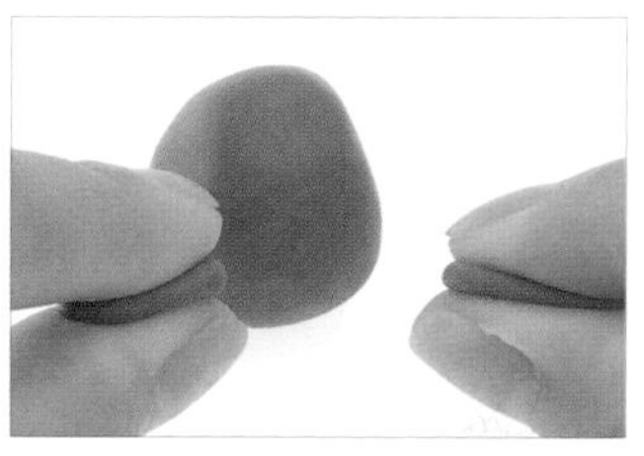

06　將黑色長條形糯米團b1、b2壓扁，即完成企鵝手。

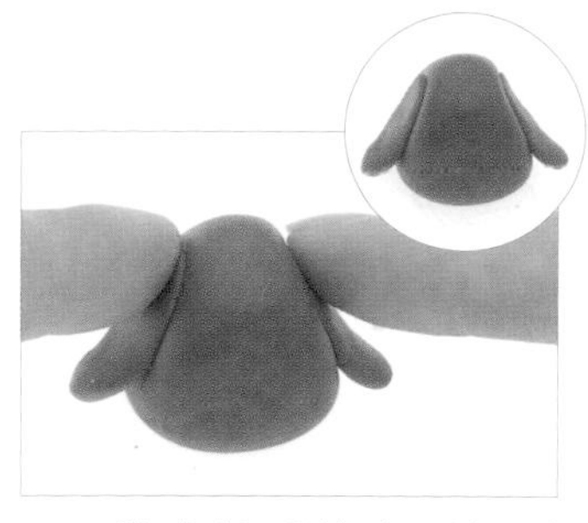

07　將企鵝手放在頭部兩側，並用指腹輕壓，以加強固定。

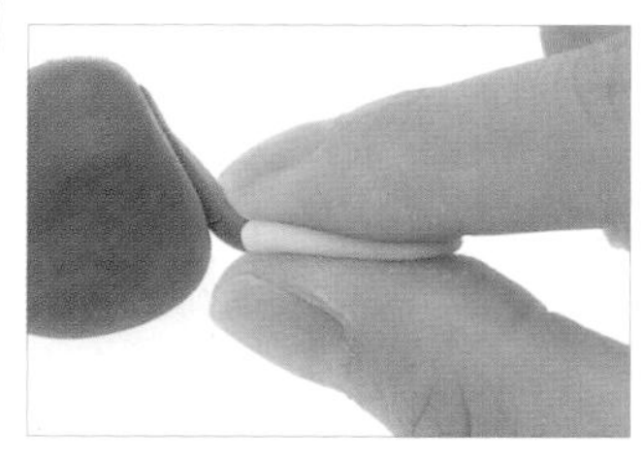

08　重複步驟4-6，完成白色扁形糯米團。

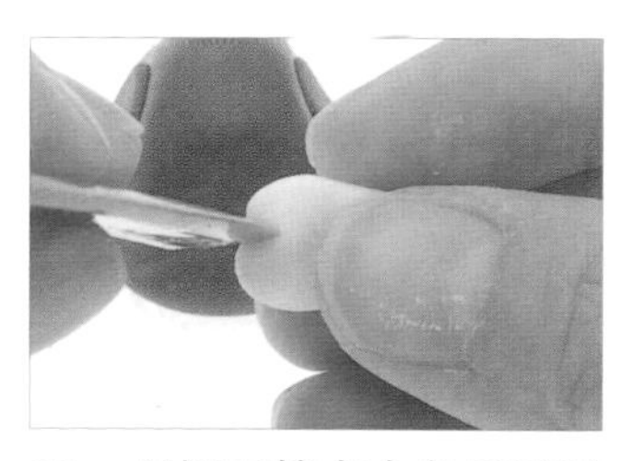

09　以切刀棒在白色扁形糯米團一側切出短直線。

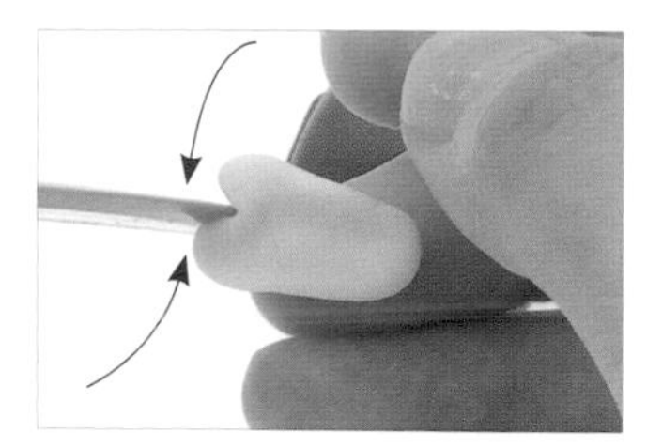

10　以切刀棒在切線兩端上下搖動輕壓，以擴大切痕，形成心形白毛。

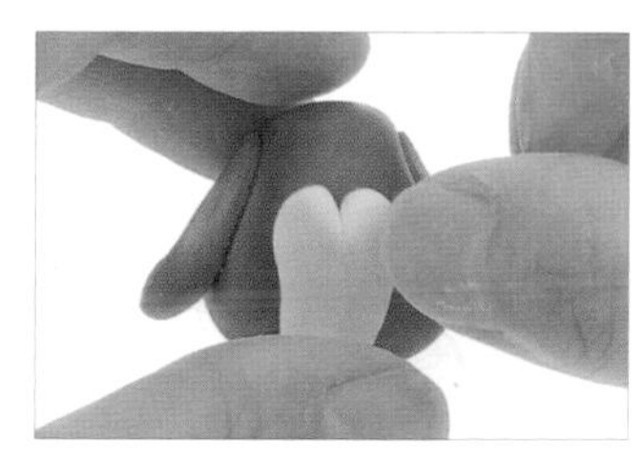

11　將心形白毛放在腹部上，並輕壓固定。

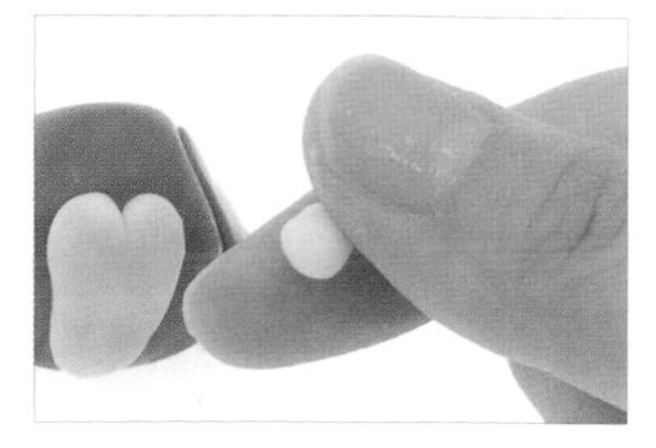

12　用指腹將黃色糯米團d搓揉成尖錐形。

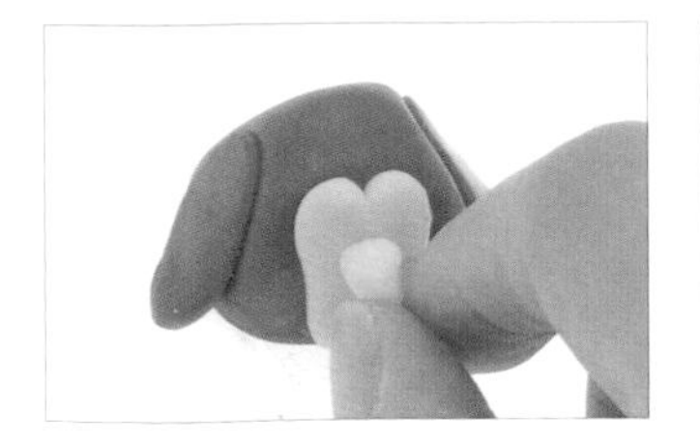

13 將黃色尖錐形糯米團 d 放在腹部上。

14 用指腹輕壓黃色尖錐形糯米團 d 前端，以增加尖度，為嘴巴。

15 重複步驟 4-6，取黃色糯米團 c1、c2，完成企鵝腳。

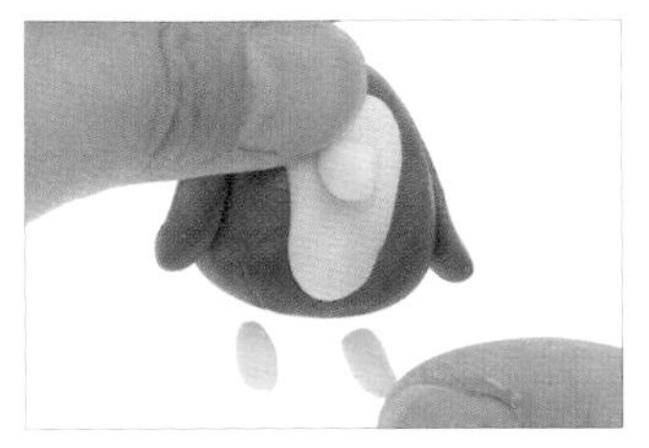

16 將企鵝腳放在桌上，並調整需要的角度。

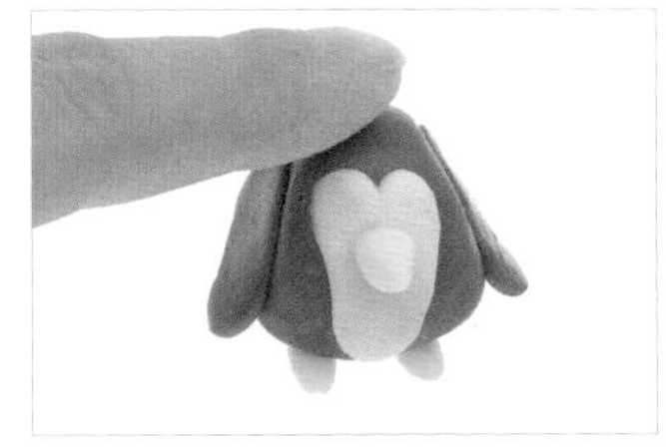

17 將身體壓放在企鵝腳上，並用指腹輕壓固定。

18 以畫筆沾取咖啡色色膏，畫出圓點，為左眼。

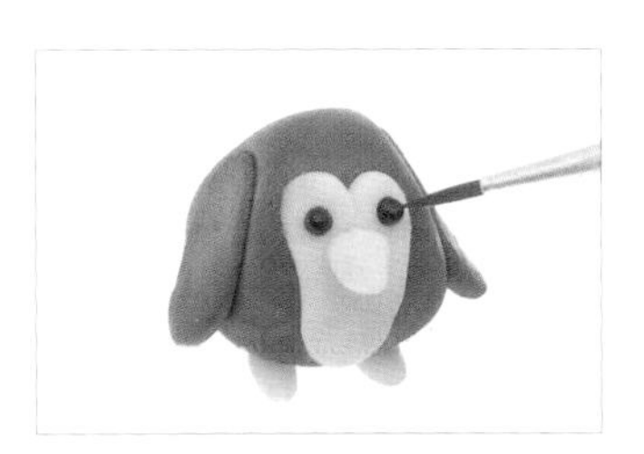

19 重複步驟 18，畫出右眼。

20 以畫筆沾取紅色色膏，畫出圓點，為左邊酒窩。

21 重複步驟 20，畫出右邊酒窩。

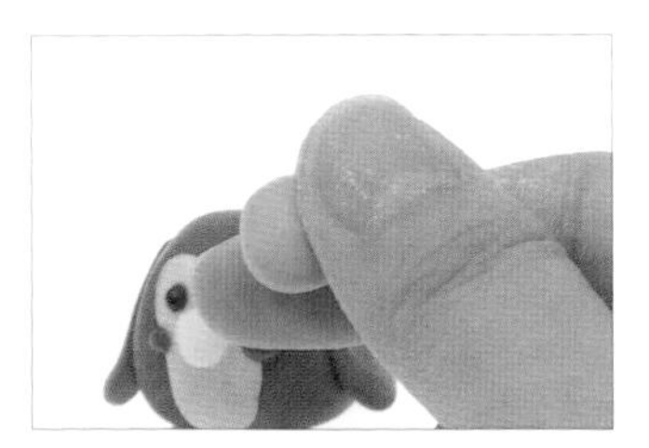

22 用指腹將 2/3 粉色糯米團搓揉成圓形。

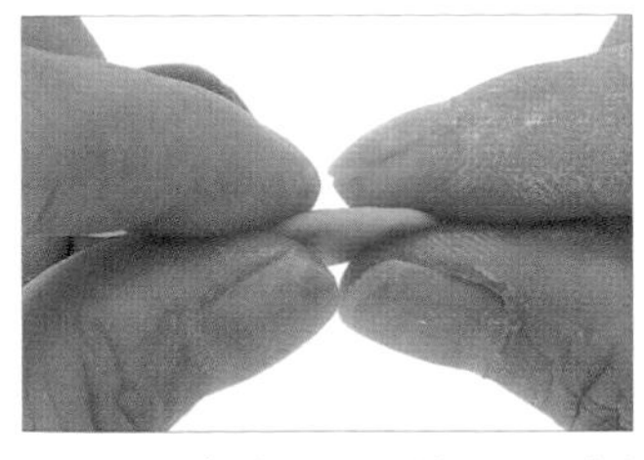

23 承步驟 22，將圓形糯米團壓成圓扁形，為帽簷。

24 將帽簷放在企鵝頭左側。

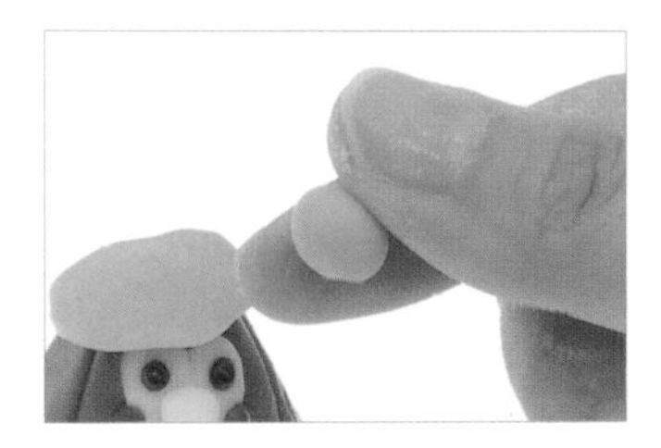

25 用指腹將 1/3 粉色糯米團搓揉成圓形。

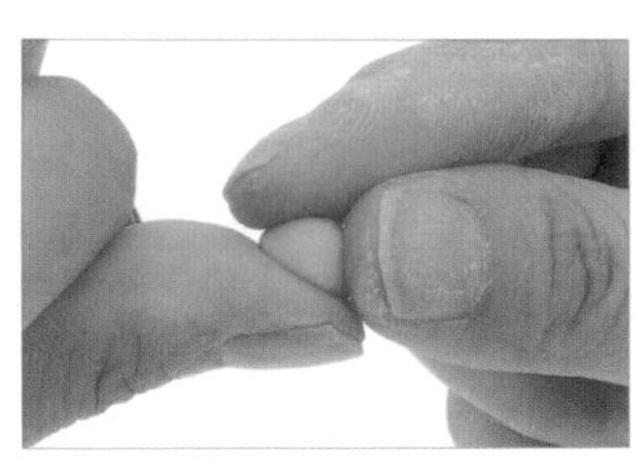

26 承步驟25，將糯米團捏壓成三角形。

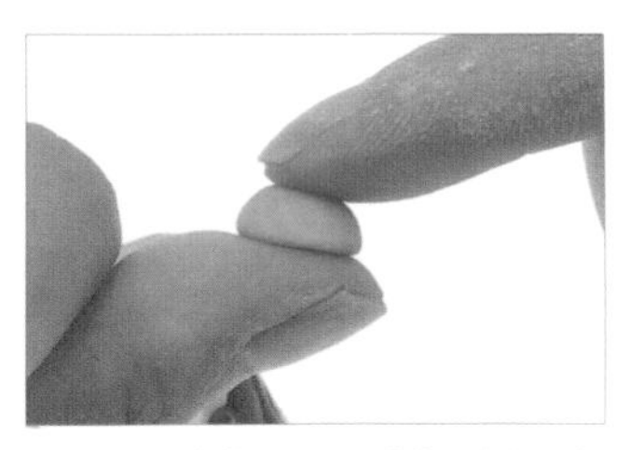

27 承步驟26，將糯米團上方壓扁成半圓形，為帽頂。

28 將帽頂放在帽簷上方，並輕壓固定，即完成帽子。

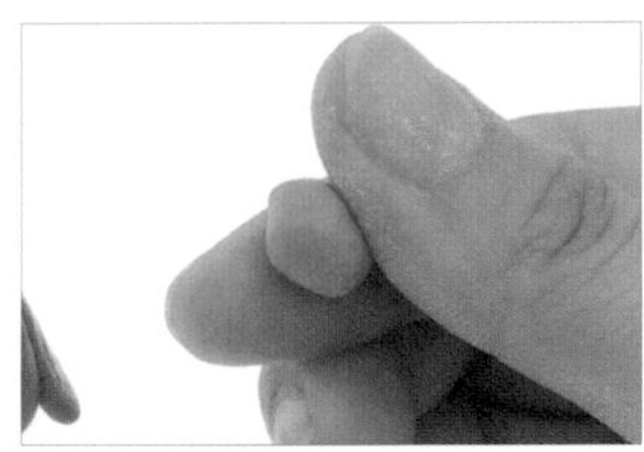

29 用指腹將紅色糯米團搓揉成圓形。

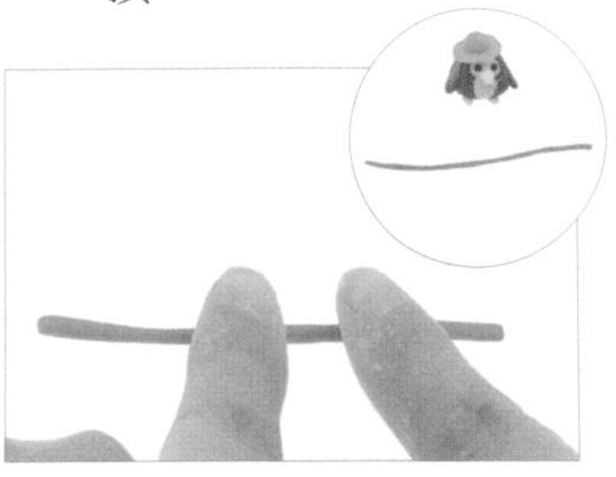

30 將紅色圓形糯米團在桌上搓成條狀，為緞帶。

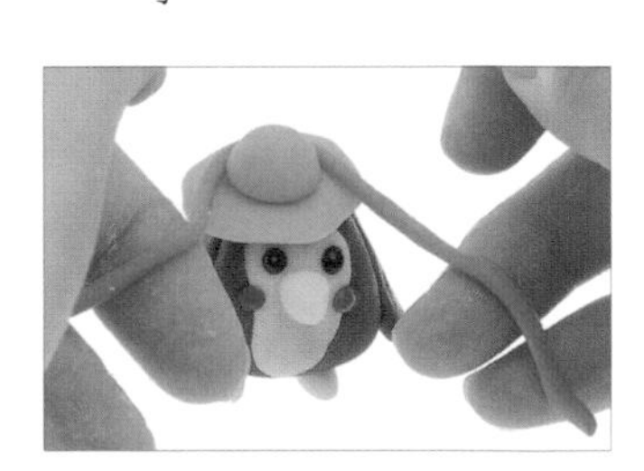

31 將緞帶圍繞帽頂。

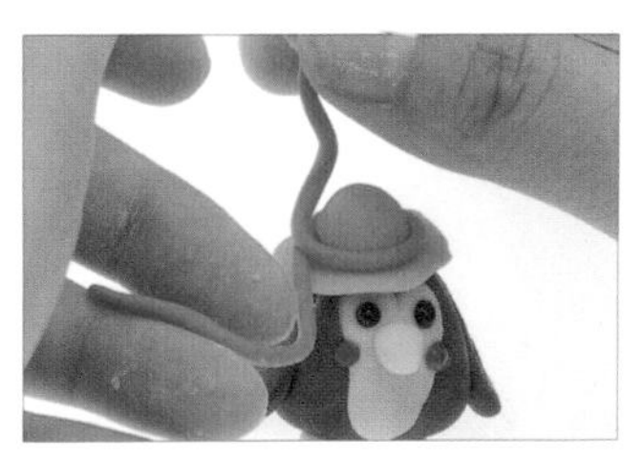

32 承步驟31，將緞帶在帽頂左側交叉，並繞一個結。

33 切斷過長的緞帶。

34 以牙籤調整緞帶結的彎度。

35 用指腹調整帽簷弧度，以增加自然感。

36 如圖，企鵝完成。

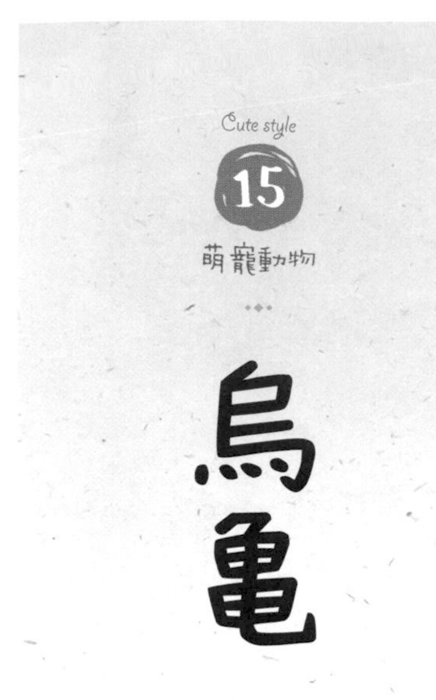

Cute style

15

萌寵動物

烏龜

01 湯圓

使用糯米團	製作部位	糯米團直徑
綠色糯米團 a	烏龜殼	2 公分
淺綠色糯米團 b1	前腳	0.5 公分
淺綠色糯米團 b2	前腳	0.5 公分
淺綠色糯米團 c1	後腳	0.5 公分
淺綠色糯米團 c2	後腳	0.5 公分
白色糯米團 d1	眼窩	0.25 公分
白色糯米團 d2	眼窩	0.25 公分
淺綠色糯米團 e	頭部	1 公分
綠色糯米團 f	尾巴	0.5 公分

02 元宵

使用糯米團	製作部位	糯米團直徑
綠色糯米團 a	烏龜殼	4 公分
淺綠色糯米團 b1	前腳	1 公分
淺綠色糯米團 b2	前腳	1 公分
淺綠色糯米團 c1	後腳	1 公分
淺綠色糯米團 c2	後腳	1 公分
白色糯米團 d1	眼窩	0.5 公分
白色糯米團 d2	眼窩	0.5 公分
淺綠色糯米團 e	頭部	2 公分
綠色糯米團 f	尾巴	1 公分

步驟說明 Step by step

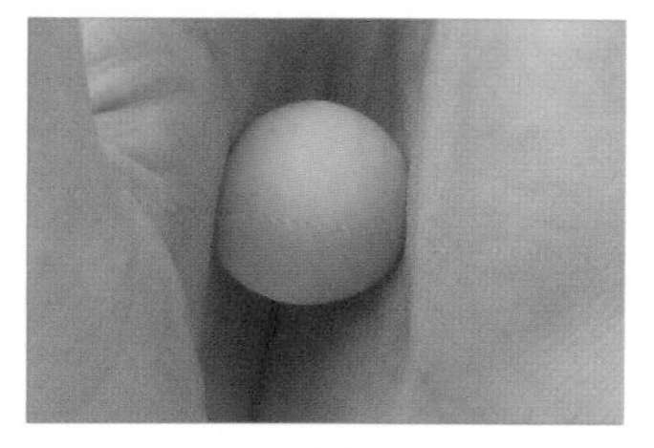

01 用手掌將綠色糯米團 a 搓揉成圓形。

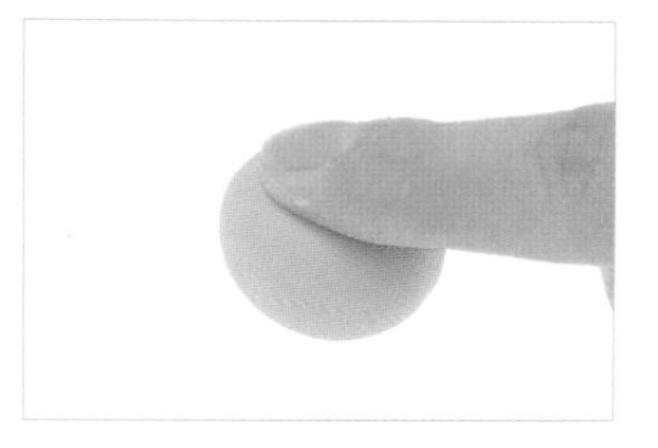

02 將綠色圓形糯米團 a 放在桌面上後，用指腹輕壓扁。

03 如圖，烏龜殼完成。

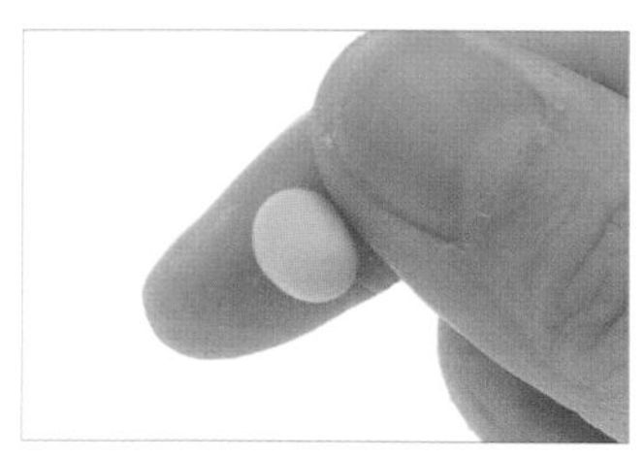

04 用指腹將綠色糯米團 f 搓揉成圓形。

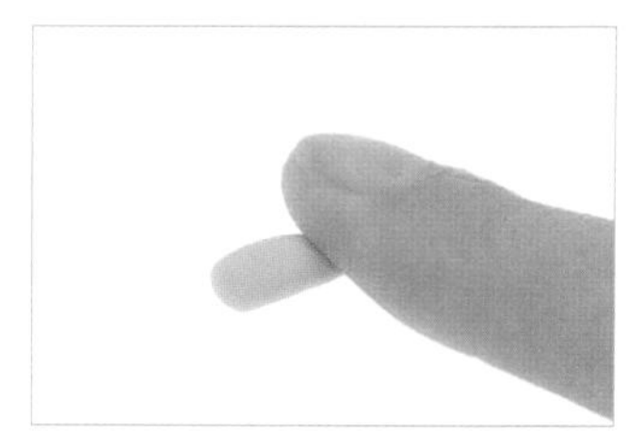

05 將綠色圓形糯米團 f 在桌上搓成水滴形。

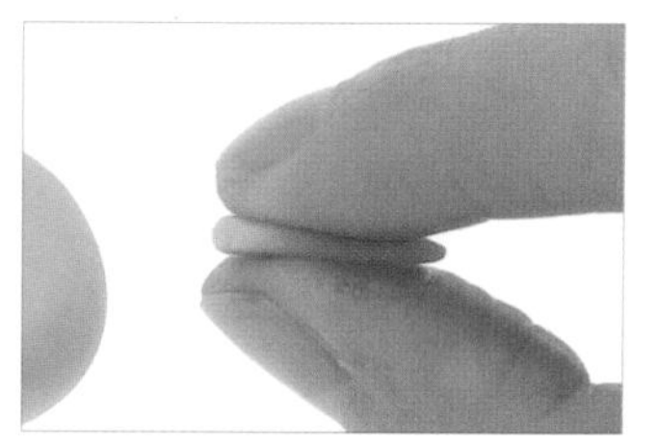

06 將綠色水滴形糯米團 f 壓扁，為尾巴。

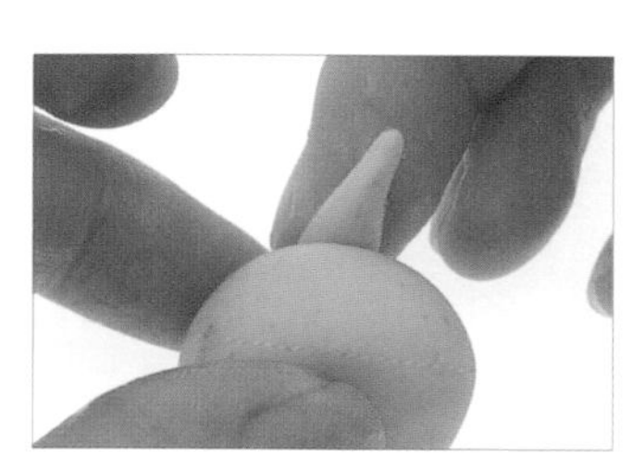

07 將尾巴放在烏龜殼後方。

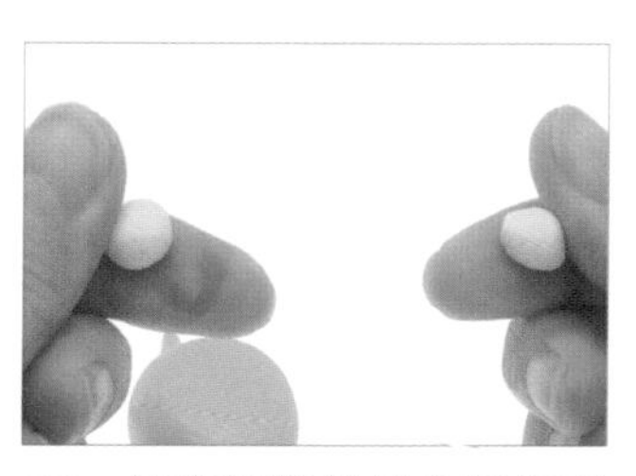

08 用指腹將淺綠色糯米團 b1、b2 搓揉成水滴形。

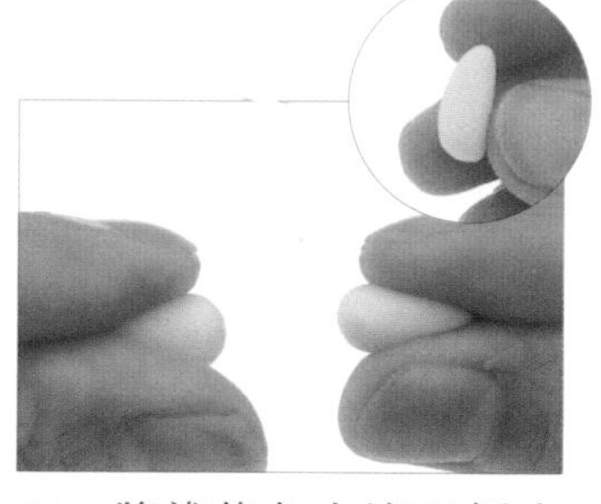

09 將淺綠色水滴形糯米團 b1、b2 尖端壓扁，為前腳。

10 重複步驟 8-9，取淺綠色糯米團 c1、c2 完成後腳。

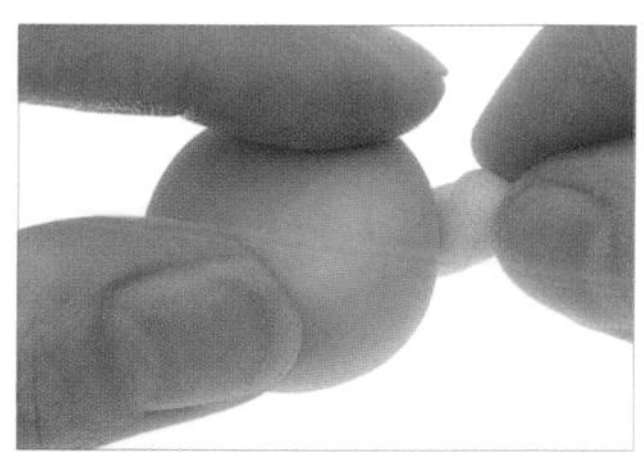

11 將後腳放在烏龜殼右後方。（註：擺放時可稍微輕壓烏龜殼，以加強固定。）

12 將前腳放在烏龜殼右前方。

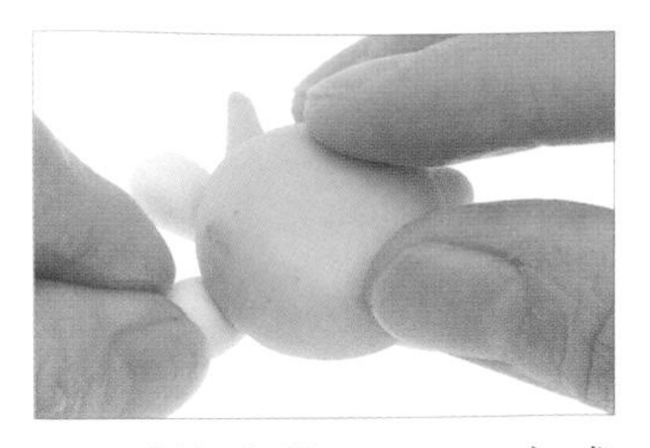

13 重複步驟 11-12，完成左側前、後腳的擺放。

14 如圖，烏龜腳完成。

15 用指腹將淺綠色糯米團 e 搓揉成水滴形。

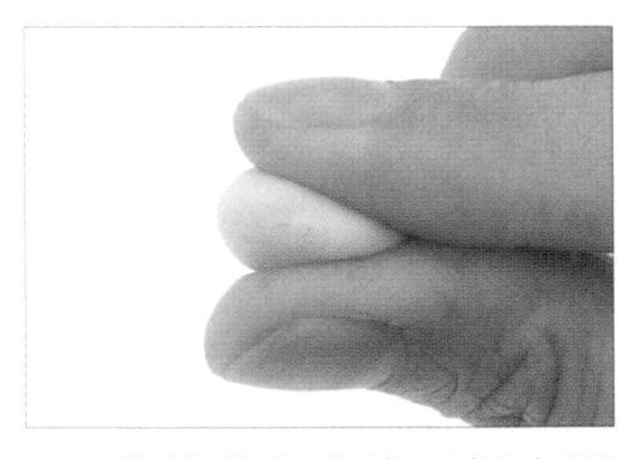

16 將淺綠色水滴形糯米團 e 尖端壓扁，為頭部。

17 承步驟 16，用指腹壓彎壓扁處，使頭部有向上仰起的效果。

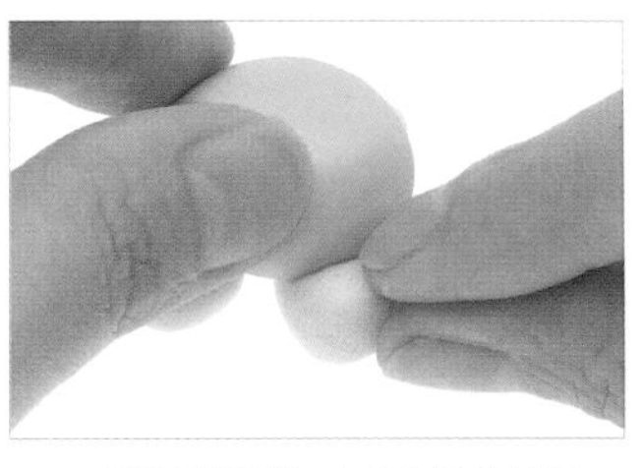

18 將頭部放在尾巴對側。

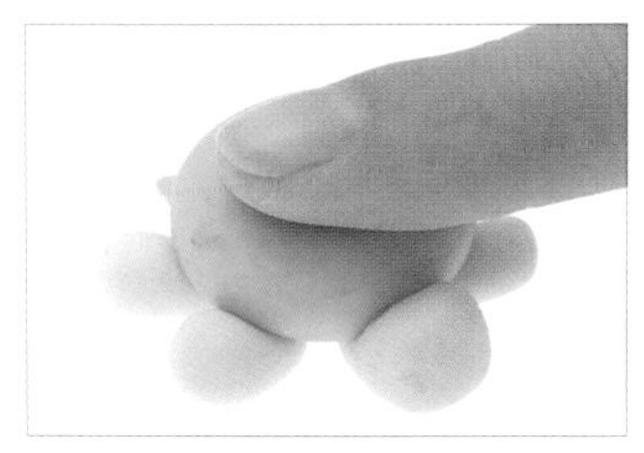

19 用指腹輕壓烏龜殼，以加強固定各個糯米團。

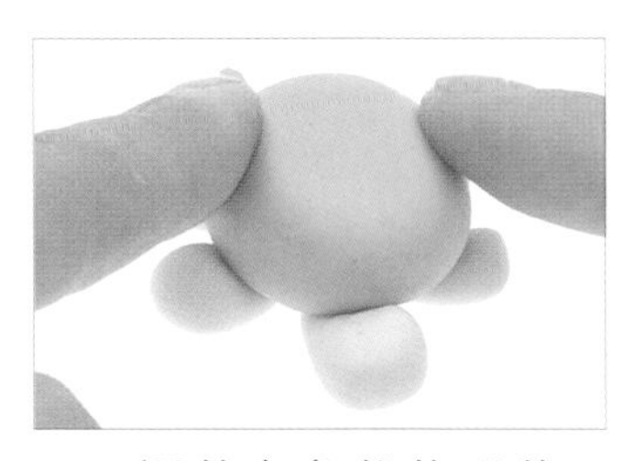

20 調整烏龜殼的形狀。（註：因在放置各糯米團時，有可能使烏龜殼變形。）

21 如圖，烏龜主體完成。

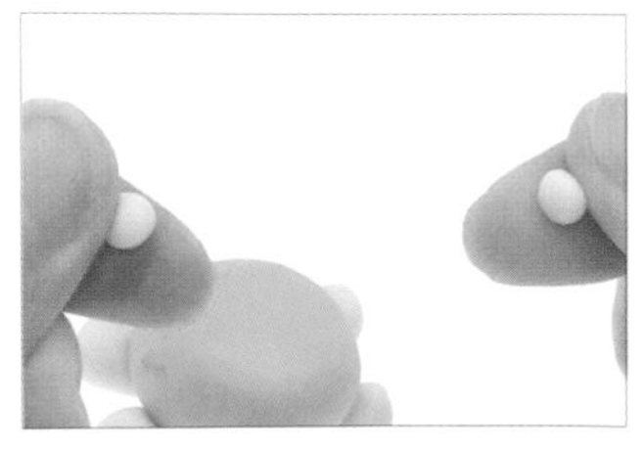

22 用指腹將白色糯米團 d1、d2 搓揉成圓形，為眼窩。

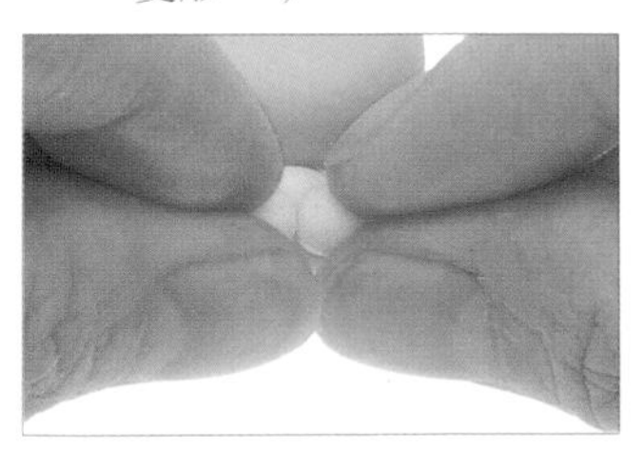

23 將眼窩放在烏龜頭的上方，並將兩眼窩稍微黏合。

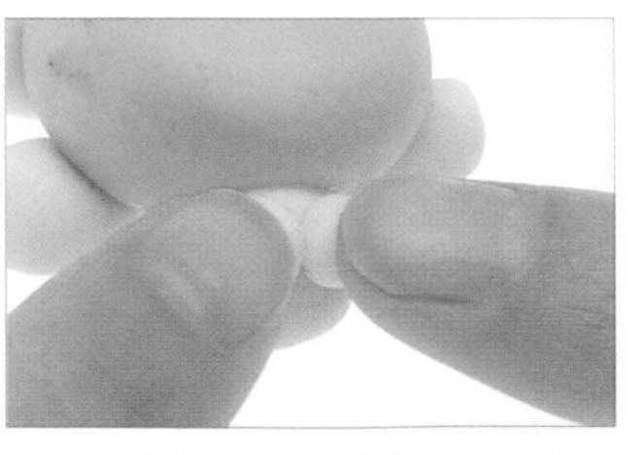

24 用指腹輕壓眼窩，以加強固定。

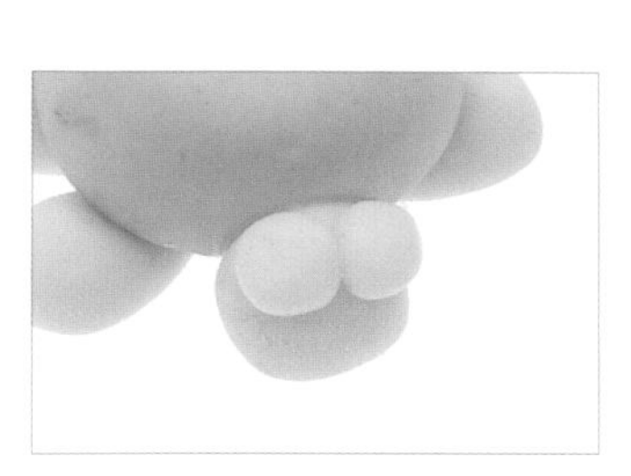

25 如圖，烏龜眼窩完成。

26 以切刀棒在烏龜殼上斜切短直線，為烏龜殼紋路。

27 重複步驟26，依序斜切短直線。

28 以切刀棒在短直線另一側，斜切直線，形成菱格紋。

29 重複步驟28，依序斜切短直線。

30 如圖，烏龜殼紋路完成。

31 以畫筆沾取咖啡色色膏，畫出圓點，為左眼。

32 重複步驟31，畫出右眼。

33 以畫筆沾取紅色色膏，畫出微笑弧線，為嘴巴。

34 如圖，烏龜完成。

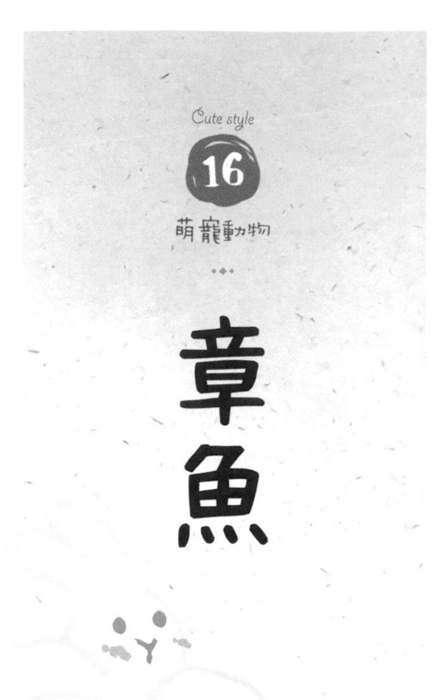

章魚

01 湯圓

使用糯米團	製作部位	糯米團直徑
紅色糯米團 a	章魚頭部	2 公分
紅色糯米團 b1	腕足	1 公分
紅色糯米團 b2	腕足	1 公分
紅色糯米團 b3	腕足	1 公分
紅色糯米團 b4	腕足	1 公分
紅色糯米團 b5	腕足	1 公分
紅色糯米團 b6	腕足	1 公分
紅色糯米團 b7	腕足	1 公分
紅色糯米團 b8	腕足	1 公分
咖啡色糯米團	眼睛	0.25 公分
白色糯米團	眼睛反光點、嘴巴	0.5 公分
橘黃色糯米團	帽子	1 公分
紅色糯米團 c	緞帶	1 公分

02 元宵

使用糯米團	製作部位	糯米團直徑
紅色糯米團 a	章魚頭部	4 公分
紅色糯米團 b1	腕足	2 公分
紅色糯米團 b2	腕足	2 公分
紅色糯米團 b3	腕足	2 公分
紅色糯米團 b4	腕足	2 公分
紅色糯米團 b5	腕足	2 公分
紅色糯米團 b6	腕足	2 公分
紅色糯米團 b7	腕足	2 公分
紅色糯米團 b8	腕足	2 公分
咖啡色糯米團	眼睛	0.5 公分
白色糯米團	眼睛反光點、嘴巴	1 公分
橘黃色糯米團	帽子	2 公分
紅色糯米團 c	緞帶	2 公分

步驟說明 Step by step

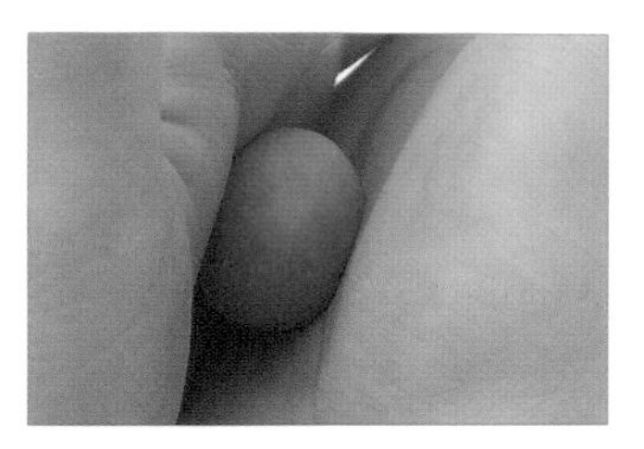

01 用手掌將紅色糯米團 a 搓揉成圓形，為章魚頭。

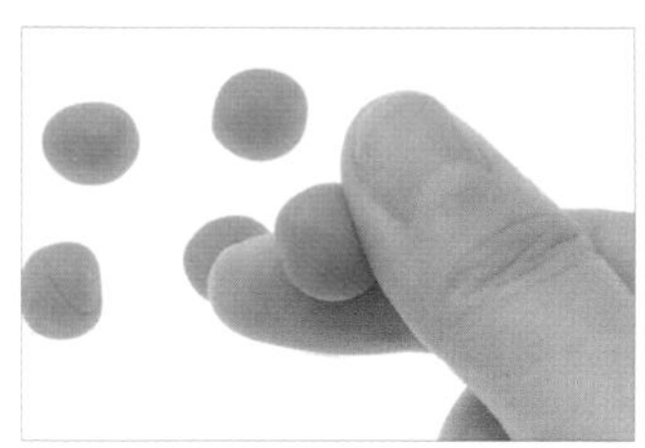

02 用指腹將紅色糯米團 b1 搓揉成圓形。

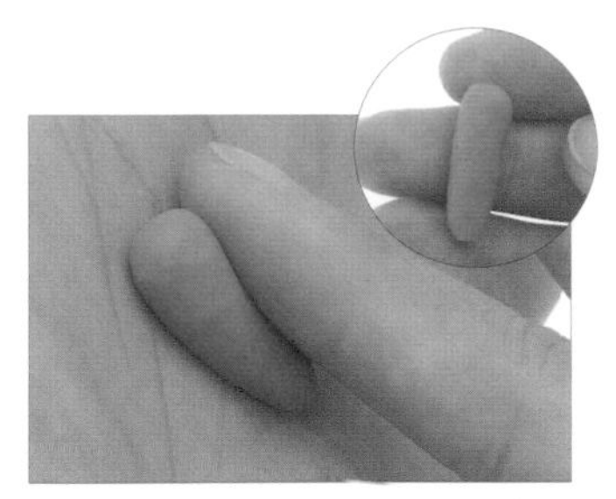

03 將紅色圓形糯米團 b1 放在掌心，並用指腹揉成冰柱狀。

04 重複步驟 2-3，將紅色糯米團 b2 ～ b8 搓揉成冰柱狀，為腕足。

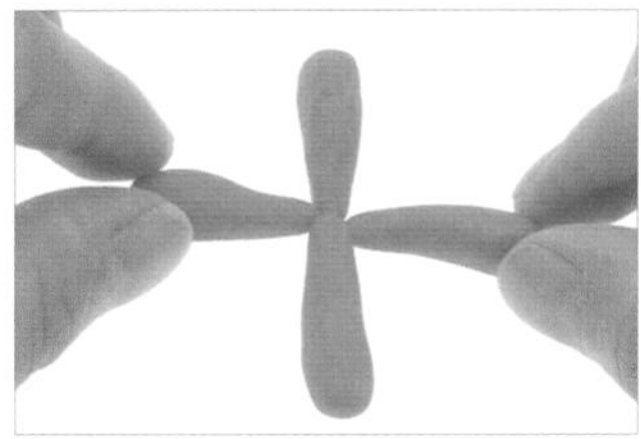

05 取四個腕足排成十字形。

06 取兩個腕足排在十字形的對角上。

07 重複步驟 6，在另一個對角再排兩個腕足。

08 用指腹按壓腕足的中心點，以加強黏合，即完成章魚腳。

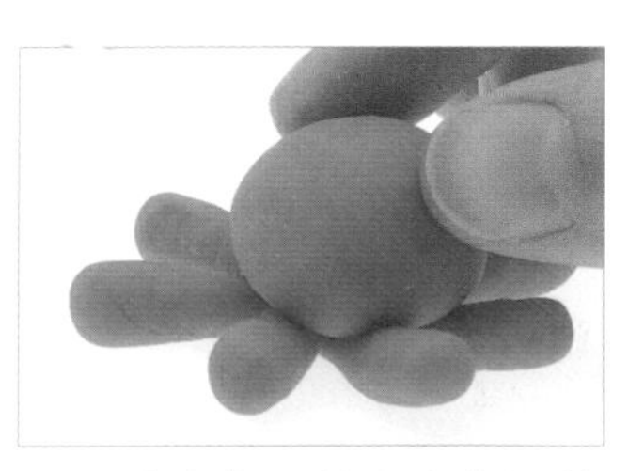

09 將章魚頭放在章魚腳的中心點上，並輕壓固定。

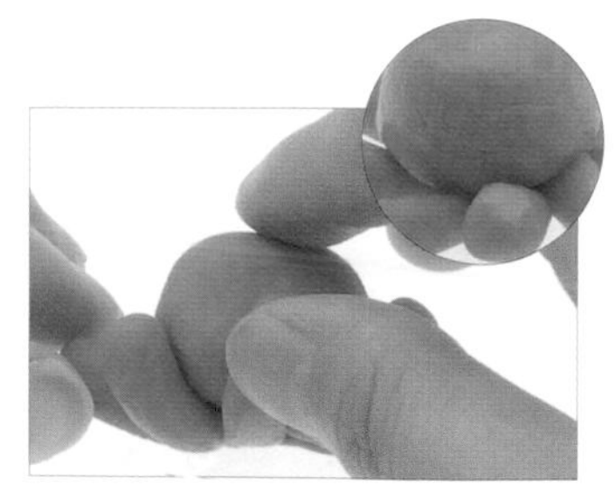

10 將章魚腳向上彎，以製造出章魚在水中游時的弧度。

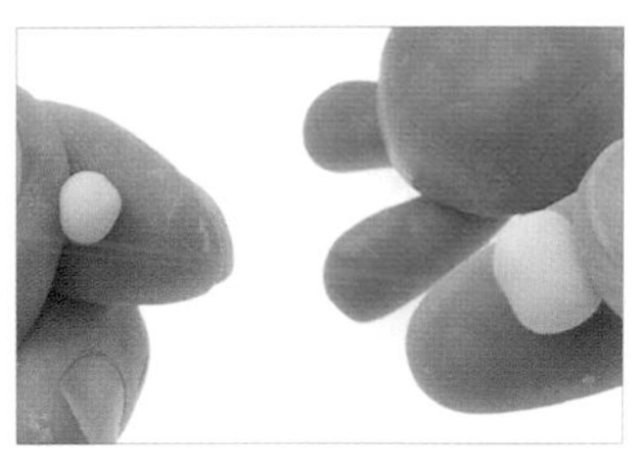

11 將白色糯米團分成 2/3 的嘴巴糯米團，和 1/3 的眼睛反光點糯米團。（註：糯米團不一定會用完。）

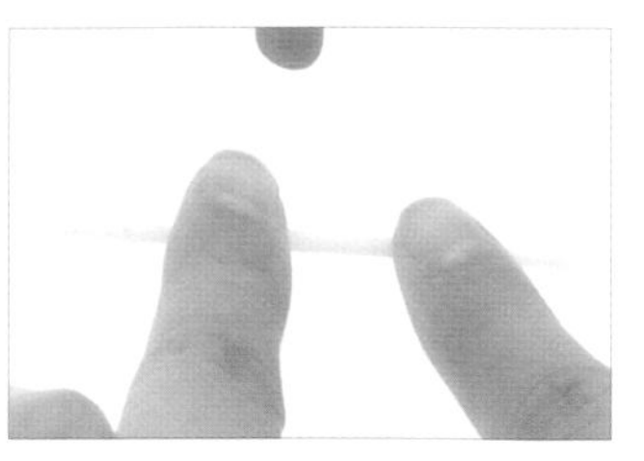

12 將嘴巴糯米團放在桌上搓揉成條狀。（註：在桌上搓揉，糯米團會較平均。）

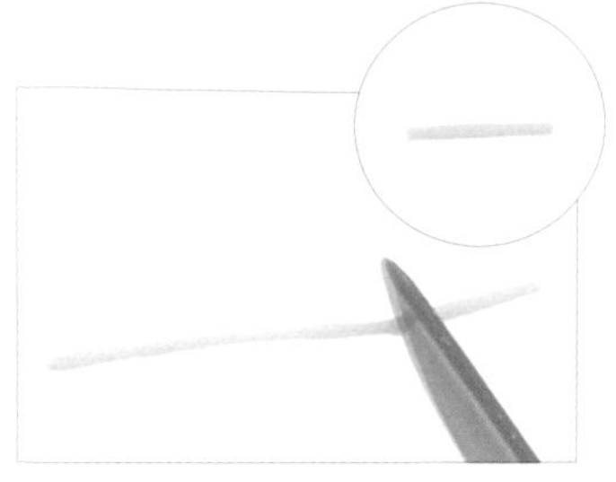

13 以切刀棒切出搓揉的最均勻的一部分。

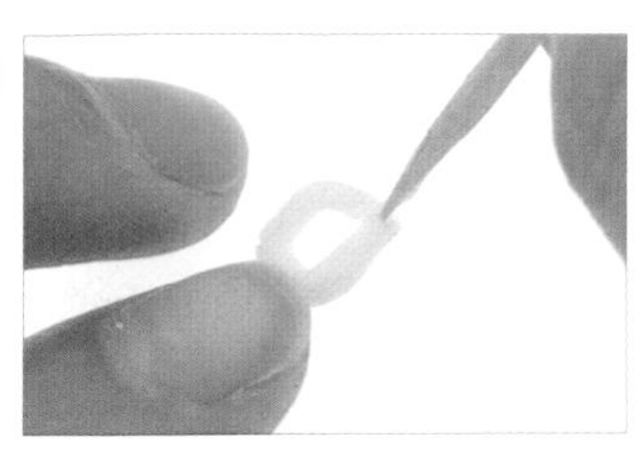

14 以牙籤為輔助，將條狀糯米團彎成圈狀。

15 如圖，嘴巴完成。

16 以牙籤為輔助，將嘴巴放到章魚臉上。

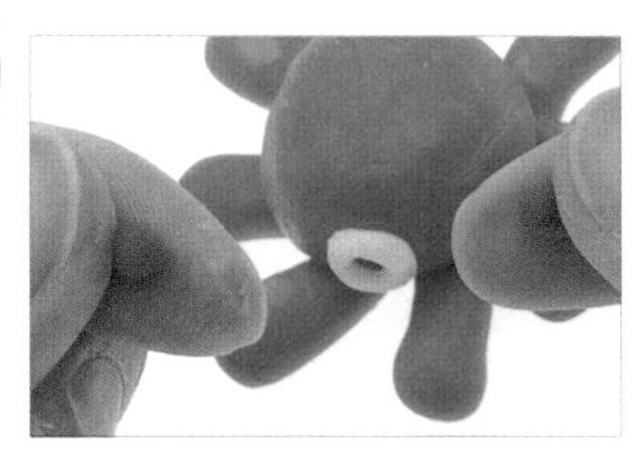

17 將咖啡色糯米團分成兩個眼睛糯米團。

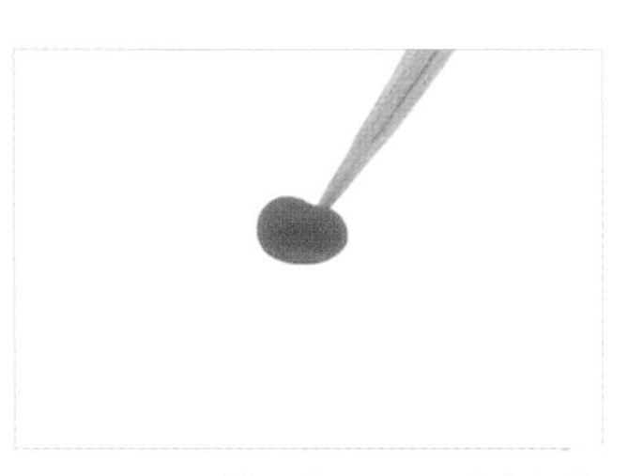

18 以牙籤插取眼睛糯米團。（註：若糯米團太小，用手不好拿取，則可以牙籤輔助。）

19 將眼睛糯米團放在嘴巴的兩側。

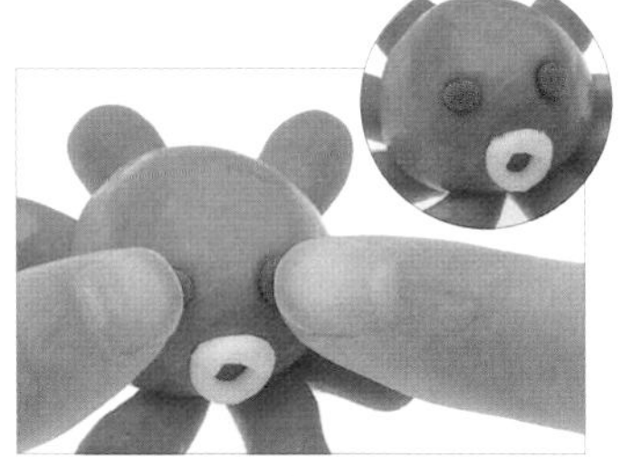

20 用指腹按壓眼睛糯米團，以加強固定，即完成眼睛。

21 將眼睛反光點糯米團放在桌上搓揉成條狀。

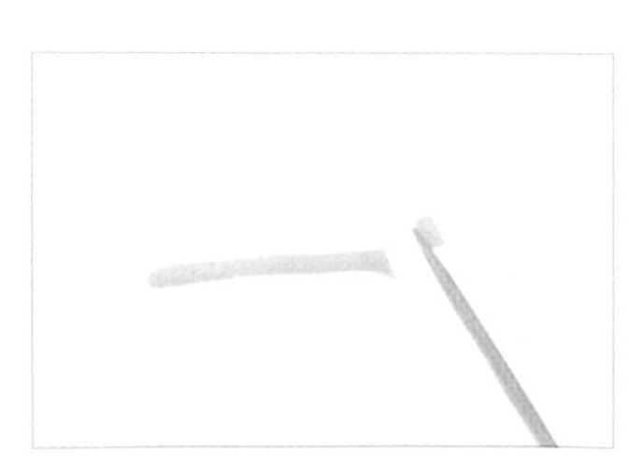

22 以牙籤切出一小塊眼睛反光點糯米團。

23 將眼睛反光點糯米團放在眼睛上方。

24 如圖，眼睛上方反光點製作完成。

25 以牙籤切出一小塊眼睛反光點糯米團，放在上方反光點的下側。（註:須比上方糯米團更小。）

26 如圖，眼睛下方反光點製作完成。

27 以牙籤鈍端按壓反光點，以加強固定。

28 如圖，眼睛反光點完成。

29 將橘黃色糯米團分成 2/3 的帽簷糯米團，和 1/3 的帽頂糯米團，並搓圓。

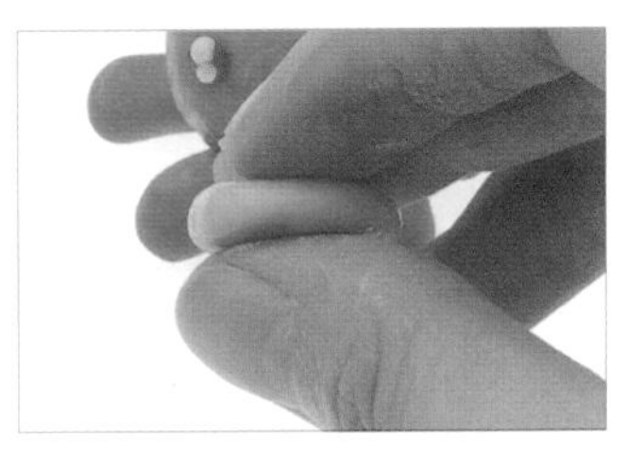

30 用指腹將帽簷糯米團壓扁。

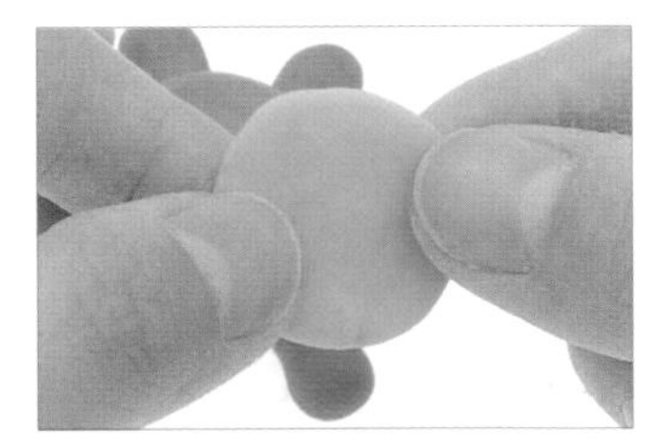

31 用指腹將圓扁狀糯米團捏至厚薄均勻，為帽簷。

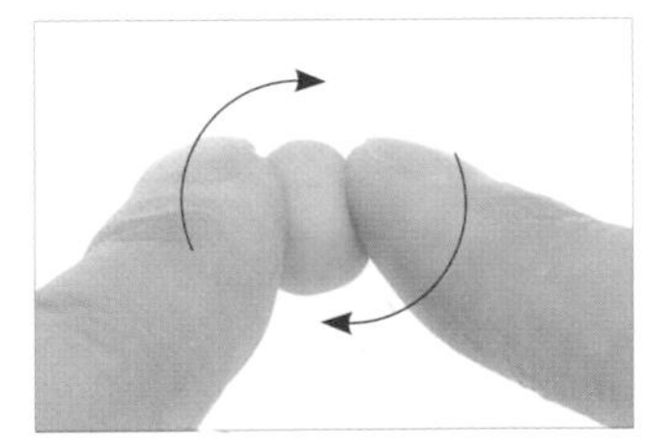

32 將帽頂糯米團放在桌上，用指腹一前一後將糯米團搓成半圓形。

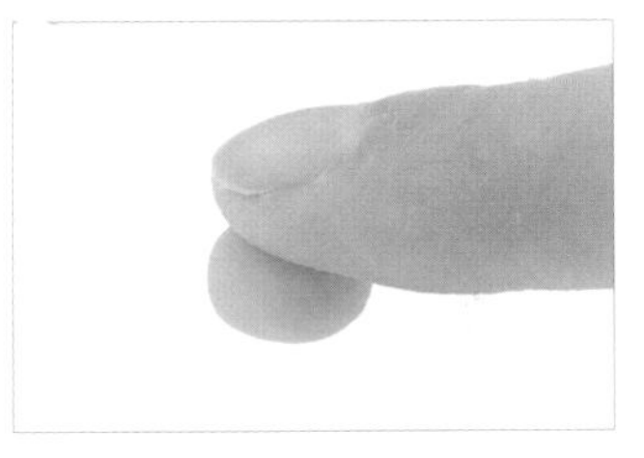

33 將半圓形糯米團上方微壓扁，為帽頂。

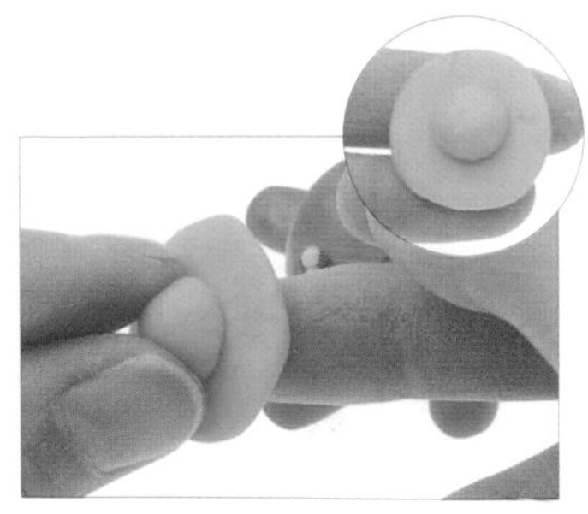

34 將帽頂放在帽簷上，即完成帽子。

35 將帽子放在章魚頭左側。

36 將紅色糯米團 c 分成 2/3 的緞帶糯米團，和 1/3 的蝴蝶結糯米團，並搓圓。

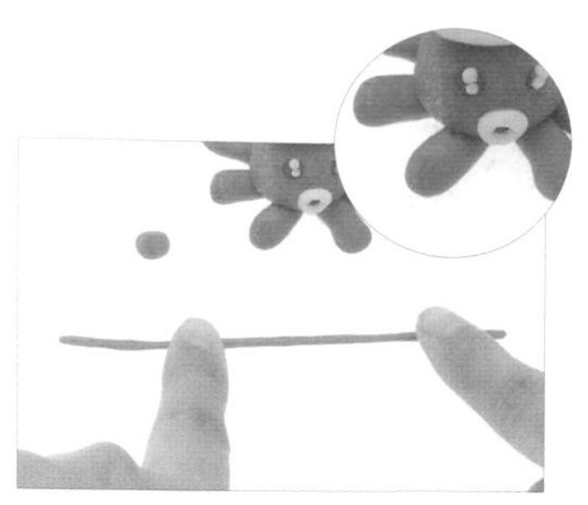

37 將緞帶糯米團放在桌上搓揉成條狀，為緞帶。

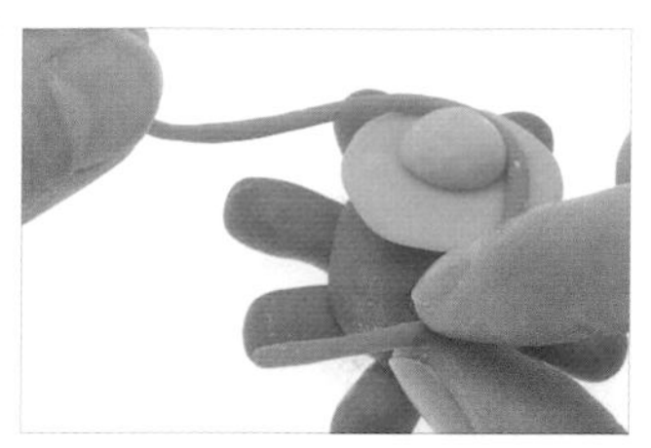

38 將緞帶圍繞帽頂。

39 承步驟 38，將緞帶在帽頂左側交叉。

40 將多餘緞帶糯米團切斷，並留下多餘的糯米團。（註：可以牙籤為輔助切斷糯米團。）

41 以牙籤調整糯米團的銜接點。

42 將蝴蝶結糯米團放在桌上搓揉成條狀。

43 將條狀糯米團彎折成蝴蝶結。

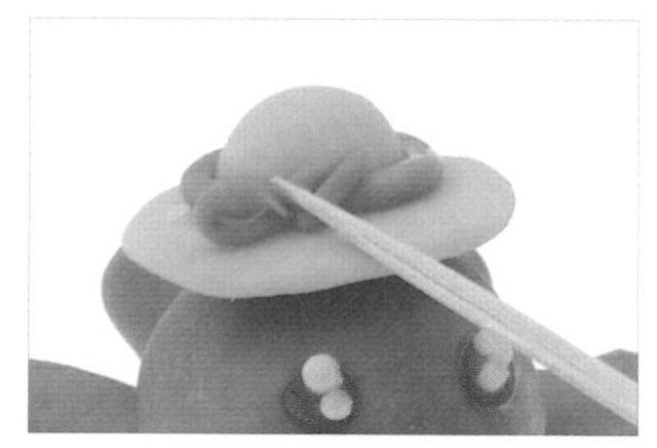

44 以牙籤將蝴蝶結的銜接點輕壓固定。（註：不可太用力，以免切斷糯米團。）

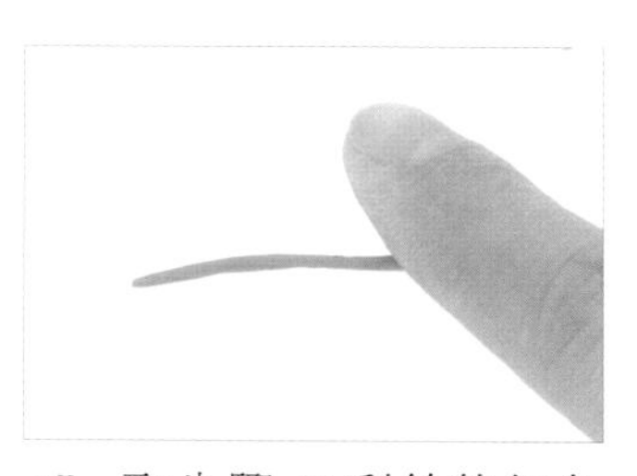

45 取步驟 40 剩餘的紅色糯米團，並放在桌上搓揉成條狀。

46 以切刀棒切出搓揉的最均勻的一部分。

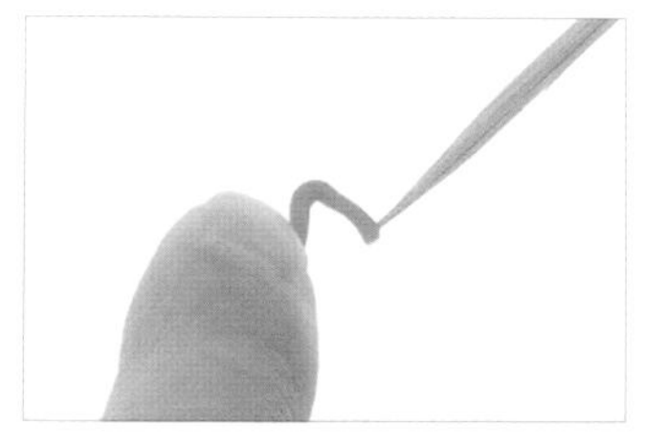

47 承步驟46，將糯米團彎折成倒 V 形後，放在蝴蝶結下方，完成緞帶尾端。

48 如圖，章魚完成。

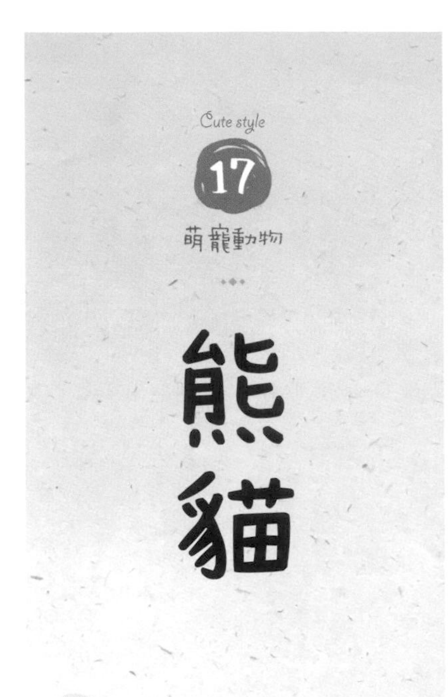

Cute style

17

萌寵動物

熊貓

01 湯圓

使用糯米團	製作部位	糯米團直徑
白色糯米團 a	頭部	2 公分
黑色糯米團 b1	耳朵	1 公分
黑色糯米團 b2	耳朵	1 公分
黑色糯米團 c1	眼窩	0.5 公分
黑色糯米團 c2	眼窩	0.5 公分
黑色糯米團 d	鼻子	0.25 公分

02 元宵

使用糯米團	製作部位	糯米團直徑
白色糯米團 a	頭部	4 公分
黑色糯米團 b1	耳朵	2 公分
黑色糯米團 b2	耳朵	2 公分
黑色糯米團 c1	眼窩	1 公分
黑色糯米團 c2	眼窩	1 公分
黑色糯米團 d	鼻子	0.5 公分

步驟說明 Step by step

01 用手掌將白色糯米團a搓揉成圓形，為熊貓頭。

02 用指腹將黑色糯米團c1、c2搓揉成圓形，為眼窩。

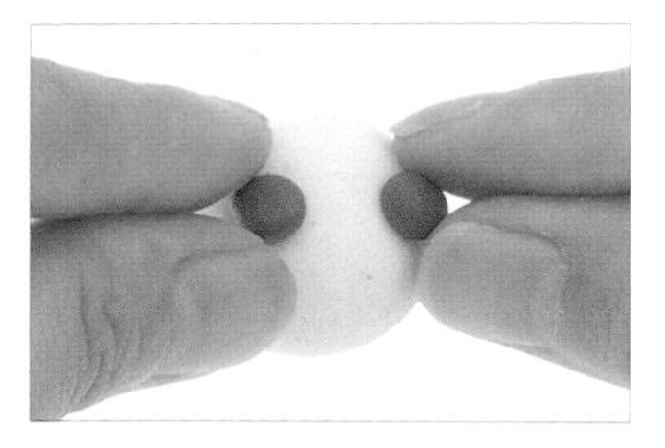

03 將眼窩放在熊貓臉上。

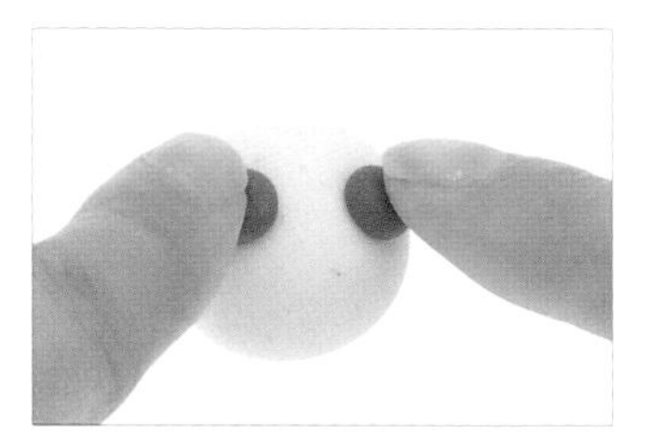

04 用指腹輕壓眼窩，以加強固定。

05 用指腹將黑色糯米團d搓揉成圓形，為鼻子。

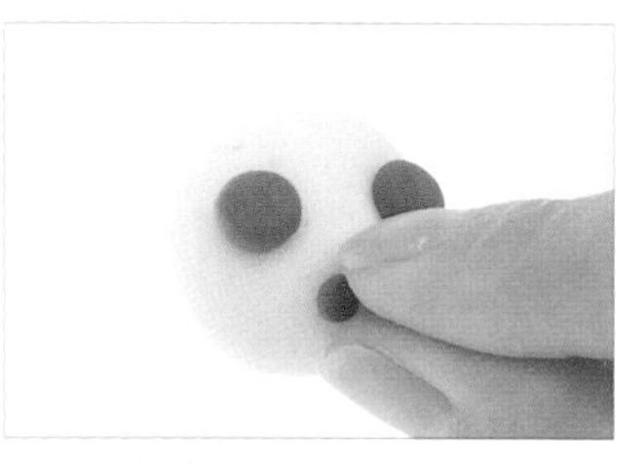

06 將鼻子放在眼窩下方。

07 用指腹輕壓鼻子，以加強固定。

08 用手掌下半部搓揉熊貓頭，將眼窩、鼻子與頭部糯米團融合。

09 如圖，熊貓主體完成。

10 用指腹將黑色糯米團b1、b2搓揉成圓形，為耳朵。

11 將耳朵放在熊貓頭兩側。

12 用指腹輕壓耳朵，以製造耳窩。

13 如圖，熊貓完成，

Tips

若擔心糯米團融合時失敗，可在兩個糯米團中間夾入分隔糯米團，可降低失敗率。

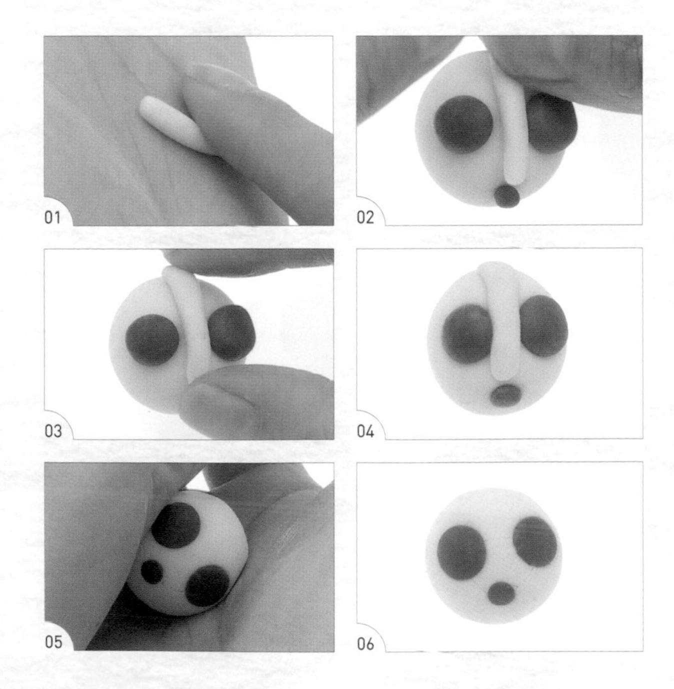

01 用手掌將白色糯米團搓揉成圓形後，搓成長條形。

02 將長條形糯米團放在黑色糯米團中間。（註：此處為分隔兩個眼窩。）

03 用指腹稍微按壓固定長條形糯米團。

04 如圖，分隔糯米團加入完成。

05 用手掌下半部搓揉熊貓頭，將眼窩、鼻子、分隔糯米團與頭部糯米團融合。

06 如圖，熊貓主體完成。

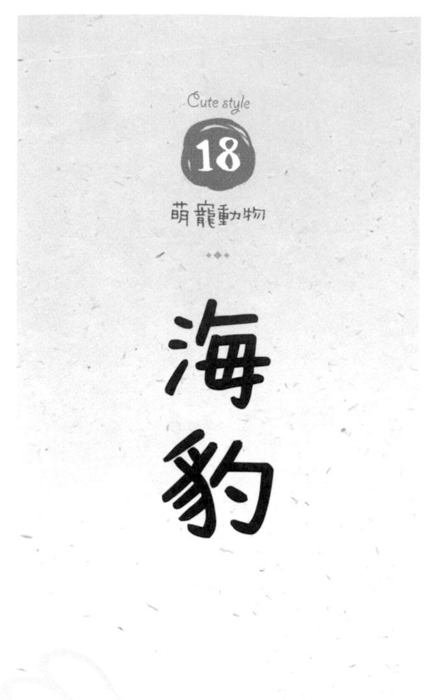

海豹

01 湯圓

使用糯米團	製作部位	糯米團直徑
白色糯米團 a	身體	2 公分
白色糯米團 b	尾巴	0.5 公分
白色糯米團 c1	前腳	1 公分
白色糯米團 c2	前腳	1 公分
白色糯米團 d1	吻部	0.5 公分
白色糯米團 d2	吻部	0.5 公分
黑色糯米團	鼻子	0.25 公分

02 元宵

使用糯米團	製作部位	糯米團直徑
白色糯米團 a	身體	4 公分
白色糯米團 b	尾巴	1 公分
白色糯米團 c1	前腳	2 公分
白色糯米團 c2	前腳	2 公分
白色糯米團 d1	吻部	1 公分
白色糯米團 d2	吻部	1 公分
黑色糯米團	鼻子	0.5 公分

步驟說明 Step by step

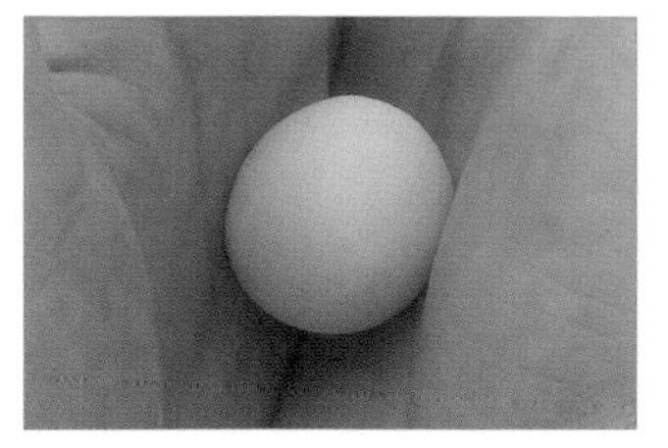

01 用手掌將白色糯米團 a 搓揉成圓形。

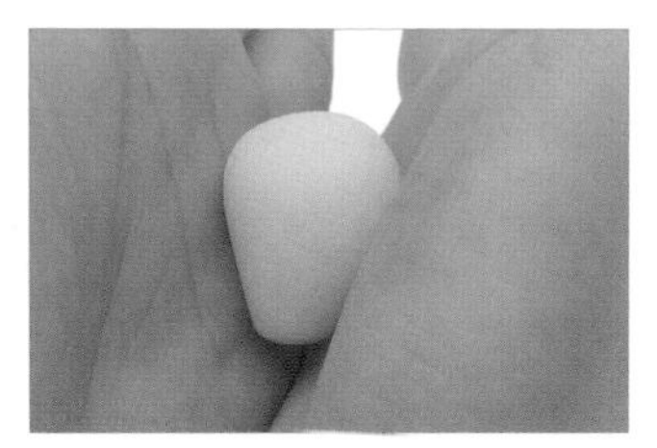

02 承步驟 1，將糯米團用手掌下半部搓揉成陀螺形。

03 如圖，身體完成。

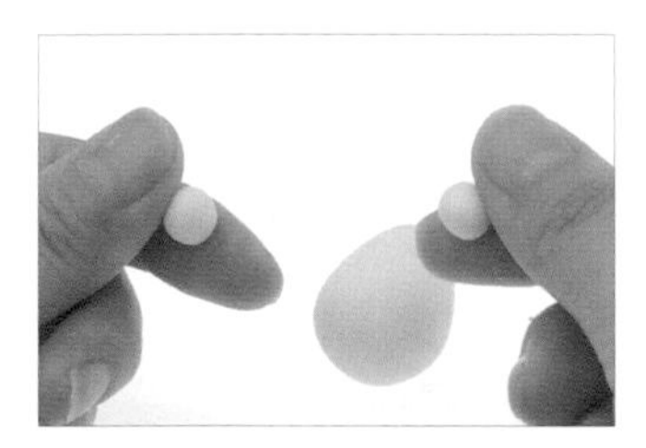

04 用指腹將白色糯米團 c1、c2 搓揉成圓形。

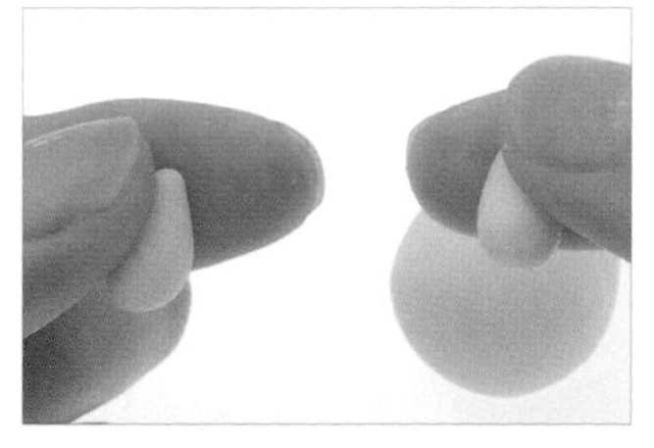

05 承步驟 4，將糯米團用指腹搓成水滴形。

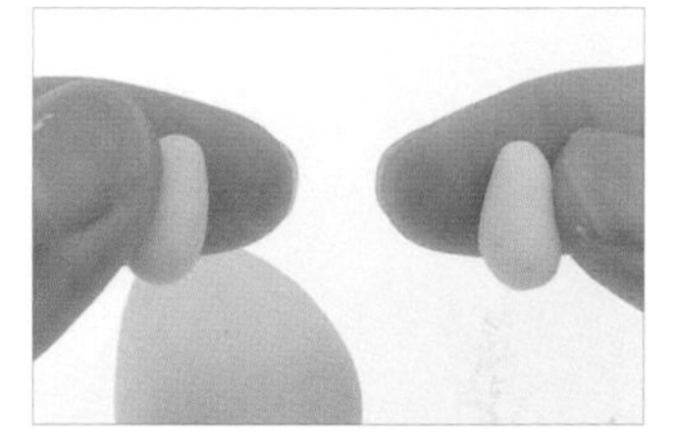

06 如圖，前腳完成。

07 將前腳（水滴形尖端）壓放在身體兩側。

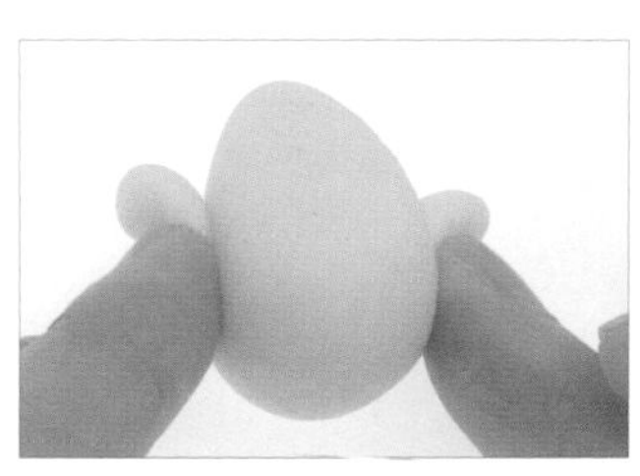

08 用指腹輕壓固定前腳。

09 先用指腹將白色糯米團 d1、d2 搓揉成圓形後，放在身體前方，為吻部。

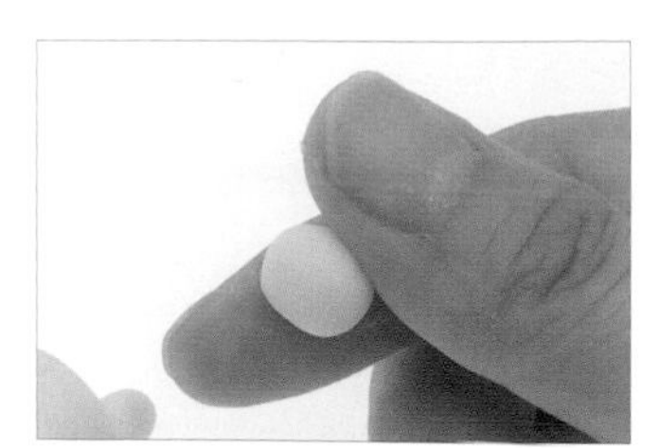

10 用指腹將白色糯米團 b 搓揉成圓形。

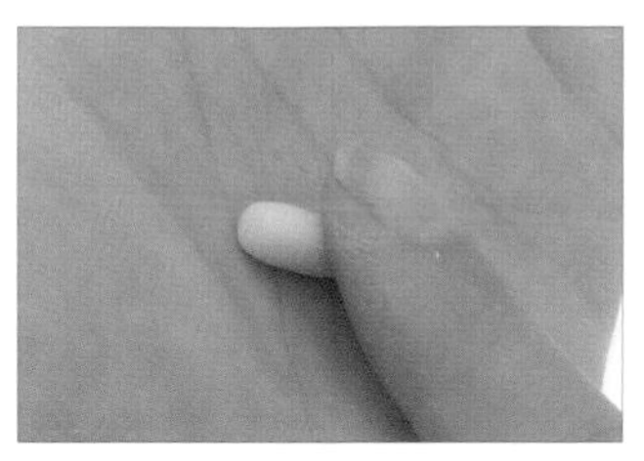

11 將白色圓形糯米團 b 放在掌心搓成長條形。

12 將白色長條形糯米團 b 用指腹捏成 V 形，即完成尾巴。

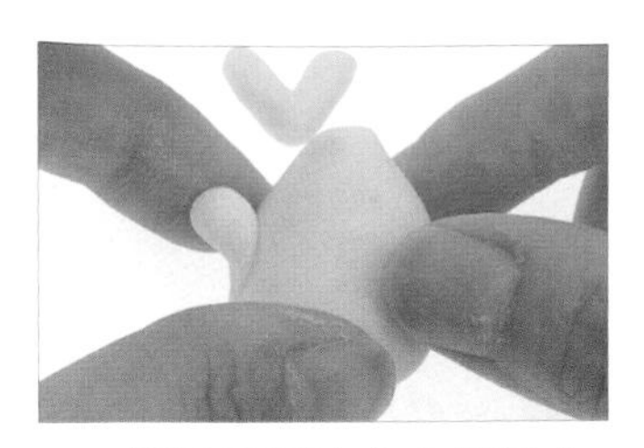

13 將尾巴壓放在身體後方。

14 用指腹輕壓身體後方，以加強固定尾巴。

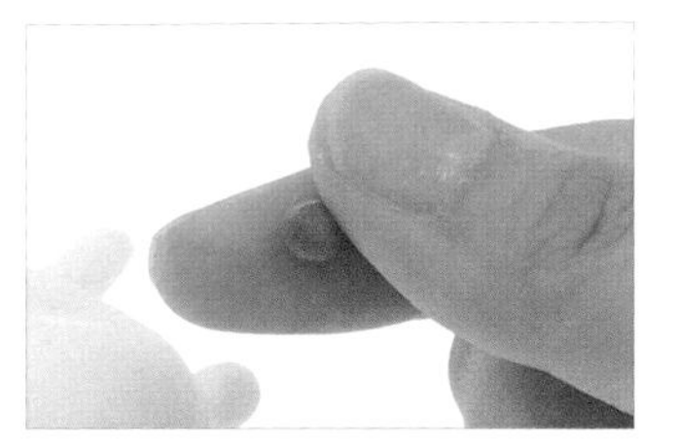

15 用指腹將黑色糯米團搓揉成圓形。

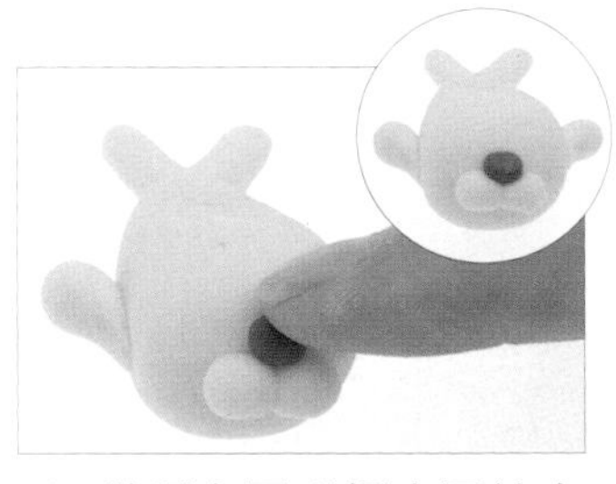

16 將黑色圓形糯米團放在吻部上側，並用指腹輕壓，以加強固定。

17 以牙籤尖端在左邊吻部上戳三個小洞。

18 以牙籤尖端在右邊吻部上戳三個小洞。

19 以畫筆沾取咖啡色色膏，畫出兩個弧形，為眉毛。

20 以畫筆沾取咖啡色色膏，在眉毛下方畫出圓點，為眼睛。

21 以畫筆沾取咖啡色色膏，在吻部左側畫出三條橫直線，為鬍鬚。

22 重複步驟 21，在吻部右側畫出鬍鬚。

23 如圖，海豹完成。

湯圓

使用糯米團	製作部位	糯米團直徑
白色糯米團 a	屁股	2 公分
黃色糯米團	花紋	1 公分
白色糯米團 b	尾巴	0.5 公分

元宵

使用糯米團	製作部位	糯米團直徑
白色糯米團 a	屁股	4 公分
黃色糯米團	花紋	2 公分
白色糯米團 b	尾巴	1 公分

步驟說明 Step by step

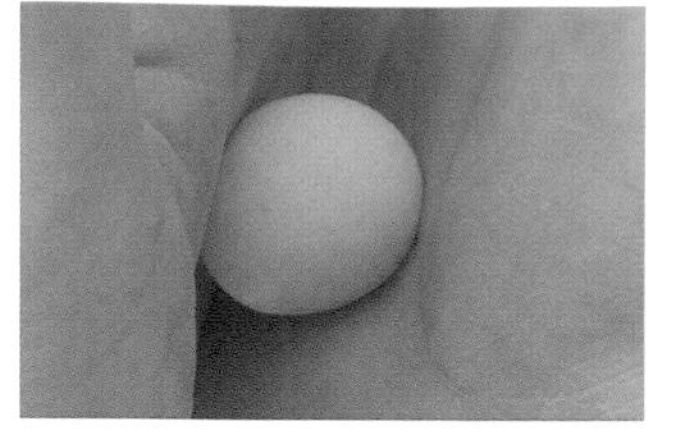

01 用手掌將白色糯米團a搓揉成圓形。

02 將白色圓形糯米團a放在桌上。

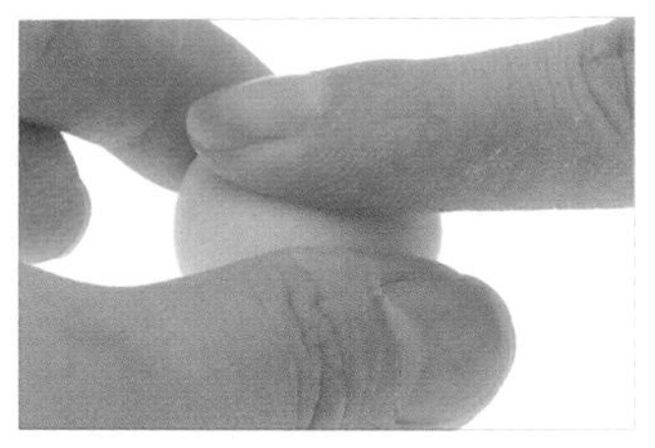

03 以指腹將白色圓形糯米團a壓扁，為屁股糯米團。

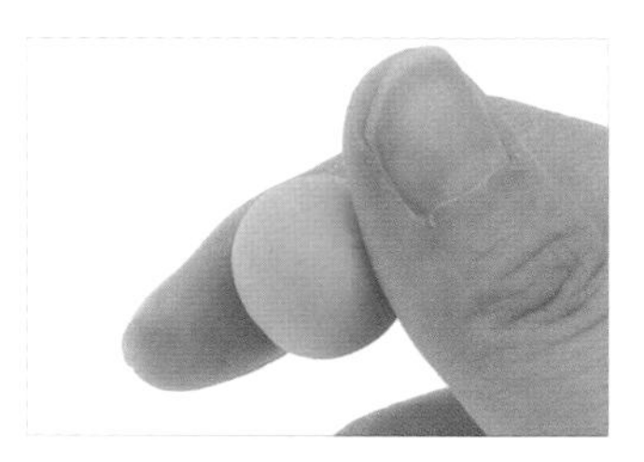

04 用指腹將黃色糯米團搓揉成圓形。

05 將黃色圓形糯米團壓放在屁股糯米團上，為花紋。

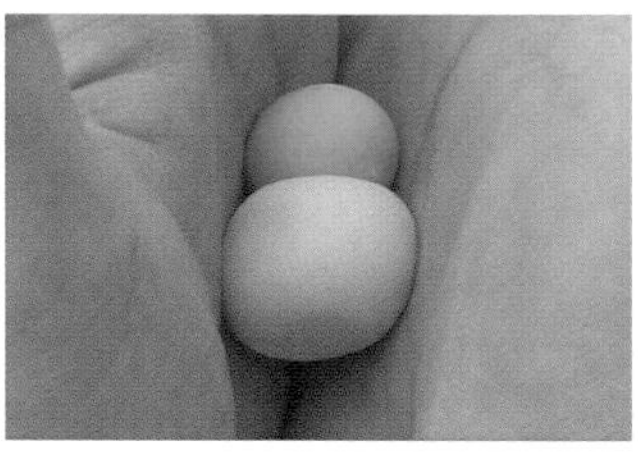

06 用手掌下半部搓揉糯米團，使屁股和花紋糯米團融合。

07 如圖，屁股部位完成。

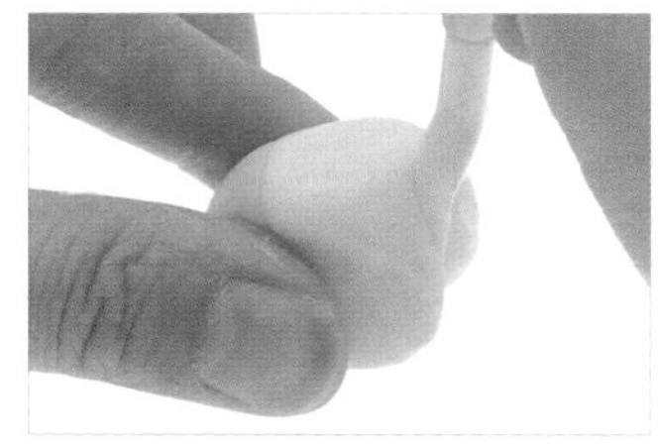

08 以彎形棒在屁股、白色糯米團處壓出弧度。

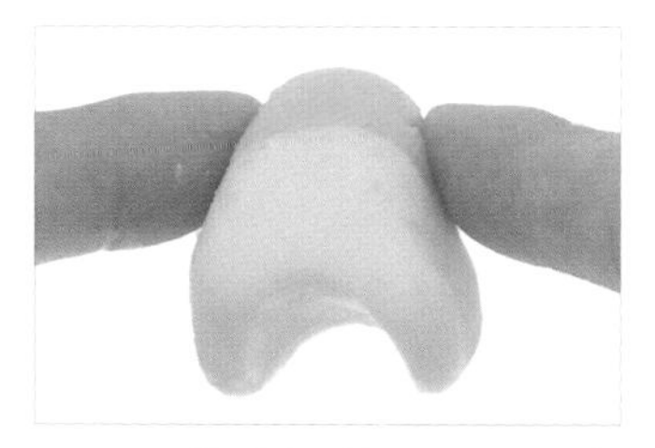

09 用指腹調整屁股的弧度。

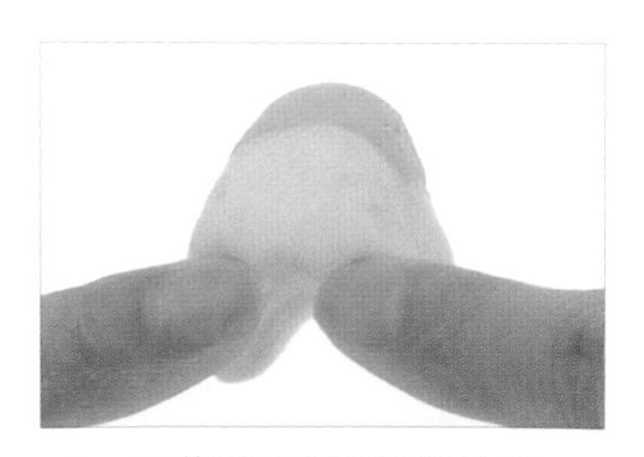

10 用指腹壓出腳掌位置。

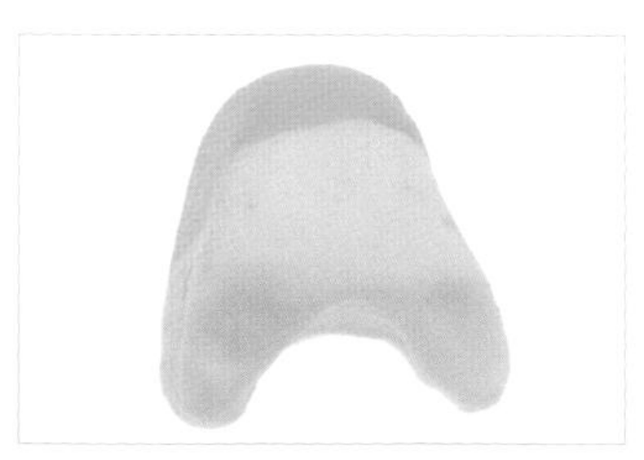

11 如圖，屁股完成。

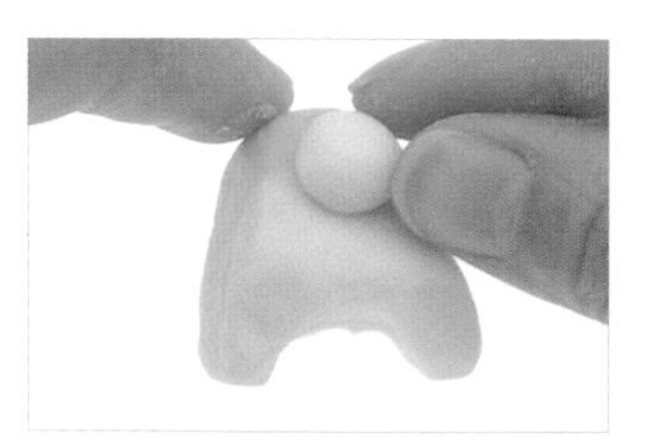

12 用指腹將白色糯米團b搓揉成圓形後，放在屁股上方，為尾巴。

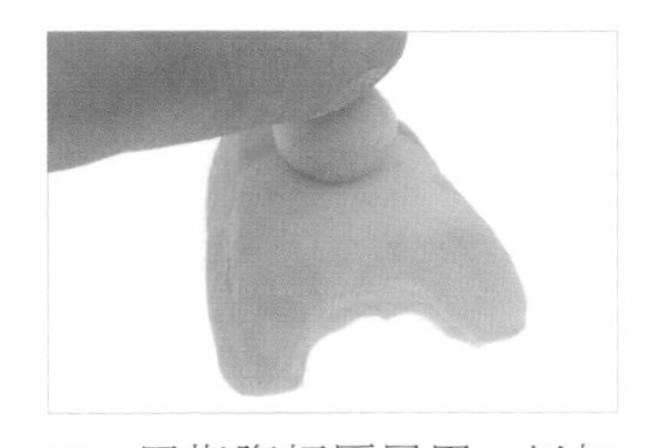

13 用指腹輕壓尾巴，以加強固定。

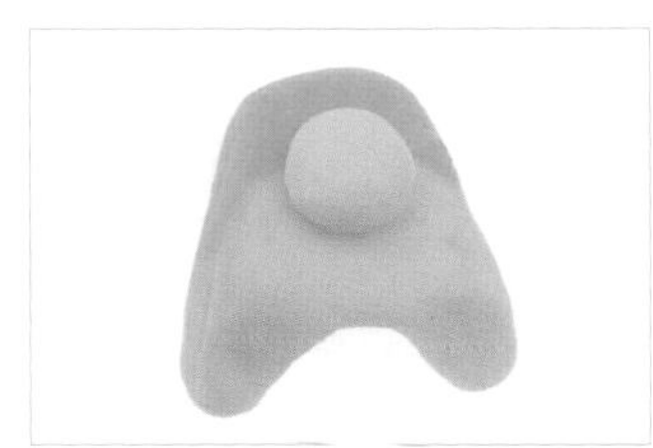

14 如圖，尾巴完成。

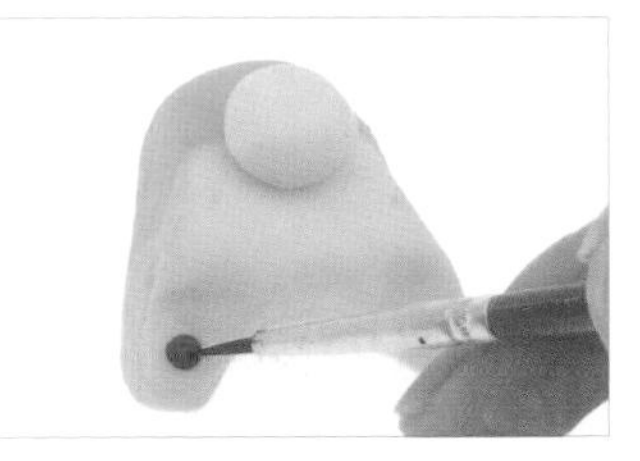

15 以畫筆沾取紅色色膏，在腳掌處畫出圓點，為肉掌。

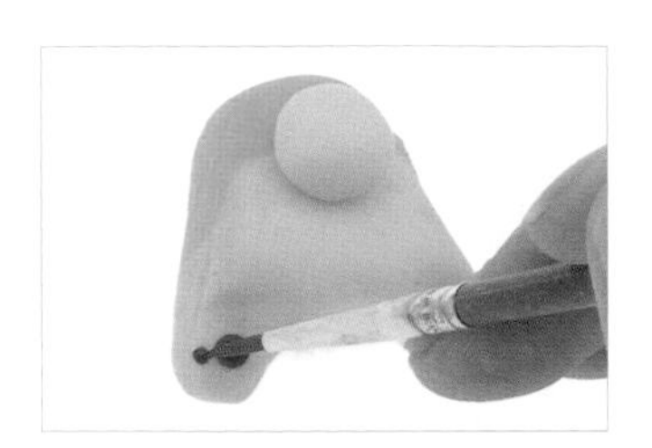

16 以畫筆沾取紅色色膏，在肉掌側邊畫出圓點。

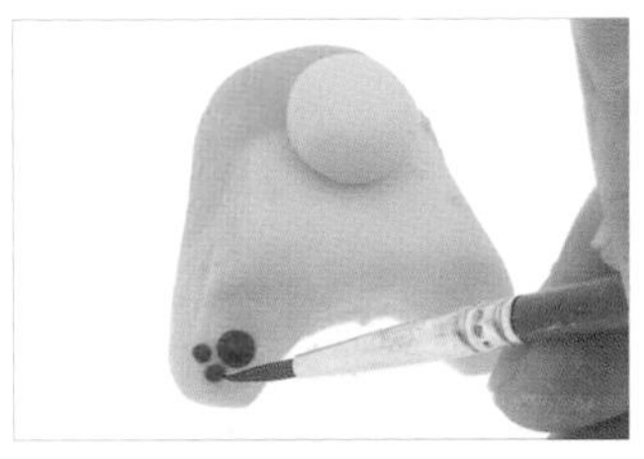

17 重複步驟 16，依序畫出圓點。

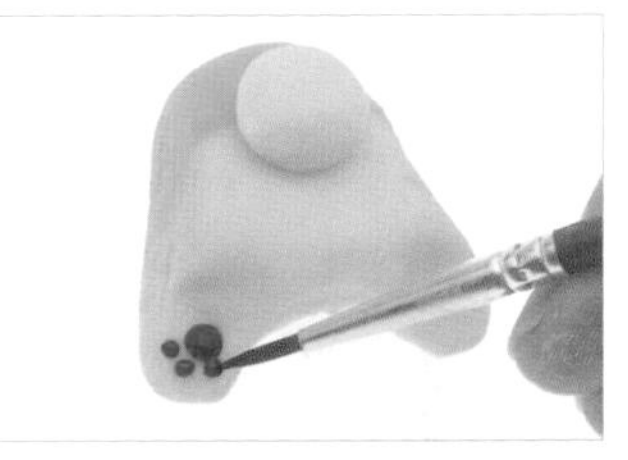

18 重複步驟 16-17，共畫出三個圓點，為左腳腳印。

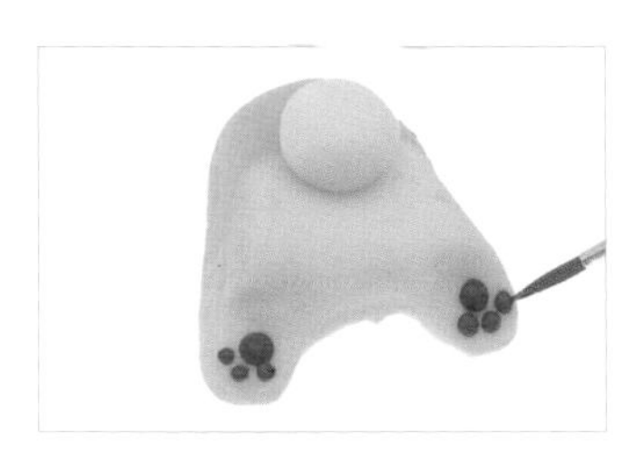

19 重複步驟 16-18，共畫出三個圓點，為右腳腳印。

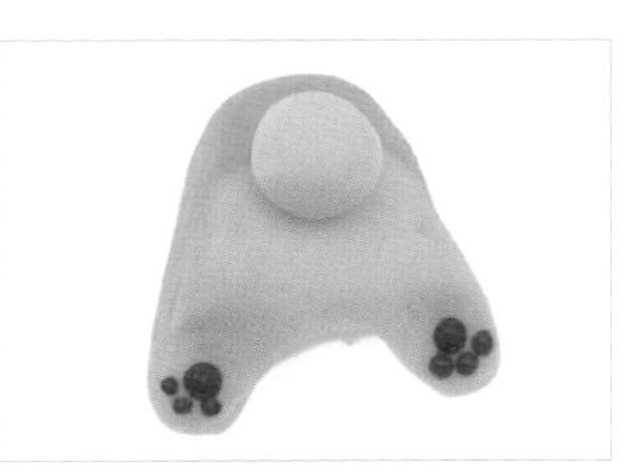

20 如圖，狗狗屁股完成。

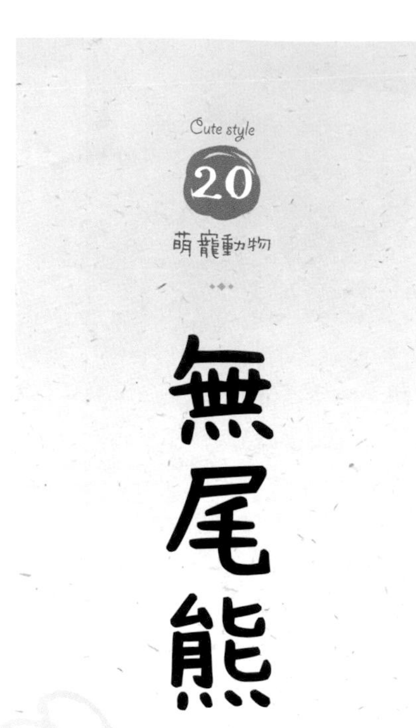

Cute style 20

萌寵動物

無尾熊

01 湯圓

使用糯米團	製作部位	糯米團直徑
深咖啡色糯米團 a	頭部	2 公分
深咖啡色糯米團 b1	耳朵	1 公分
深咖啡色糯米團 b2	耳朵	1 公分
深咖啡色糯米團 c	身體、手	1 公分
黑色糯米團	鼻子	1 公分
粉色糯米團 d	耳窩	0.5 公分
粉色糯米團 e	愛心	0.5 公分

02 元宵

使用糯米團	製作部位	糯米團直徑
深咖啡色糯米團 a	頭部	4 公分
深咖啡色糯米團 b1	耳朵	2 公分
深咖啡色糯米團 b2	耳朵	2 公分
深咖啡色糯米團 c	身體、手	2 公分
黑色糯米團	鼻子	2 公分
粉色糯米團 d	耳窩	1 公分
粉色糯米團 e	愛心	1 公分

步驟說明 Step by step

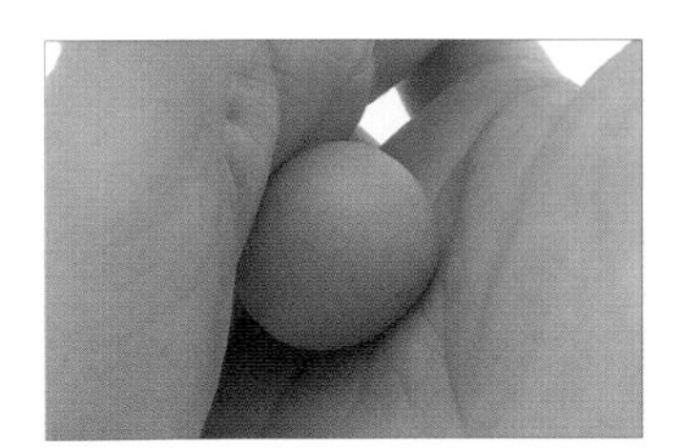

01 用手掌將深咖啡色糯米團 a 搓揉成圓形，為頭部。

02 用指腹將深咖啡色糯米團 b1、b2 搓揉成橢圓形，為耳朵。

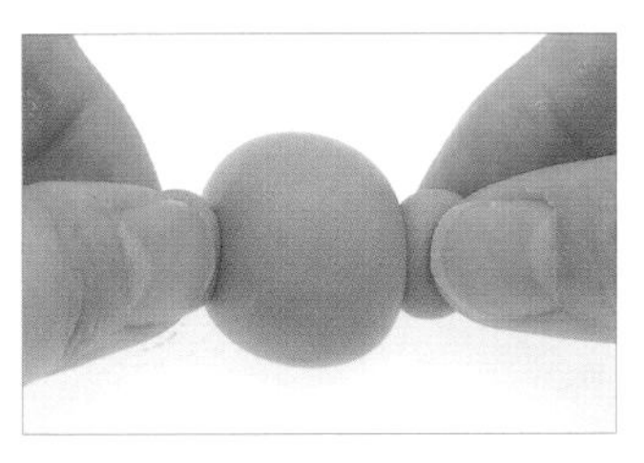

03 將耳朵放到頭部兩側，並稍微按壓出凹洞，為耳窩。

04 如圖，耳朵完成。

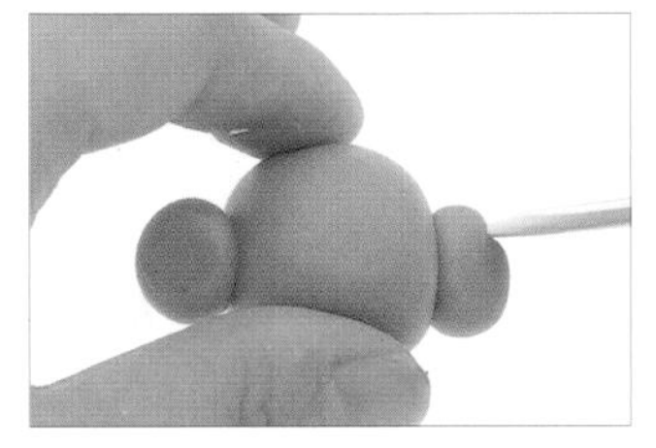

05 以切刀棒在耳朵右側切出短直線，即為耳朵輪廓。

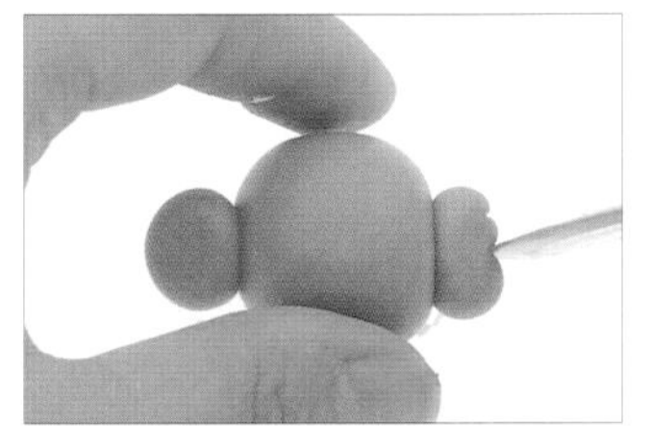

06 重複步驟 5，共切出三道切痕，形成波浪狀。

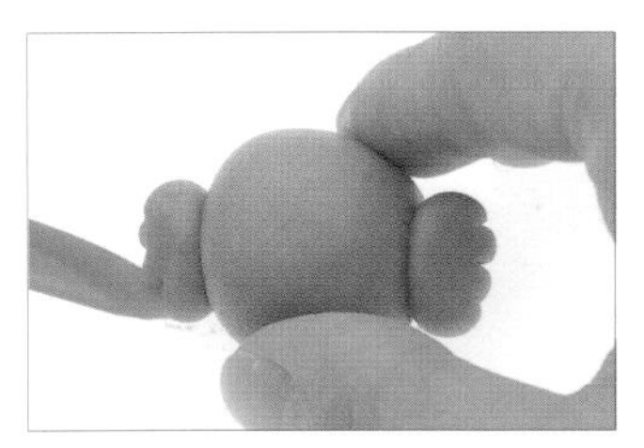

07 重複步驟 5-6，切出左側耳朵波浪狀輪廓。

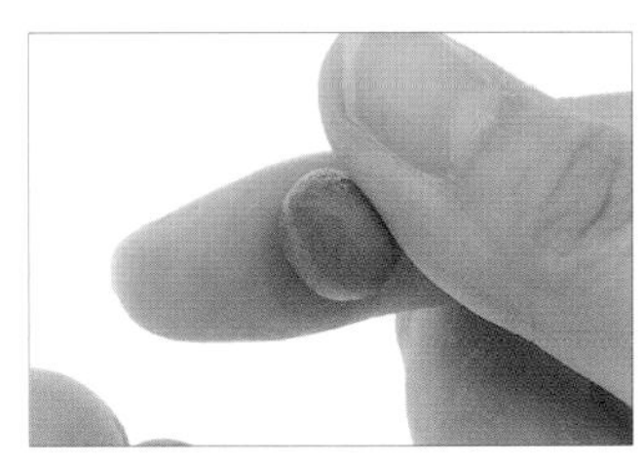

08 用指腹將黑色糯米團搓揉成圓形。

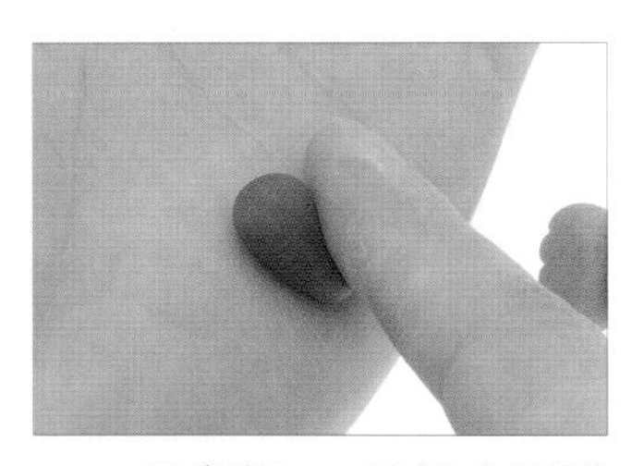

09 承步驟 8，將糯米團搓成水滴形，為鼻子。

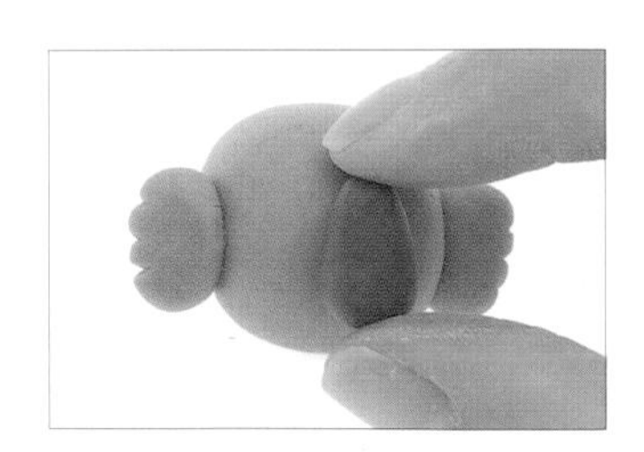

10 將鼻子放在臉的中間。

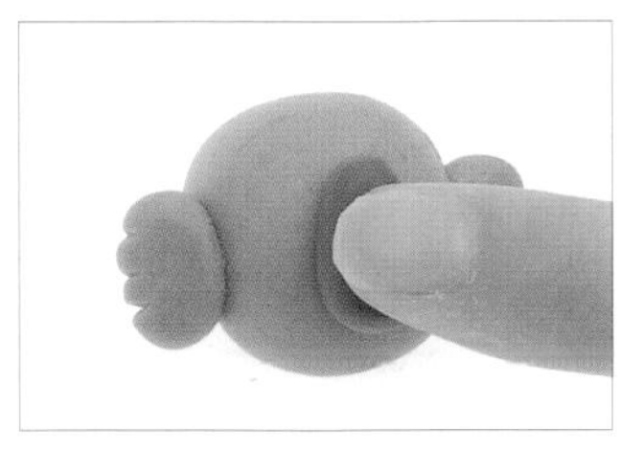

11 用指腹輕壓鼻子，以加強固定。

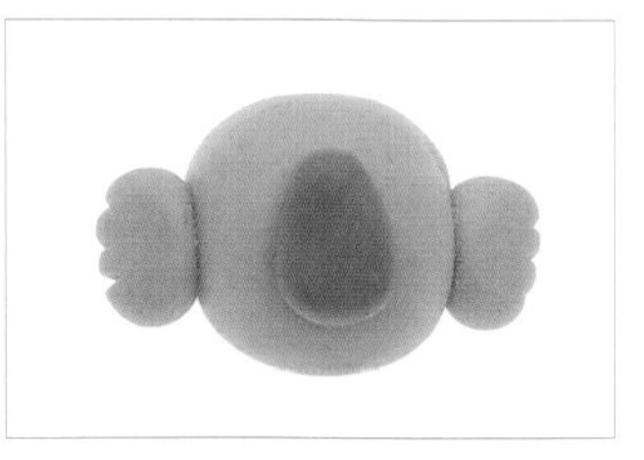

12 如圖，無尾熊主體完成。

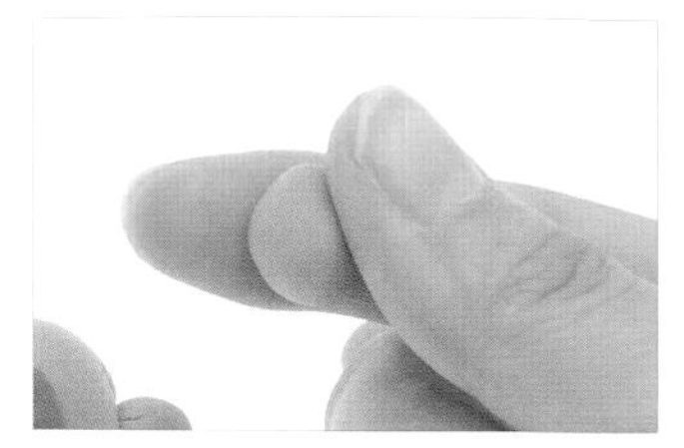

13 將深咖啡色糯米團 c 糯米團分成 2/3 的身體糯米團，和 1/3 的手部糯米團後搓圓。

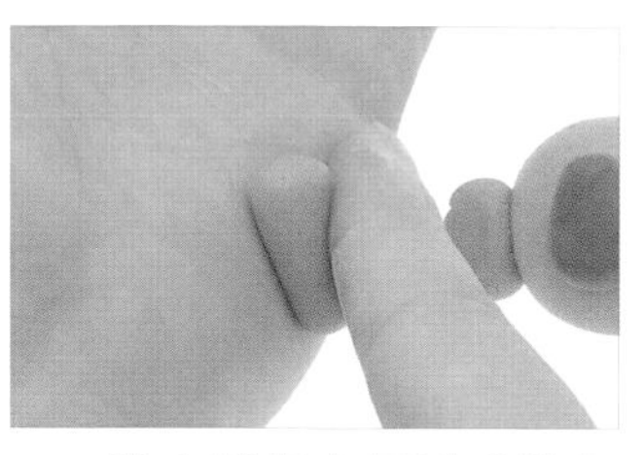

14 將身體糯米團搓成陀螺形，為身體。

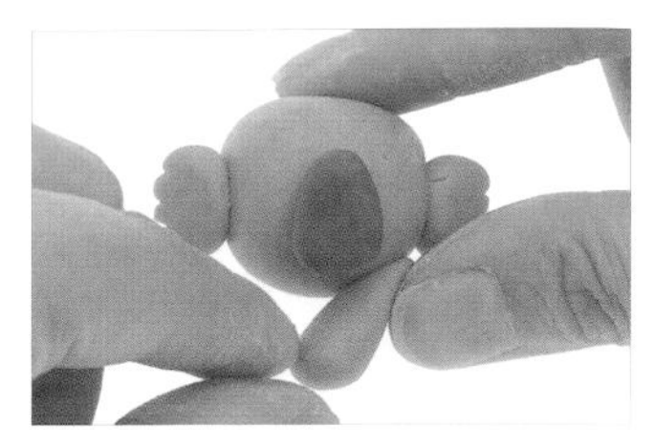

15 將身體放在頭的右側，並用指腹輕壓銜接處。

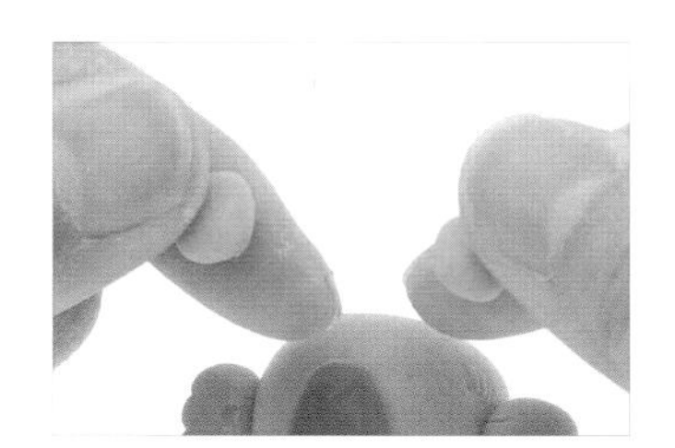

16 用指腹將粉色糯米團 d 分成 1/2，並搓揉成橢圓形。

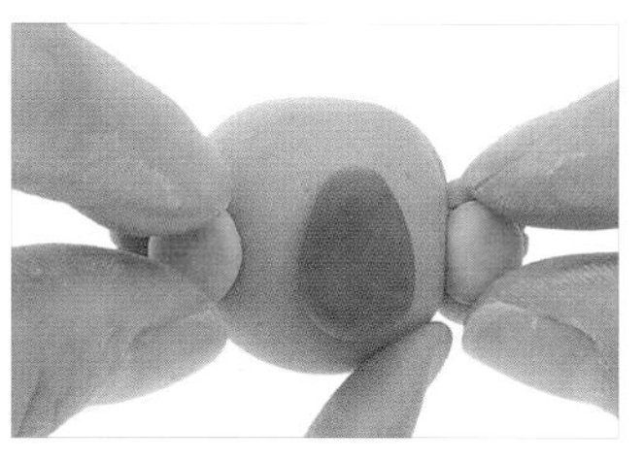

17 將粉色橢圓形糯米團 d 放到耳窩處。

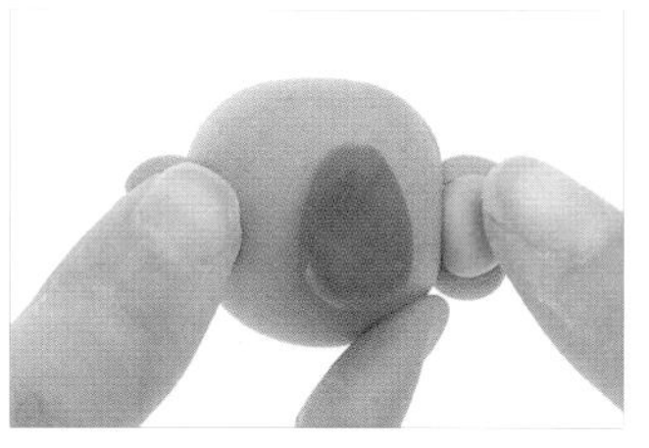

18 用指腹將粉色橢圓形糯米團 d 輕壓固定。

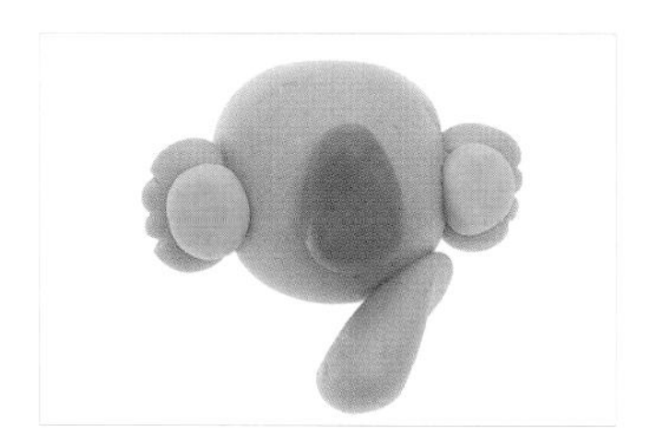

19 如圖，耳窩完成。

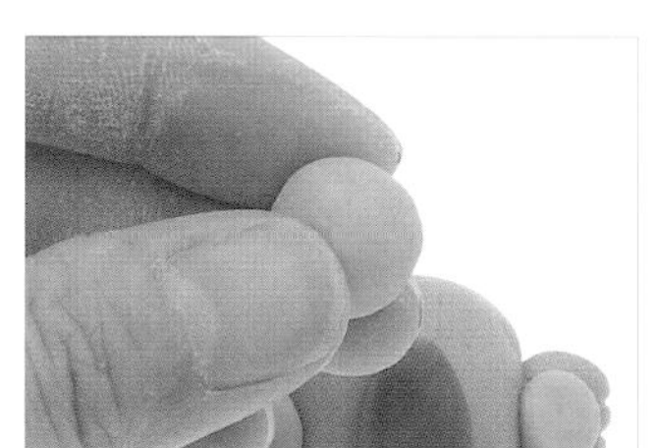

20 用指腹將粉色糯米團 e 搓揉成圓形。

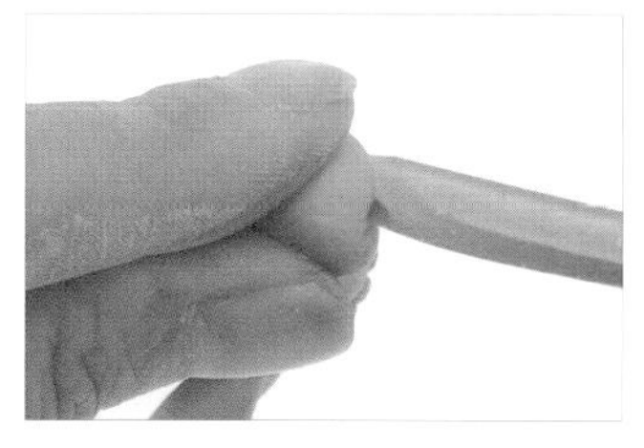

21 用指腹捏住粉色圓形糯米團 e 一側，並以切刀棒在另一側切短直線後，上下搖動輕壓，以擴大切痕。

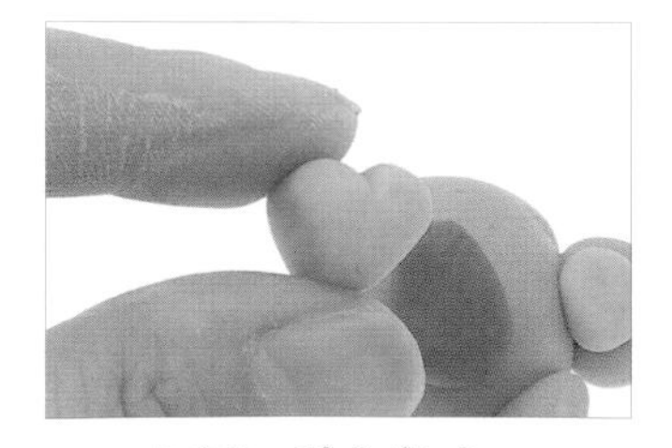

22 如圖，愛心完成。

23 將愛心放在無尾熊的身體上。

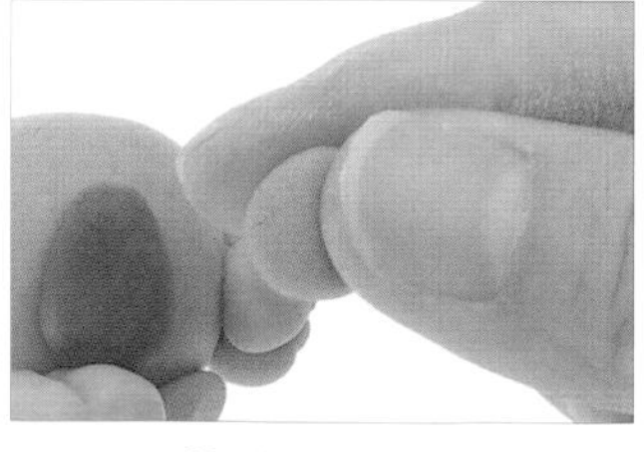

24 用指腹將手部糯米團搓揉成圓形。

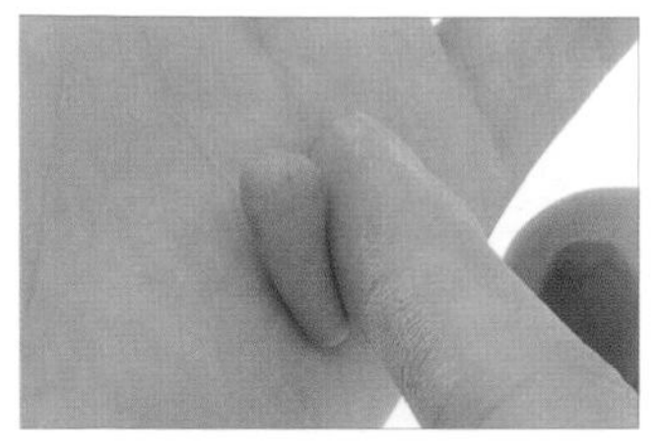

25 將手部糯米團搓成長條形。

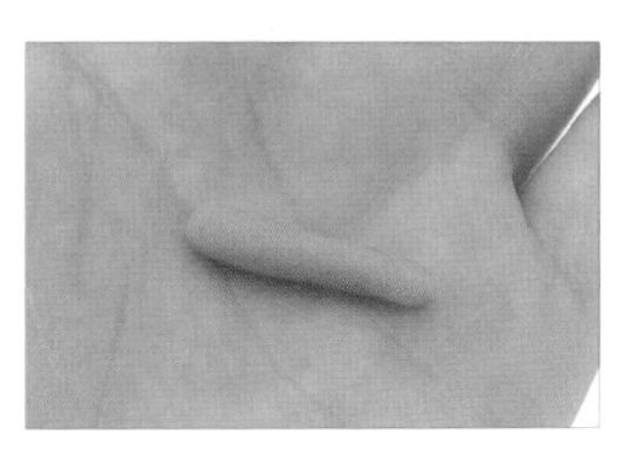

26 如圖，手部完成。

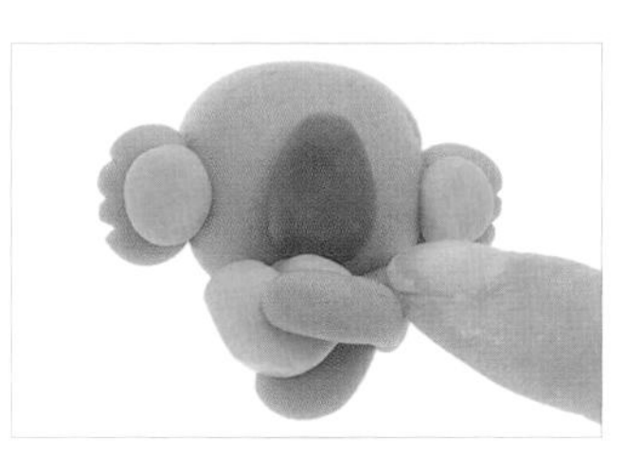

27 將手部放在愛心上方，並用指腹輕壓固定，製造出抱住愛心的效果。

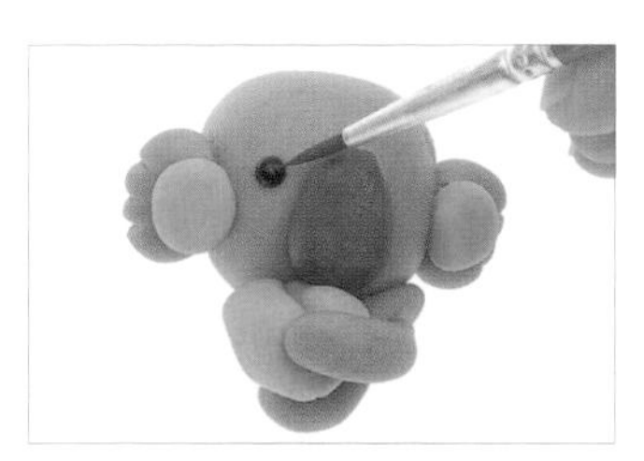

28 以畫筆沾取咖啡色色膏畫出圓點，為左眼。

29 重複步驟28，畫出右眼。

30 以畫筆沾取紅色色膏，畫出圓點，為左邊酒窩。

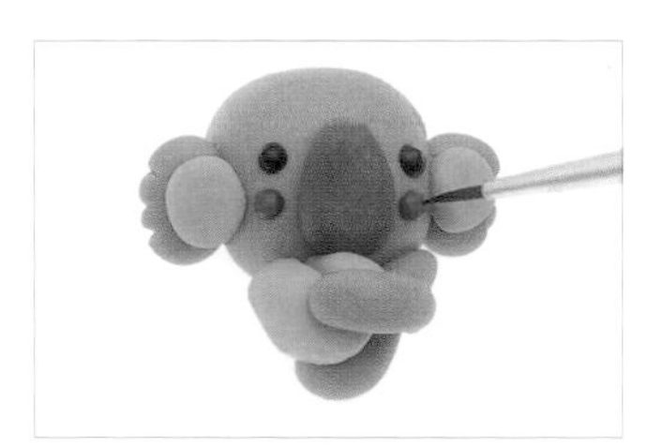

31 重複步驟30，畫出右邊酒窩。

32 如圖，無尾熊完成。

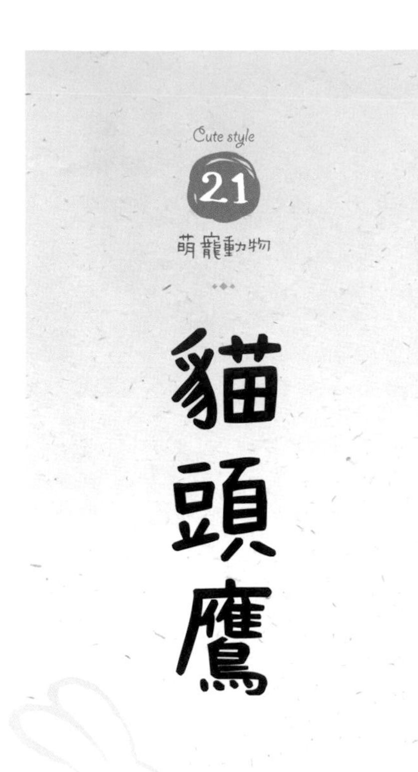

湯圓

使用糯米團	製作部位	糯米團直徑
咖啡色糯米團	身體	2 公分
黑色糯米團 a	帽簷	0.5 公分
黑色糯米團 b	帽蓋、帽穗	1 公分
白色糯米團 c1	眼窩	0.5 公分
白色糯米團 c2	眼窩	0.5 公分
黑色糯米團 d	鈕扣	0.25 公分
黃色糯米團	嘴巴	0.25 公分

元宵

使用糯米團	製作部位	糯米團直徑
咖啡色糯米團	身體	4 公分
黑色糯米團 a	帽簷	1 公分
黑色糯米團 b	帽蓋、帽穗	2 公分
白色糯米團 c1	眼窩	1 公分
白色糯米團 c2	眼窩	1 公分
黑色糯米團 d	鈕扣	0.5 公分
黃色糯米團	嘴巴	0.5 公分

步驟說明 Step by step

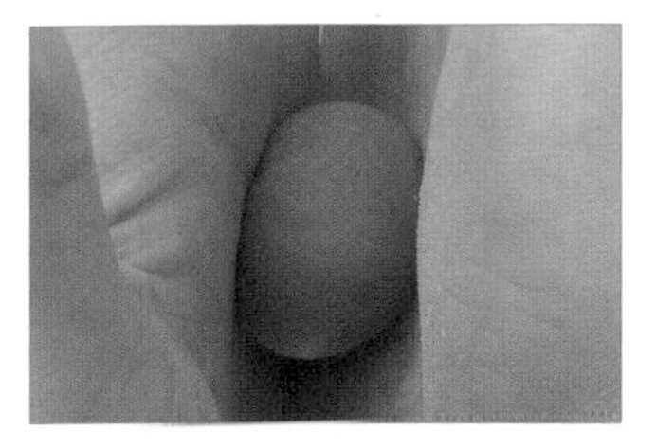

01 用手掌將咖啡色糯米團搓揉成圓形，並放在桌面上。

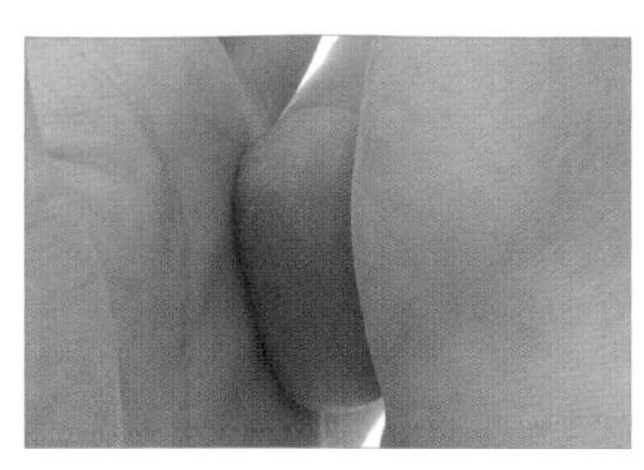

02 承步驟 1，將咖啡色圓形糯米團搓成長條狀。

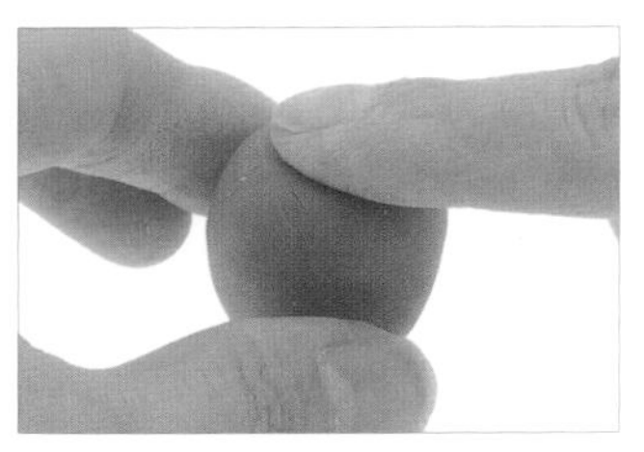

03 將長條狀糯米團直立放在桌面上後，用指腹輕壓扁成圓柱狀。

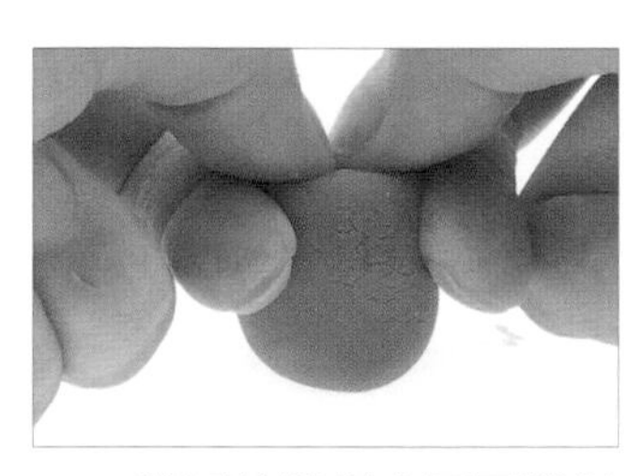

04 將圓柱狀糯米團兩端捏尖。

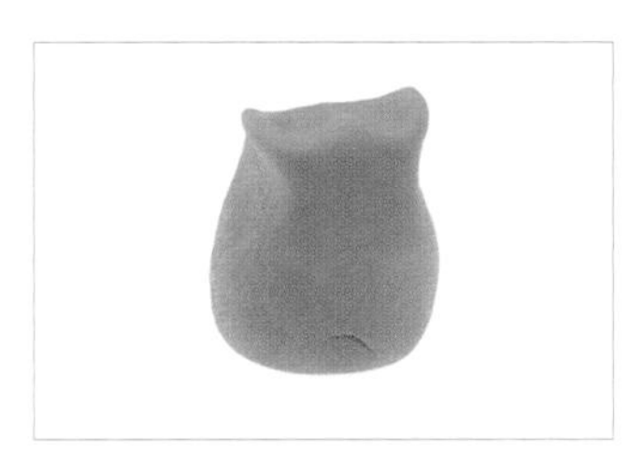

05 如圖，貓頭鷹身體完成。

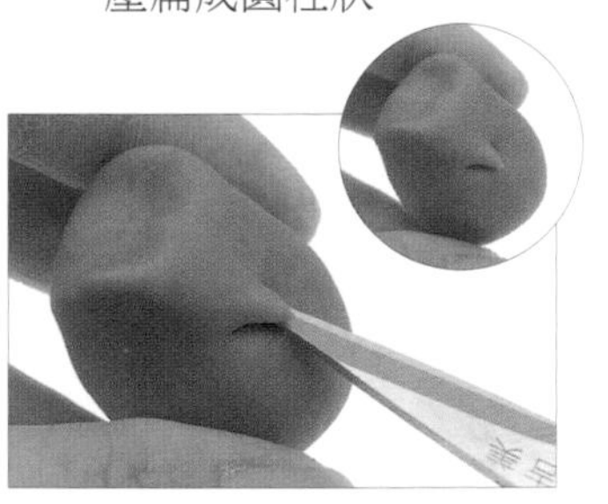

06 以剪刀在貓頭鷹身體上剪出羽毛狀糯米團。

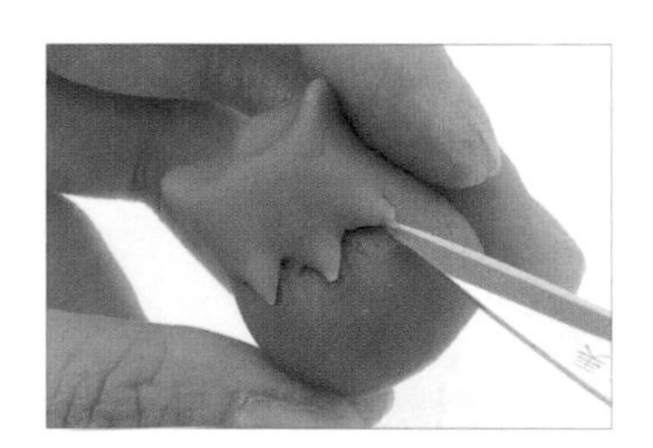

07 重複步驟 6，依序剪出羽毛狀糯米團。

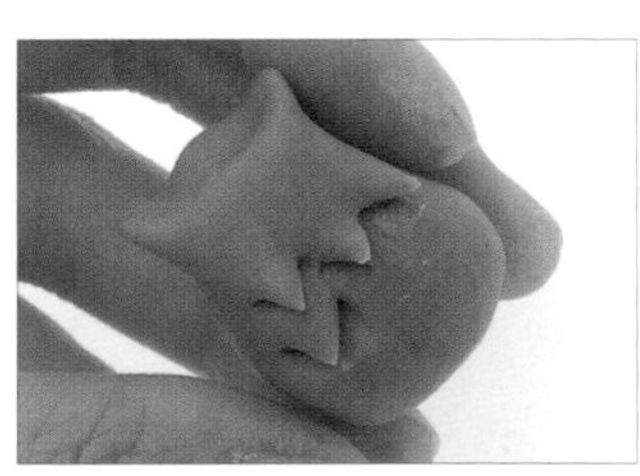

08 重複步驟 6-7，完成第二層羽毛狀糯米團剪製。

09 重複步驟 6-7，完成第三層羽毛狀糯米團剪製。

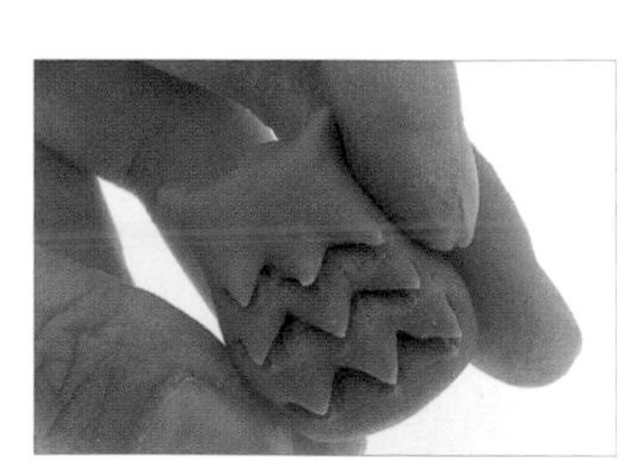

10 如圖，貓頭鷹腹部羽毛製作完成。

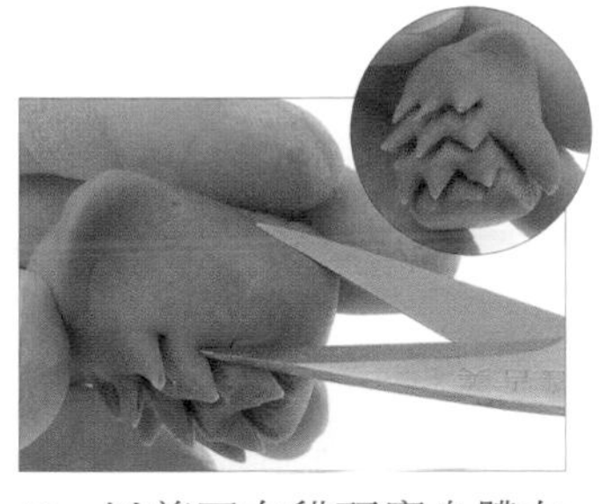

11 以剪刀在貓頭鷹身體右側剪出翅膀。

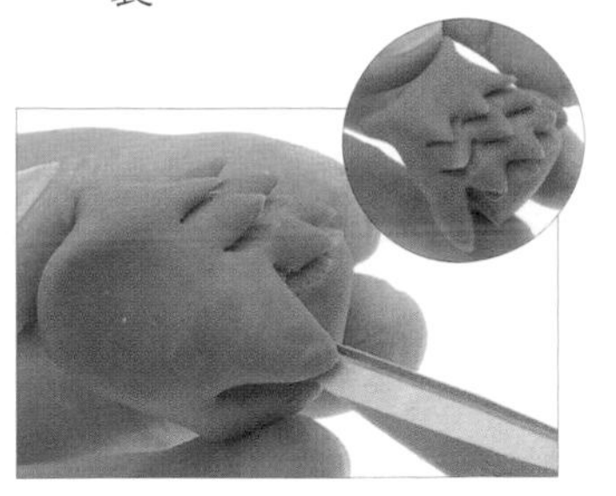

12 以剪刀在貓頭鷹身體左側剪出翅膀。

13　用指腹稍微將左側翅膀向外扳開。（註：須小心不可過度用力，以免折斷糯米團。）

14　用指腹稍微將右側翅膀向外扳開，即完成翅膀。

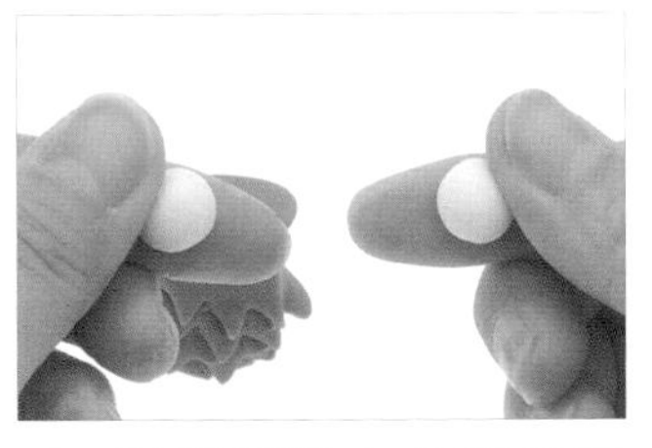

15　用指腹將白色糯米團c1、c2搓揉成圓形。

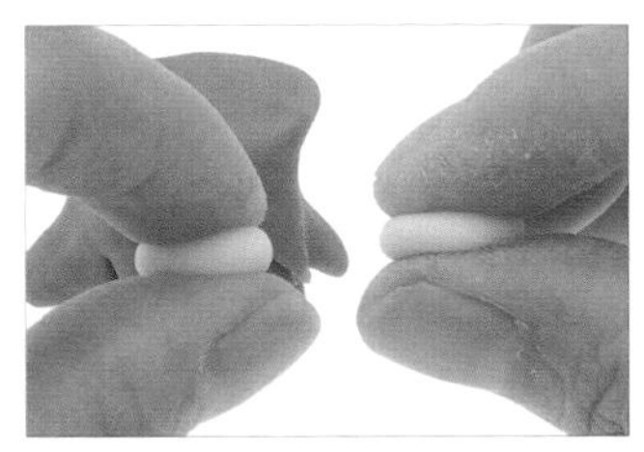

16　用指腹將白色圓形糯米團c1、c2壓扁，為眼窩。

17　將眼窩放在貓頭鷹的臉上。

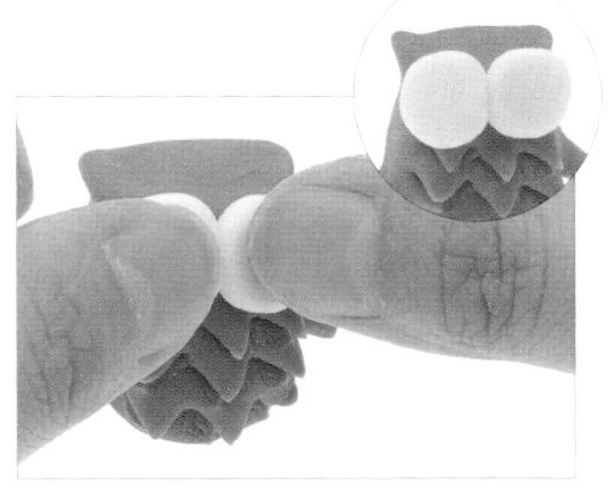

18　用指腹輕壓眼窩，以加強固定。

19　用指腹將黃色糯米團搓揉成圓形。

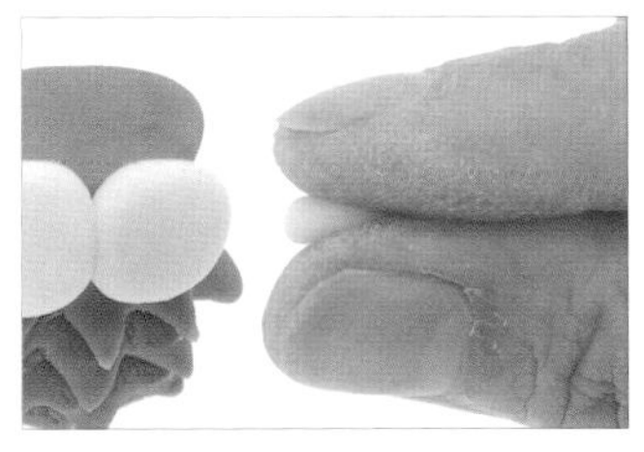

20　用指腹將黃色圓形糯米團捏成三角形，為嘴巴。

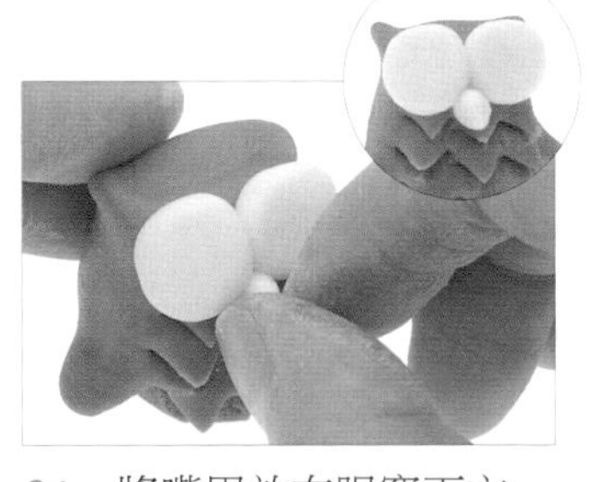

21　將嘴巴放在眼窩下方。

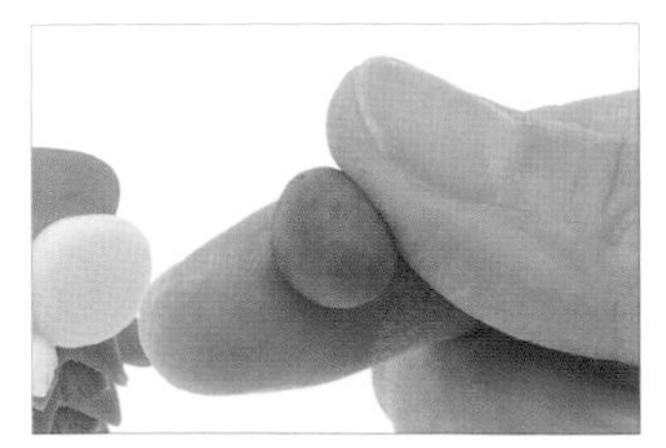

22　用指腹將黑色糯米團a搓揉成圓形。

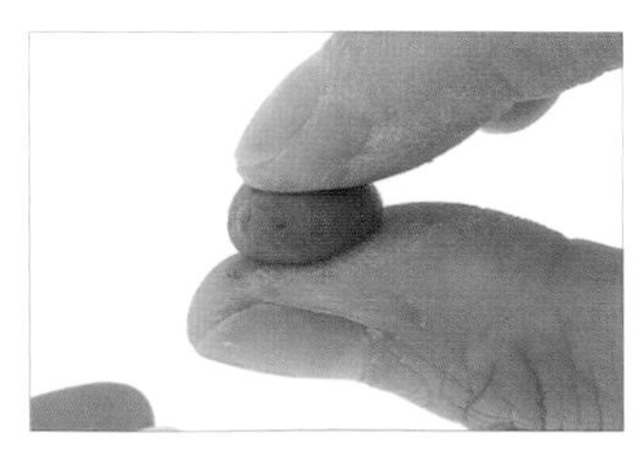

23　用指腹將黑色圓形糯米團a壓扁，為帽簷。

24　將帽簷放在貓頭鷹的頭頂上。

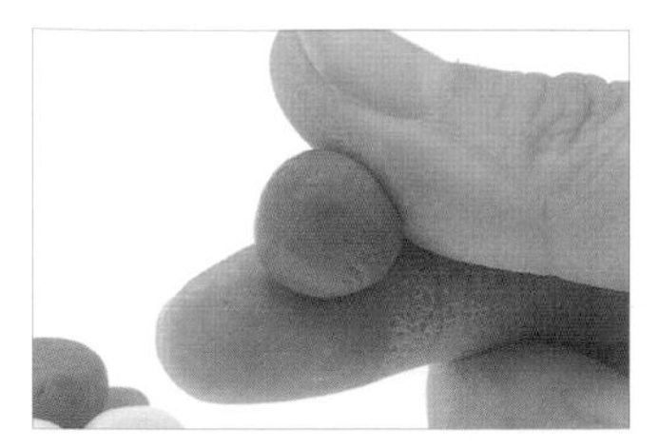

25 用指腹將黑色糯米團b搓揉成圓形後壓成均勻厚薄。

26 以方形壓模壓出方形糯米團。(註:若沒壓模工具,也可用手捏製。)

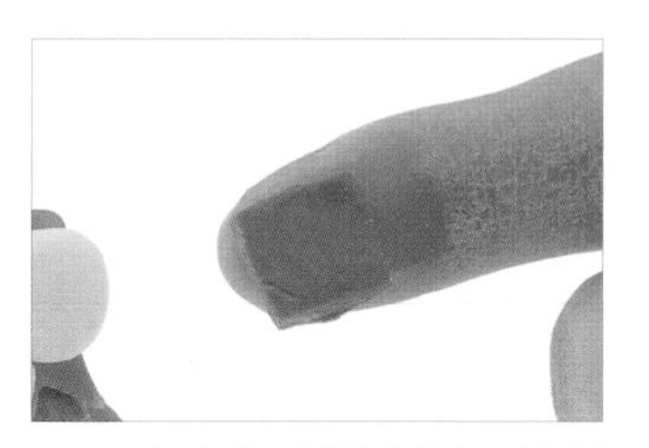

27 取出方形糯米團,並留下剩餘的糯米團。

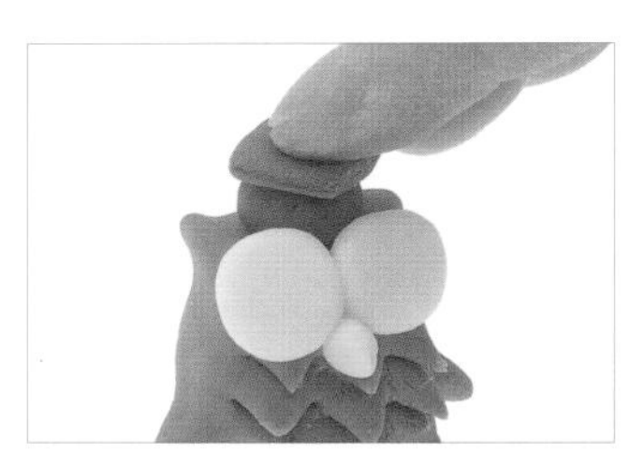

28 將方形糯米團壓放在帽簷上。

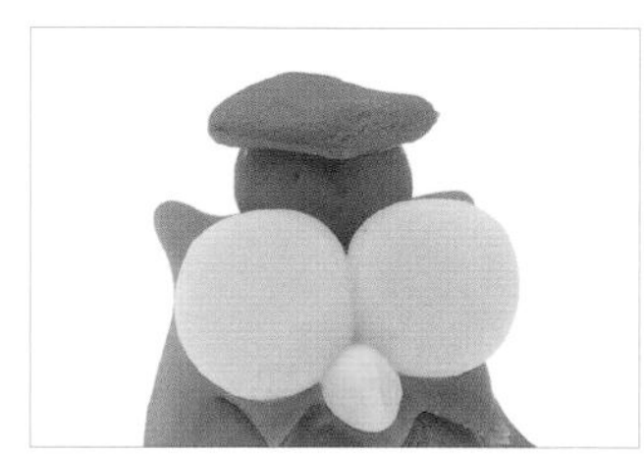

29 如圖,帽蓋完成。

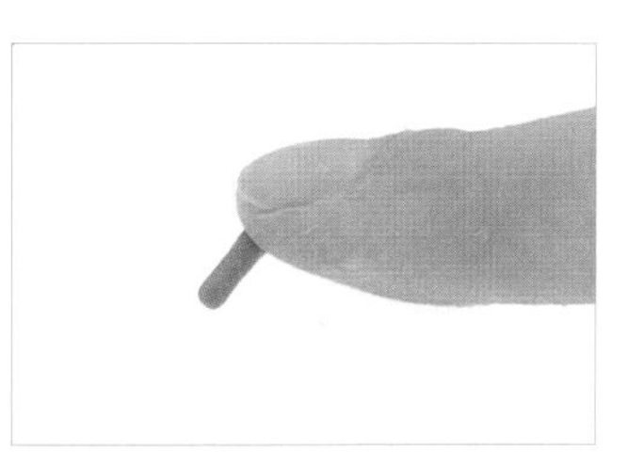

30 取步驟27剩餘的黑色糯米團b,並搓成條狀,為帽穗。

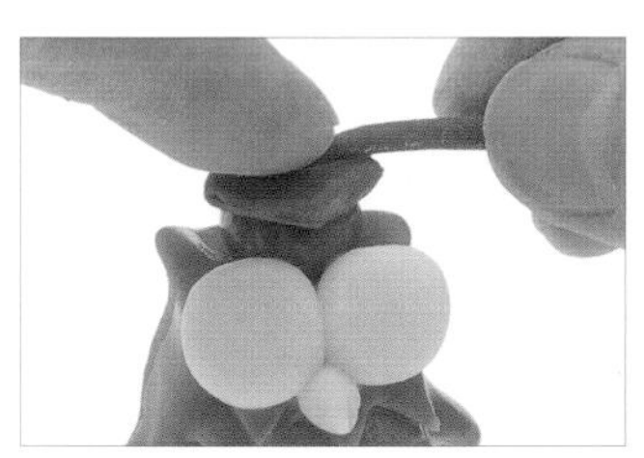

31 將帽穗放到帽蓋上,並用指腹輕壓固定。

32 承步驟31,將帽穗往下彎折,並與貓頭鷹身體黏合。(註:在烹煮時,糯米團較不易脫落。)

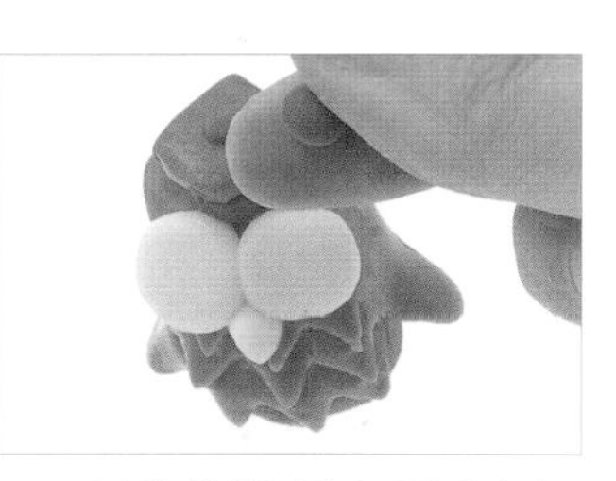

33 用指腹將黑色糯米團d搓揉成圓形,為鈕扣。

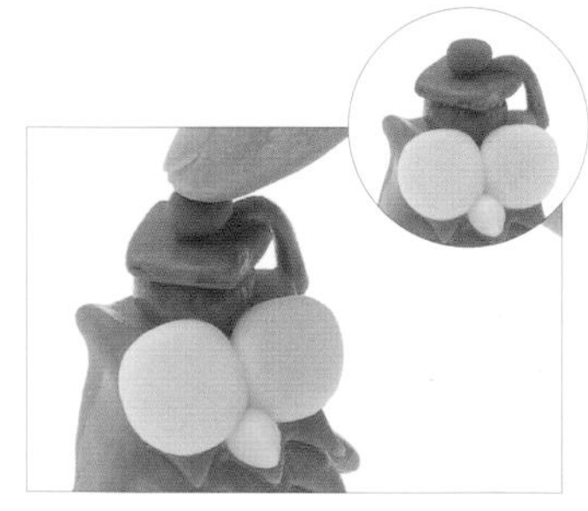

34 將鈕扣放到帽穗上,並用指腹輕壓固定。

35 以畫筆沾取咖啡色色膏,畫出圓點,為眼睛。

36 如圖,貓頭鷹完成。

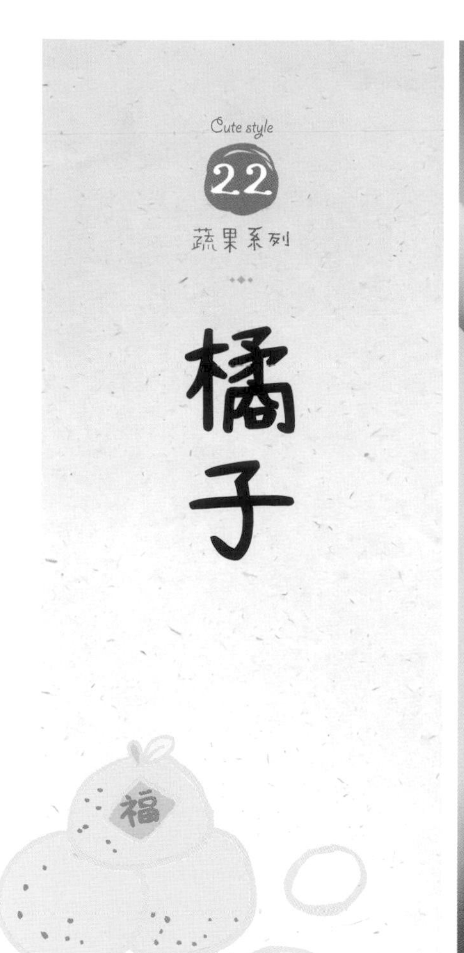

橘子

item 01 湯圓

使用糯米團	製作部位	糯米團直徑
橘黃色糯米團	橘子	2 公分
淺綠色糯米團 a1	葉子	0.5 公分
淺綠色糯米團 a2	葉子	0.5 公分
棕色糯米團	蒂頭	0.25 公分

item 02 元宵

使用糯米團	製作部位	糯米團直徑
橘黃色糯米團	橘子	4 公分
淺綠色糯米團 a1	葉子	1 公分
淺綠色糯米團 a2	葉子	1 公分
棕色糯米團	蒂頭	0.5 公分

步驟說明 Step by step

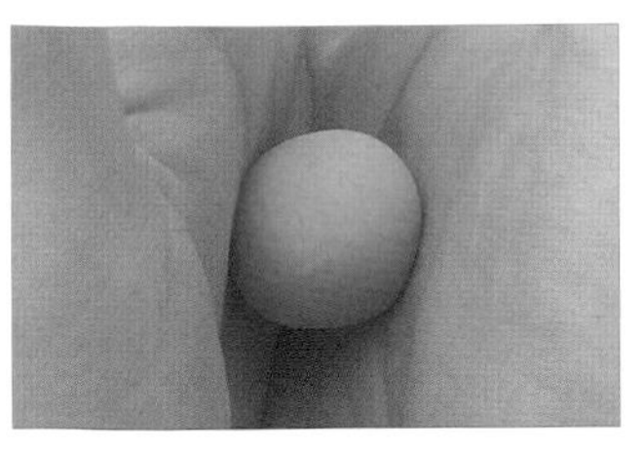

01 用手掌將橘黃色糯米團搓揉成圓形，為橘子主體。

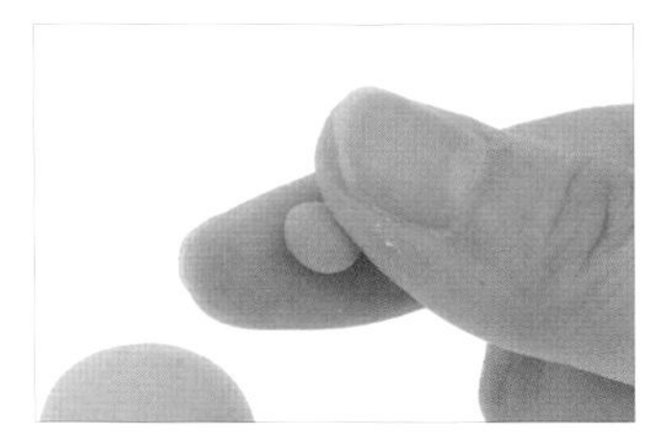

02 用指腹將棕色糯米團搓揉成長條形，為蒂頭。

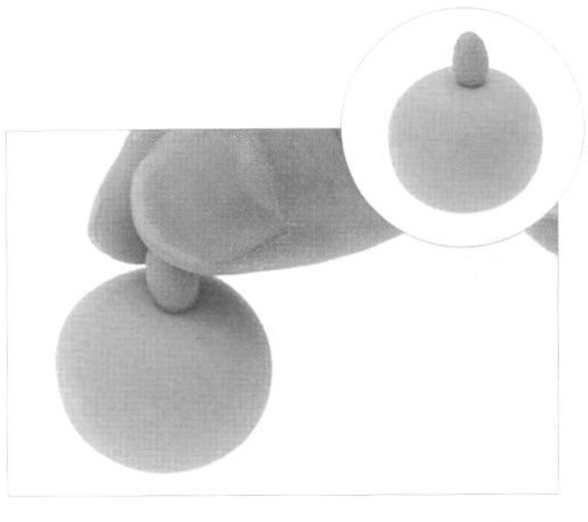

03 將蒂頭放在橘子主體上方。

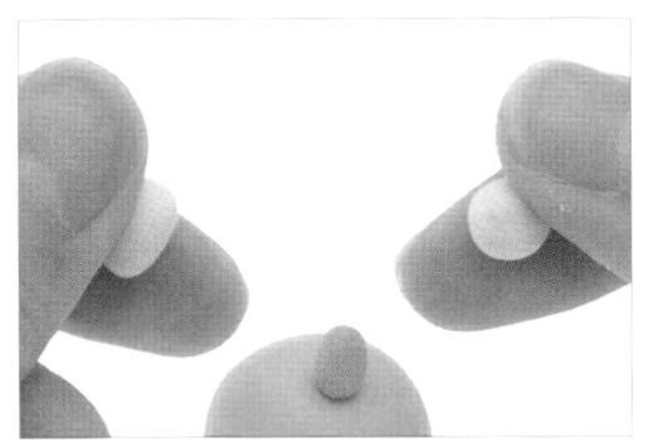

04 用指腹將淺綠色糯米團 a1、a2 搓揉成圓形。

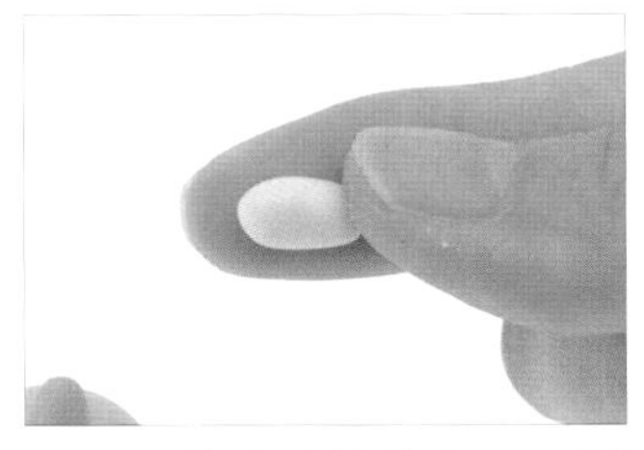

05 用指腹將淺綠色圓形糯米團 a1 揉成長條形。

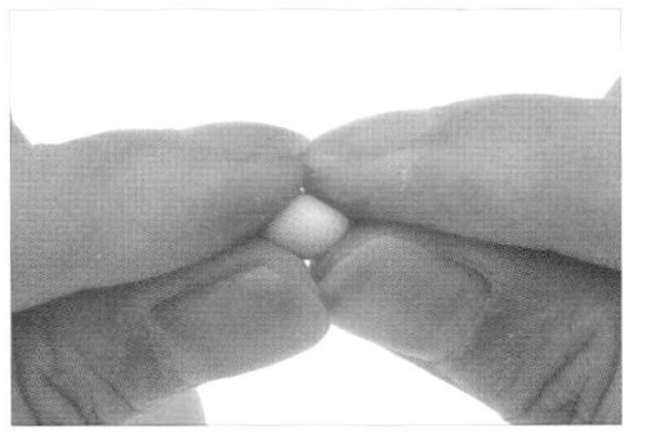

06 將淺綠色長條形糯米團 a1 前後捏尖。

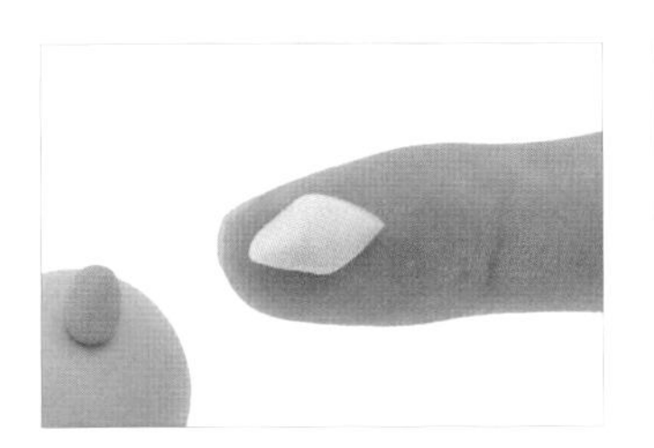

07 如圖，葉子完成。

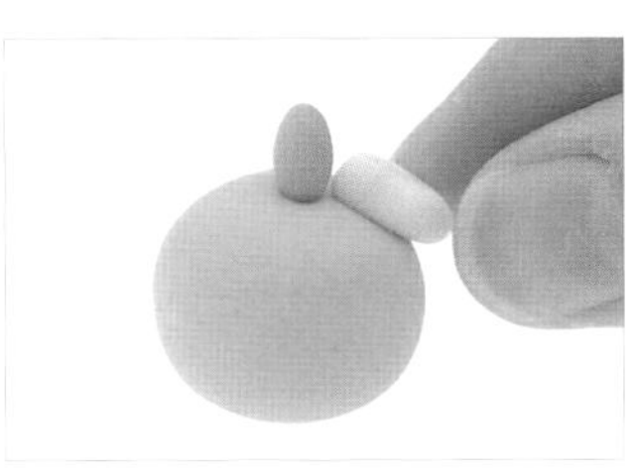

08 將葉子放在蒂頭的右側。

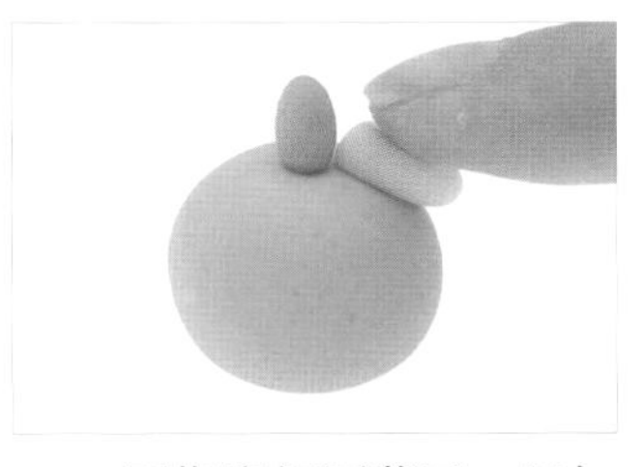

09 用指腹輕壓葉子，以加強固定。

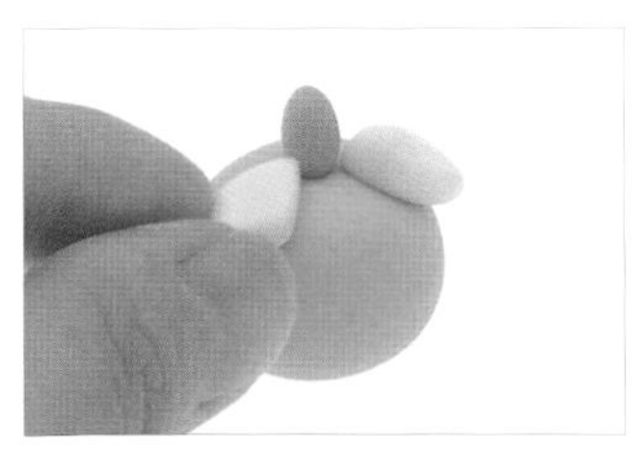

10 重複步驟 5-9，完成左側葉子的擺放。

11 如圖，橘子完成。

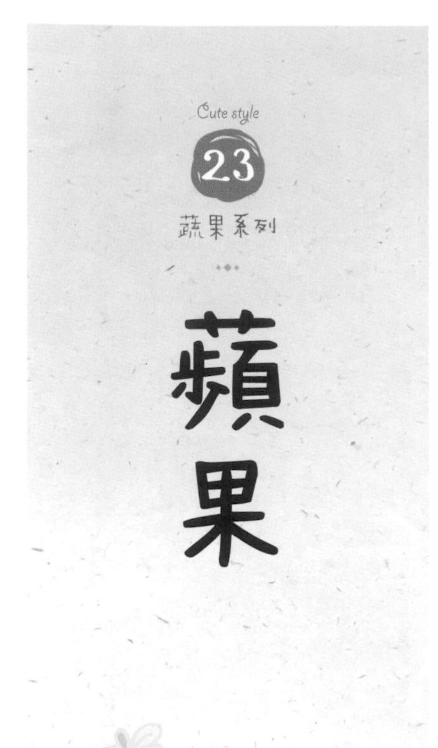

蘋果

01 湯圓

使用糯米團	製作部位	糯米團直徑
紅色糯米團	蘋果	2 公分
淺綠色糯米團 a1	葉子	0.5 公分
淺綠色糯米團 a2	葉子	0.5 公分
棕色糯米團	蒂頭	0.25 公分

02 元宵

使用糯米團	製作部位	糯米團直徑
紅色糯米團	蘋果	4 公分
淺綠色糯米團 a1	葉子	1 公分
淺綠色糯米團 a2	葉子	1 公分
棕色糯米團	蒂頭	0.5 公分

步驟說明 Step by step

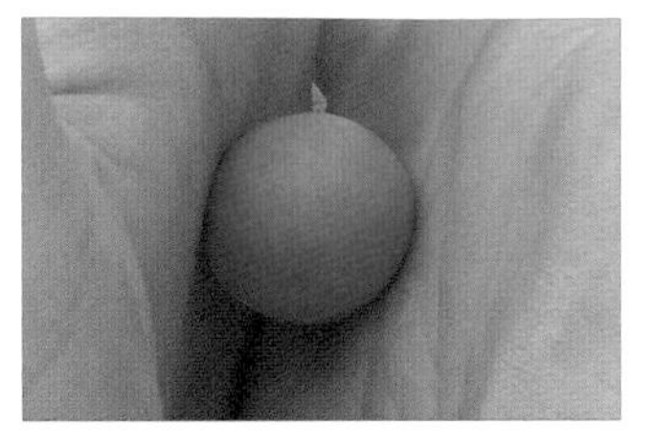

01 用手掌將紅色糯米團搓成圓形，為蘋果主體。

02 以牙籤在蘋果主體正上方搓一孔洞，為蒂頭放置處。

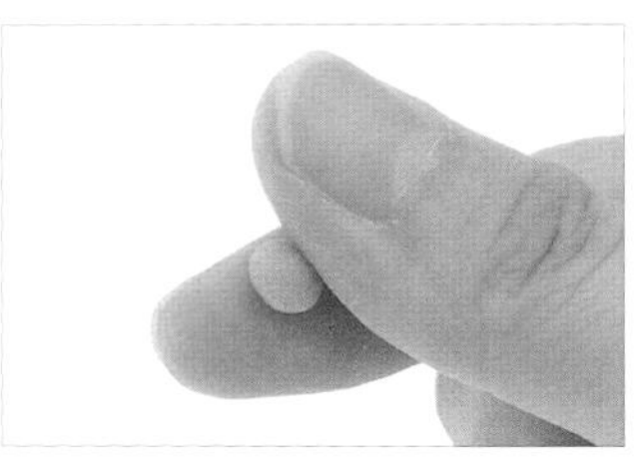

03 用指腹將棕色糯米團搓揉成圓形。

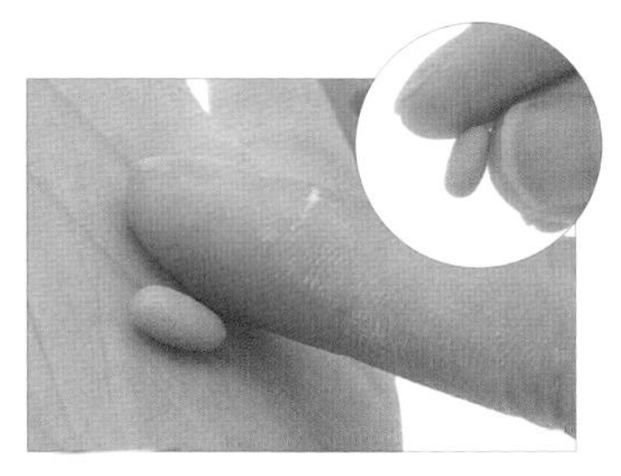

04 將棕色圓形糯米團搓揉成長條形，為蒂頭。

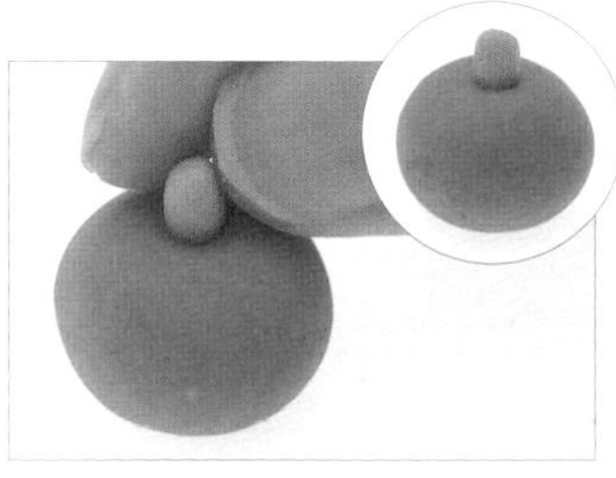

05 將蒂頭放在蘋果主體上方的孔洞。

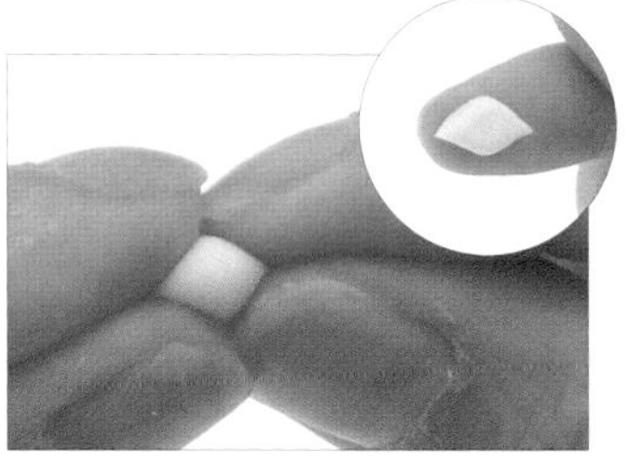

06 用指腹將淺綠色糯米團 a1 搓揉成圓形後，前後捏尖，為葉子。

07 將葉子放在蒂頭的右側。

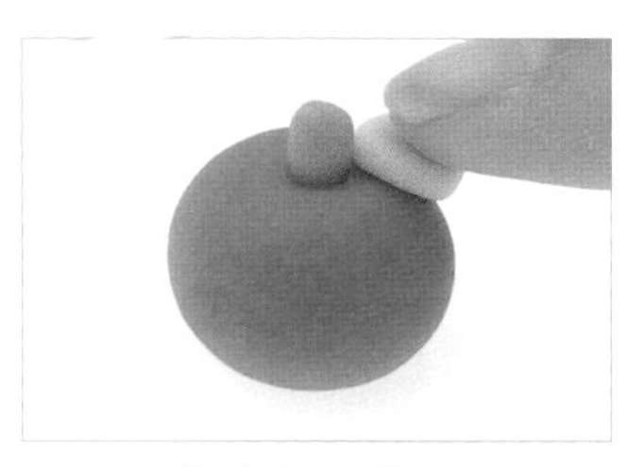

08 用指腹輕壓葉子，以加強固定。

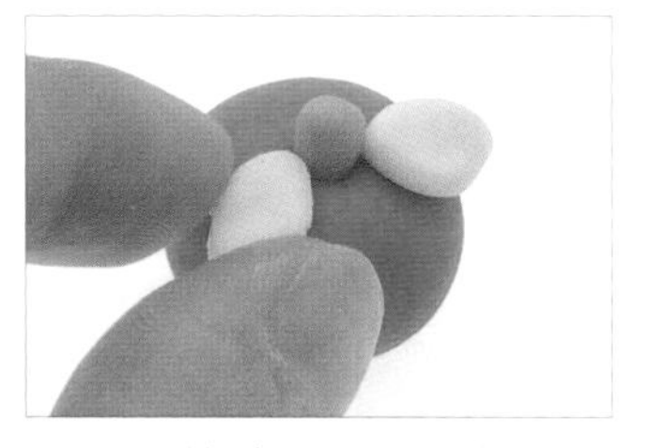

09 重複步驟 6-8，完成左側葉子的擺放。

10 以切刀棒切出右側葉脈。

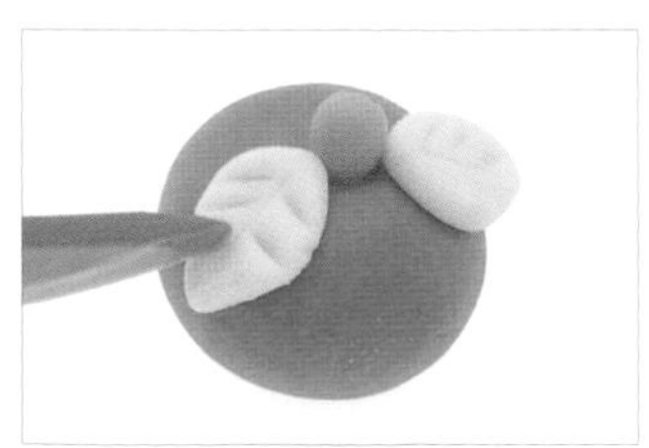

11 以切刀棒切出左側葉脈。

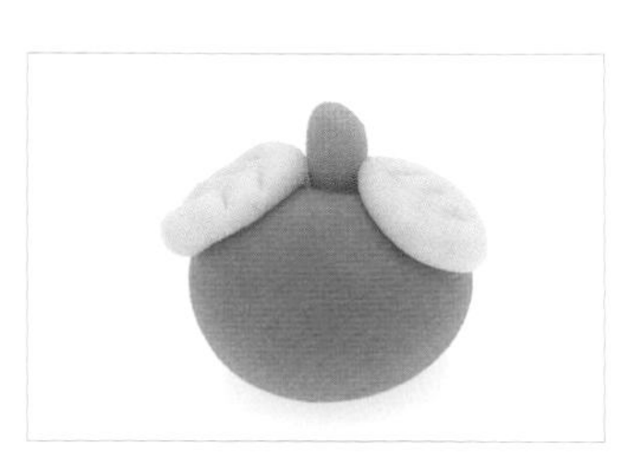

12 如圖，蘋果完成。

01 湯圓

使用糯米團	製作部位	糯米團直徑
紅色糯米團	草莓	2 公分
淺綠色糯米團	葉子	1 公分

02 元宵

使用糯米團	製作部位	糯米團直徑
紅色糯米團	草莓	4 公分
淺綠色糯米團	葉子	2 公分

步驟說明 Step by step

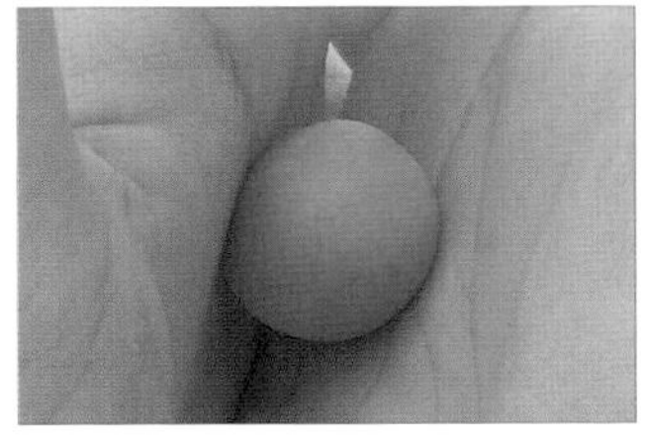

01 用手掌將紅色糯米團搓揉成圓形。

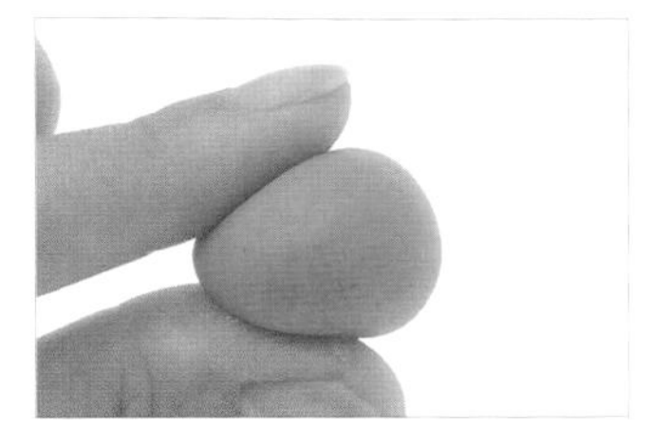

02 用指腹將紅色圓形糯米團捏成等腰三角形。

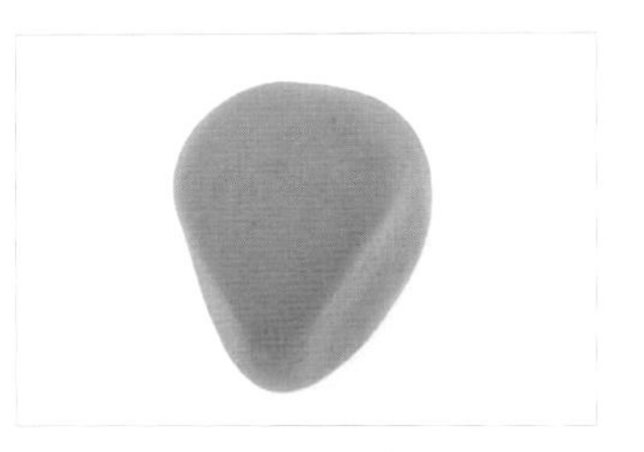

03 如圖，草莓完成。

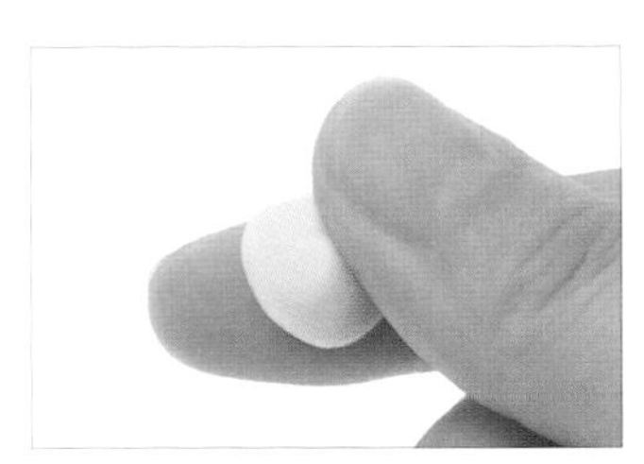

04 將淺綠色糯米團分成2/3的葉子糯米團，和1/3的蒂頭糯米團後搓圓。

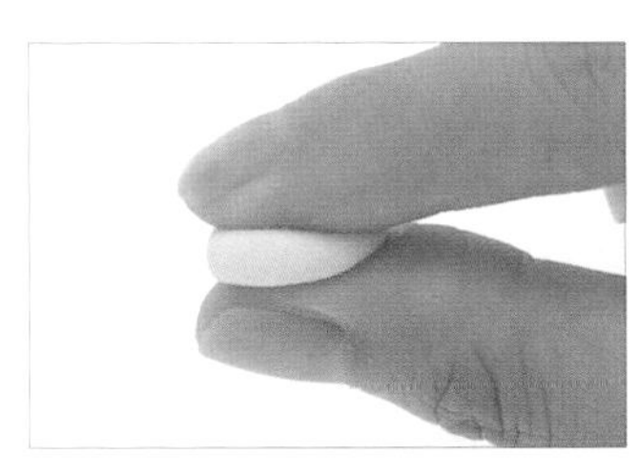

05 用指腹將葉子糯米團壓扁。

06 以切刀棒在葉子糯米團邊緣切出短直線。

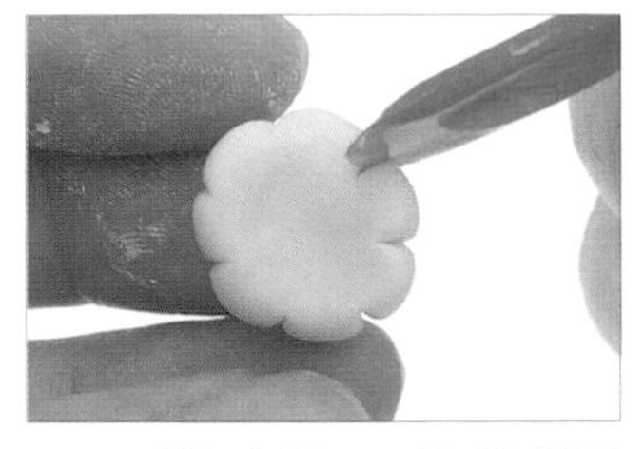

07 重複步驟6，沿著葉子邊緣切出短直線。

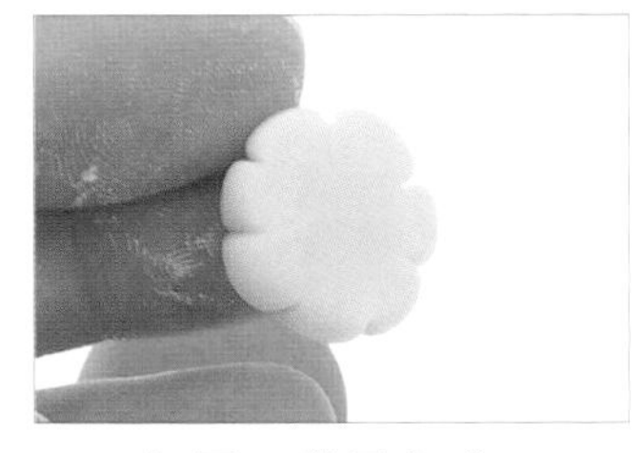

08 如圖，葉子完成。

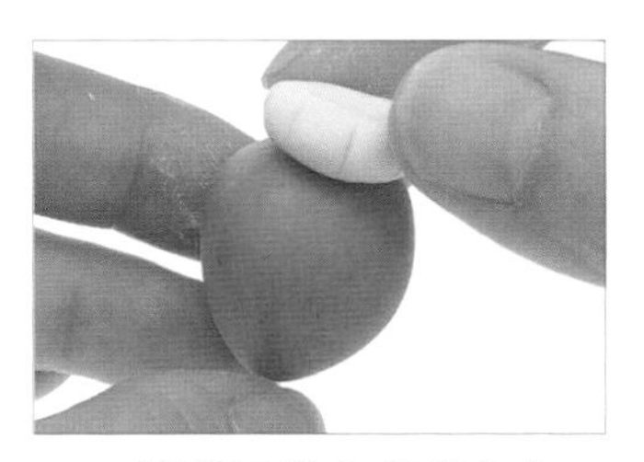

09 將葉子放在草莓上方。

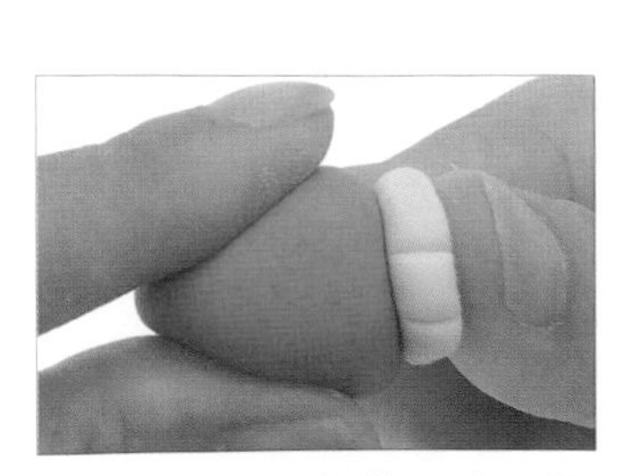

10 用指腹將草莓與葉子按壓固定。

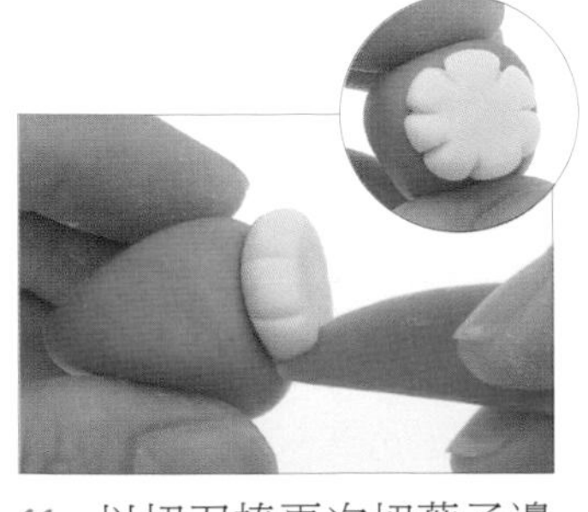

11 以切刀棒再次切葉子邊緣的短直線，以加強葉子的立體感。

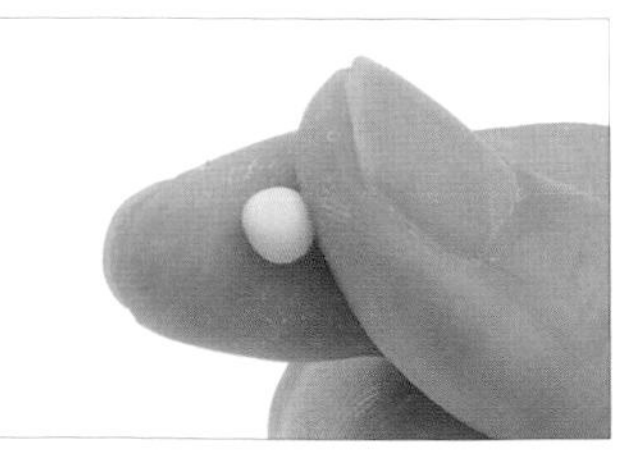

12 將蒂頭糯米團搓揉成圓形，為蒂頭。

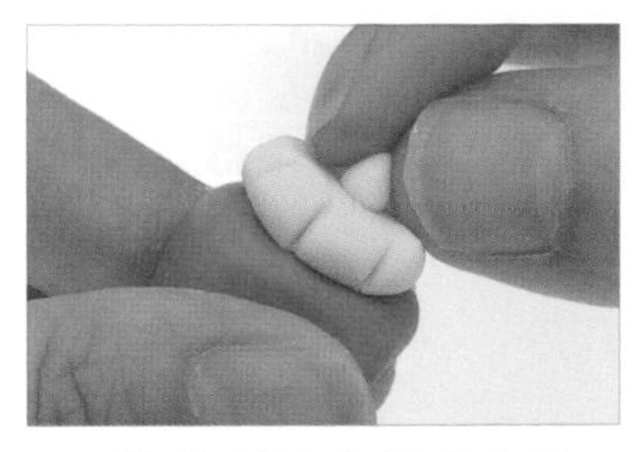

13 將蒂頭放在葉子中間，並用指腹捏成三角形。

14 如圖，草莓主體完成。

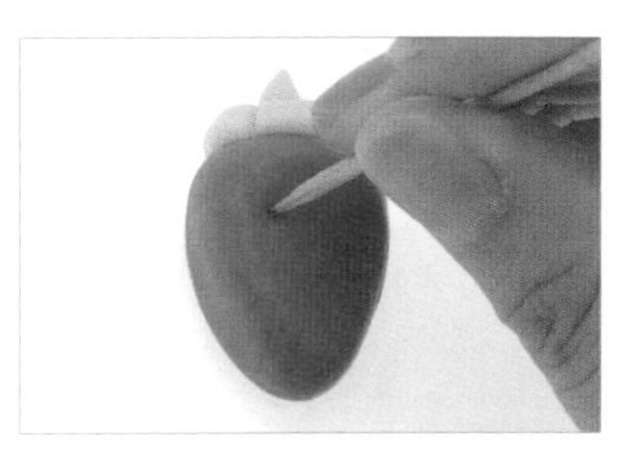

15 以牙籤在草莓上戳出小洞，做出草莓的紋路。

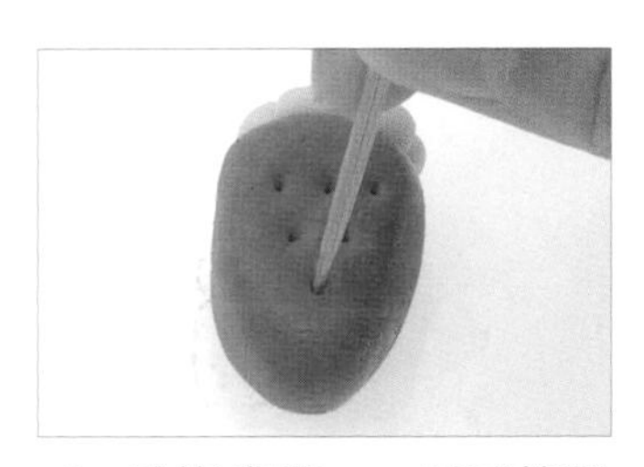

16 重複步驟15，以牙籤戳出由小洞組成的三角形。

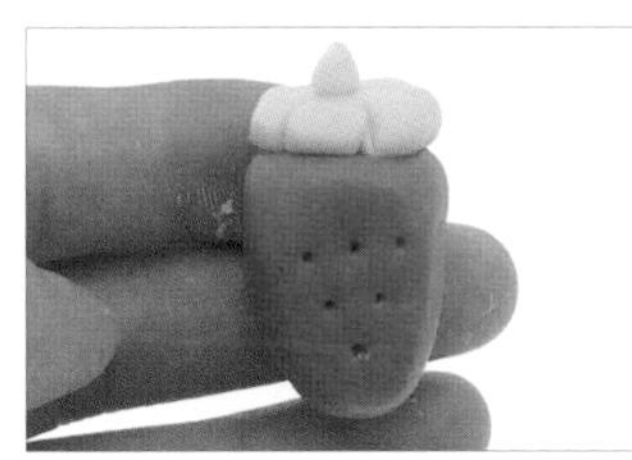

17 如圖，草莓紋路完成。

18 如圖，草莓完成。

Tips

如果想畫出草莓的紋路，則可用畫筆沾顏料繪製。

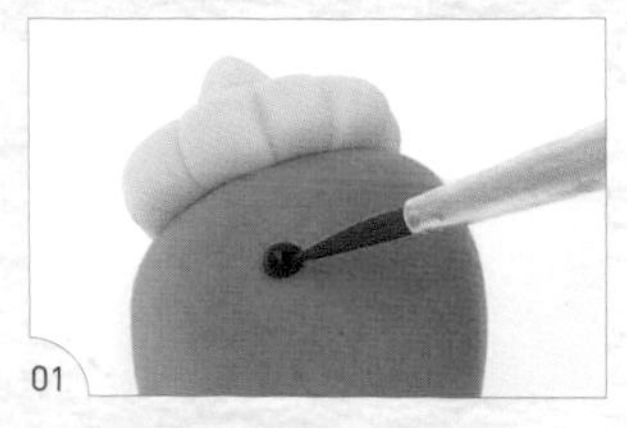

01

02

03

01 以畫筆沾取咖啡色色膏，在草莓上畫圓點。

02 重複步驟 1，畫出由圓點組成的三角形。

03 如圖，草莓紋路完成。

鳳梨

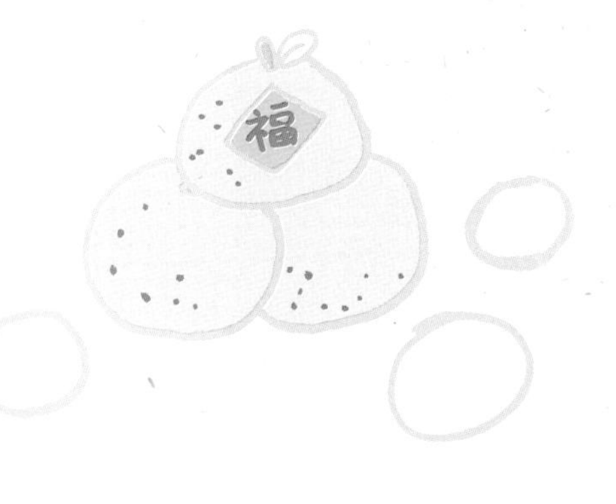

01 湯圓

使用糯米團	製作部位	糯米團直徑
黃色糯米團	鳳梨	2 公分
綠色糯米團 a	蒂頭	0.5 公分
綠色糯米團 b1	葉子	0.5 公分
綠色糯米團 b2	葉子	0.5 公分
綠色糯米團 b3	葉子	0.5 公分
綠色糯米團 b4	葉子	0.5 公分

02 元宵

使用糯米團	製作部位	糯米團直徑
黃色糯米團	鳳梨	4 公分
綠色糯米團 a	蒂頭	1 公分
綠色糯米團 b1	葉子	1 公分
綠色糯米團 b2	葉子	1 公分
綠色糯米團 b3	葉子	1 公分
綠色糯米團 b4	葉子	1 公分

步驟說明 Step by step

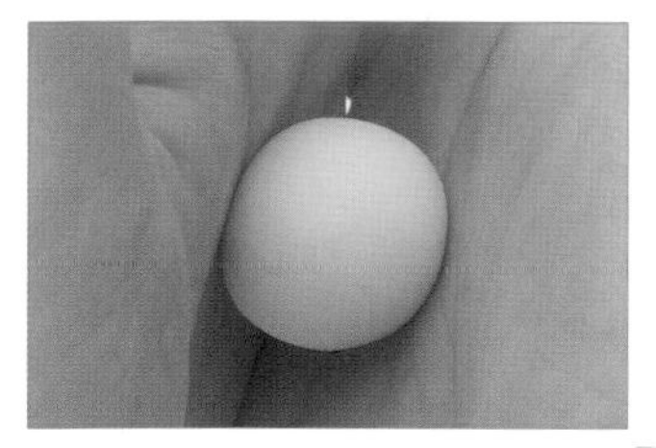

01 用手掌將黃色糯米團搓揉成圓形。

02 將黃色圓形糯米團在掌心搓成柱狀。

03 如圖，鳳梨主體完成。

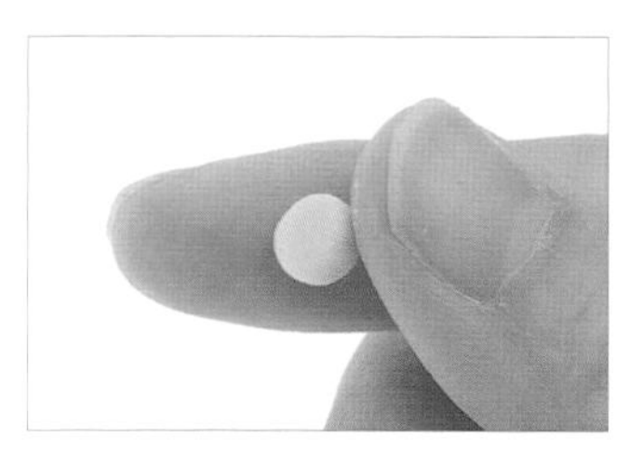

04 用指腹將綠色糯米團 a 搓揉成圓形，為蒂頭。

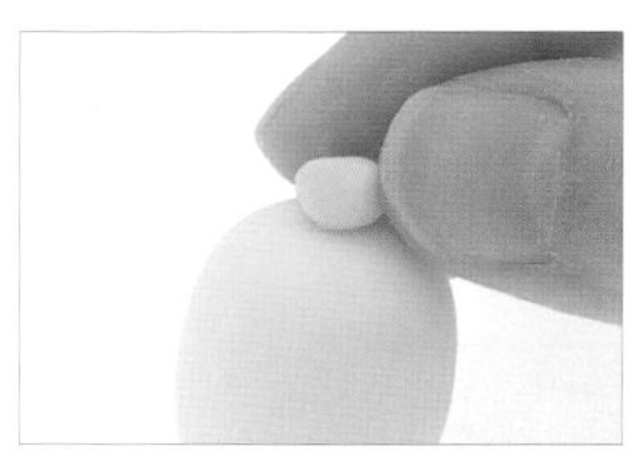

05 將蒂頭放在鳳梨主體正上方，並輕壓扁，以加強固定。

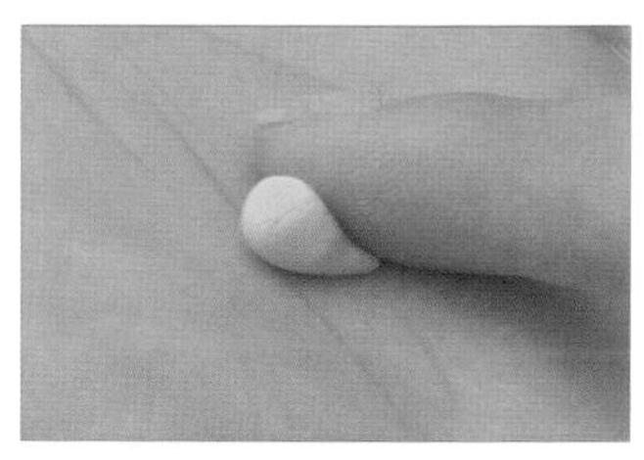

06 先將綠色糯米團 b1 搓揉成圓形後，再搓成水滴形。

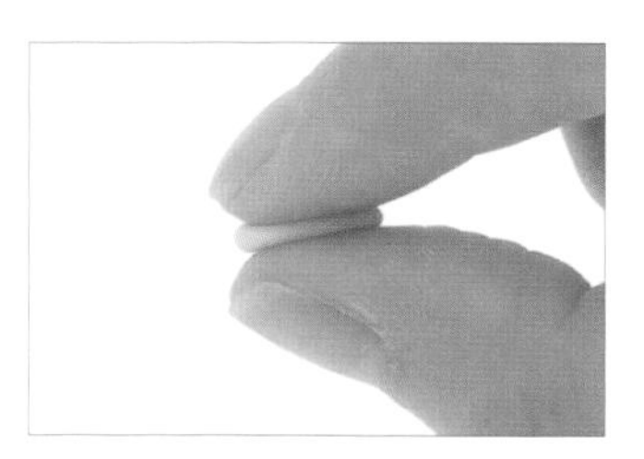

07 將水滴型糯米團壓扁，為葉子 b1。

08 將葉子放在蒂頭側邊，並用指腹輕壓與蒂頭的銜接處。

09 重複步驟 6-8，取綠色糯米團 b2 製作葉子後，在葉子 b1 側邊放上葉子 b2。

10 重複步驟 6-8，取綠色糯米團 b3 製作葉子後，在葉子 b2 側邊放上葉子 b3。

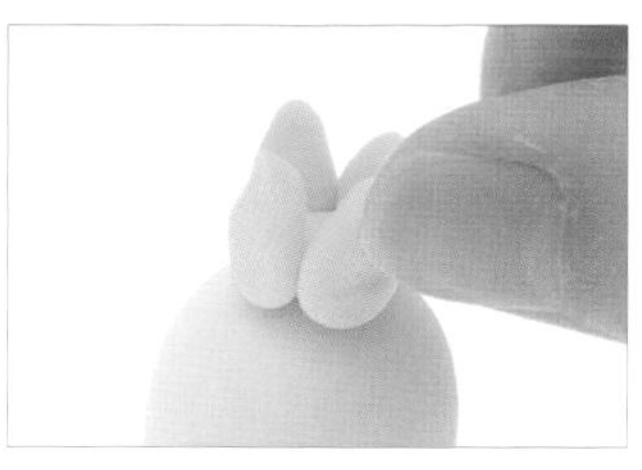

11 重複步驟 6-8，取綠色糯米團 b4 製作葉子後，在葉子 b3 側邊放上葉子 b4。

12 如圖，圍繞著蒂頭的葉子擺放完成。

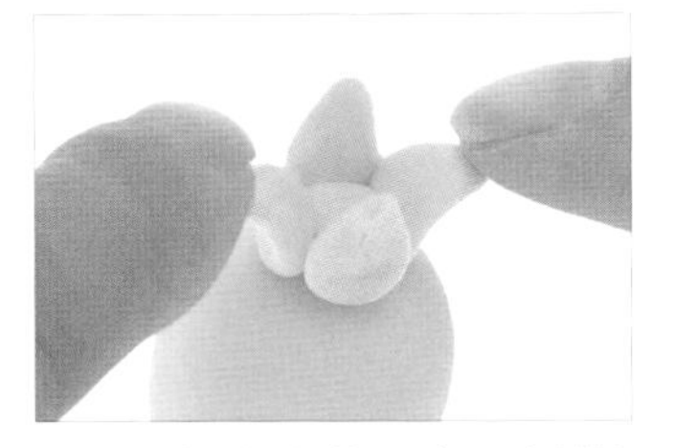

13 用指腹將葉子向下扳開，以製造出葉子的自然生長感。

14 如圖，鳳梨葉完成。

15 以切刀棒在鳳梨表面斜切短直線，以製造出鳳梨的紋路。

16 重複步驟 15，依序斜切短直線。

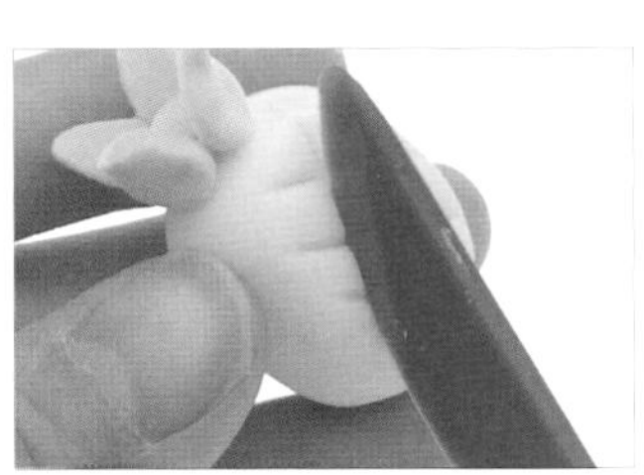

17 以切刀棒在短直線另一側，斜切直線，形成菱格紋。

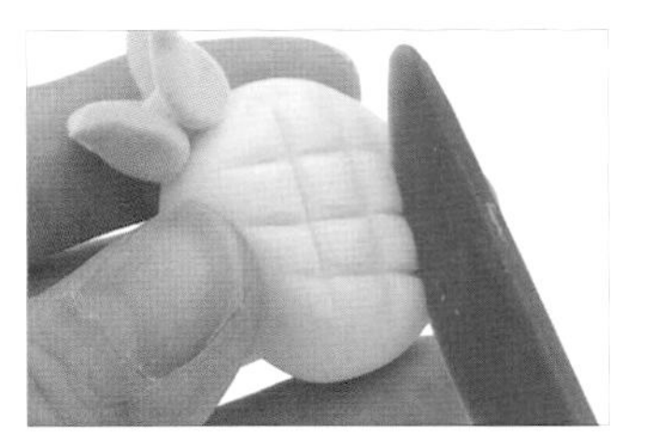

18 重複步驟 17，依序斜切短直線。

19 用指腹調整鳳梨的形狀。(註：在切的過程中，有可能使鳳梨變形。)

20 如圖，鳳梨完成。

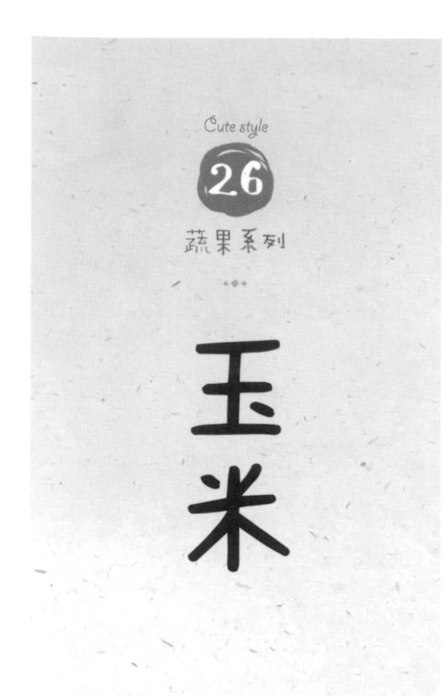

玉米

湯圓

使用糯米團	製作部位	糯米團直徑
黃色糯米團 a	根	2 公分
黃色糯米團 b1	玉米粒	1 公分
黃色糯米團 b2	玉米粒	1 公分
綠色糯米團 c1	葉子	1 公分
綠色糯米團 c2	葉子	1 公分
綠色糯米團 c3	葉子	1 公分

元宵

使用糯米團	製作部位	糯米團直徑
黃色糯米團	根	4 公分
黃色糯米團 b1	玉米粒	2 公分
黃色糯米團 b2	玉米粒	2 公分
綠色糯米團 c1	葉子	2 公分
綠色糯米團 c2	葉子	2 公分
綠色糯米團 c3	葉子	2 公分

步驟說明 Step by step

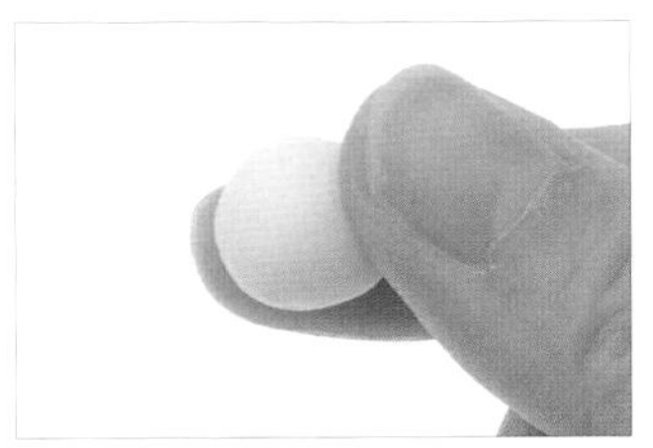

01 用手掌將黃色糯米團a搓揉成圓形。

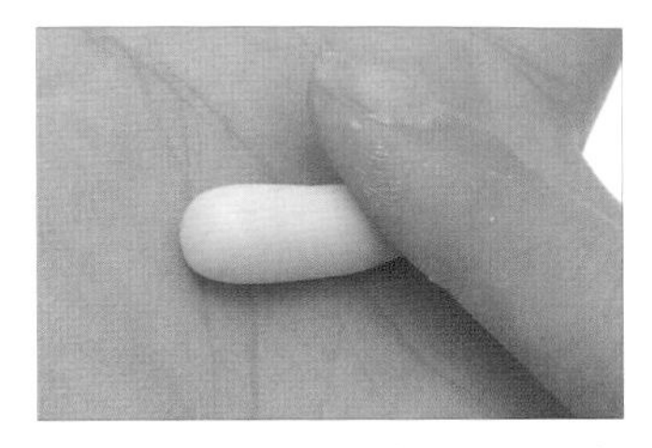

02 將黃色圓形糯米團a在掌心搓成水滴形（約2公分）。

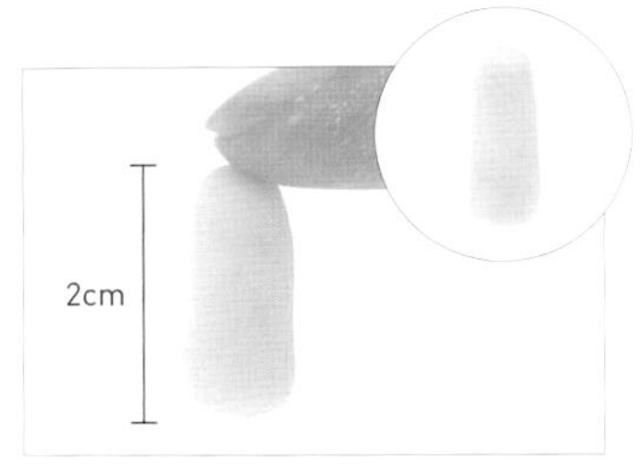

03 將黃色水滴形糯米團a，輕壓成柱形，為玉米根。

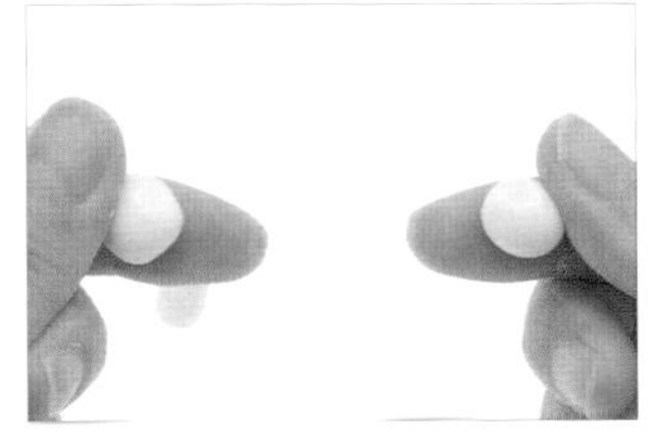

04 用指腹將黃色糯米團b1、b2搓揉成圓形。

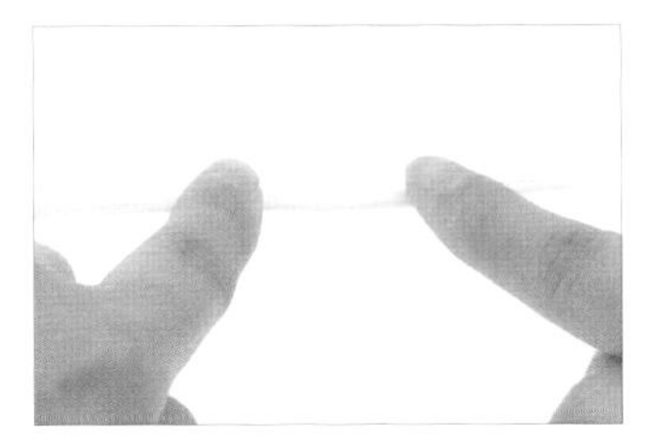

05 將黃色圓形糯米團b1在桌上搓成條狀（約10公分）。

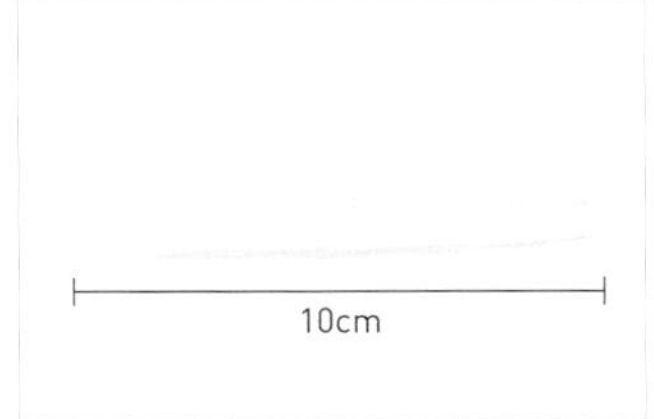

06 重複步驟5，將黃色圓形糯米團b2搓成條狀。

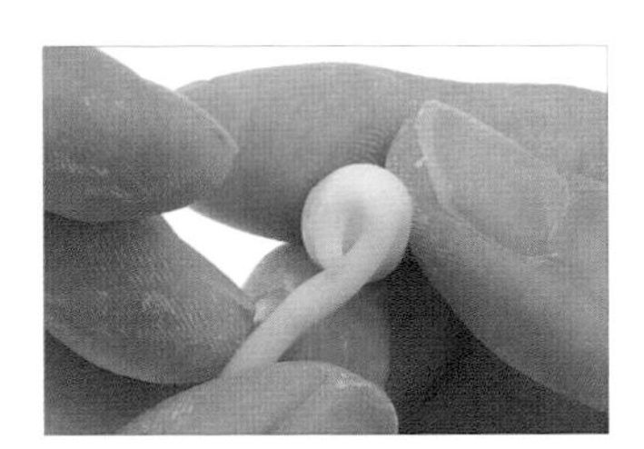

07 將黃色條狀糯米團b1在玉米根前端繞出一個圈。

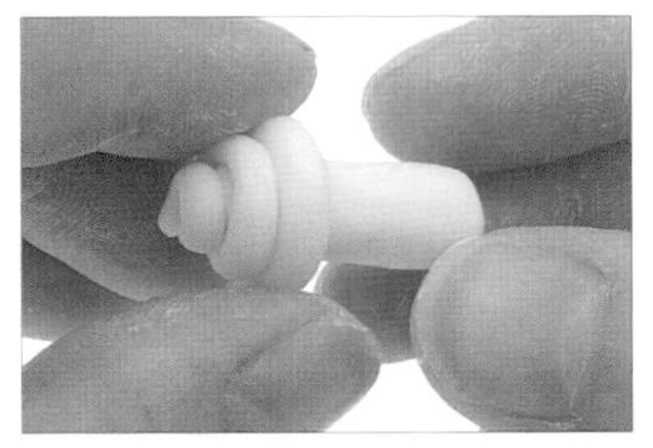

08 承步驟7，以螺旋狀的方式纏繞玉米根，纏繞至糯米團的尾端。

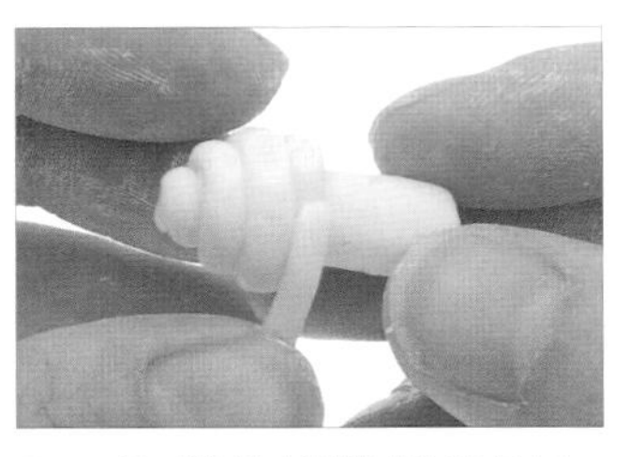

09 取黃色條狀糯米團b2接著黃色條狀糯米團b1的尾端。

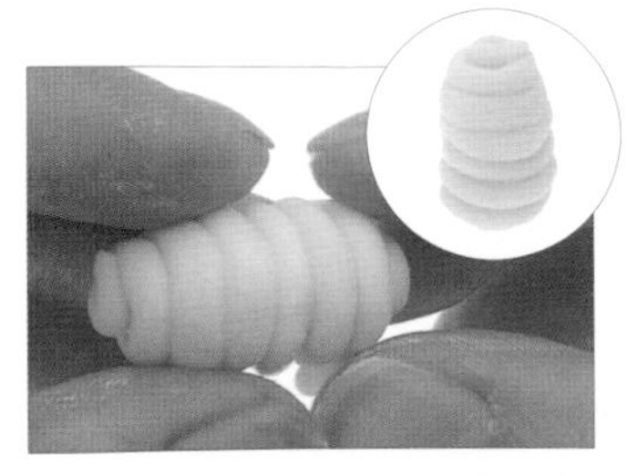

10 重複步驟7-8，再順著玉米根以螺旋狀方式纏繞，即完成玉米主體。

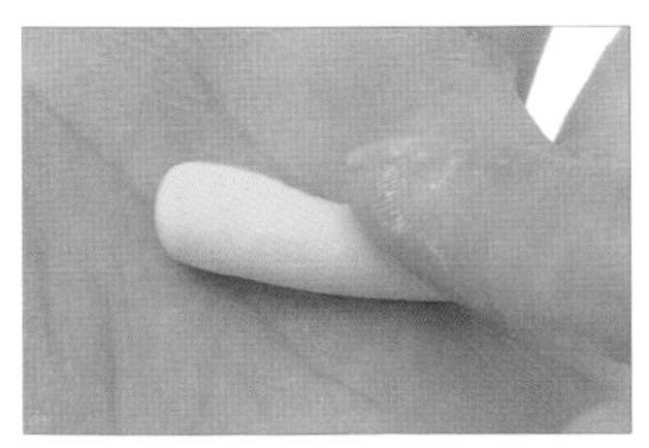

11 先將綠色糯米團c1搓揉成圓形後，再搓揉成水滴形。

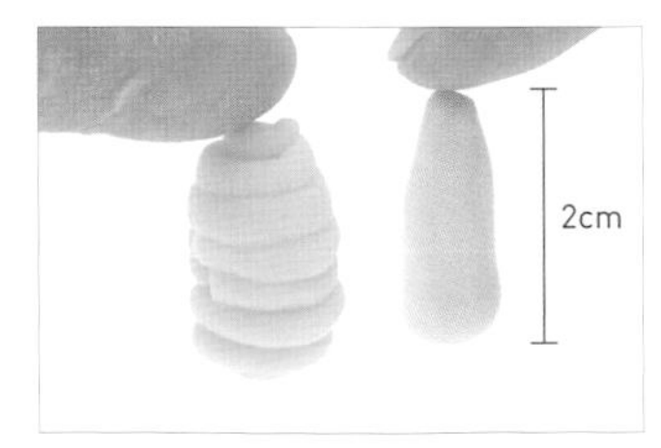

12 將綠色水滴形糯米團（約2公分）放在玉米主體側邊，確認高度是否一樣。

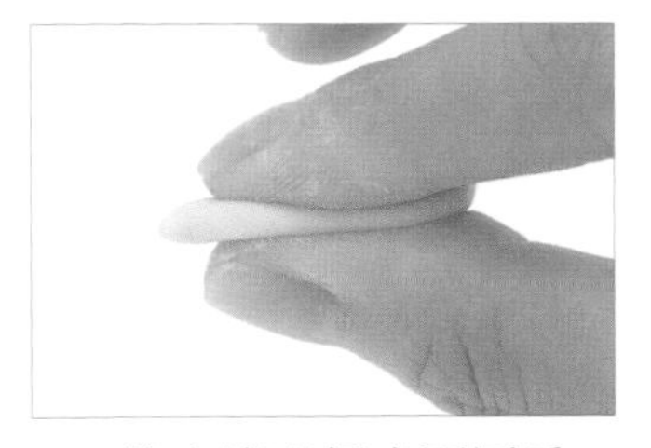

13　將水滴形糯米團壓扁，為葉子。（註：壓扁後會變長。）

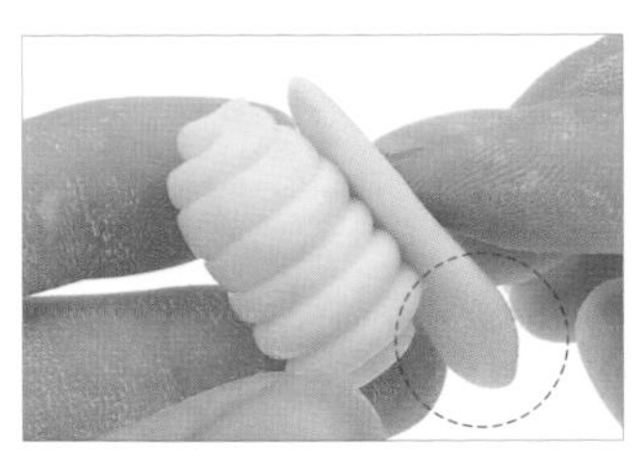

14　將葉子放在玉米主體側邊。（註：葉子尖端須與玉米齊高。）

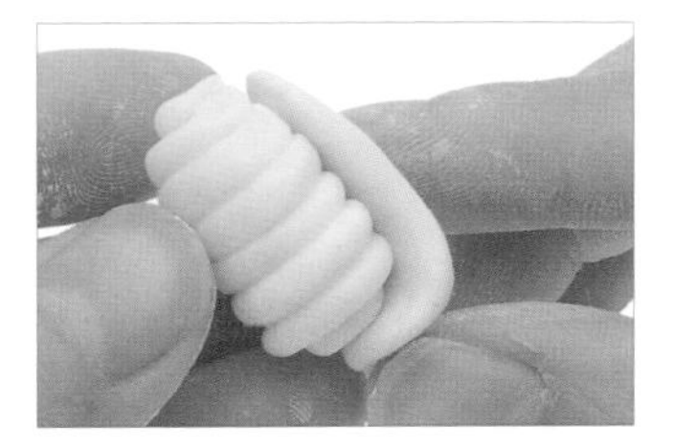

15　承步驟 14，將多餘的葉子包覆玉米主體下方。

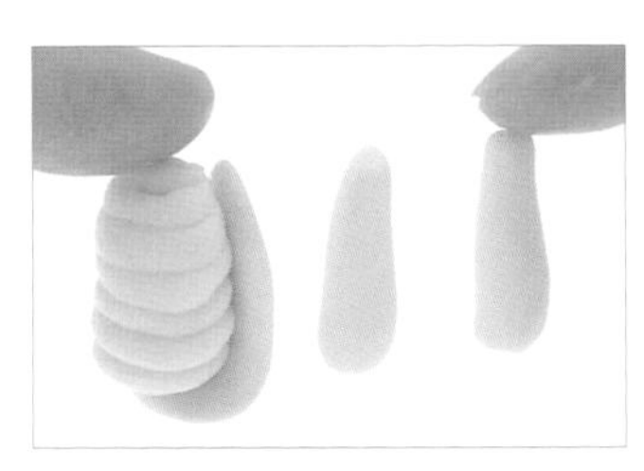

16　重複步驟 11-12，製作完葉子後，再次確認高度是否與玉米齊高。

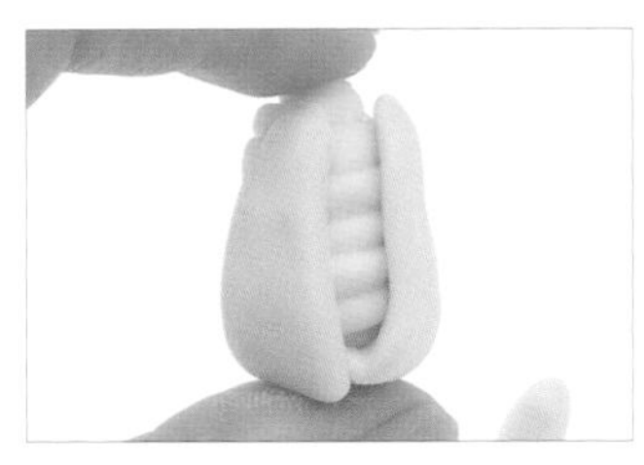

17　重複步驟 13-15，包覆第二片葉子。

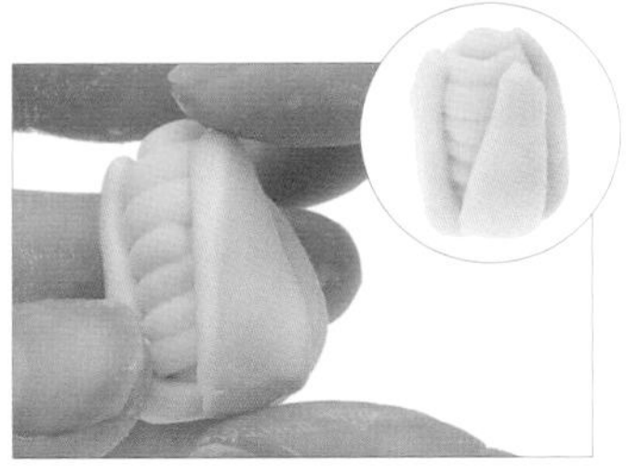

18　重複步驟 13-15，包覆第三片葉子。

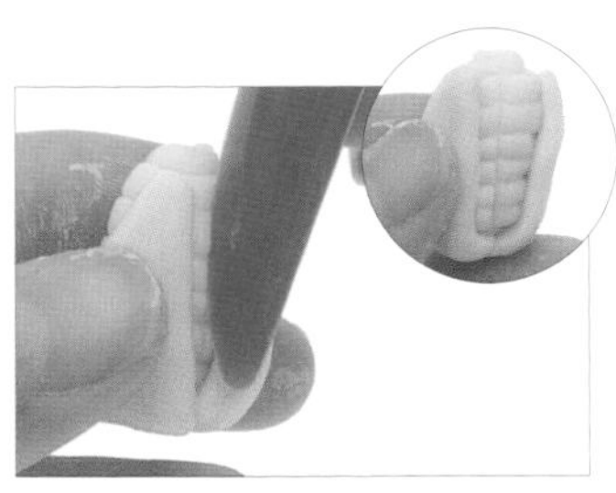

19　以切刀棒由下往上，順著玉米主體直切紋路。

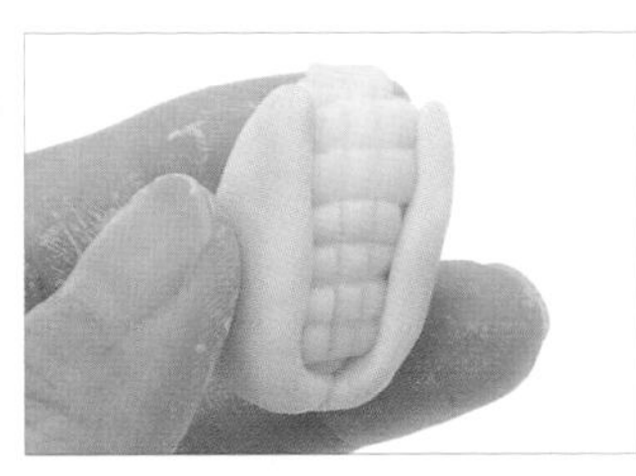

20　重複步驟 19，依序在玉米主體直切紋路。

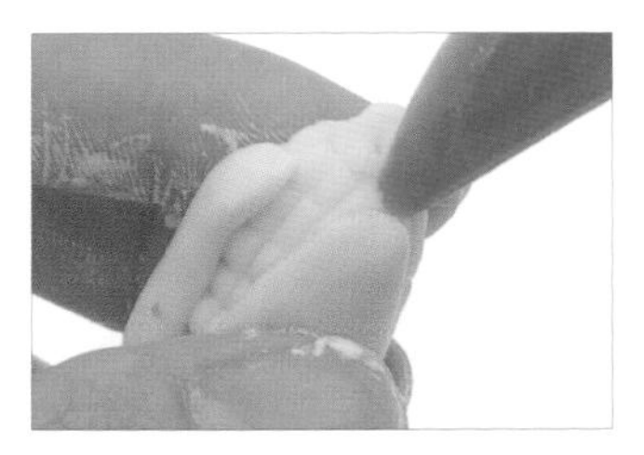

21　重複步驟 19，在葉子上方的玉米主體直切紋路。

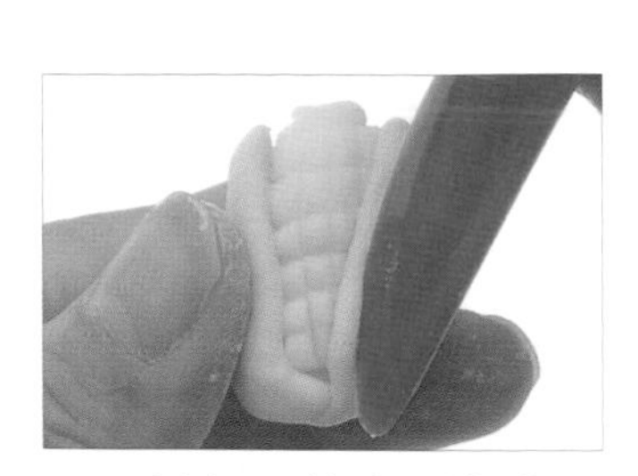

22　以切刀棒由下往上，順著葉子直切紋路。

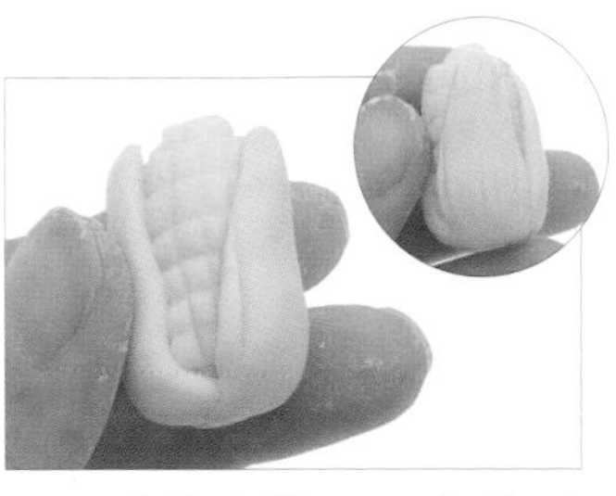

23　重複步驟 22，在葉子上方直切紋路。

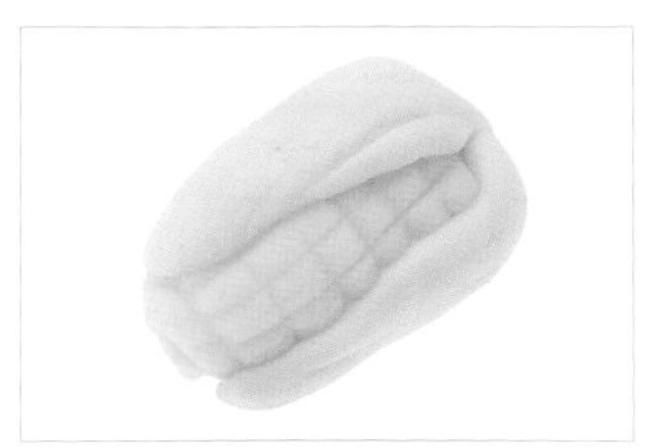

24　如圖，玉米完成。

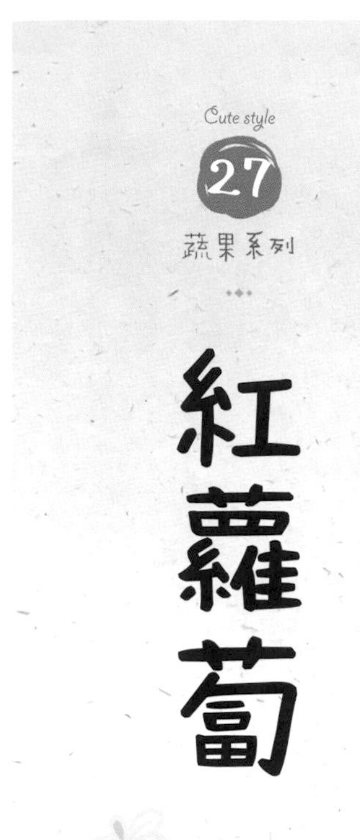

湯圓

使用糯米團	製作部位	糯米團直徑
紅色糯米團	紅蘿蔔	2 公分
淺綠色糯米團 a1	葉子	0.5 公分
淺綠色糯米團 a2	葉子	0.5 公分
淺綠色糯米團 a3	葉子	0.5 公分

元宵

使用糯米團	製作部位	糯米團直徑
紅色糯米團	紅蘿蔔	4 公分
淺綠色糯米團 a1	葉子	1 公分
淺綠色糯米團 a2	葉子	1 公分
淺綠色糯米團 a3	葉子	1 公分

步驟說明 Step by step

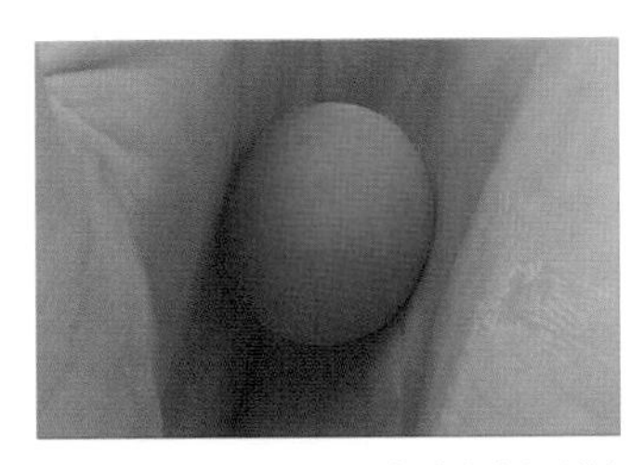

01 用手掌將紅色糯米團搓揉成圓形。

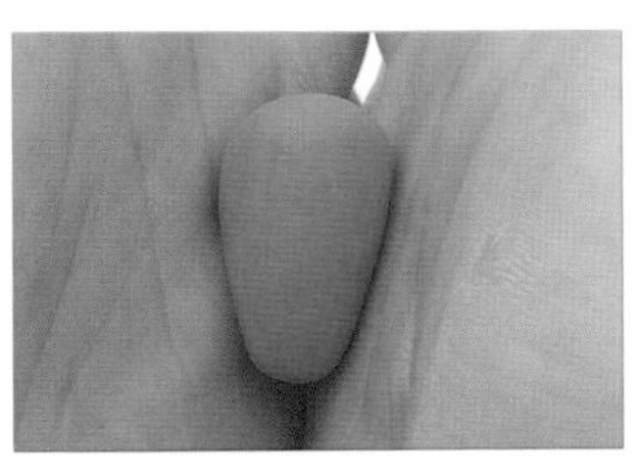

02 用手掌將紅色圓形糯米團搓成陀螺形。

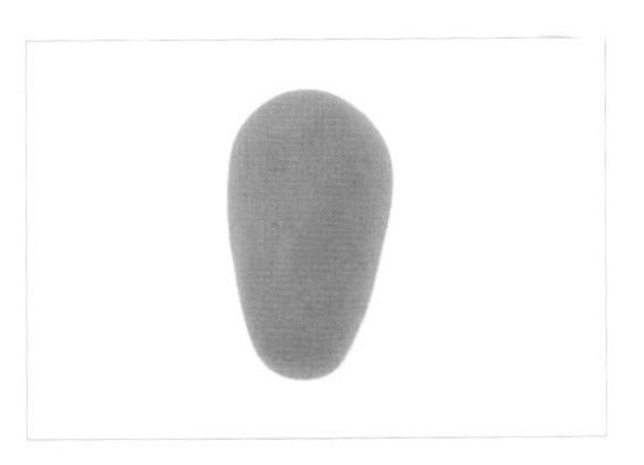

03 如圖，紅蘿蔔主體完成。

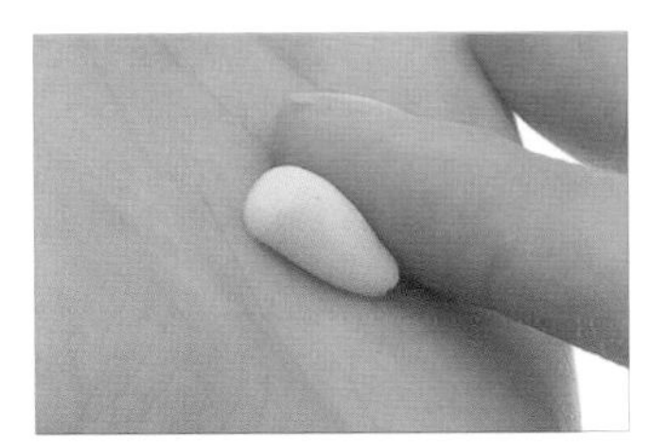

04 用指腹將淺綠色糯米團 a1 搓揉成圓形後，再搓成水滴形。

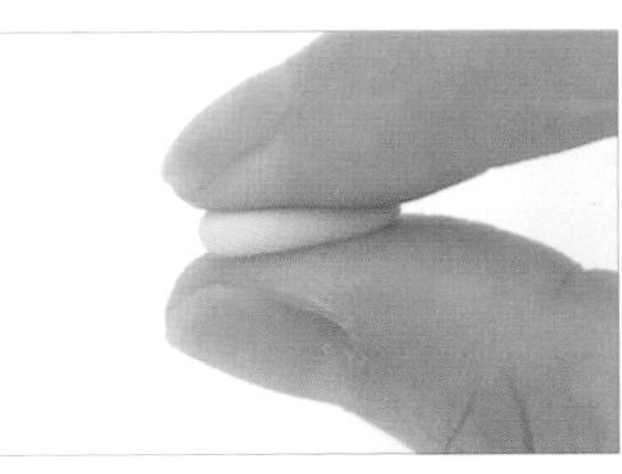

05 用指腹將淺綠色水滴形糯米團 a1 壓扁，為葉子 a1。

06 重複步驟 4-5，取淺綠色糯米團 a2、a3，製作葉子 a2、a3。

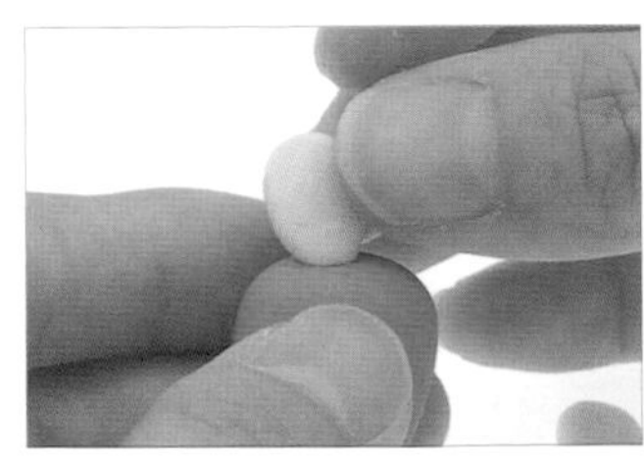

07 將葉子 a1 放在紅蘿蔔主體上方。

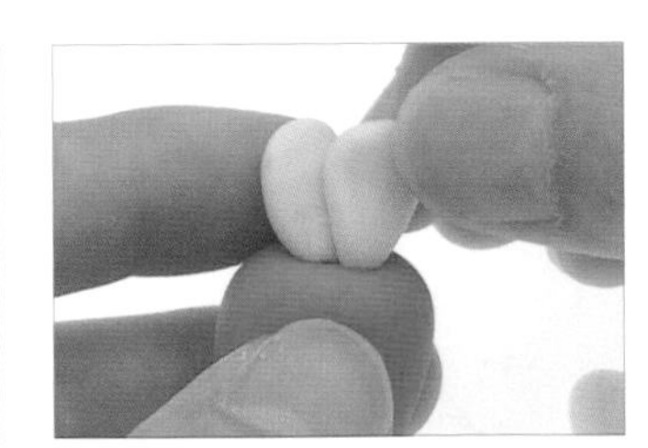

08 將葉子 a2 疊放在葉子 a1 前面的 1/3 處。

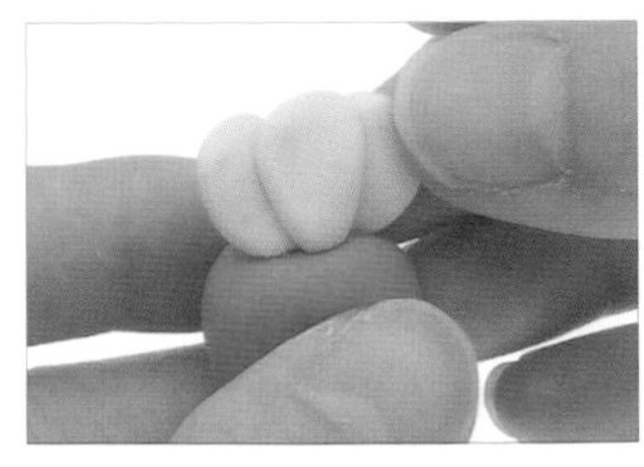

09 將葉子 a3 疊放在葉子 a2 後面的 1/3 處。

10 如圖，葉子擺放完成。

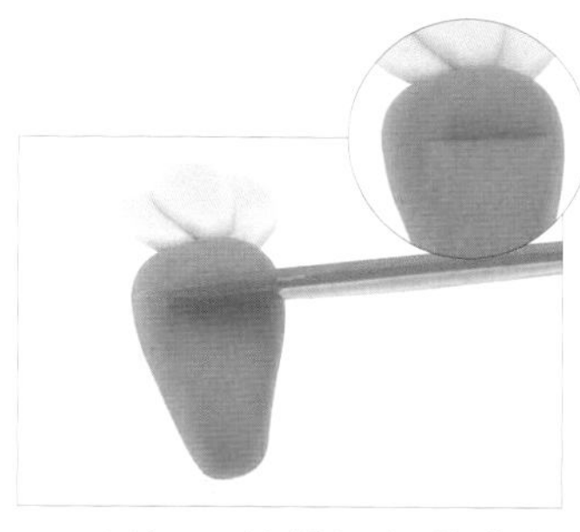

11 以切刀棒橫切紅蘿蔔主體。

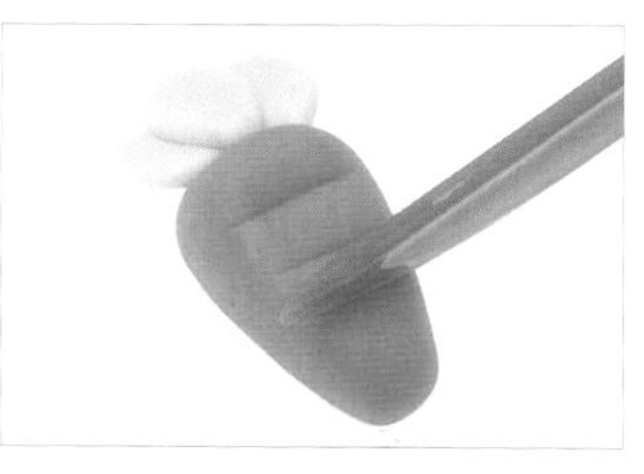

12 重複步驟 11，橫切紅蘿蔔主體至底。

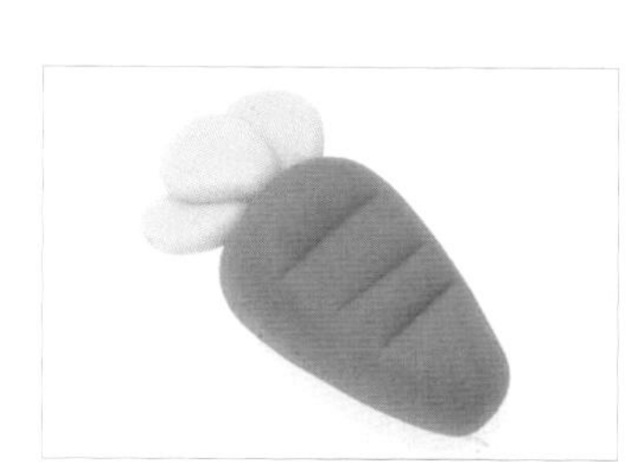

13 如圖，紅蘿蔔紋路切製完成。

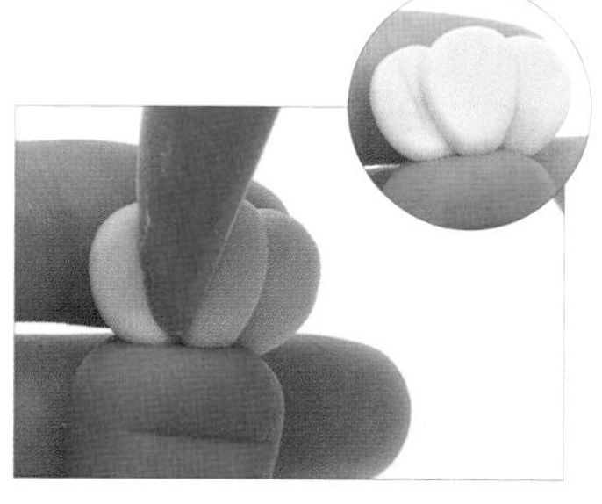

14 以切刀棒在葉子中間直切短直線，為葉脈。

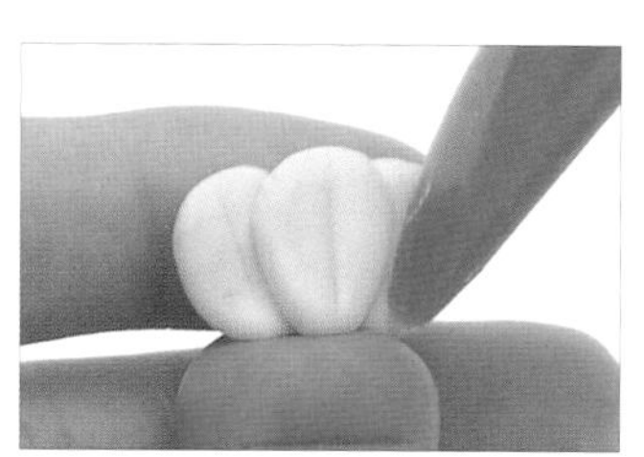

15 重複步驟 14，切完三片葉子的葉脈。

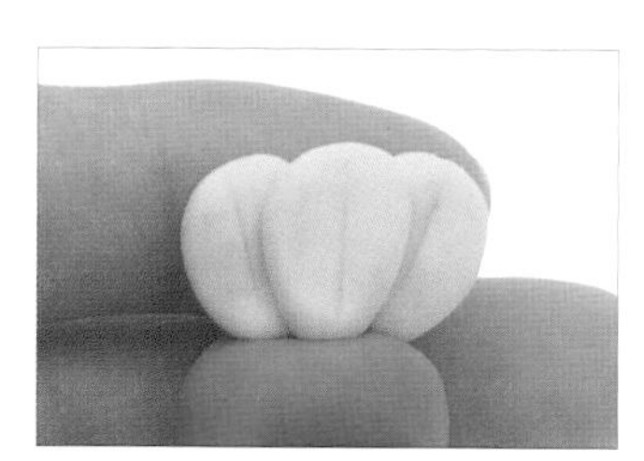

16 如圖，葉脈完成。

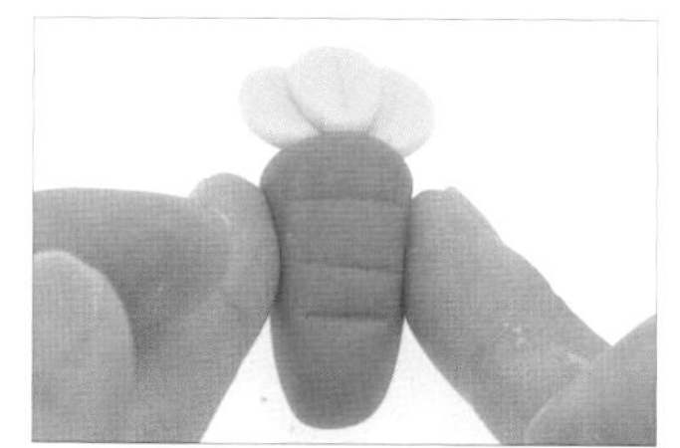

17 用指腹調整紅蘿蔔的形狀。（註：在切的過程中，有可能使紅蘿蔔變形。）

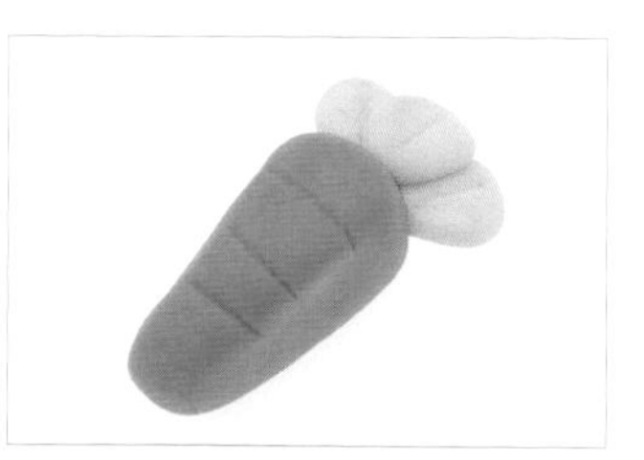

18 如圖，紅蘿蔔完成。

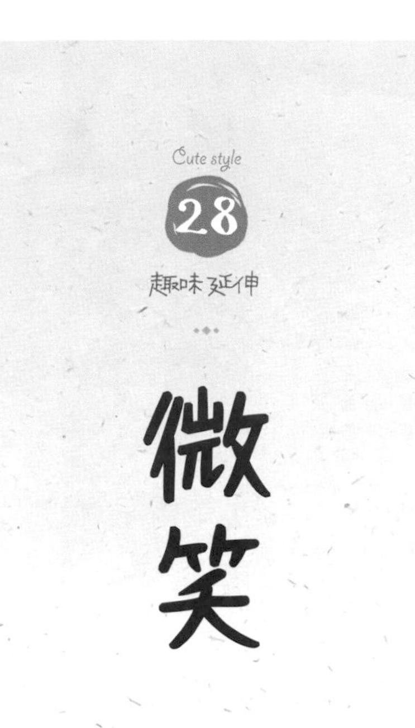

微笑

湯圓

使用糯米團	製作部位	糯米團直徑
黃色糯米團	頭部	2 公分
紅色糯米團 a1	酒窩	0.25 公分
紅色糯米團 a2	酒窩	0.25 公分

元宵

使用糯米團	製作部位	糯米團直徑
黃色糯米團	頭部	4 公分
紅色糯米團 a1	酒窩	0.5 公分
紅色糯米團 a2	酒窩	0.5 公分

步驟說明 Step by step

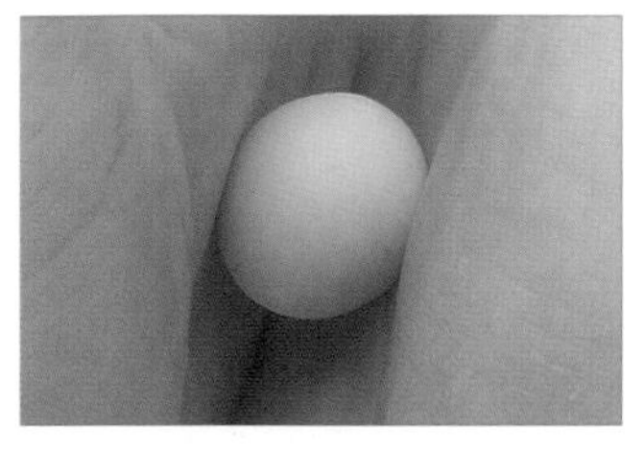

01 用手掌將黃色糯米團搓揉成圓形，為頭部。

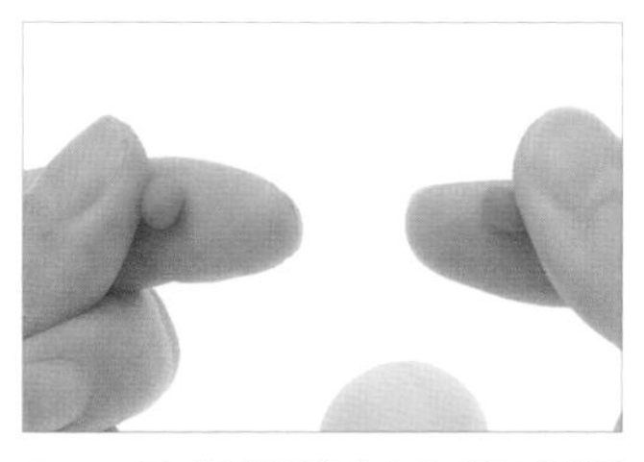

02 用指腹將紅色糯米團a1、a2搓揉成圓形，為酒窩。

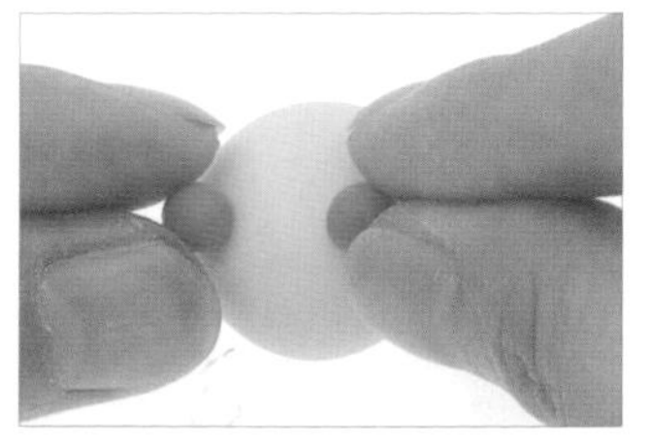

03 將酒窩放在頭部兩側。

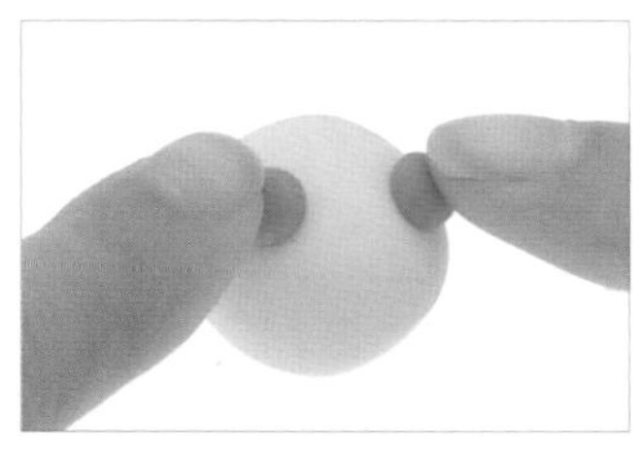

04 用指腹輕壓酒窩。

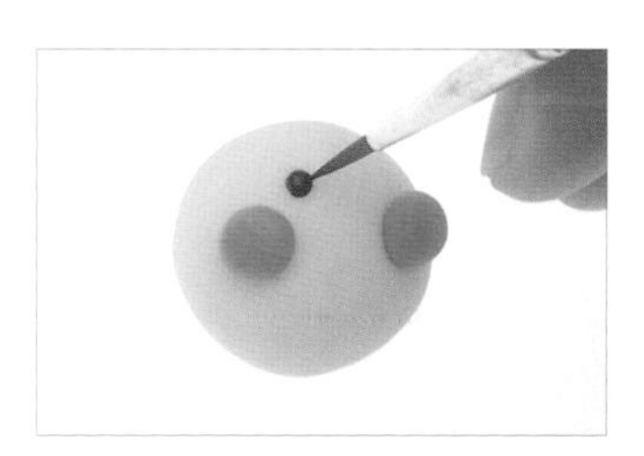

05 以畫筆沾取咖啡色色膏，畫出圓點，為左眼。

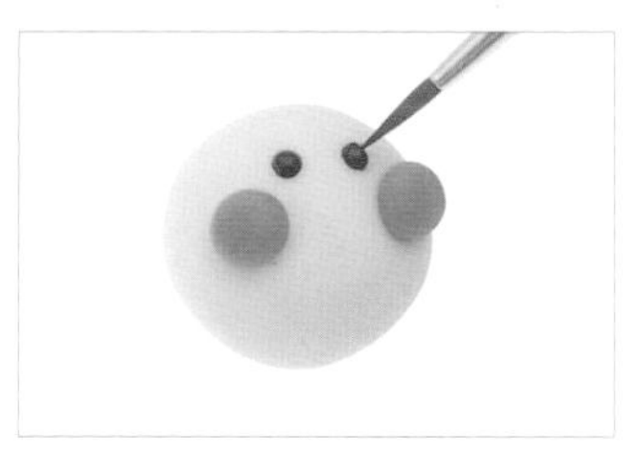

06 重複步驟5，畫出右眼。

07 如圖，眼睛繪製完成。

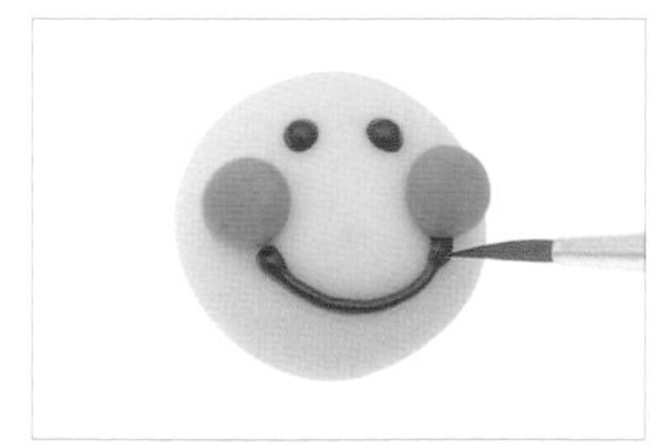

08 以畫筆沾取咖啡色色膏畫出弧線，為嘴巴。

09 如圖，微笑完成。

字母

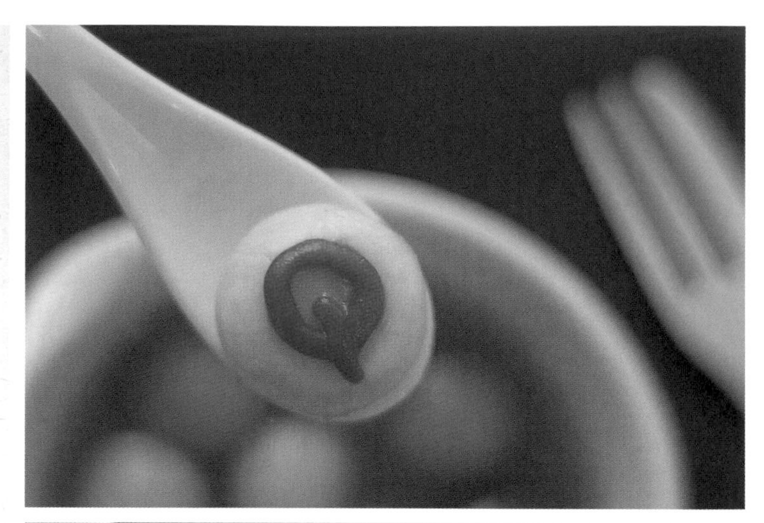

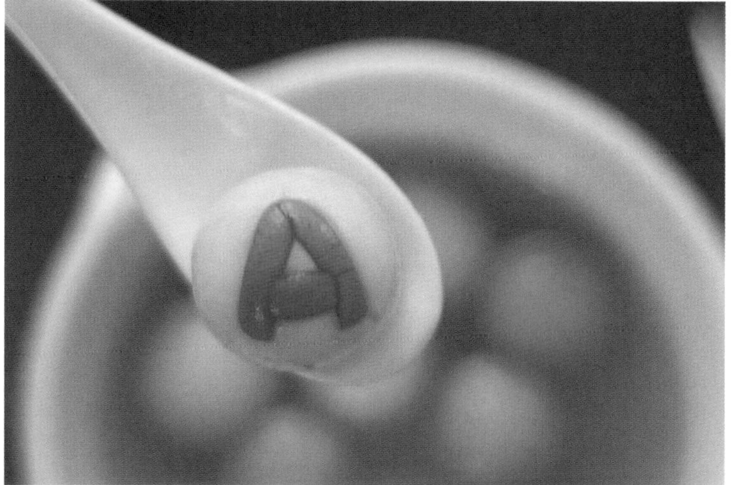

01 湯圓

使用糯米團	製作部位	糯米團直徑
白色糯米團	底座	2 公分
紅色糯米團 a	字母	0.5 公分
紅色糯米團 b	字母	0.5 公分

02 元宵

使用糯米團	製作部位	糯米團直徑
白色糯米團	底座	4 公分
紅色糯米團 a	字母	1 公分
紅色糯米團 b	字母	1 公分

步驟說明 Step by step

字母 A

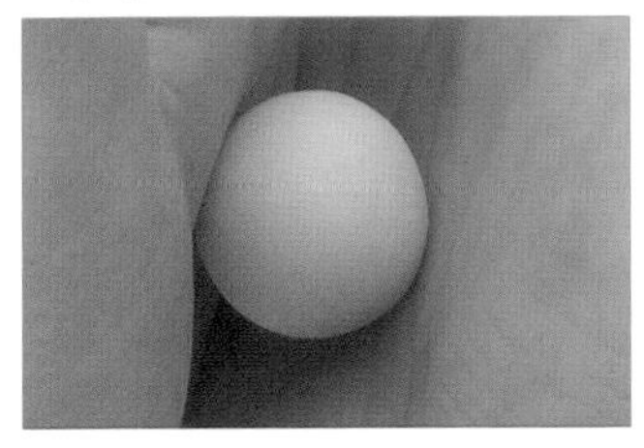

01 用手掌將白色糯米團搓揉成圓形。

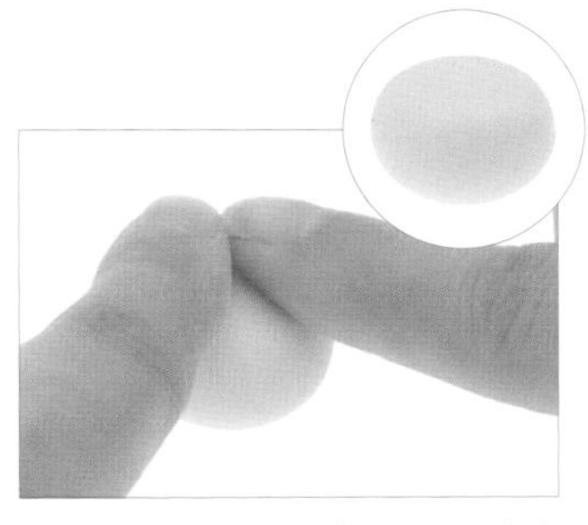

02 將白色圓形糯米團壓扁，為底座。

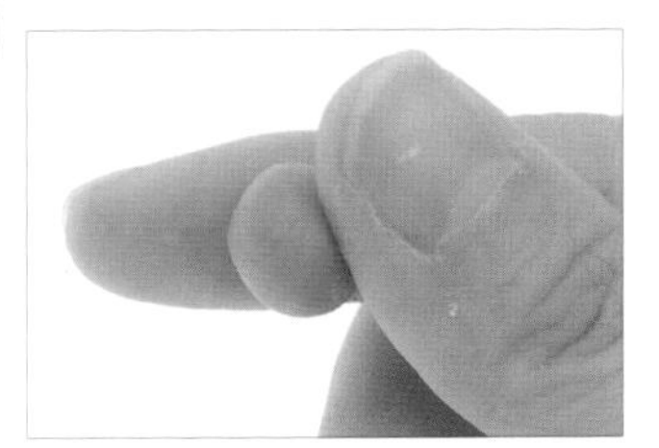

03 用指腹將紅色糯米團 a 搓揉成圓形。

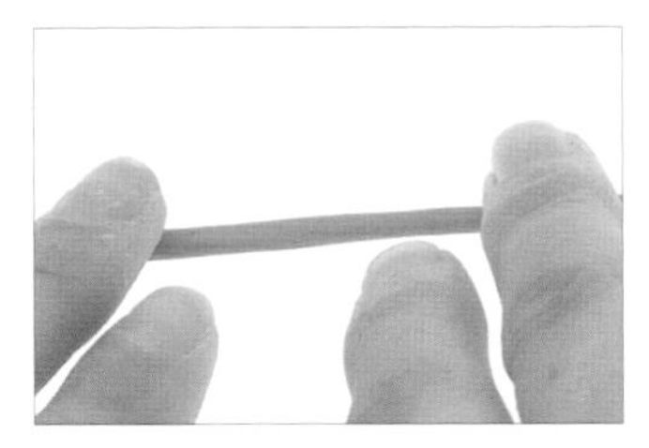

04 將紅色圓形糯米團 a 在桌上搓揉成條狀。

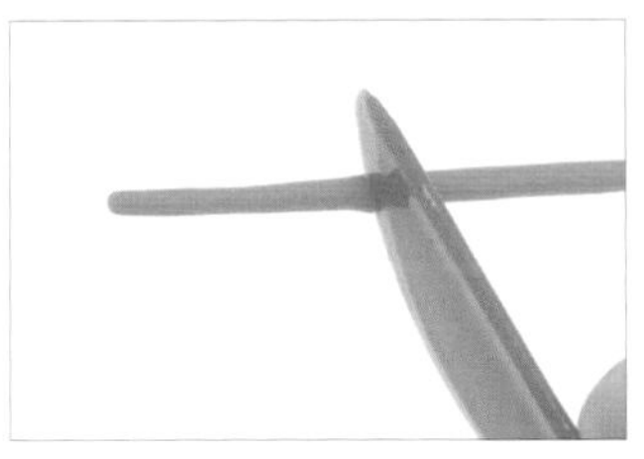

05 承步驟4，以切刀棒切取需要的長度。（註：可先在底座糯米團上比對，以確認長度。）

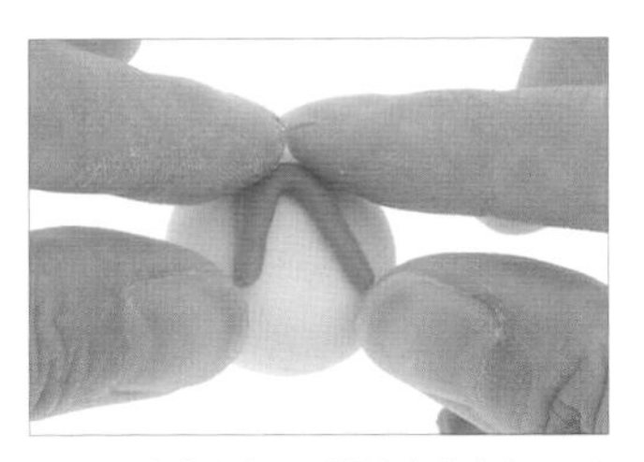

06 將糯米團彎折成倒V形後，放在底座上。

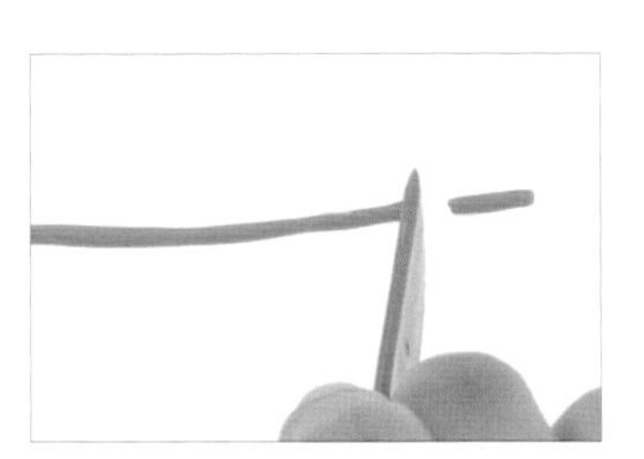

07 以切刀棒切取倒 V 形內需要的長度。（註：為字母 A 內的橫槓長度。）

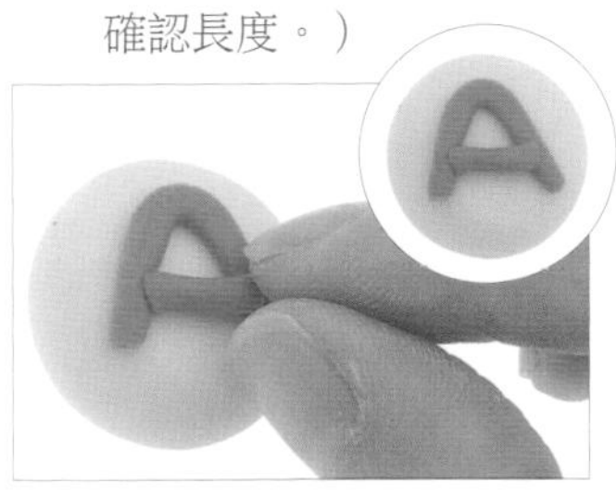

08 將糯米團放到倒 V 形內，為字母 A 主體。

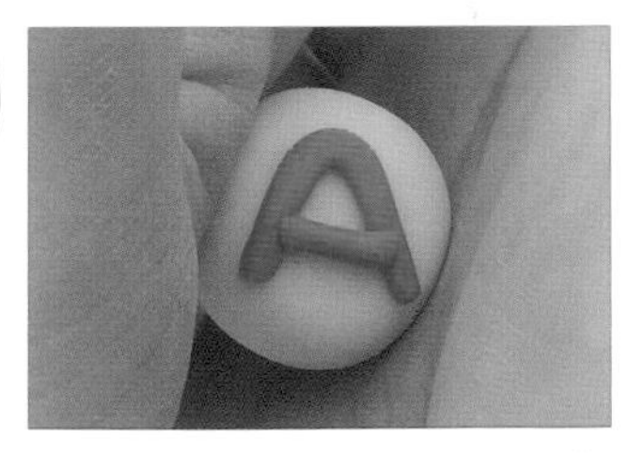

09 用手搓揉糯米團，使字母 A 與底座融合。

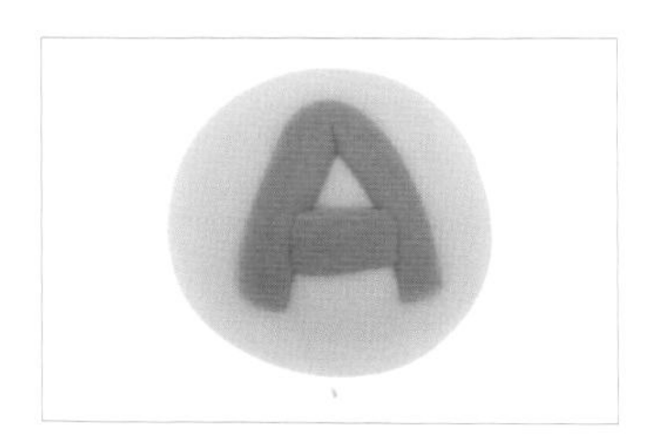

10 如圖，字母 A 完成。

字母 Q

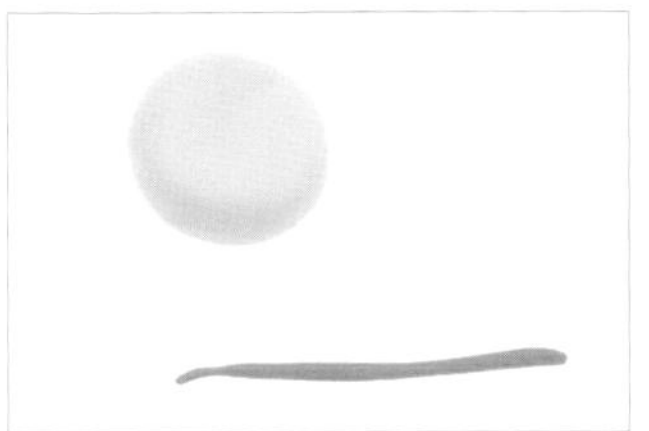

11 重複步驟1-4，完成底座和紅色條狀糯米團 b。

12 以切刀棒切紅色條狀糯米團 b，取需要長度。

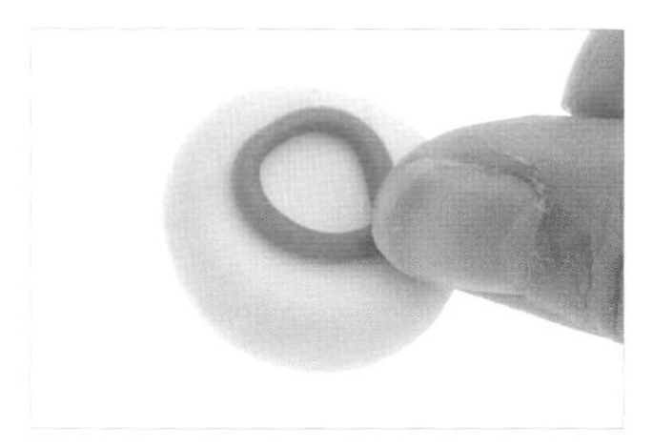

13 承步驟 12，以糯米團繞出 O 形，並將糯米團銜接處調整到右下角。

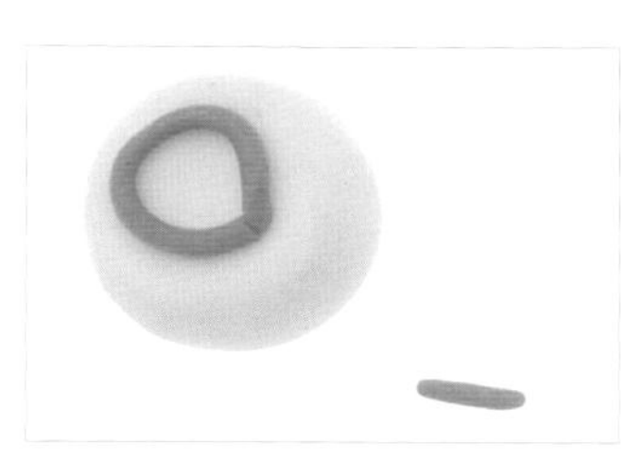

14 如圖，O 形製作完成，準備一小段紅色條狀糯米團。

15 以牙籤沾取紅色條狀糯米團，放在步驟 14 的銜接處。

16 用指腹按壓固定紅色條狀糯米團，為字母 Q 主體。

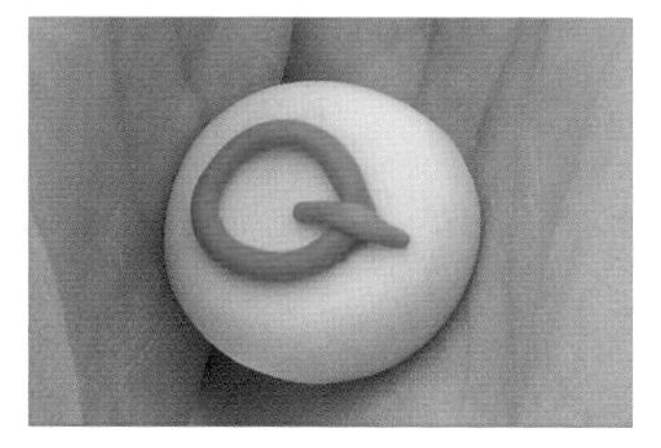

17 用手搓揉糯米團，使字母 Q 與底座融合。

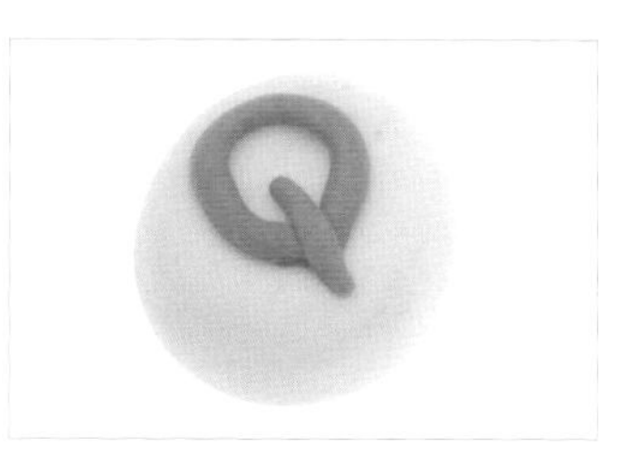

18 如圖，字母 Q 完成。

Tips

若擔心在揉合糯米團的過程中，糯米團混色，可取與底座顏色相同的糯米團，製作出避免糯米團糊在一起的間隔糯米團，可降低在揉合時的失敗率。

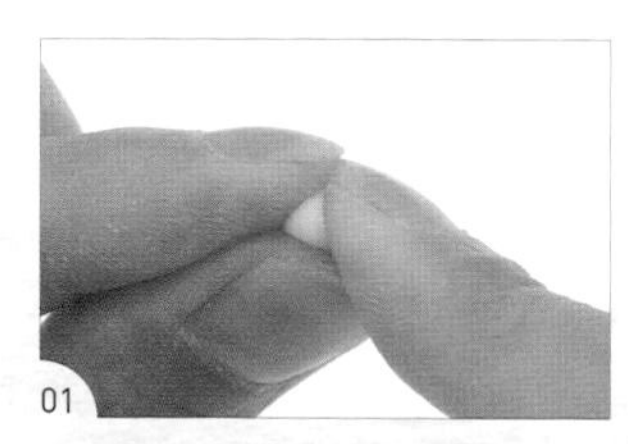

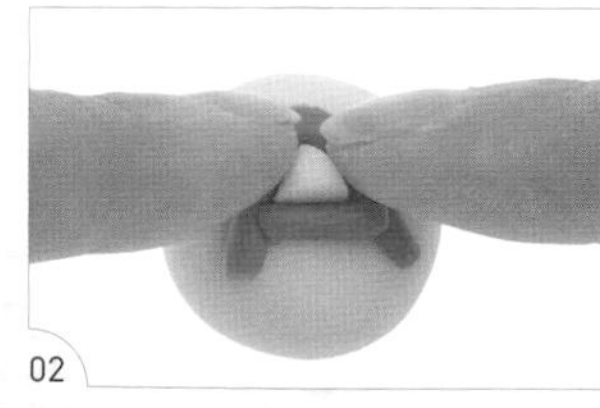

01 取糯米團製作出字母 A 內的小三角形。

02 將小三角形糯米團壓放入字母 A 內後搓揉糯米團。

若字母間的糯米團，不小心融合混色，可製作出相同區塊的糯米團，以調整做出來的造型。

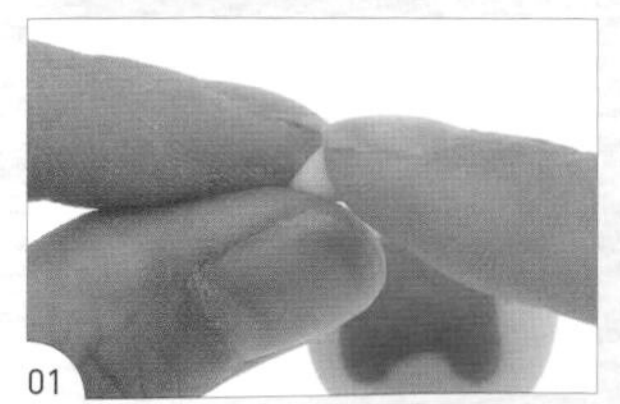

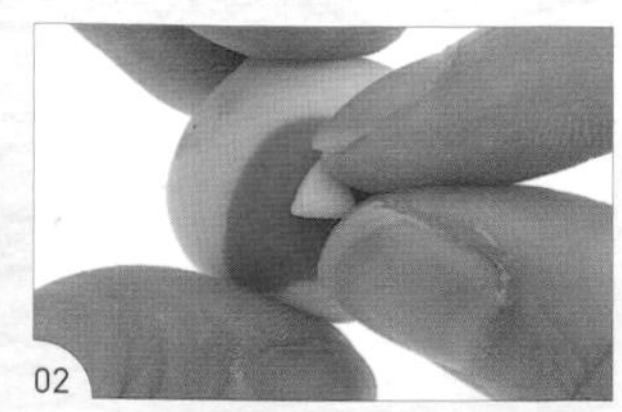

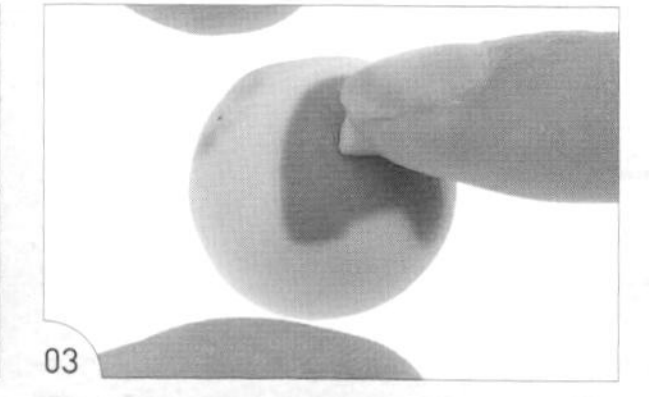

01 取糯米團製作出字母 A 內的小三角形。

02 將小三角形糯米團放入字母 A 內。

03 將小三角形糯米團壓入字母 A 內後搓揉糯米團。

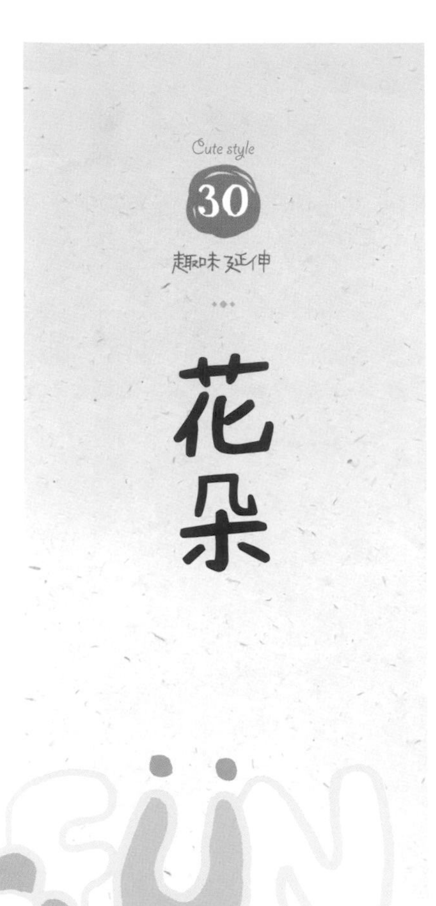

花朵

 湯圓

使用糯米團	製作部位	糯米團直徑	
粉色糯米團	花朵	2 公分	
黃色糯米團 a	底座	2 公分	
黃色糯米團 b	花蕊	0.25 公分	

 元宵

使用糯米團	製作部位	糯米團直徑	
粉色糯米團	花朵	4 公分	
黃色糯米團 a	底座	4 公分	
黃色糯米團 b	花蕊	0.5 公分	

步驟說明 Step by step

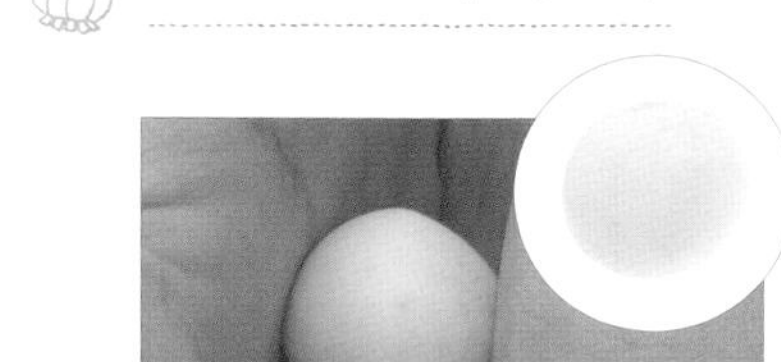

01　用手掌將黃色糯米團 a 搓揉成圓形，為底座。

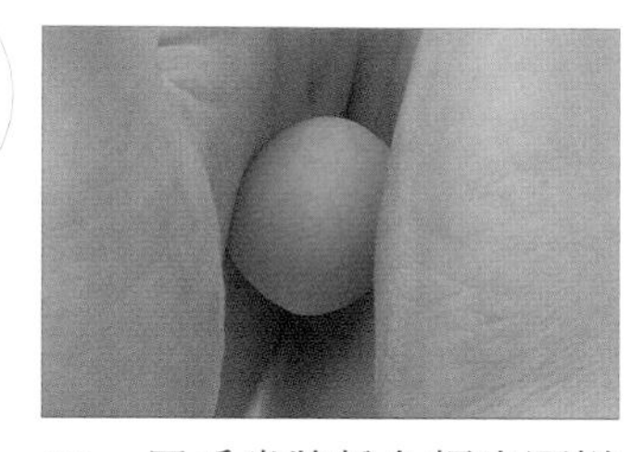

02　用手掌將粉色糯米團搓揉成圓形。

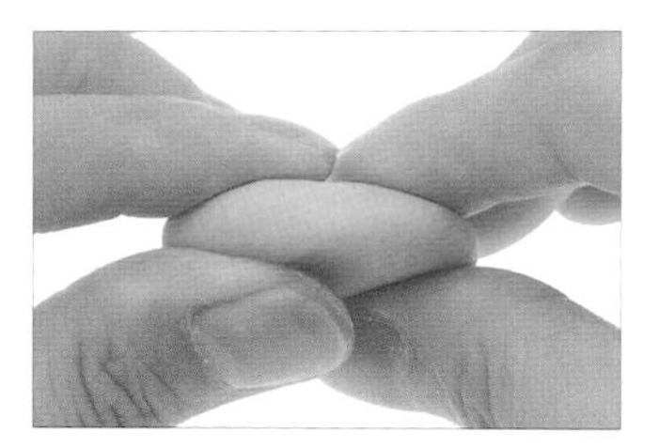

03　用指腹將粉色圓形糯米團捏成均勻厚薄。

04　如圖，粉色扁形糯米團完成。

05　以小花壓模壓出花片。

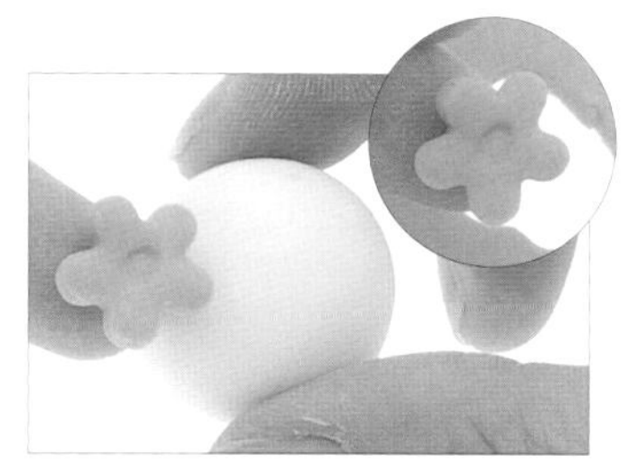

06　取出花片，並放在底座上。

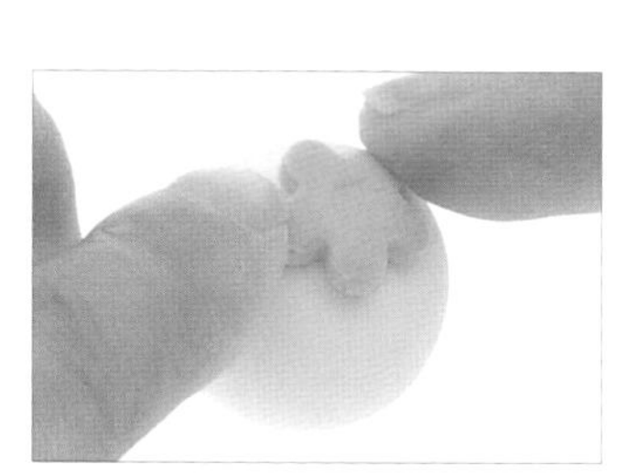

07　用指腹按壓固定花片。

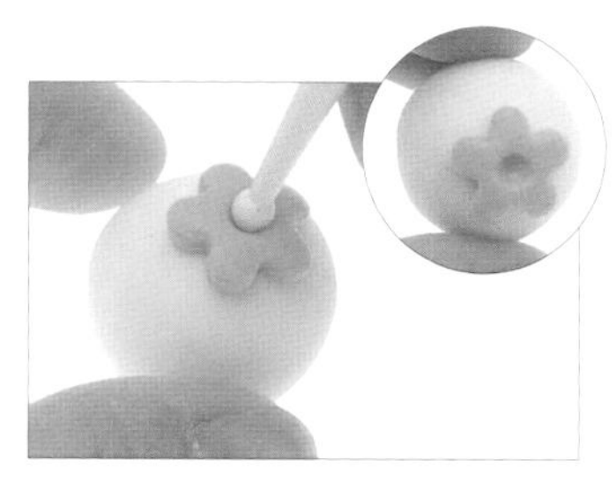

08　以小圓頭棒壓入花朵中間，為花心。

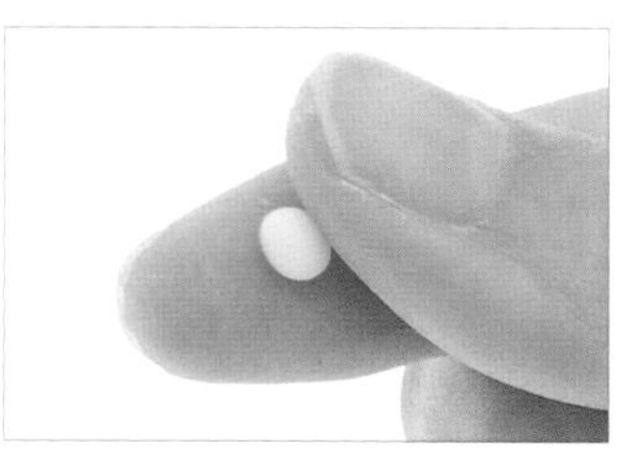

09　用手掌將黃色糯米團 b 搓揉成圓形，為花蕊。

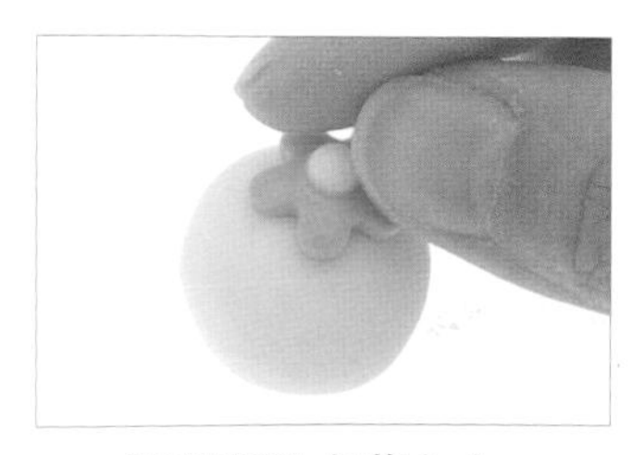

10　將花蕊放在花心上。

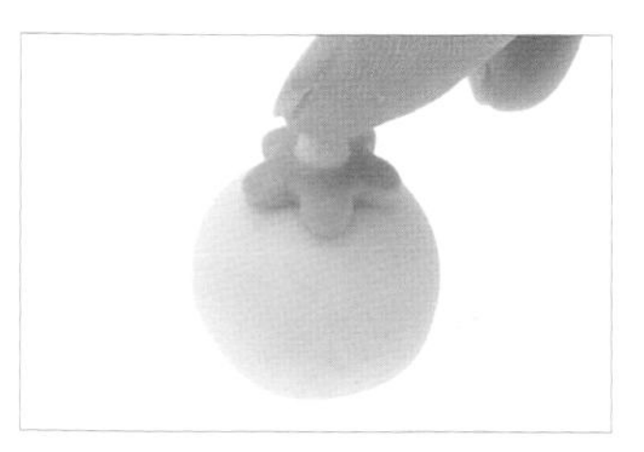

11　承步驟 10，以指腹按壓固定。

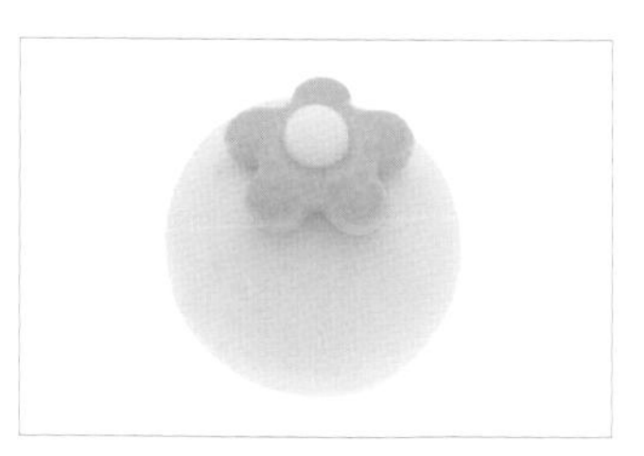

12　如圖，花朵完成。

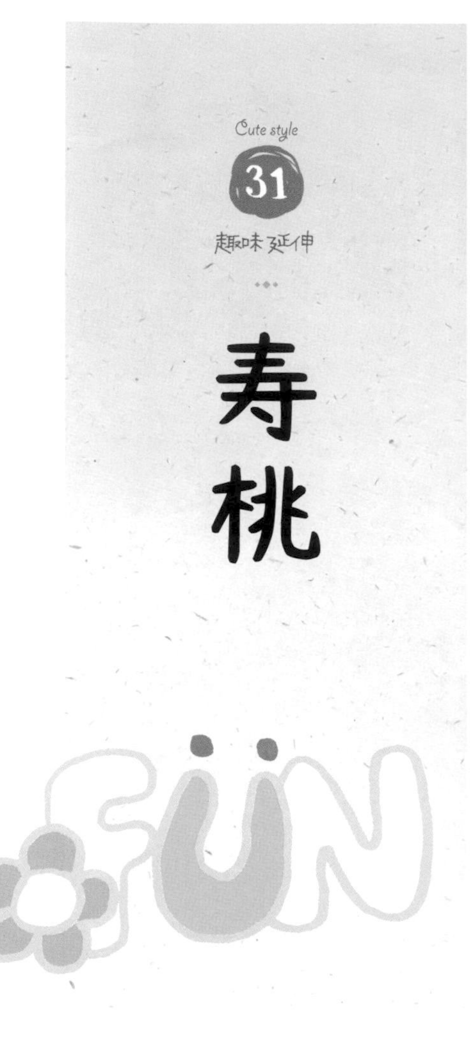

寿桃

湯圓

使用糯米團	製作部位	糯米團直徑
粉色糯米團	桃子	2 公分
綠色糯米團 a1	葉子	1 公分
綠色糯米團 a2	葉子	1 公分

元宵

使用糯米團	製作部位	糯米團直徑
粉色糯米團	桃子	4 公分
綠色糯米團 a1	葉子	2 公分
綠色糯米團 a2	葉子	2 公分

步驟說明 Step by step

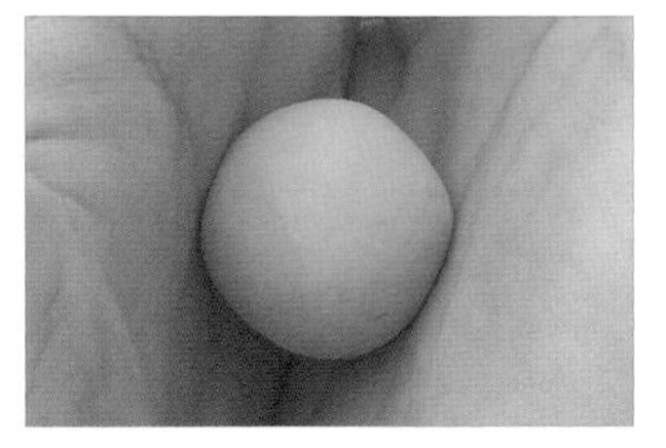

01 用手掌將粉色糯米團搓揉成圓形。

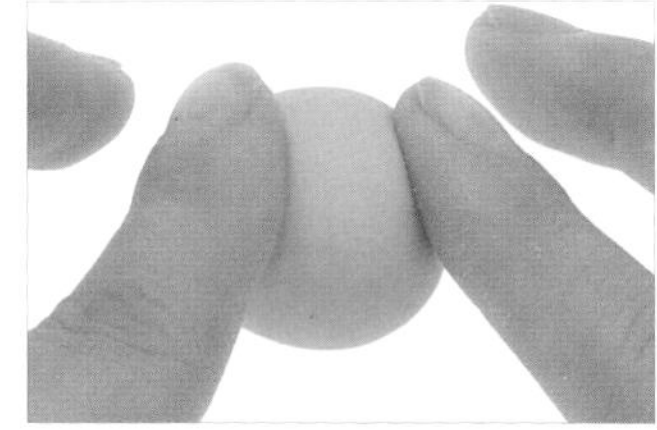

02 用指腹將糯米團兩側壓出弧度。

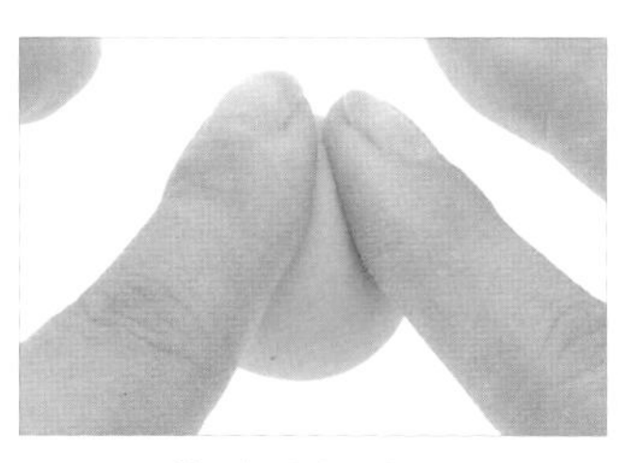

03 用指腹將糯米團頂端壓尖，形成水滴形。

04 如圖，壽桃主體完成。

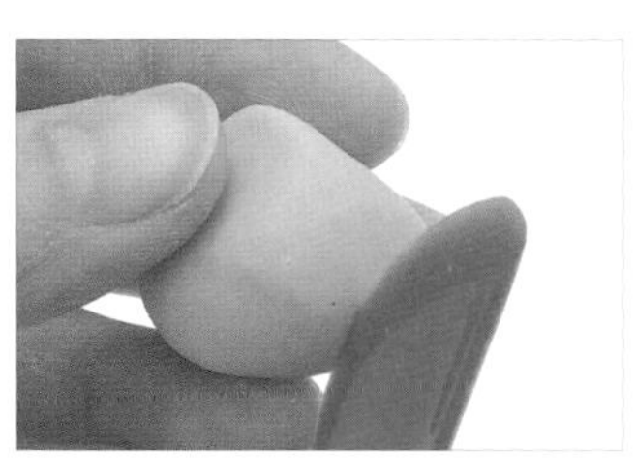

05 以切刀棒由下往上切出壽桃主體側邊的紋路。

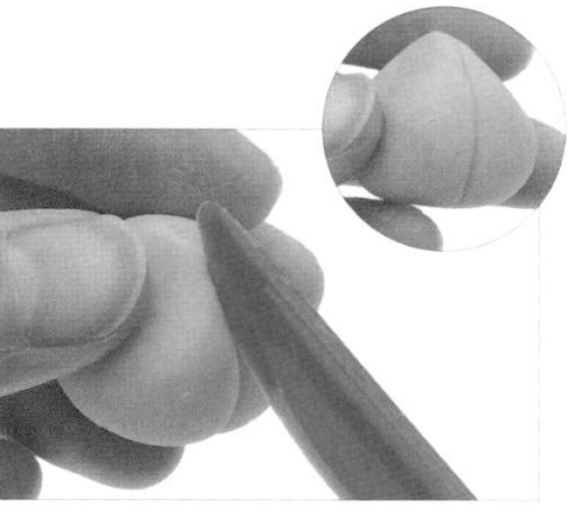

06 承步驟 5，持續往上切至頂端。

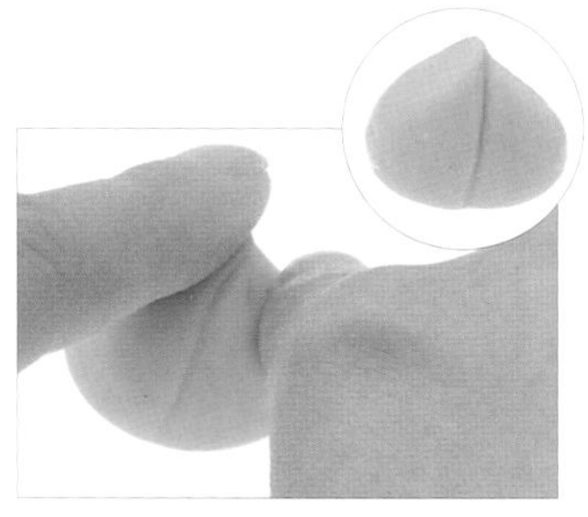

07 用指腹將頂端向右下彎出弧形。

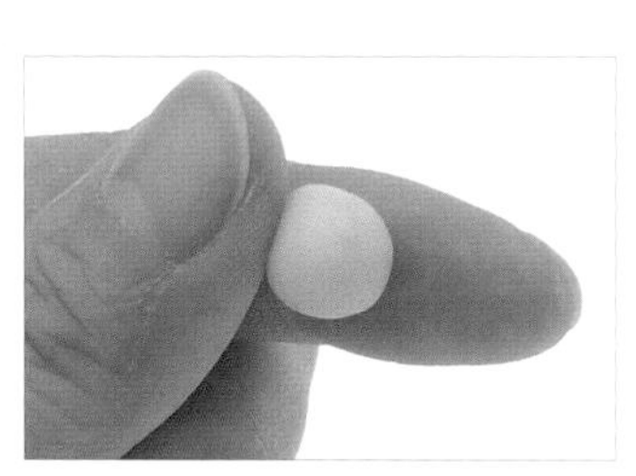

08 用指腹將綠色糯米團 a1 搓揉成圓形。

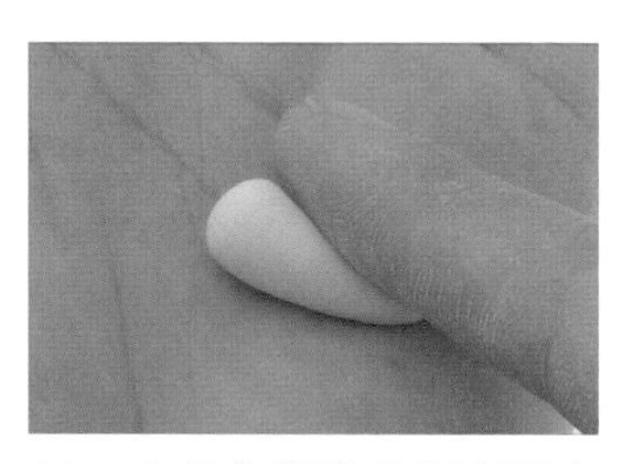

09 在掌心將綠色圓形糯米團 a1 搓成水滴形。

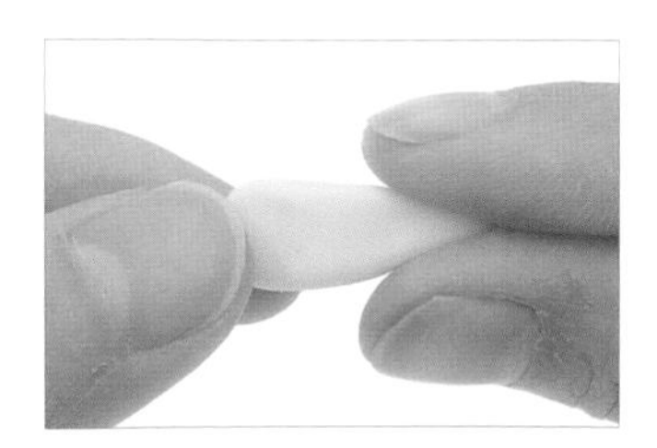

10 承步驟 9，將水滴形糯米團先壓扁後捏尖。

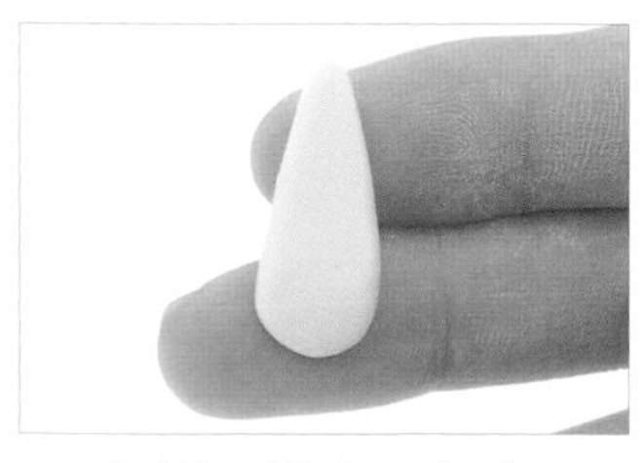

11 如圖，葉子 a1 完成。

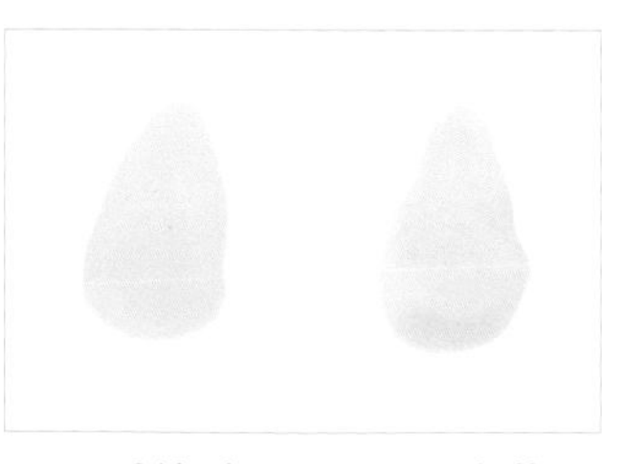

12 重複步驟 8-10，將葉子 a2 製作完成。

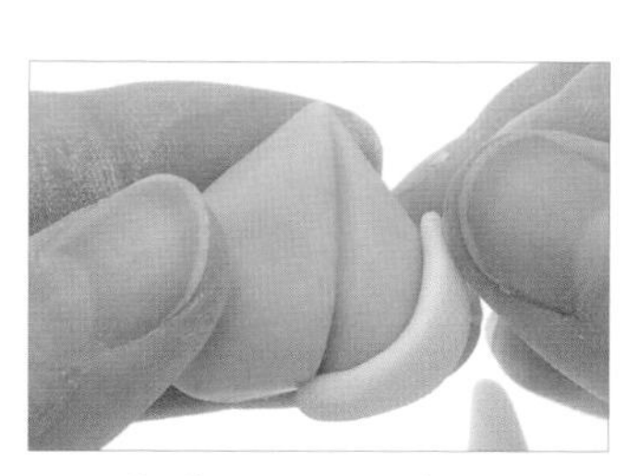

13 將葉子 a1 由壽桃尾端往上包覆。

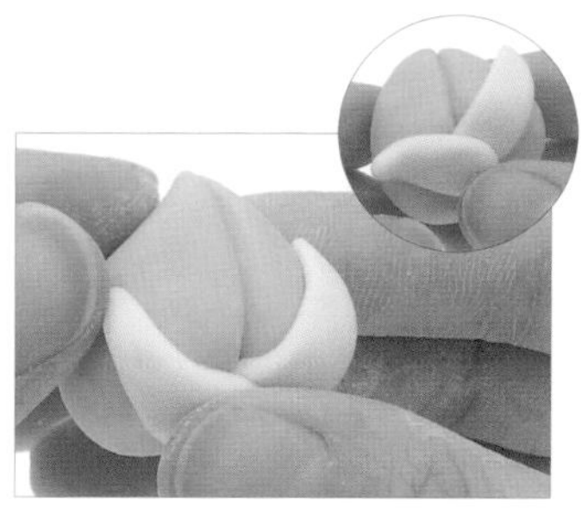

14 將葉子 a2 堆疊在葉子 a1 下方，並用指腹按壓固定。

15 以切刀棒由下往上切出葉子 a1 的葉脈。

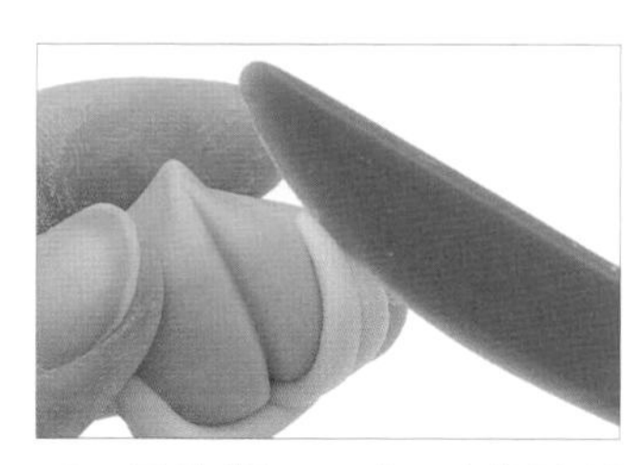

16 承步驟 15，切至葉子頂端。

17 以切刀棒由下往上切出葉子 a2 的葉脈。

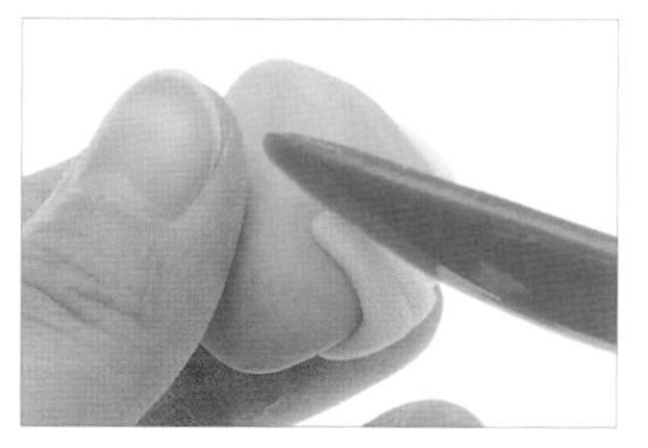

18 承步驟 17，切至葉子頂端。

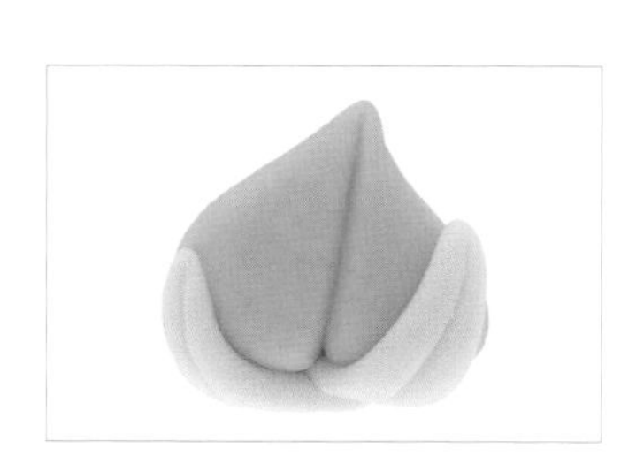

19 如圖，壽桃完成。

01 湯圓

使用糯米團	製作部位	糯米團直徑
黑色糯米團	頭部	2 公分
白色糯米團 a1	眼窩	1 公分
白色糯米團 a2	眼窩	1 公分

02 元宵

使用糯米團	製作部位	糯米團直徑
黑色糯米團	頭部	4 公分
白色糯米團 a1	眼窩	2 公分
白色糯米團 a2	眼窩	2 公分

步驟說明 Step by step

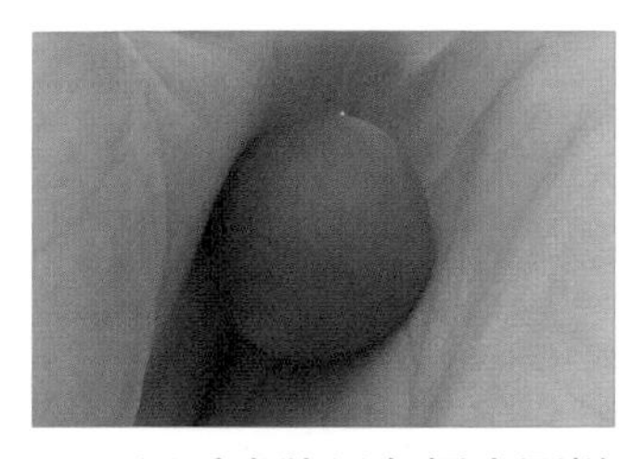

01 用手掌將黑色糯米團搓揉成圓形，為頭部。

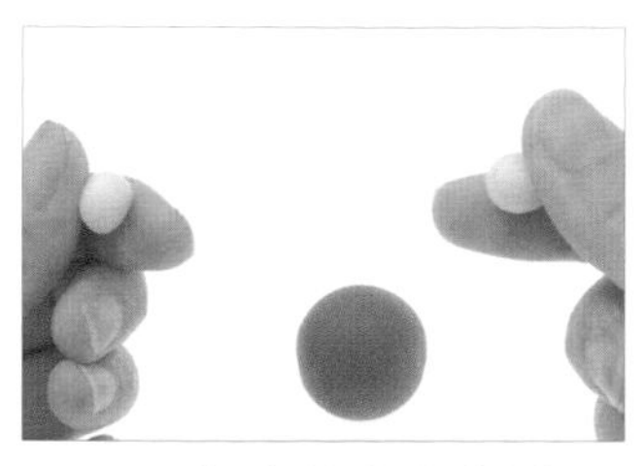

02 用指腹將白色糯米團 a1、a2 搓揉成圓形，為眼窩。

03 將眼窩放在臉上。

04 用指腹輕壓眼窩。

05 如圖，眼窩完成。

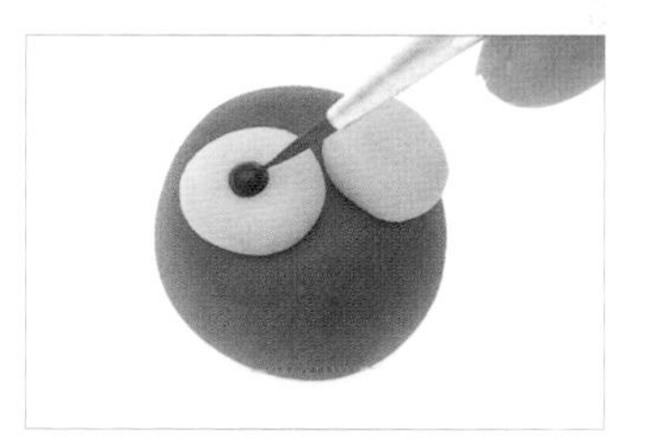

06 以畫筆沾取咖啡色色膏，畫出圓點，為左眼。

07 重複步驟 6，畫出右眼。

08 如圖，小煤炭完成。

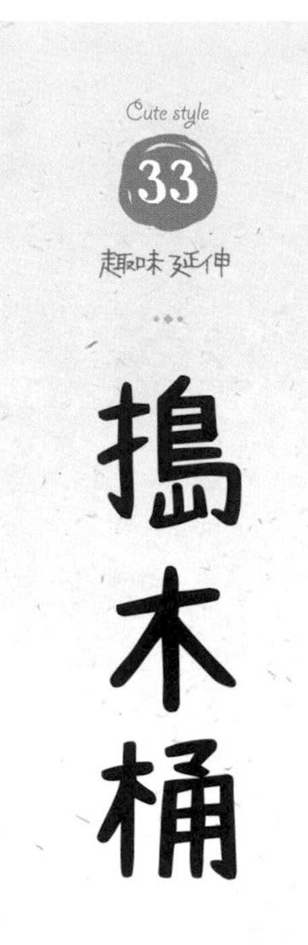

搗木桶

湯圓

使用糯米團	製作部位	糯米團直徑
棕色糯米團 a	頭部	2 公分
棕色糯米團 b	眼窩	0.5 公分
白色糯米團	眼窩	0.25 公分

★ 此作品不建議做元宵，因是半中空作品。

步驟說明 Step by step

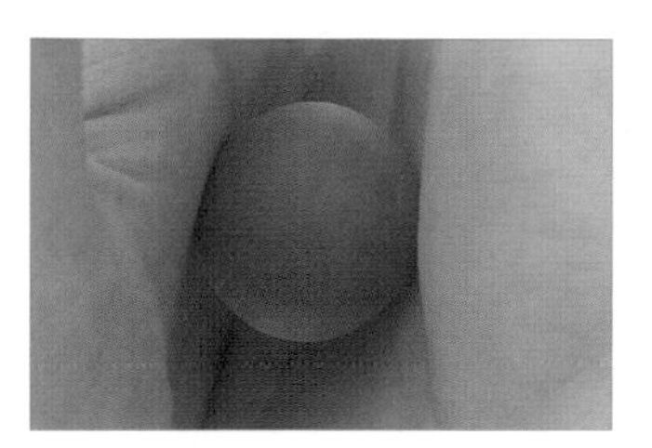

01 用手掌將棕色糯米團a搓揉成圓形。

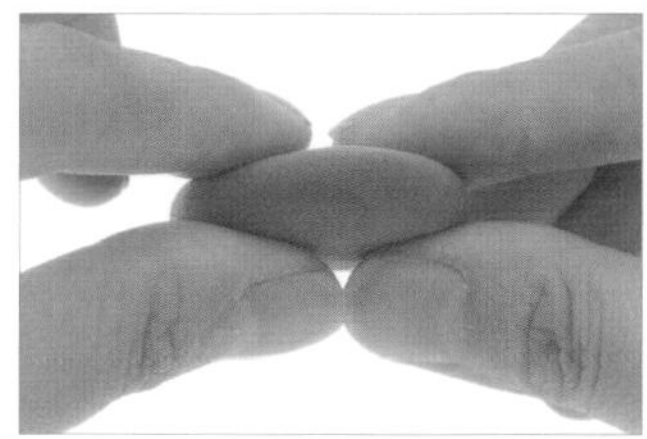

02 用指腹將棕色圓形糯米團a捏成扁形。

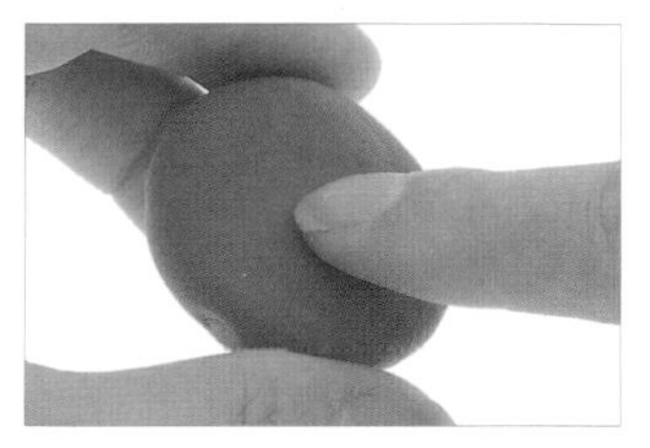

03 將手指放入扁形糯米團的中心點。

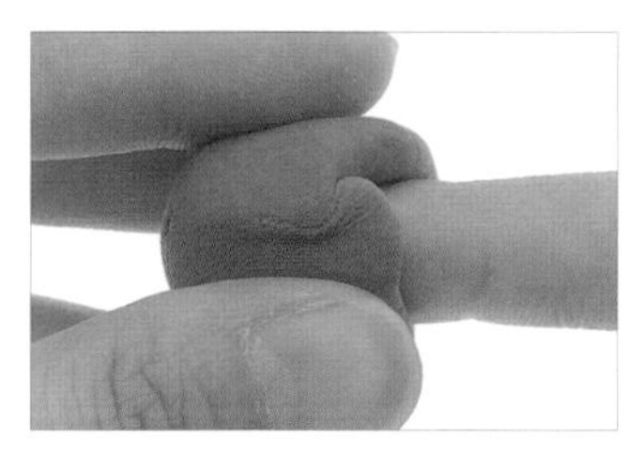

04 承步驟3，將糯米團往手指推，以包覆整隻手指。

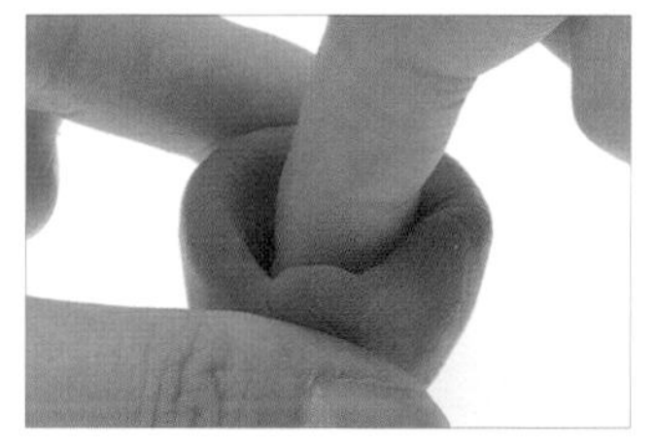

05 承步驟4，將糯米團放在桌上，並用指腹輕壓底部，使糯米團能立起。

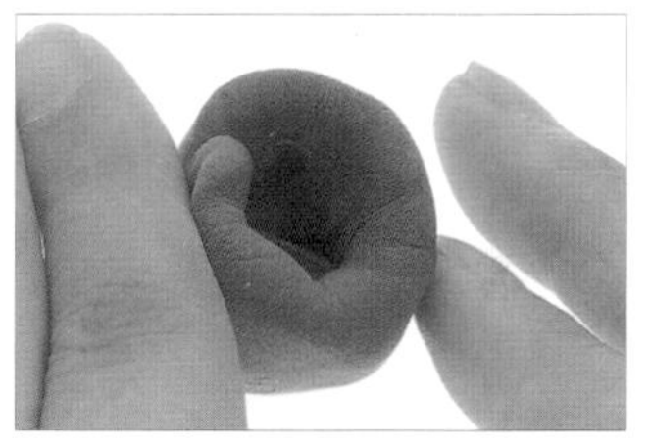

06 用指腹邊轉糯米團邊調整糯米團的造型。

07 用指腹調整糯米團底部的形狀。

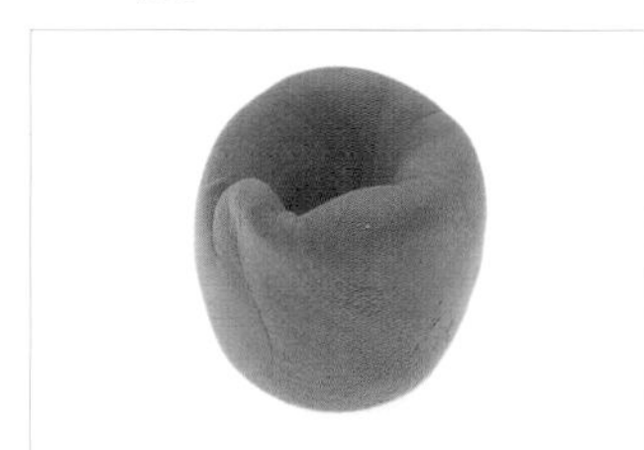

08 如圖，木桶完成。

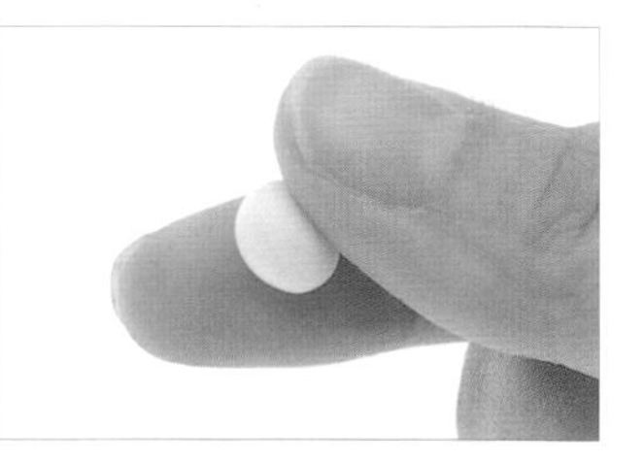

09 用指腹將白色糯米團搓揉成圓形，為麻糬。

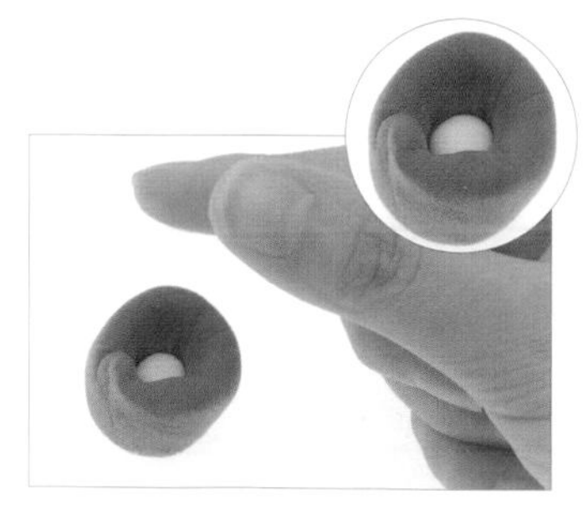

10 將麻糬放入木桶內。

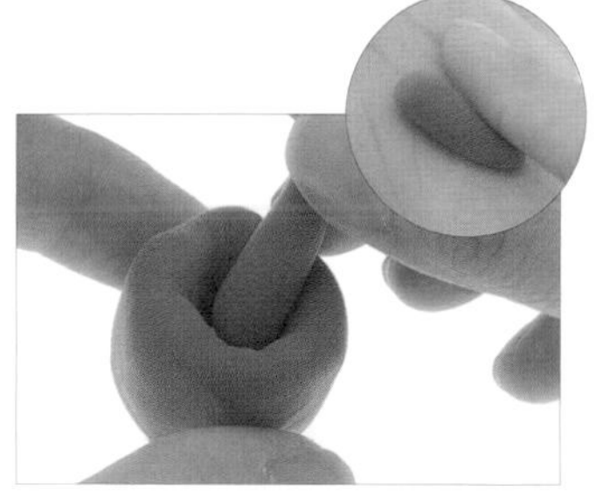

11 將棕色糯米團搓成長條狀，並放入木桶內，即完成搗桿。

12 如圖，搗木桶完成。

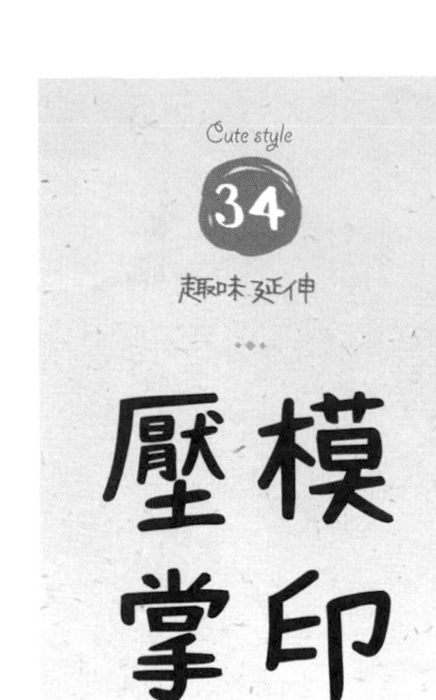

壓模掌印

湯圓

使用糯米團	製作部位	糯米團直徑
咖啡色糯米團	頭部	2 公分 

元宵

使用糯米團	製作部位	糯米團直徑
咖啡色糯米團	頭部	4 公分

步驟說明 Step by step

01 用手掌將咖啡色糯米團搓揉成圓形。

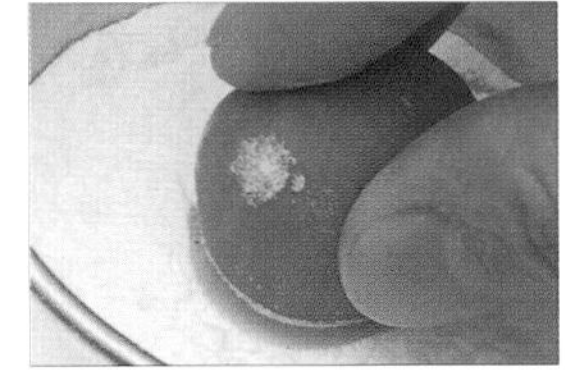

02 將咖啡色圓形糯米團沾上糯米粉。

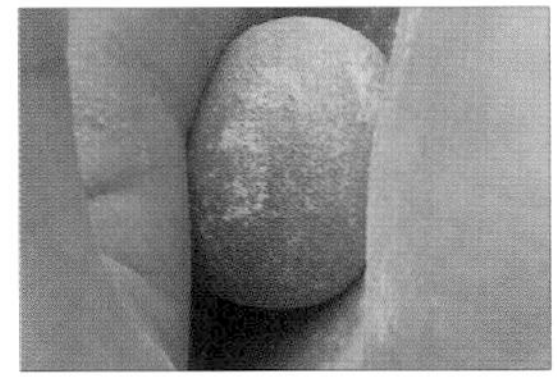

03 承步驟 2，用手掌搓揉糯米團，使麵粉均勻散布。

04 將糯米團放入模具內。

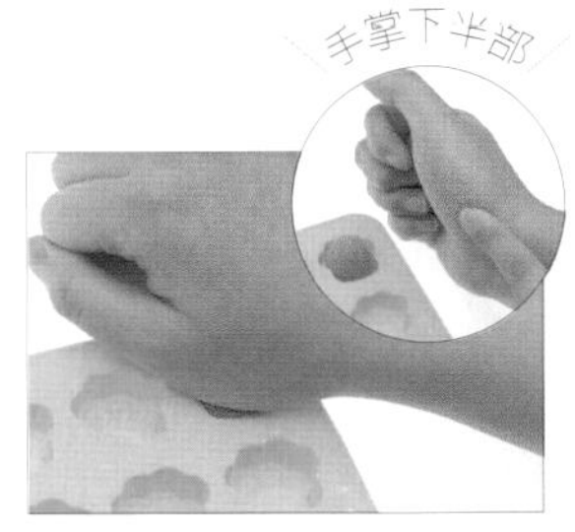

05 用手掌下半部將糯米團壓入模具內。

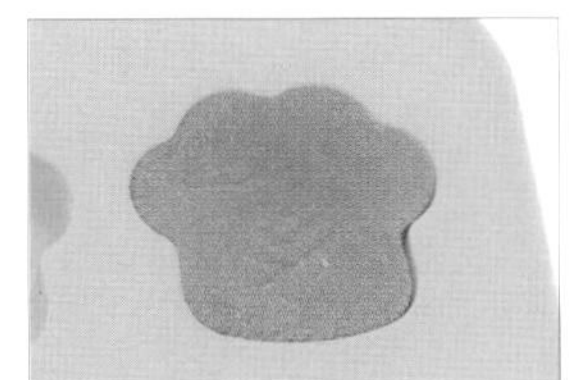

06 如圖，糯米團均勻填滿至模具內。

07 用力甩模具將糯米團甩出來。（註：不可用指腹推壓糯米團，以免使糯米團變形。）

08 如圖，壓模掌印完成。

Tips

在將糯米團與模具分開時，不可用指腹推出，因糯米團在擠壓的過程中容易變形。

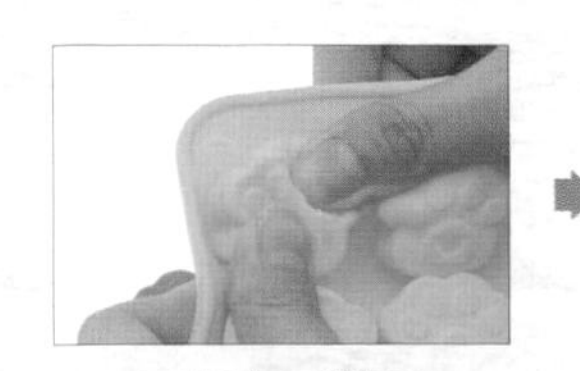

用指腹壓模具

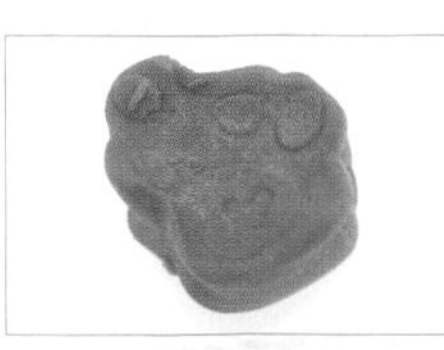

糯米團變形

CHAPTER
03
節日×童話篇

BEST WISH FOR YOU

Festival & Fairy

01

聖誕節系列

聖誕樹

湯圓

使用糯米團	製作部位	糯米團直徑
綠色糯米團 a	樹底	2 公分
綠色糯米團 b	樹間	1.5 公分
綠色糯米團 c	樹頂	1 公分
黃色糯米團	星星	0.5 公分

元宵

使用糯米團	製作部位	糯米團直徑
綠色糯米團 a	樹底	4 公分
綠色糯米團 b	樹間	3 公分
綠色糯米團 c	樹頂	2 公分
黃色糯米團	星星	1 公分

步驟說明 Step by step

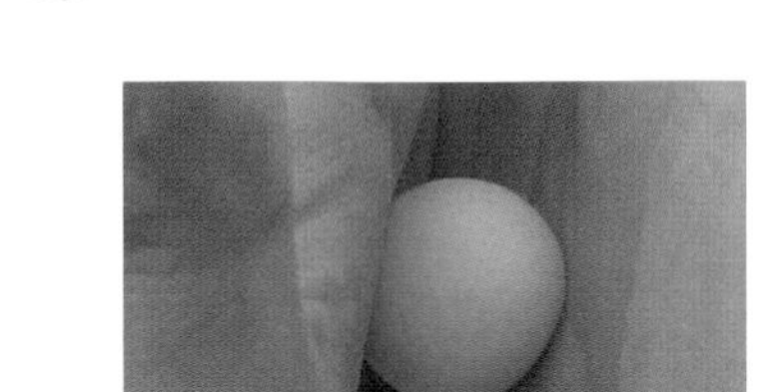

01 用手掌將綠色糯米團a搓揉成圓形。

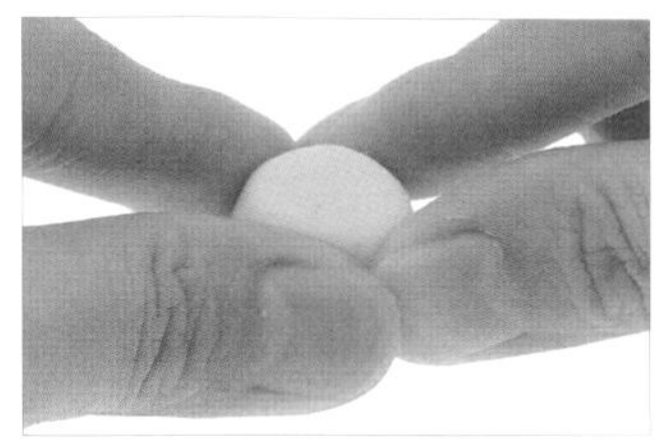

02 用指腹將綠色圓形糯米團a側邊稍微捏扁，形成山頂形。

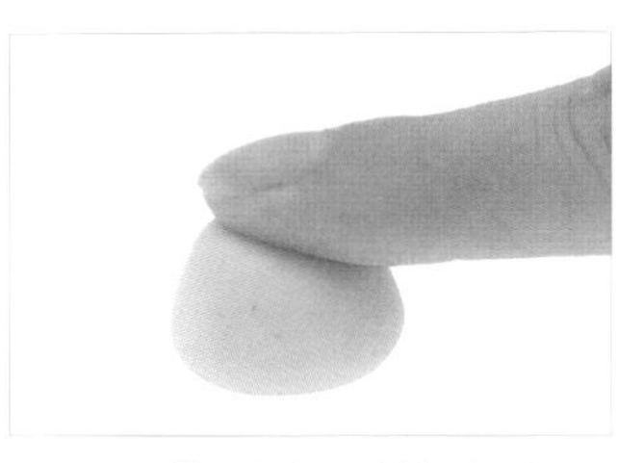

03 用指腹輕壓綠色山頂形糯米團a頂端。

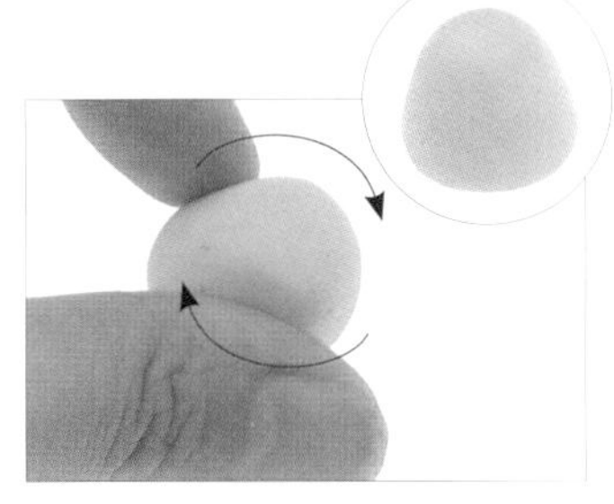

04 承步驟3，用指腹轉動糯米團側邊，做出半圓形糯米團。

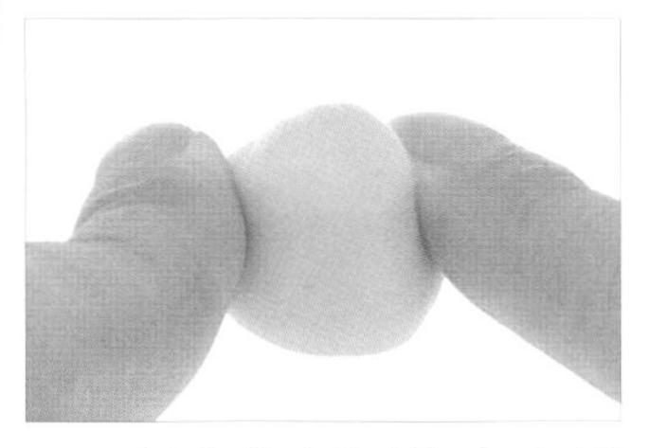

05 用指腹輕壓綠色半圓形糯米團a兩側。

06 如圖，樹底完成。

07 重複步驟1-5，取綠色圓形糯米團b、c製作出樹間、樹頂。

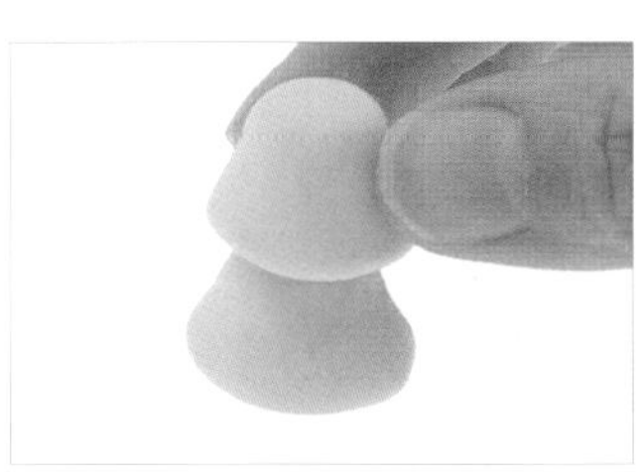

08 將樹間疊在樹底上。

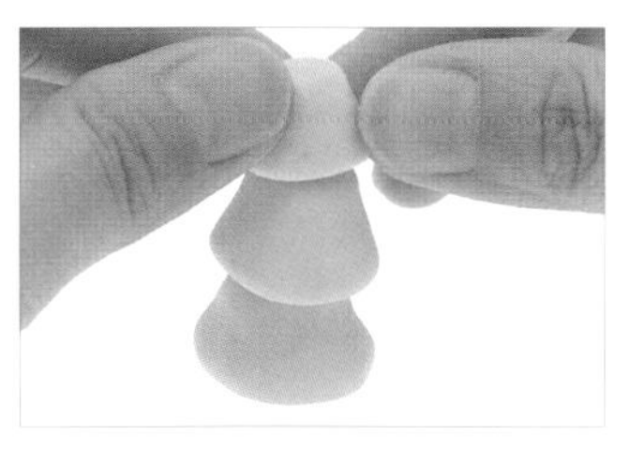

09 將樹頂疊在樹間上，為聖誕樹主體。

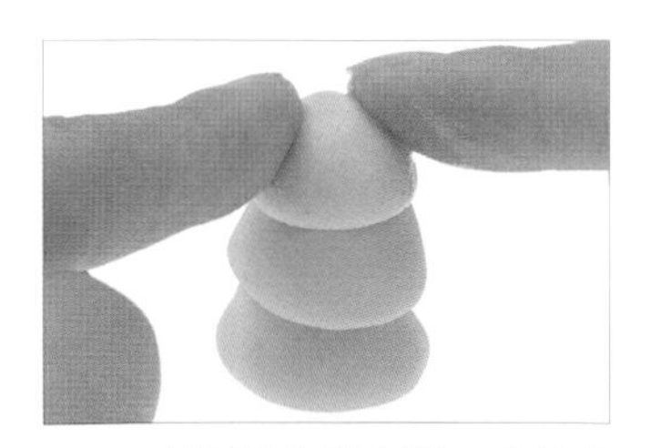

10 用指腹由樹頂往下輕壓，以加強黏合。

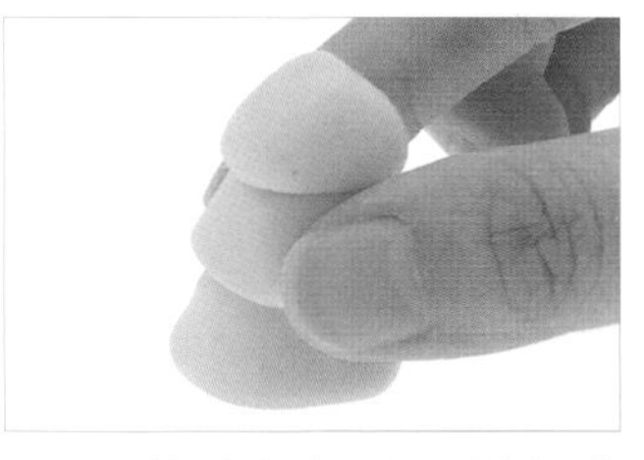

11 用指腹輕捏聖誕樹主體前、後側，將糯米團的厚薄度調整至一致。

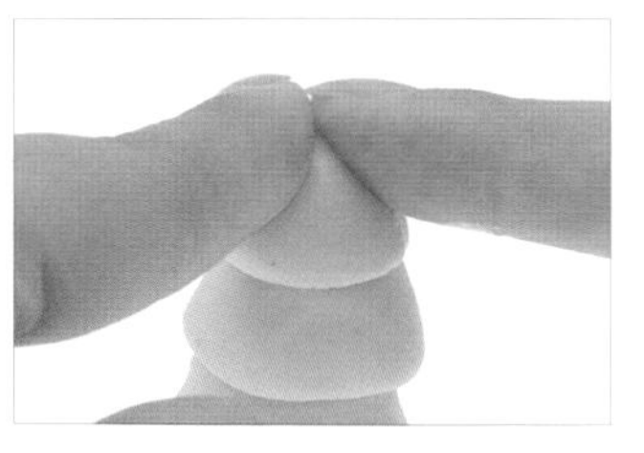

12 用指腹輕壓樹頂尖端，以製造出樹頂尖形感。

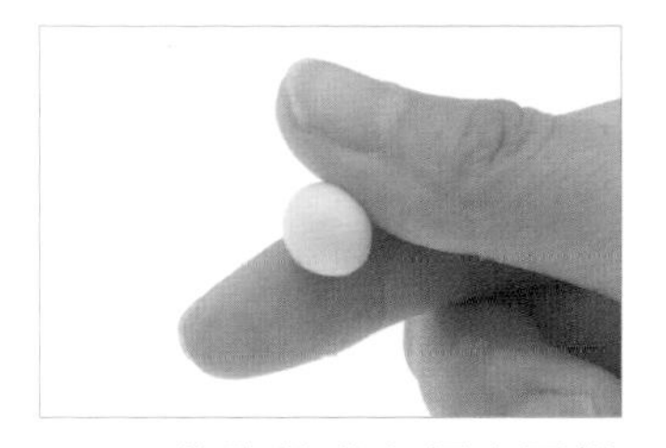

13 用指腹將黃色糯米團搓揉成圓形。

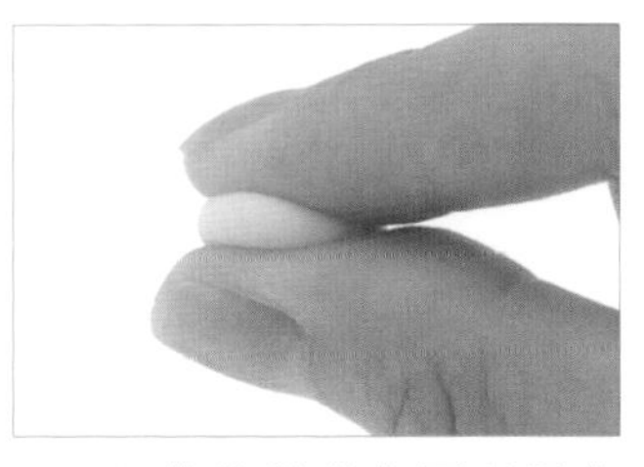

14 用指腹將黃色圓形糯米團壓扁。

15 用指腹將黃色扁形糯米團捏尖。

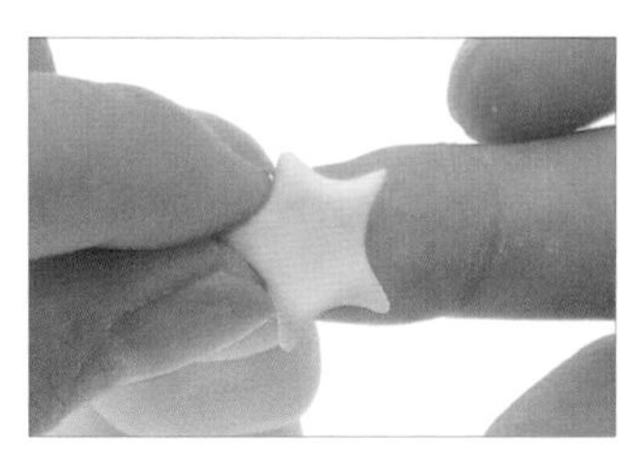

16 重複步驟 15，持續捏出五個角。

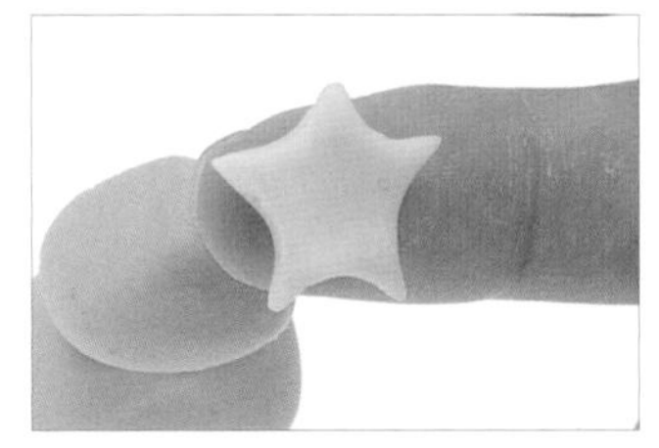

17 如圖，星星完成。

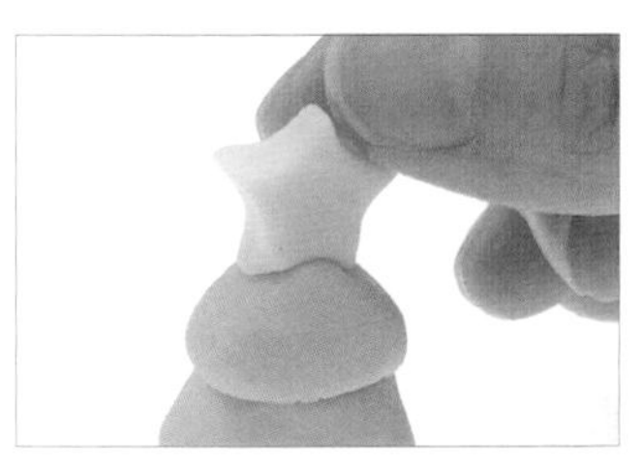

18 將星星放在樹頂上，並輕壓固定。

19 如圖，星星擺放完成。

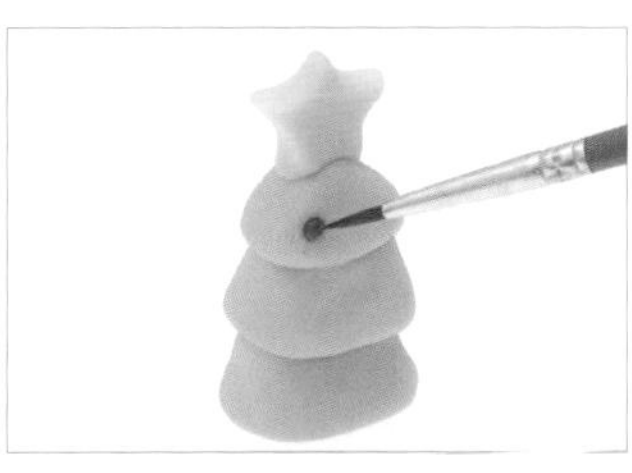

20 以畫筆沾取紅色色膏，在聖誕樹上畫出圓點，為裝飾球。

21 重複步驟 20，畫完樹頂的裝飾球後，繪製樹間的裝飾球。

22 重複步驟 20，繪製樹底的裝飾球。（註：裝飾球數量可依個人喜好繪製。）

23 如圖，聖誕樹完成。

雪人

湯圓

使用糯米團	製作部位	糯米團直徑
白色糯米團 a	雪人頭	2 公分
白色糯米團 b	雪人身體	2 公分
白色糯米團 c	圍巾	0.5 公分
紅色糯米團	圍巾	0.5 公分
黑色糯米團	帽子	1 公分
黃色糯米團	鼻子	0.25 公分

元宵

使用糯米團	製作部位	糯米團直徑
白色糯米團 a	雪人頭	4 公分
白色糯米團 b	雪人身體	4 公分
白色糯米團 c	圍巾	1 公分
紅色糯米團	圍巾	1 公分
黑色糯米團	帽子	2 公分
黃色糯米團	鼻子	0.5 公分

步驟說明 Step by step

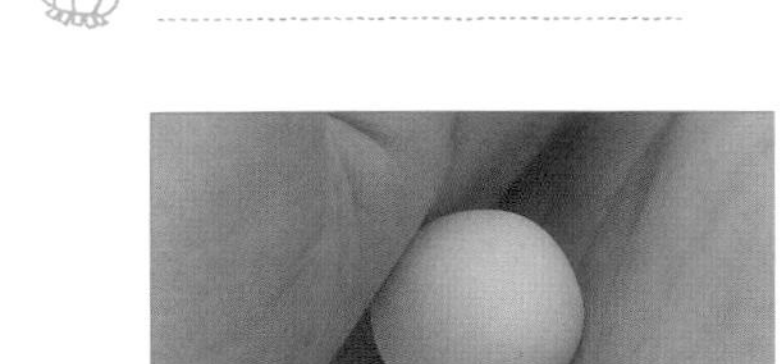

01 用手掌將白色糯米團 a 搓揉成圓形，為雪人頭。

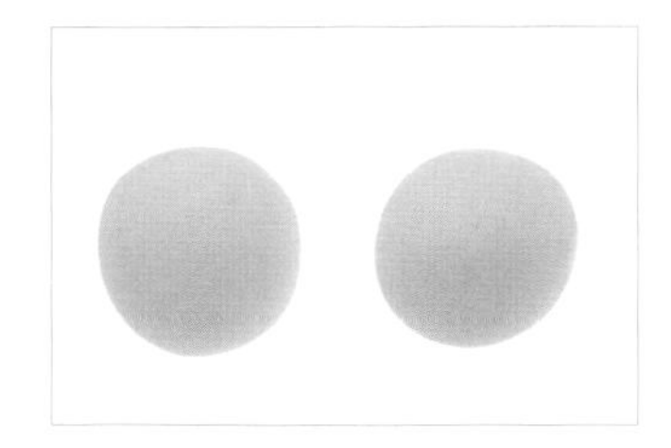

02 用手掌將白色糯米團 b 搓揉成圓形，為雪人身體。

03 將雪人頭與雪人身體上下堆疊在一起。

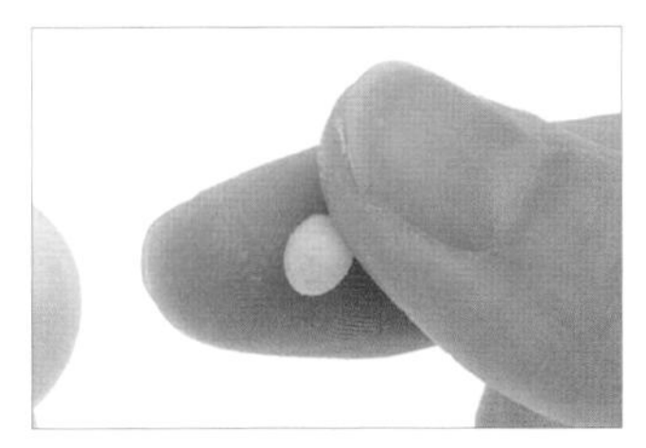

04 用指腹將黃色糯米團搓揉成圓形。

05 將黃色圓形糯米團放在雪人臉上，並用指腹輕捏成三角形。

06 如圖，鼻子完成。

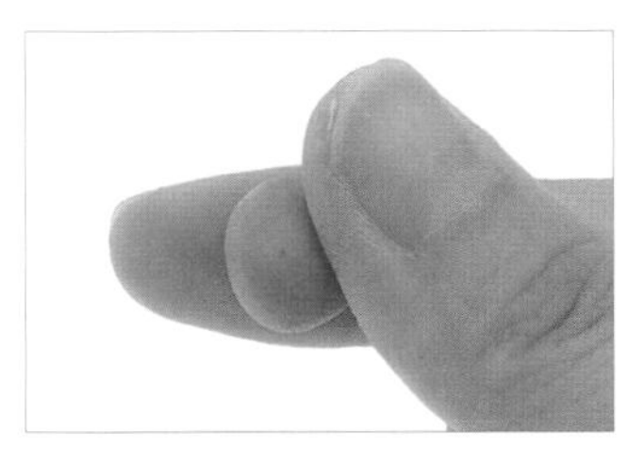

07 用指腹將紅色糯米團搓揉成圓形。

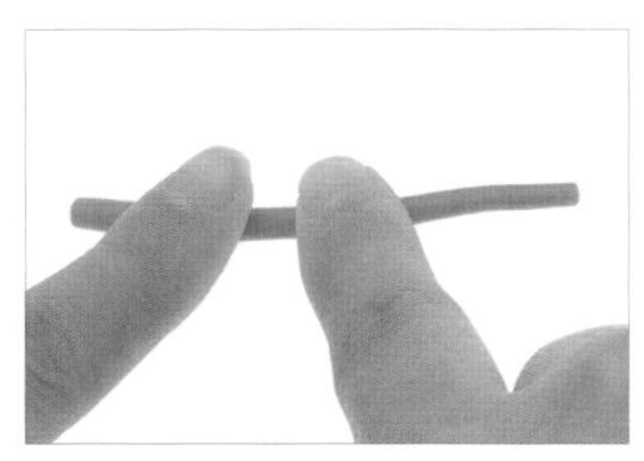

08 將紅色圓形糯米團在桌上搓揉成條狀。

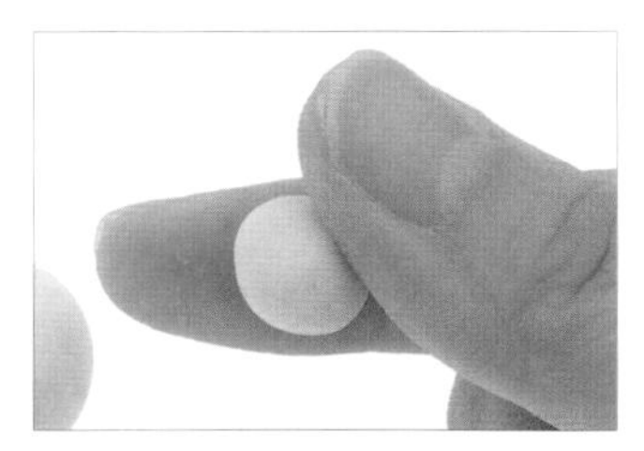

09 用指腹將白色糯米團 c 搓揉成圓形。

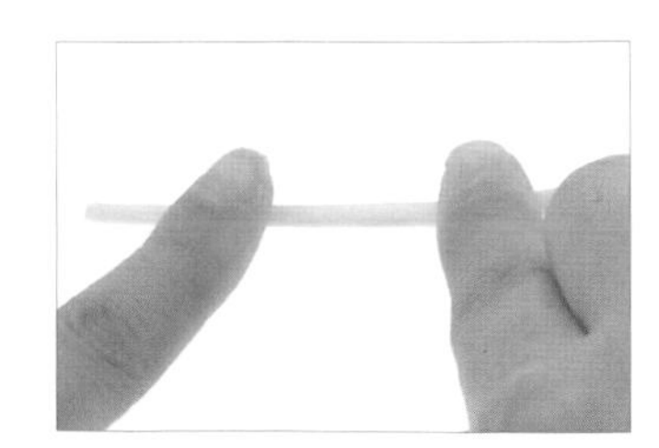

10 將白色圓形糯米團 c 在桌上搓揉成條狀。

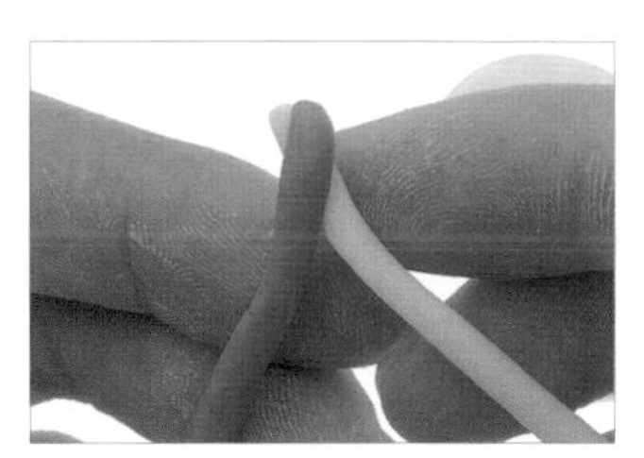

11 將白色、紅色長條狀糯米團交疊後，再纏繞在一起。

12 重複步驟 11，持續將白色、紅色糯米團纏繞至底。

13 如圖，纏繞完成，為雙色糯米團。

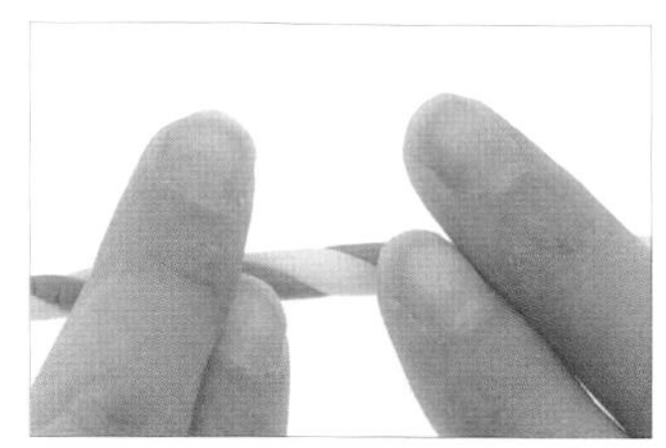

14 用指腹在桌上搓揉雙色糯米團，使糯米團融合。

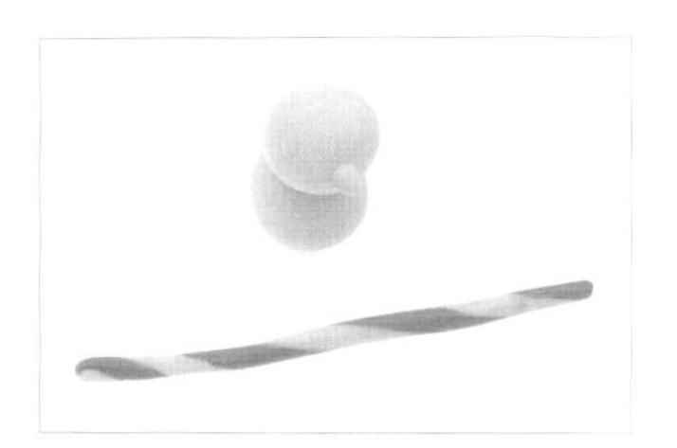

15 如圖，圍巾完成。

16 將圍巾繞到雪人頭與身體的交界處。

17 承步驟 16，將圍巾交叉固定。

18 用指腹稍微按壓圍巾後方，以加強固定。

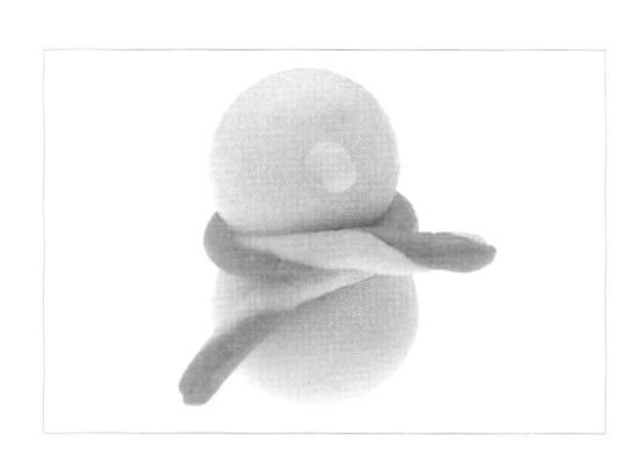

19 如圖，圍巾包覆完成。

20 將黑色糯米團分成 2/3 的帽簷糯米團，和 1/3 的帽頂糯米團，並搓圓。

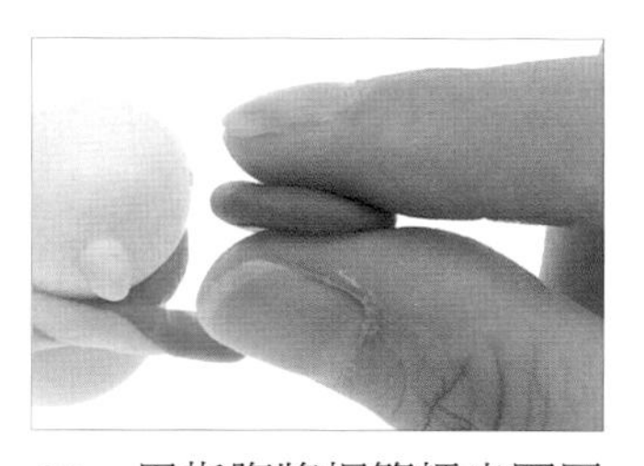

21 用指腹將帽簷糯米團壓扁，為帽簷。

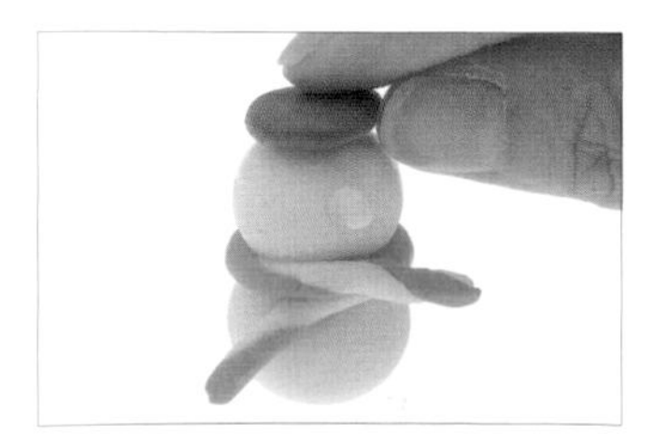

22 將帽簷放在雪人頭上方。

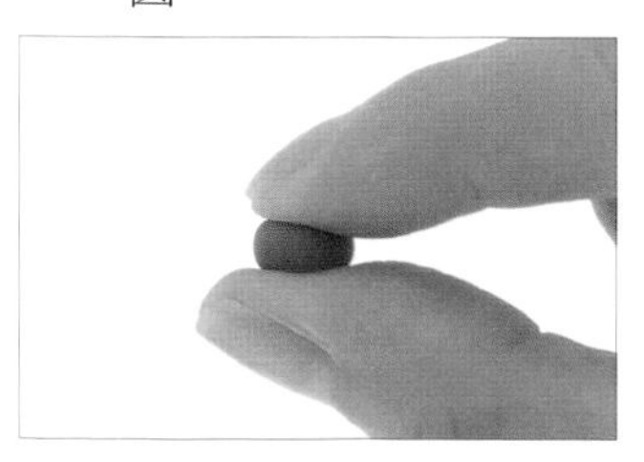

23 將帽頂糯米團上方微壓扁，為帽頂。

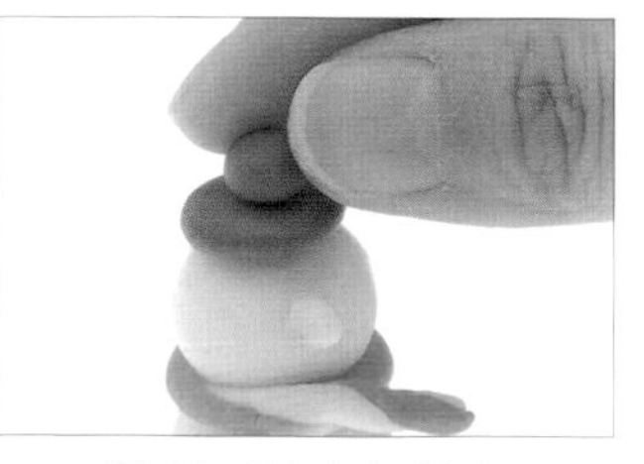

24 將帽頂放在帽簷上。

25 承步驟24，用指腹輕壓帽頂，以加強固定。

26 如圖，帽子完成。

27 以畫筆沾取咖啡色色膏，畫出圓點，為左眼。

28 重複步驟27，畫出右眼。

29 以畫筆沾取咖啡色色膏，畫出微笑弧線，為嘴巴。

30 以畫筆沾取紅色色膏，在左眼下側畫出圓點，為酒窩。

31 重複步驟30，在右眼下方畫出另一個酒窩。

32 如圖，雪人完成。

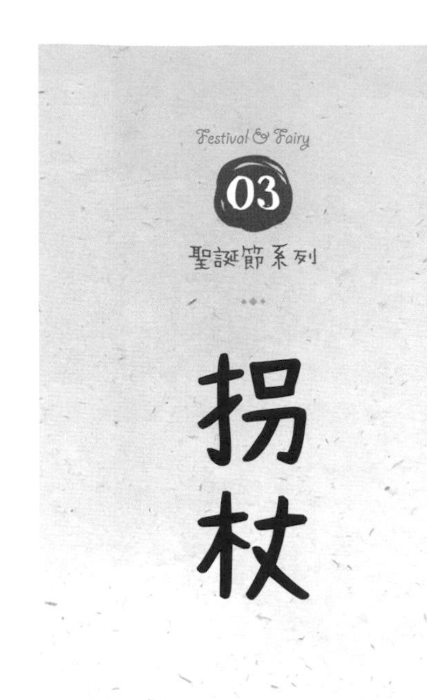

Festival & Fairy

03

聖誕節系列

拐杖

湯圓

使用糯米團	製作部位	糯米團直徑
白色糯米團	拐杖	2 公分
紅色糯米團	拐杖	2 公分

★ 此作品為兩塊糯米團相纏繞，不建議做元宵。

步驟說明 Step by step

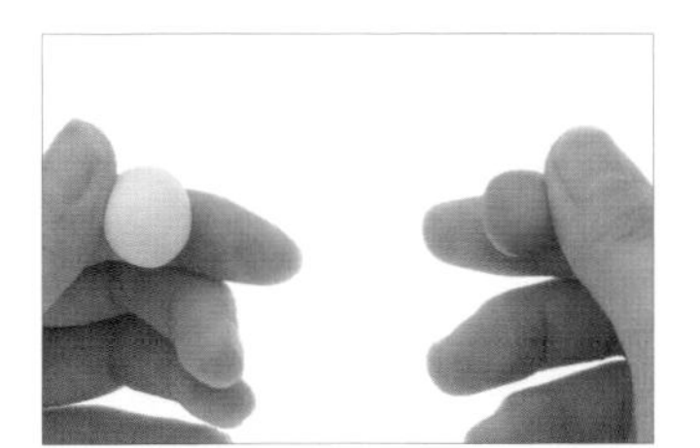

01 用手掌將白色、紅色糯米團搓揉成圓形。

02 將紅色糯米團在桌上搓揉成條狀。

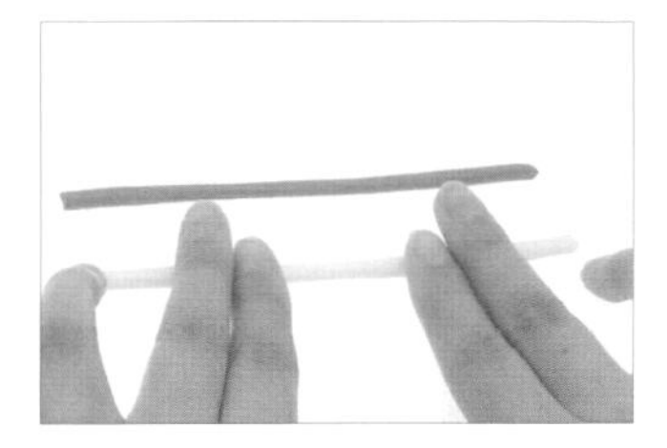

03 將白色糯米團在桌上搓揉成條狀。

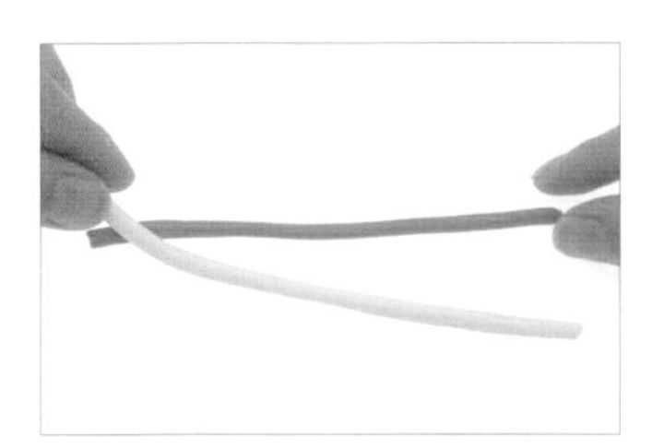

04 將白色條狀糯米團壓在紅色條狀糯米團上。

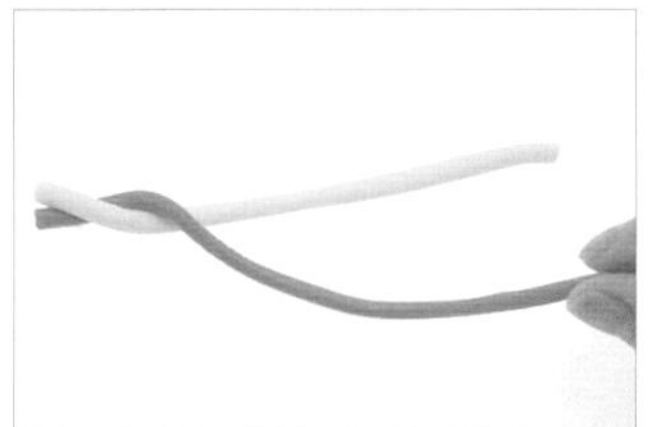

05 將紅色條狀糯米團壓在白色條狀糯米團上。

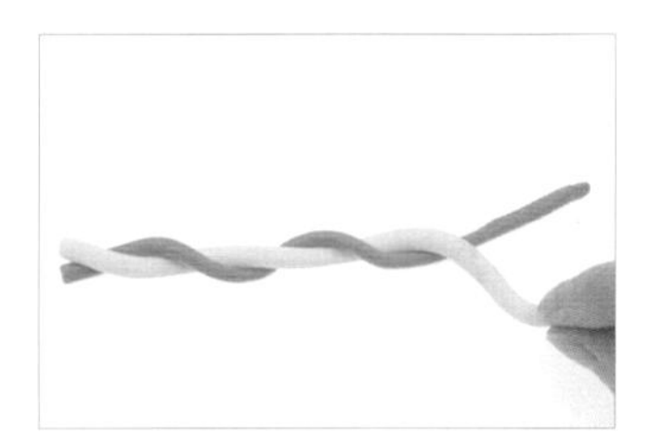

06 重複步驟4-5，反覆將白色、紅色條狀糯米團交疊。

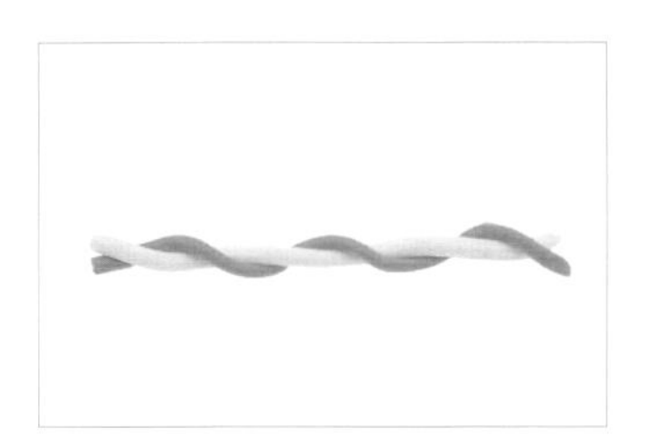

07 如圖，拐杖主體完成。

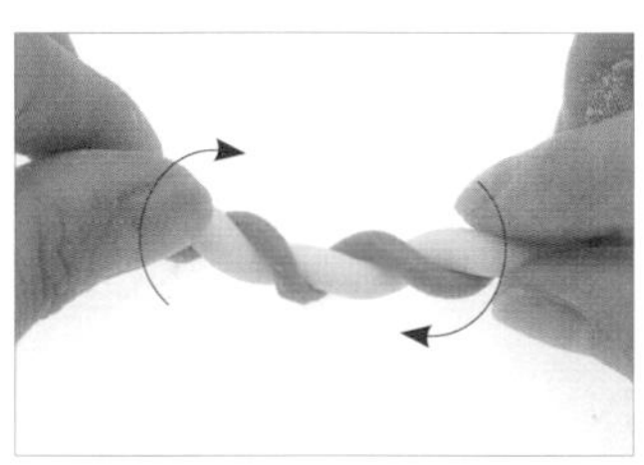

08 用指腹扭轉拐杖主體，增加糯米團的密集度。

09 如圖，拐杖主體扭轉完成。

10 用雙手彎折拐杖主體。

11 如圖，拐杖完成。

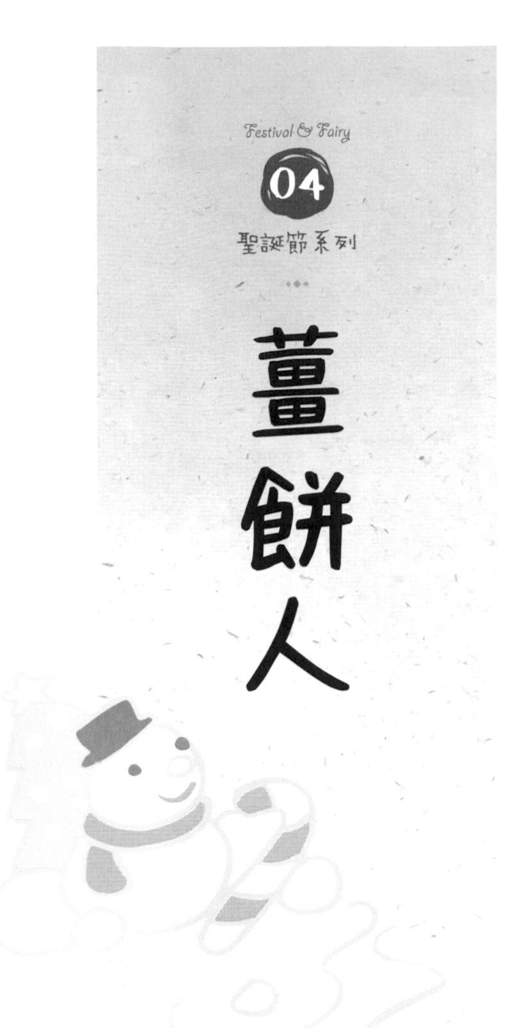

薑餅人

湯圓

使用糯米團	製作部位	糯米團直徑
棕色糯米團	薑餅人	3 公分
白色糯米團	拐杖	1 公分
紅色糯米團	拐杖	1 公分

★ 平面作品不建議做元宵。

步驟說明 Step by step

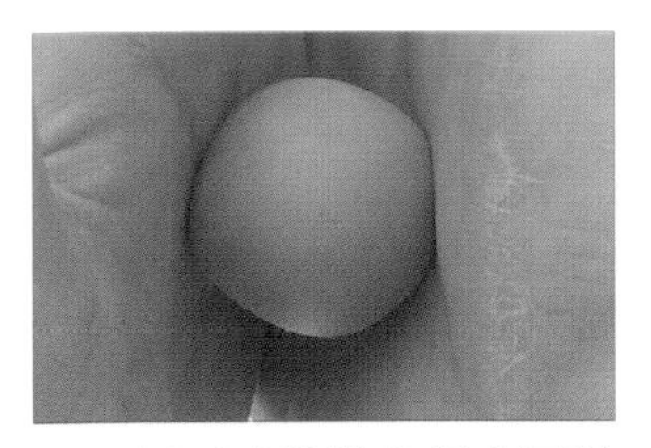

01 用手掌將棕色糯米團搓揉成圓形。

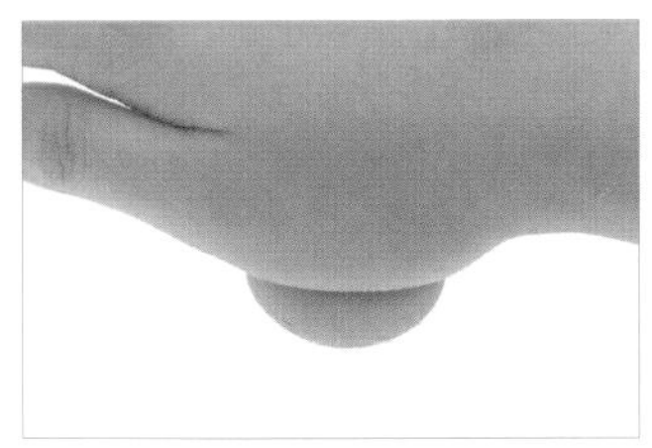

02 將棕色圓形糯米團壓扁。

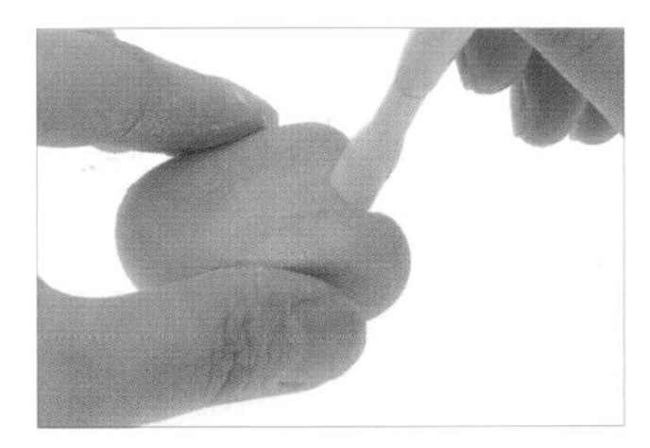

03 以彎形棒在棕色扁形糯米團任一方壓出弧度，為腳部。

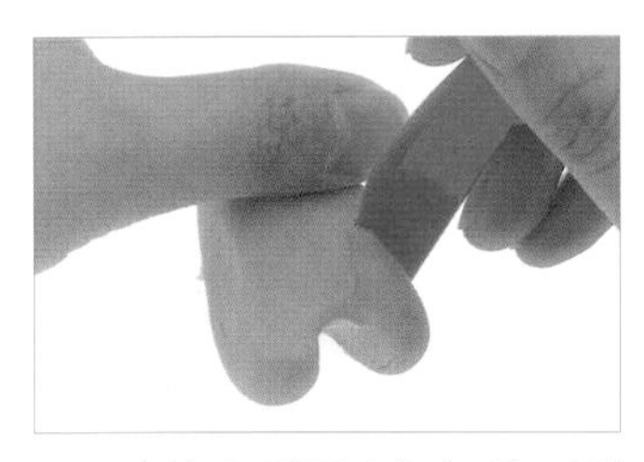

04 以切刀棒切出右手、頭部位置。

05 以切刀棒切出左手、頭部位置。

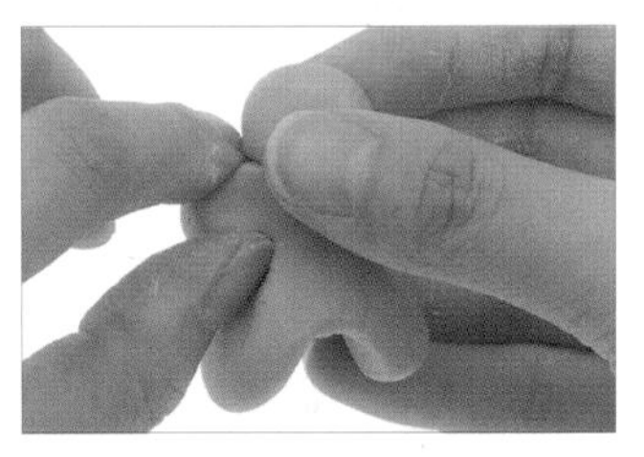

06 用指腹捏切刀棒切出的部位，以塑形。

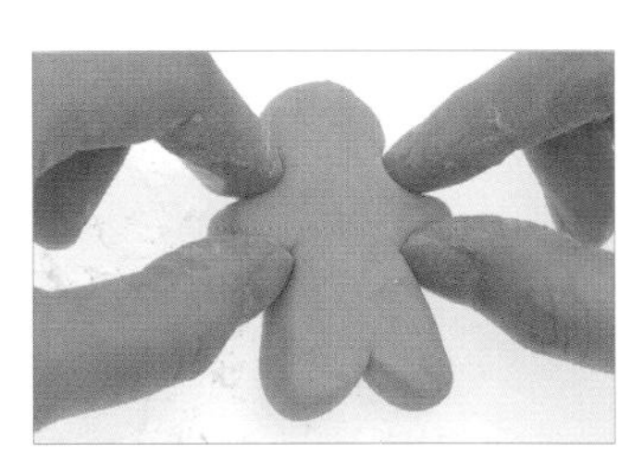

07 用指腹將左、右手調整成平行。

08 用指腹將腳部稍微捏出弧度。

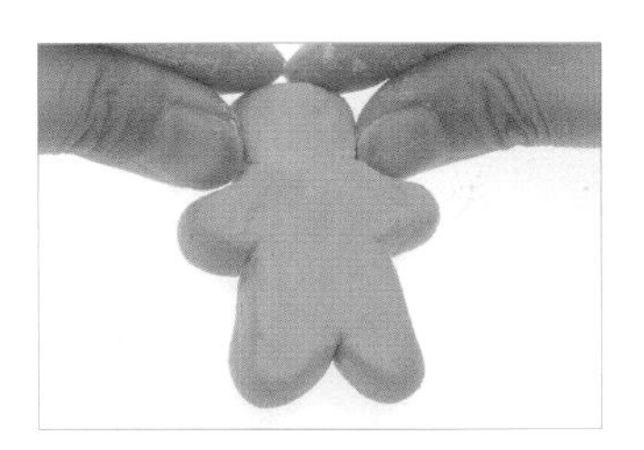

09 用指腹將頭部捏扁。

10 如圖，薑餅人主體完成。

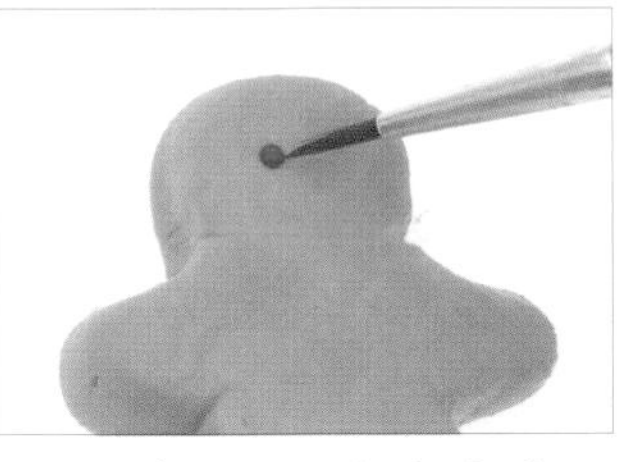

11 以畫筆沾取紅色色膏，畫出圓點，為左眼。

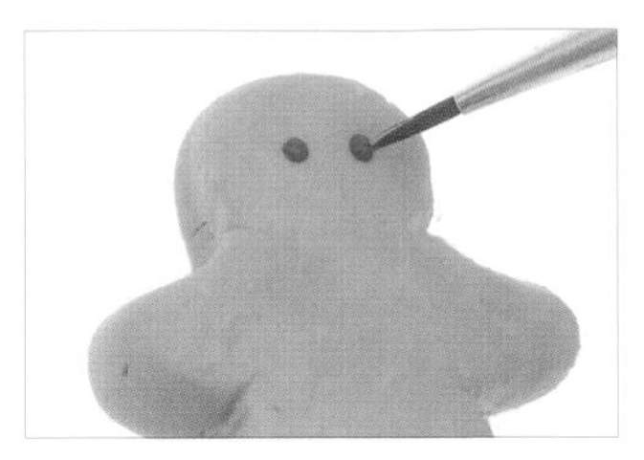

12 重複步驟 11，畫出右眼。

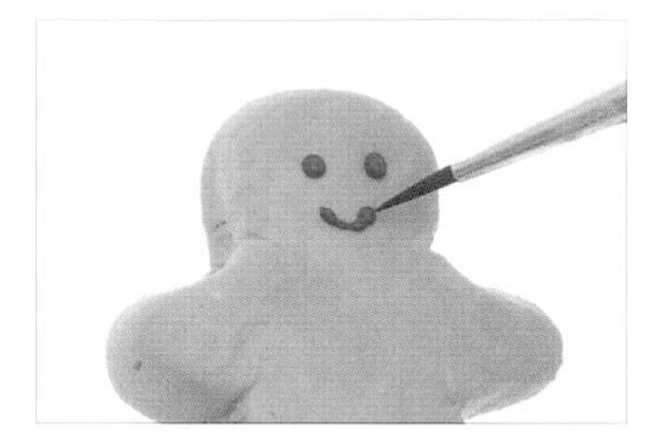

13 以畫筆沾取紅色色膏，畫出微笑弧線，為嘴巴。

14 以畫筆沾取咖啡色色膏，畫出圓點，為鈕扣。

15 重複步驟 14，畫出第二個鈕扣。

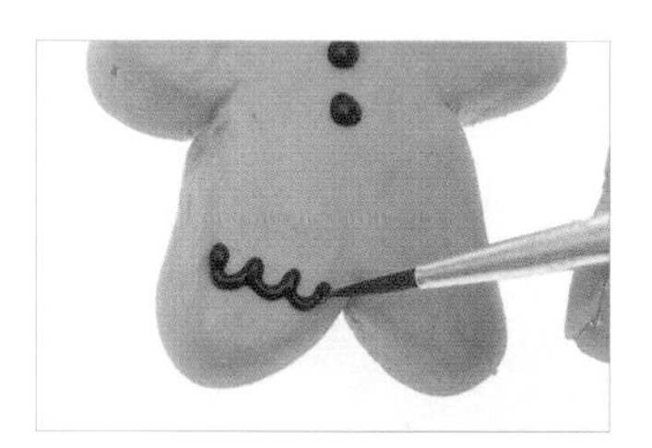

16 以畫筆沾取咖啡色色膏，在左側腳部畫出波浪形。

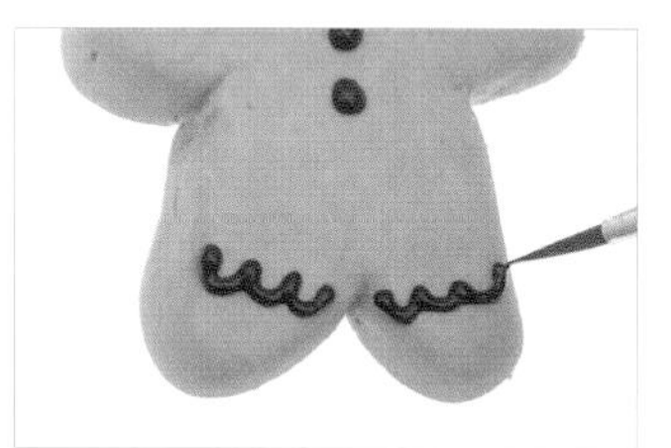

17 以畫筆沾取咖啡色色膏，在右側腳部畫出波浪形，完成裝飾紋路。

18 取拐杖放在薑餅人主體的右側。（註：拐杖製作方法可參考 P.140。）

19 如圖，拐杖放置完成。

20 以畫筆沾取咖啡色色膏，在左側手部畫波浪形，完成裝飾紋路。

21 如圖，薑餅人完成。

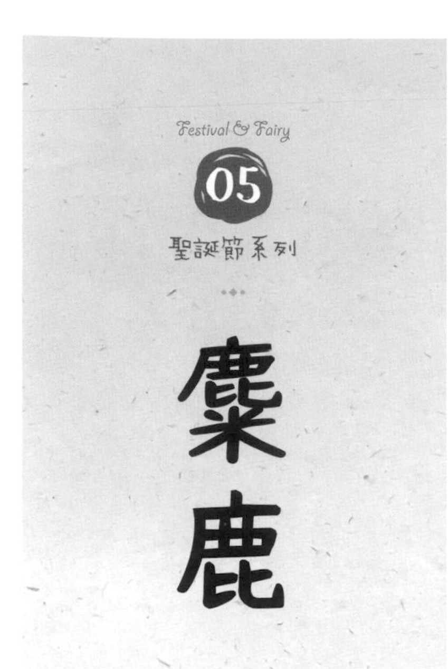

Festival & Fairy

05

聖誕節系列

麋鹿

湯圓

使用糯米團	製作部位	糯米團直徑
棕色糯米團 a	頭部	2 公分
棕色糯米團 b1	耳朵	1 公分
棕色糯米團 b2	耳朵	1 公分
黃色糯米團 c1	鹿角	0.5 公分
黃色糯米團 c2	鹿角	0.5 公分
紅色糯米團	鼻子	0.5 公分

元宵

使用糯米團	製作部位	糯米團直徑
棕色糯米團 a	頭部	4 公分
棕色糯米團 b1	耳朵	2 公分
棕色糯米團 b2	耳朵	2 公分
黃色糯米團 c1	鹿角	1 公分
黃色糯米團 c2	鹿角	1 公分
紅色糯米團	鼻子	1 公分

步驟說明 Step by step

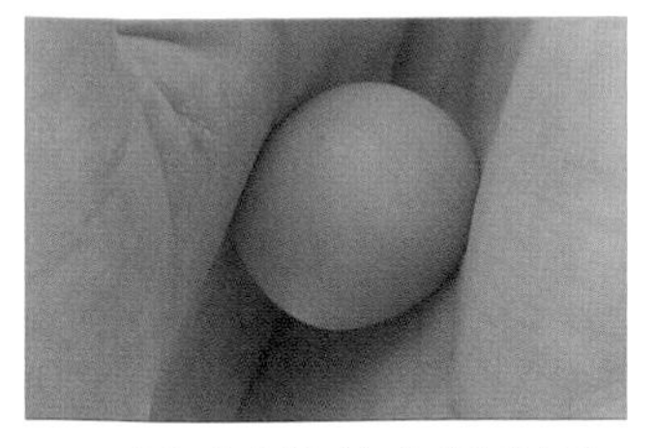

01 用手掌將棕色糯米團 a 搓揉成圓形，為麋鹿頭。

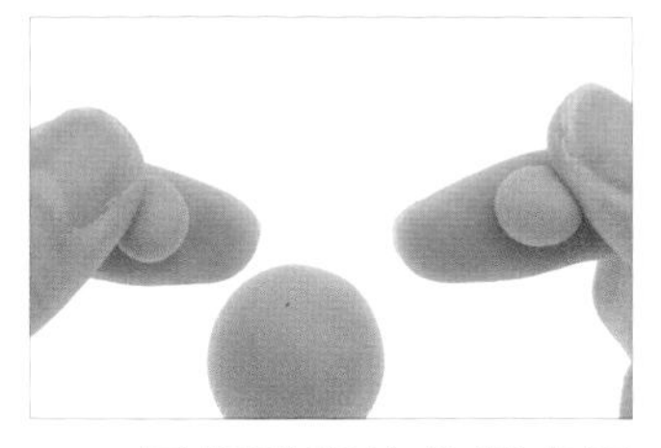

02 用指腹將棕色糯米團 b1、b2 搓揉成圓形。

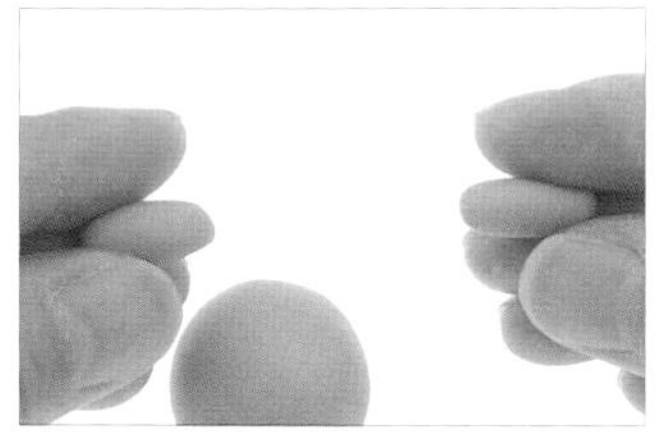

03 用指腹將棕色圓形糯米團 b1、b2 搓揉成長條形，為耳朵。

04 承步驟 3，將耳朵放在麋鹿頭兩側。

05 承步驟 4，用指腹將耳朵按壓固定。

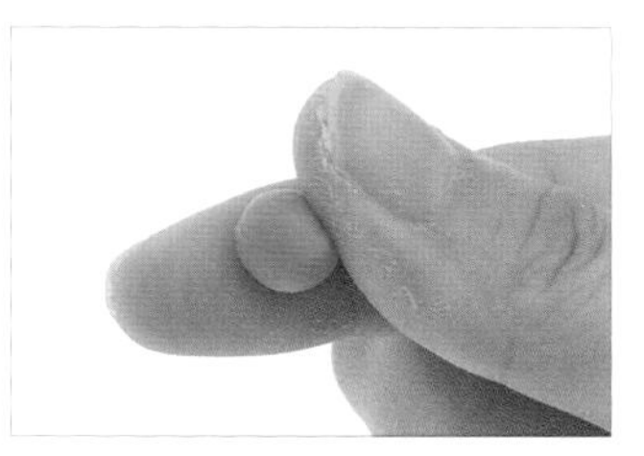

06 用指腹將紅色糯米團搓揉成橢圓形，為鼻子。

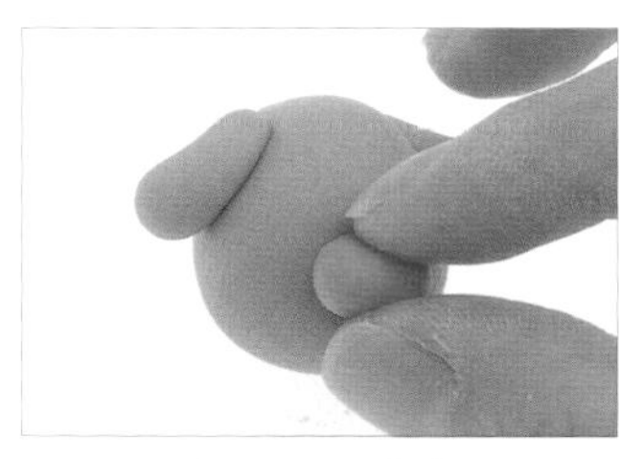

07 將鼻子放在麋鹿臉的上方。

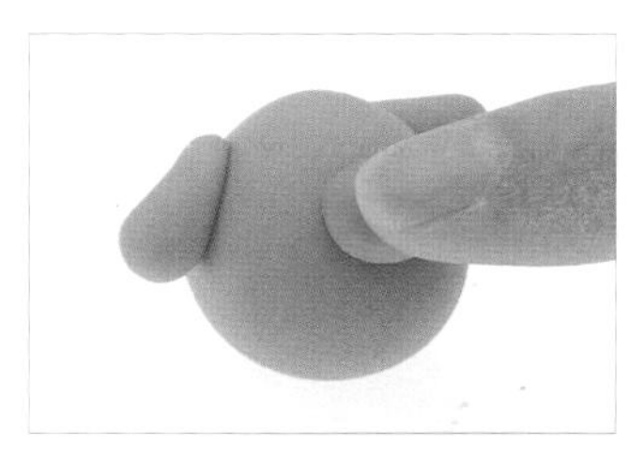

08 用指腹將鼻子輕壓扁。

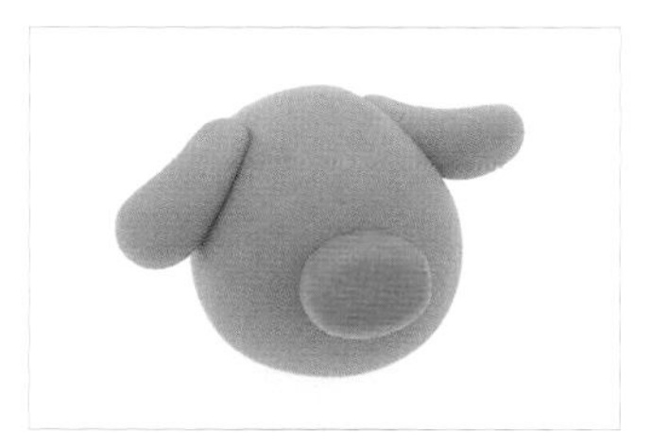

09 如圖，鼻子完成。

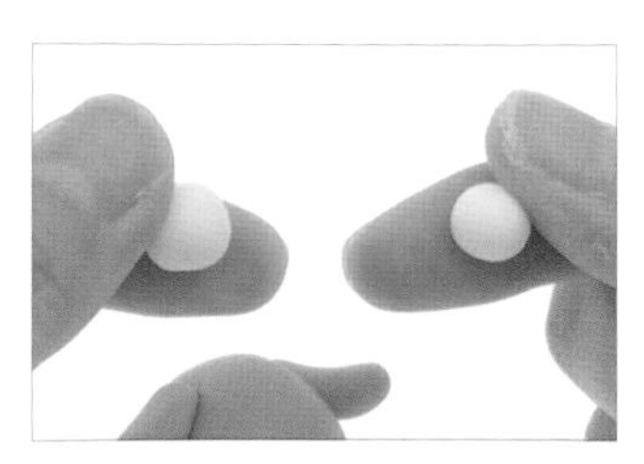

10 用指腹將黃色糯米團 c1、c2 搓揉成圓形。

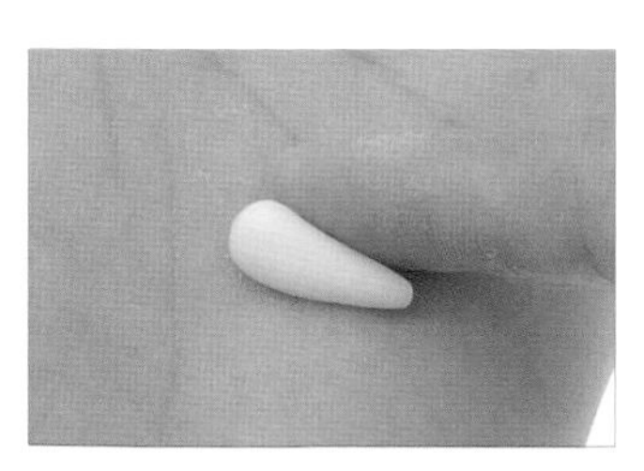

11 將黃色圓形糯米團 c1 在掌心搓成水滴形。

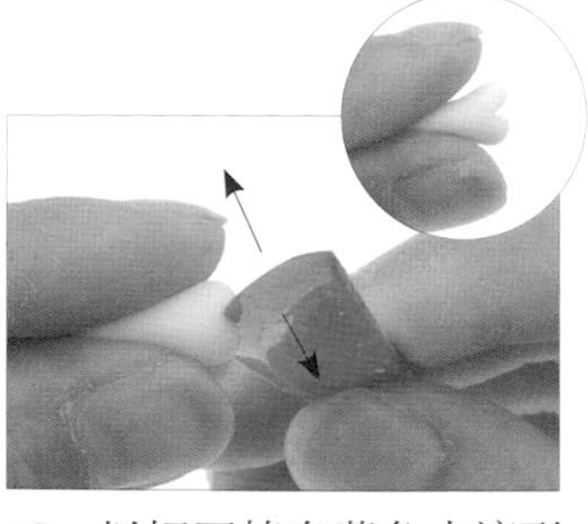

12 以切刀棒在黃色水滴形糯米團 c1 中間切短直線，並以切刀棒上下輕壓，即完成鹿角。

13 重複步驟11-12，共完成兩個鹿角。

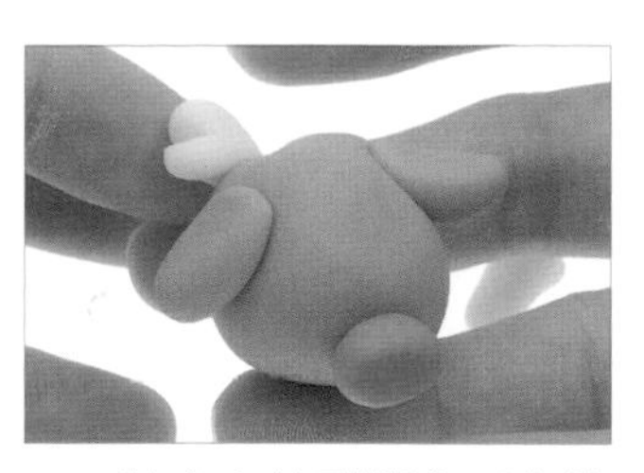

14 將鹿角放到麋鹿頭左後方，並用指腹輕壓固定。

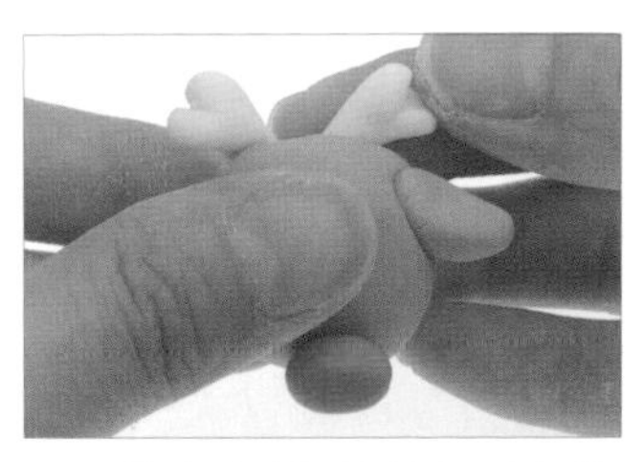

15 將鹿角放到麋鹿頭右後方，並用指腹輕壓固定。

16 如圖，麋鹿主體完成。

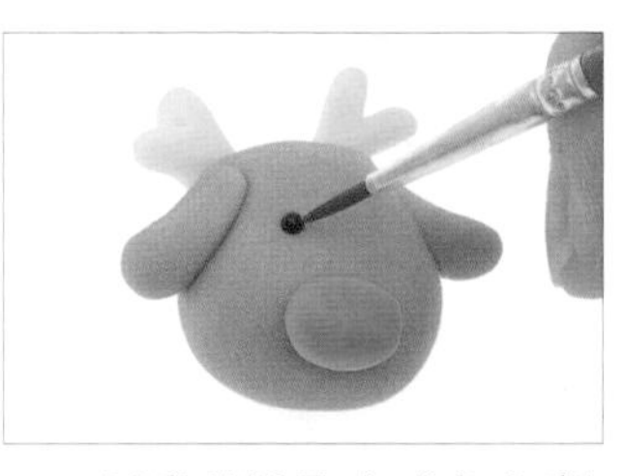

17 以畫筆沾取咖啡色色膏，畫出圓點，為左眼。

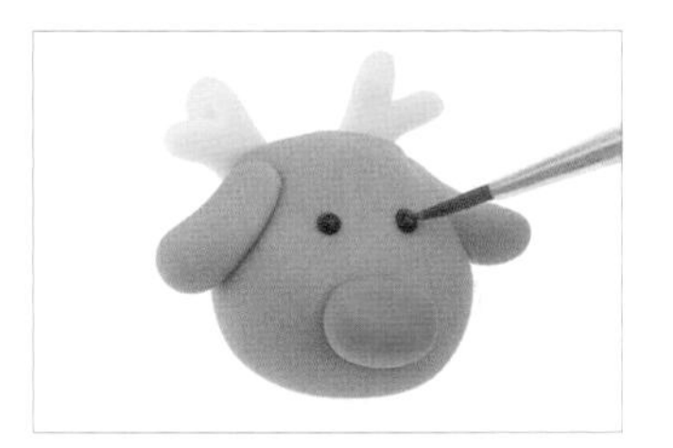

18 重複步驟17，畫出右眼。

19 如圖，麋鹿完成。

Festival & Fairy

06

聖誕節系列

聖誕老公公

湯圓

使用糯米團	製作部位	糯米團直徑
紅色糯米團 a	頭部	2 公分
白色糯米團 b1	鬍鬚	0.5 公分
白色糯米團 b2	鬍鬚	0.5 公分
白色糯米團 b3	鬍鬚	0.5 公分
白色糯米團 b4	鬍鬚	0.5 公分
白色糯米團 c1	眉毛	0.25 公分
白色糯米團 c2	眉毛	0.25 公分

使用糯米團	製作部位	糯米團直徑
白色糯米團 d	毛球	0.25 公分
紅色糯米團 e	鼻子	0.25 公分
紅色糯米團 f	帽子	1 公分
白色糯米團 g	帽簷	1 公分
膚色糯米團	臉部	1 公分
白色糯米團 h	鬍子	1.5 公分

元宵

使用糯米團	製作部位	糯米團直徑
紅色糯米團 a	頭部	4 公分
白色糯米團 b1	鬍鬚	1 公分
白色糯米團 b2	鬍鬚	1 公分
白色糯米團 b3	鬍鬚	1 公分
白色糯米團 b4	鬍鬚	1 公分
白色糯米團 c1	眉毛	0.5 公分
白色糯米團 c2	眉毛	0.5 公分

使用糯米團	製作部位	糯米團直徑
白色糯米團 d	毛球	0.5 公分
紅色糯米團 e	鼻子	0.5 公分
紅色糯米團 f	帽子	2 公分
白色糯米團 g	帽簷	2 公分
膚色糯米團	臉部	2 公分
白色糯米團 h	鬍子	3 公分

步驟說明 Step by step

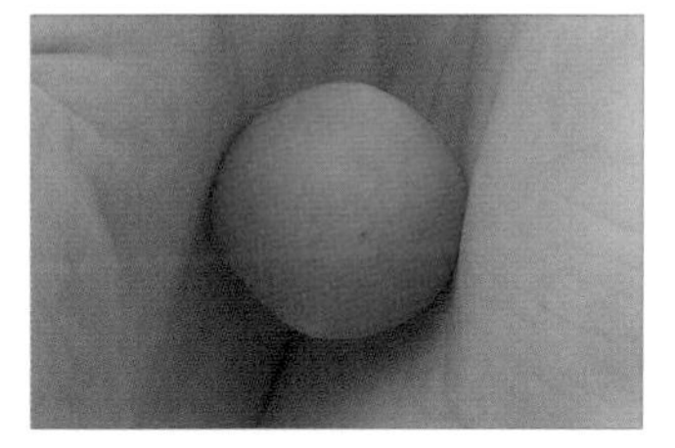

01 用手掌將紅色糯米團 a 搓揉成圓形，為頭部。

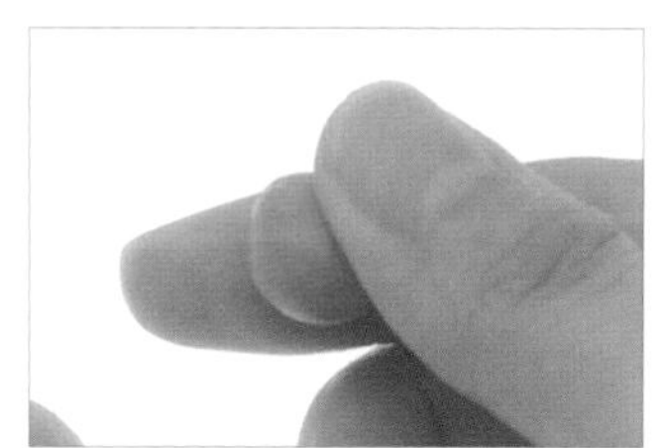

02 用指腹將紅色糯米團 f 搓揉成圓形。

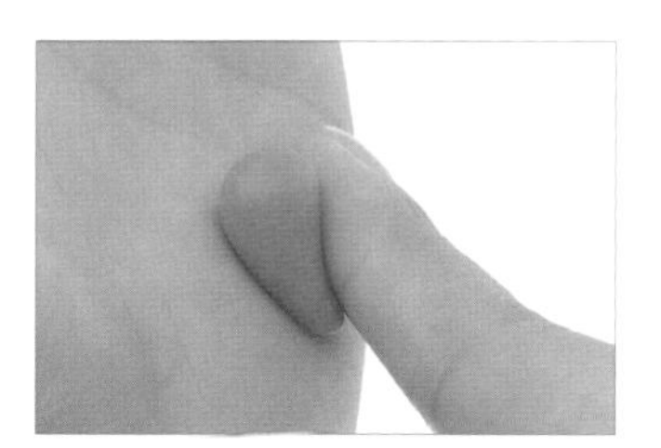

03 將紅色圓形糯米團 f 在掌心搓成水滴形。

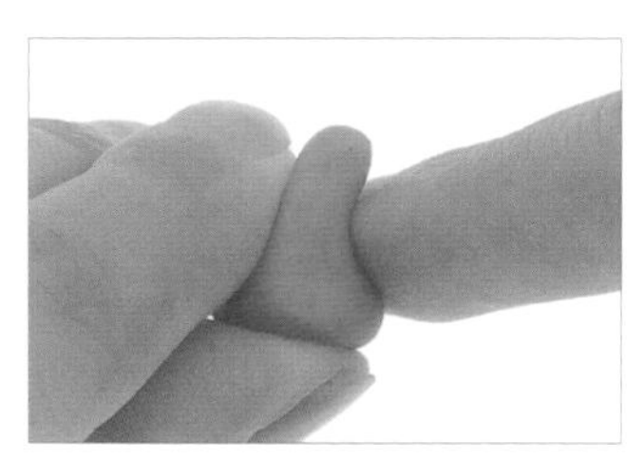

04 用手指側邊將紅色水滴形糯米團 f 前端彎出弧度。

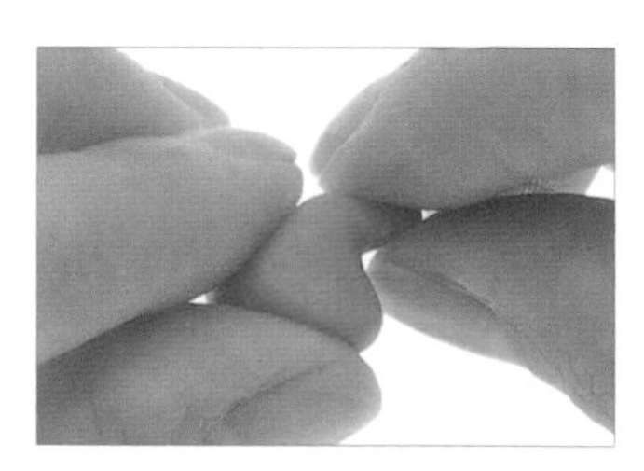

05 承步驟 4，用手指輕壓糯米團，以加強彎曲的弧度，為帽子。

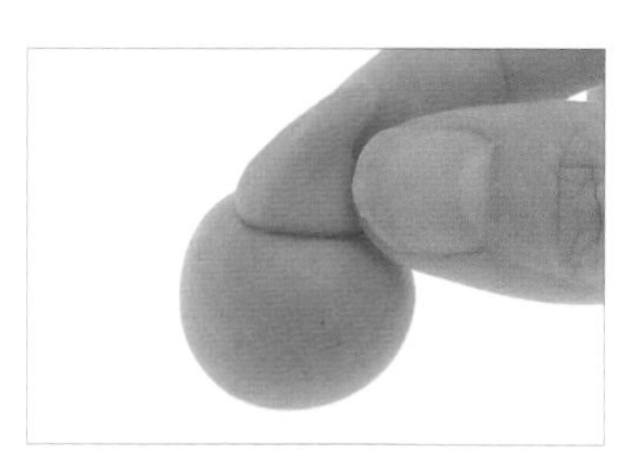

06 將帽子放在頭部上方。

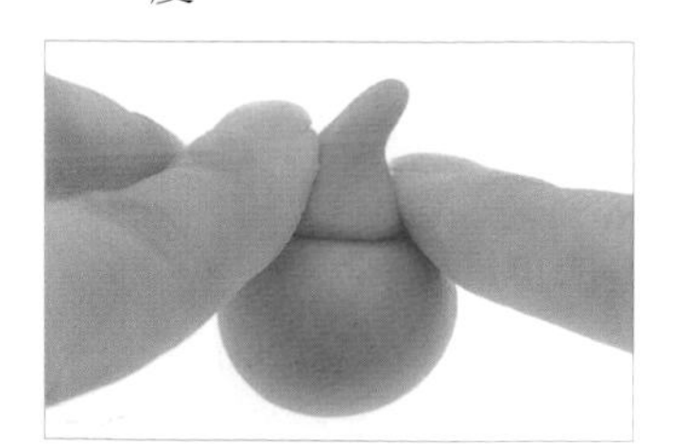

07 用指腹輕壓帽子兩側，以加強黏合。

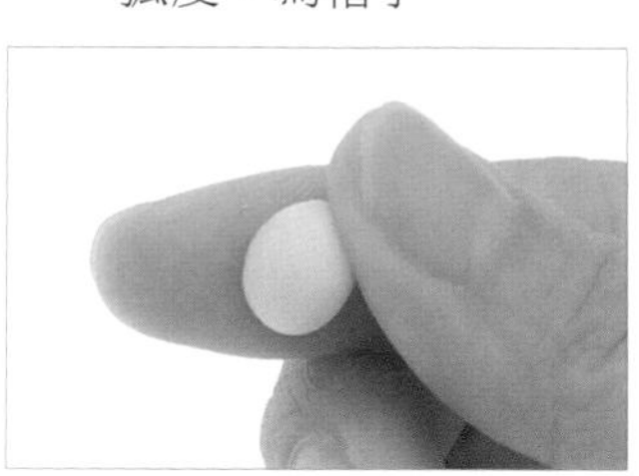

08 用指腹將白色糯米團 g 搓揉成圓形。

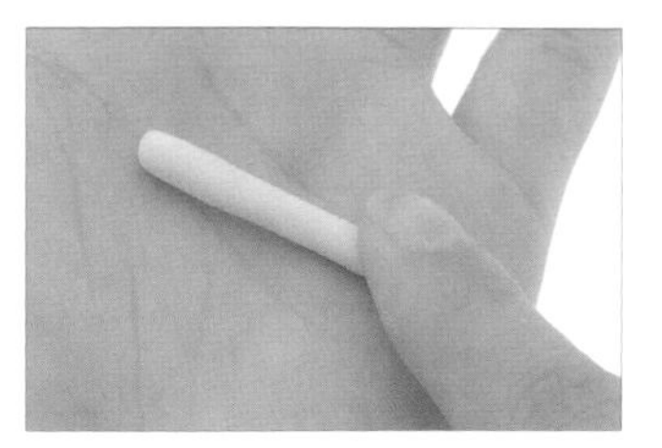

09 用指腹將白色圓形糯米團 g 在掌心搓成長條形，為帽簷。

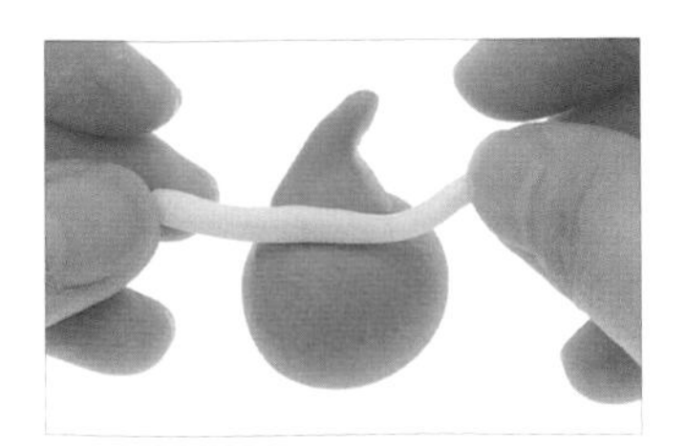

10 將帽簷沿著帽子的邊緣擺放。

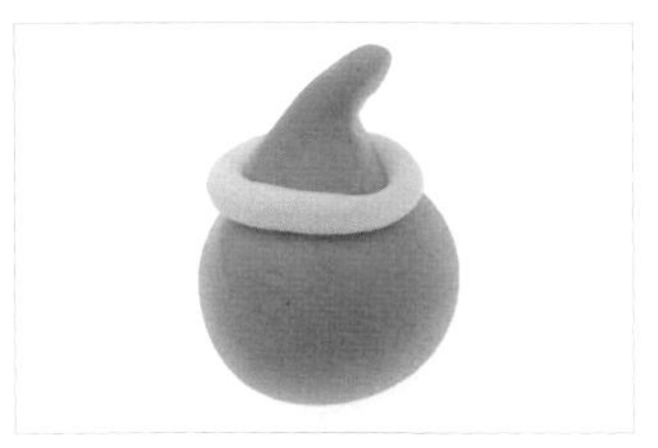

11 如圖，帽簷擺放完成。

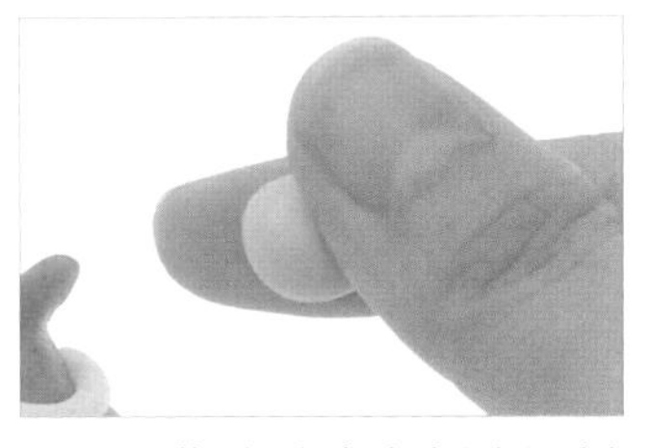

12 用指腹將膚色糯米團搓揉成圓形。

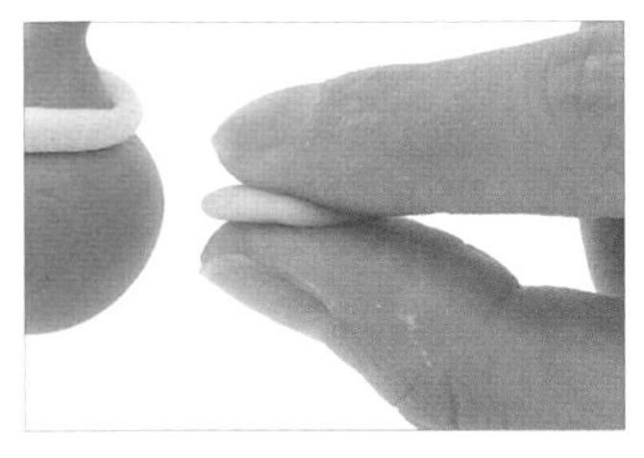

13 用指腹將膚色圓形糯米團壓扁，為臉部。

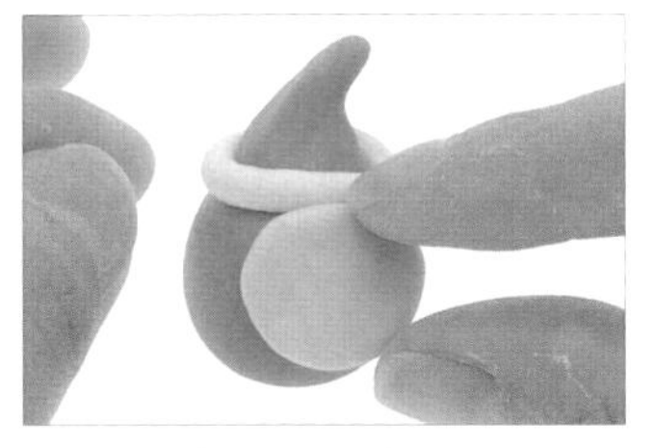

14 將臉部放到帽子下方，並輕壓固定。

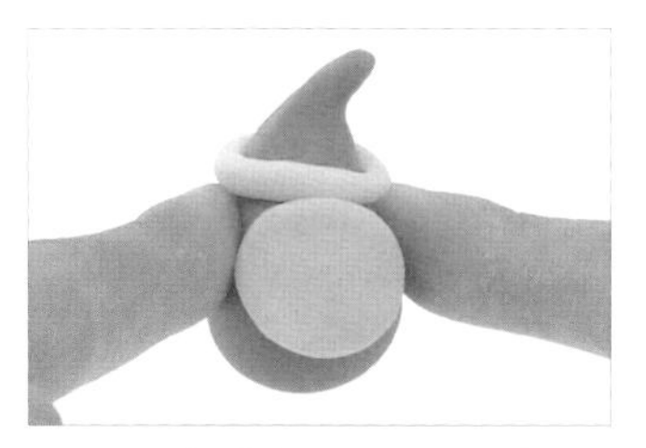

15 用指腹輕壓頭部兩側，使頭部糯米團小於臉部糯米團。

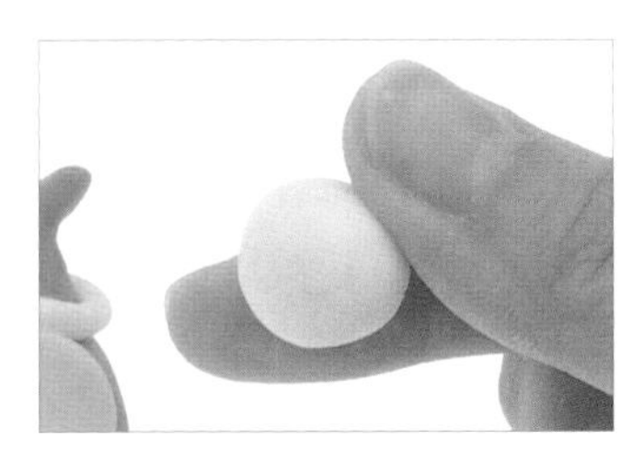

16 用指腹將白色糯米團 h 搓揉成圓形。

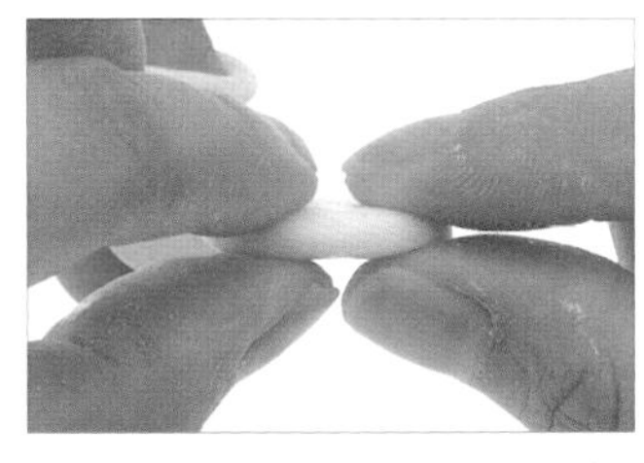

17 用指腹將白色圓形糯米團 h 壓扁。

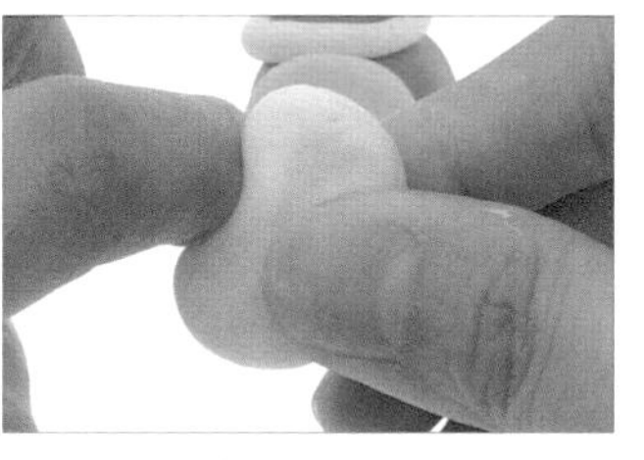

18 用手指側邊將白色扁形糯米團 h 壓出弧度。

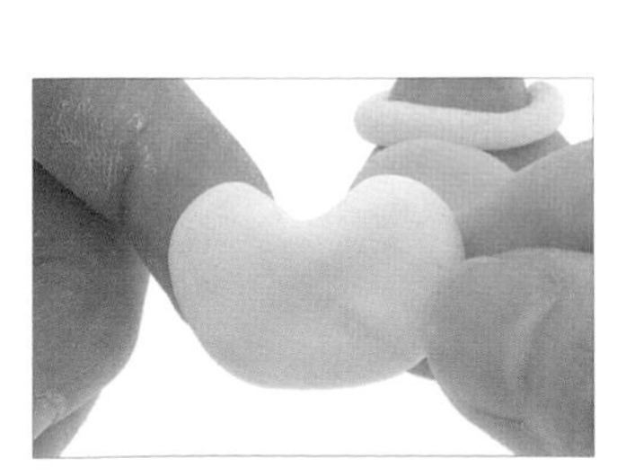

19 如圖，鬍子主體完成。

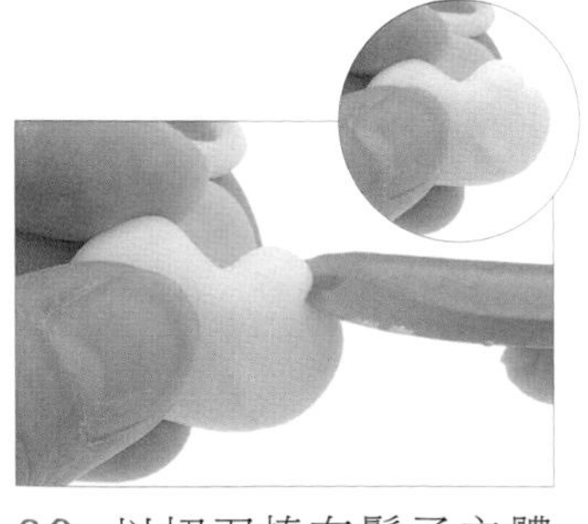

20 以切刀棒在鬍子主體側邊切出短直線。

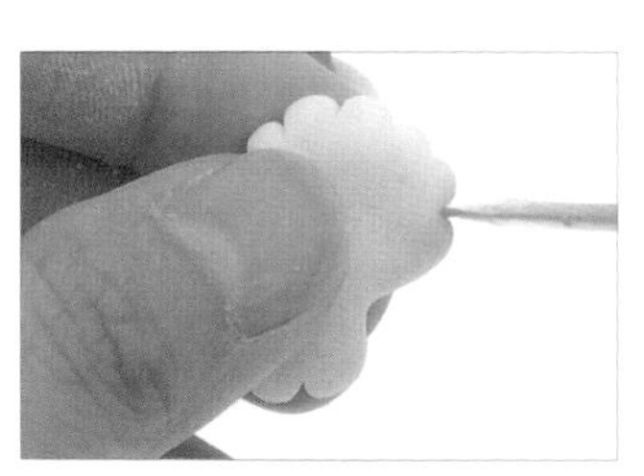

21 重複步驟 20，持續切到鬍子主體的尾端。

22 如圖，鬍子製作完成。

23 將鬍子壓放在臉部 1/2 處。

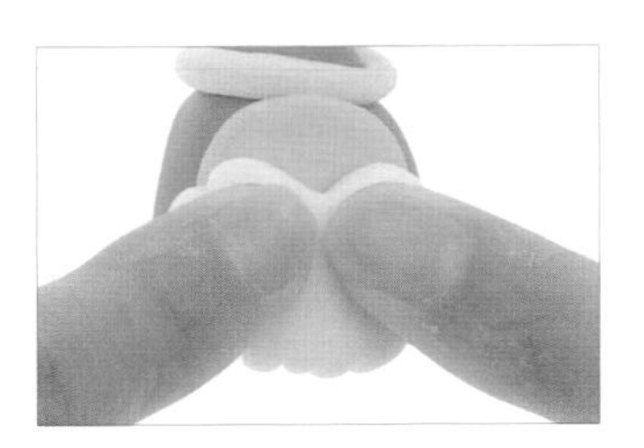

24 用指腹輕壓固定鬍子。

25 用指腹將白色糯米團 b1、b2 搓揉成圓形，為鬍鬚。

26 將鬍鬚 b1、b2 壓放在鬍子的左右兩側。

27 用指腹輕壓固定鬍鬚 b1、b2。

28 重複步驟 25-27，取白色糯米團 b3、b4 製作鬍鬚後，放在鬍鬚 b1、b2 上方。

29 用指腹將白色糯米團 c1、c2 搓揉成圓形。

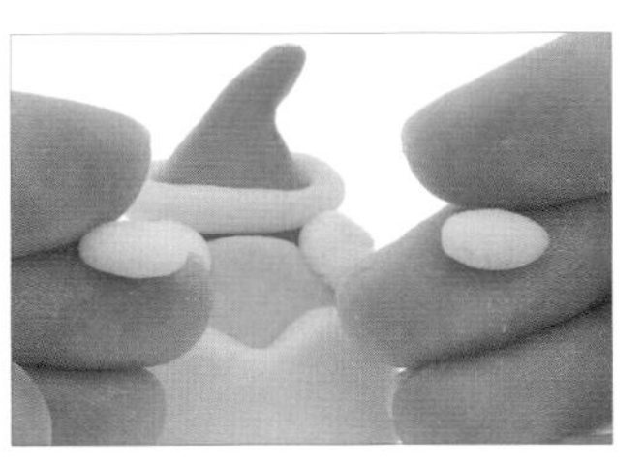

30 用指腹將白色圓形糯米團 c1、c2 搓揉成長條形，為眉毛。

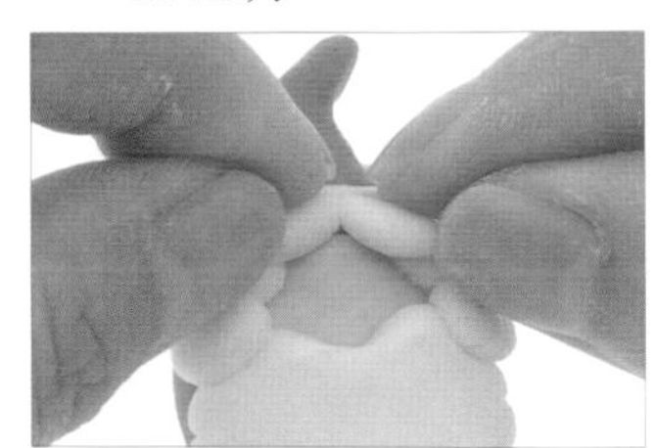

31 將眉毛以八字形方式，壓放在帽簷上方。

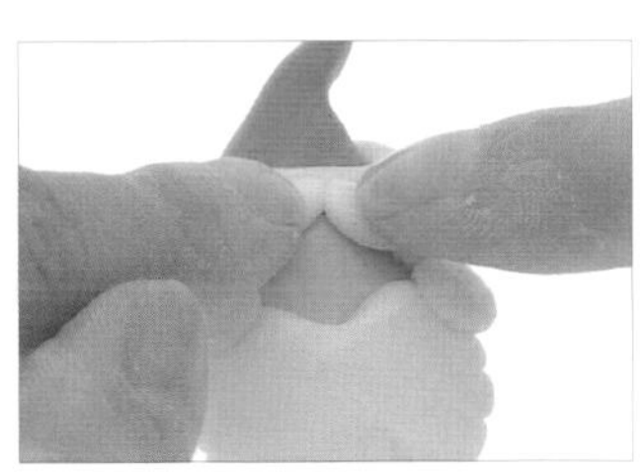

32 用指腹輕壓固定眉毛。

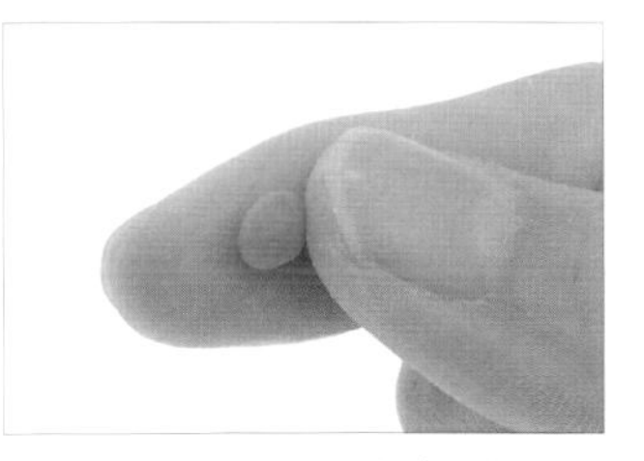

33 用指腹將紅色糯米團 e 搓揉成橢圓形，為鼻子。

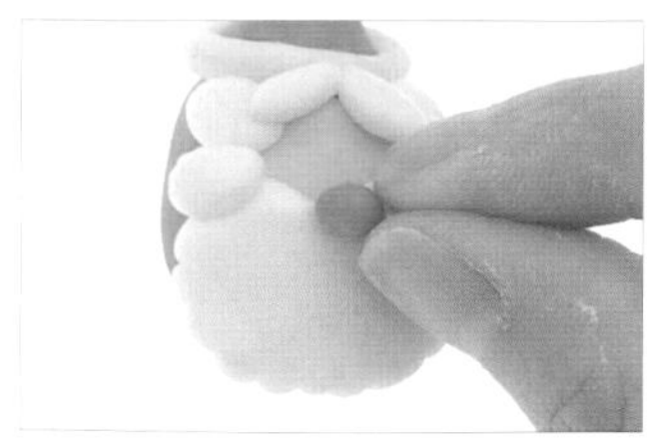

34　將鼻子放在鬍子的中間。

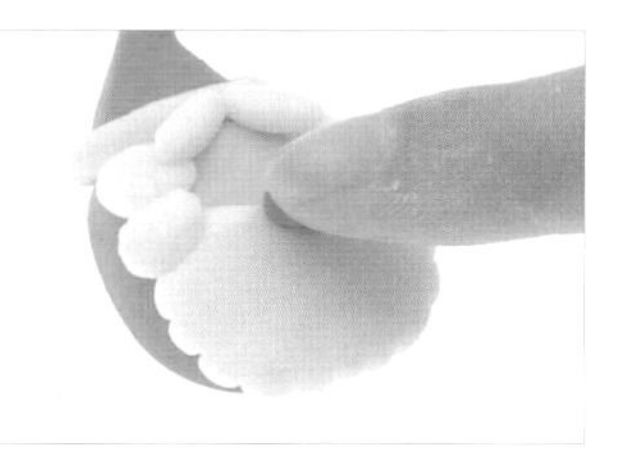

35　用指腹輕壓固定鼻子。

36　用指腹將白色糯米團 d 搓揉成圓形，為毛球。

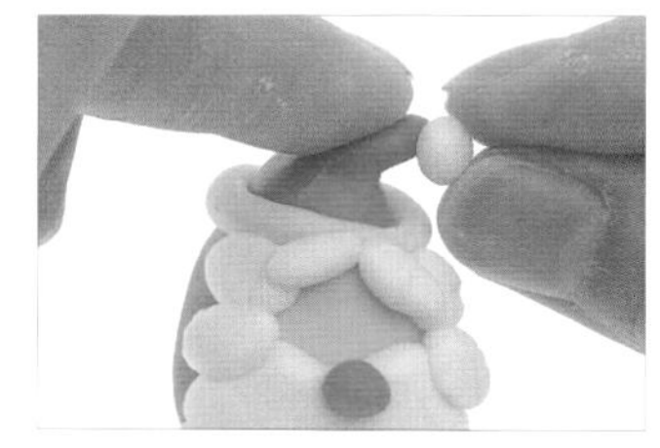

37　將毛球壓放在帽尖。

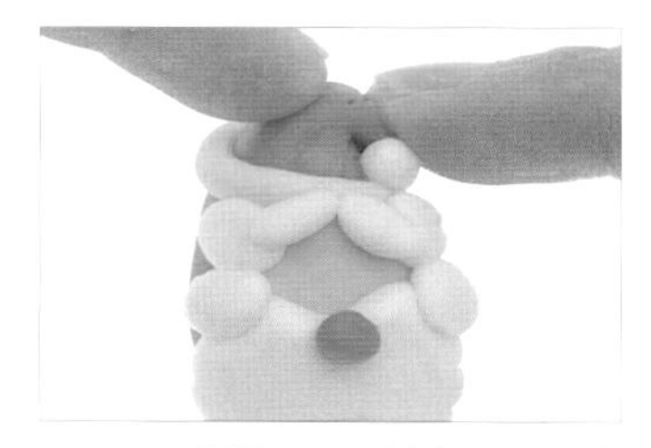

38　承步驟 37，將帽子、連同毛球往帽簷處彎折，使糯米團相黏合。（註：在烹煮時，糯米團較不易脫落。）

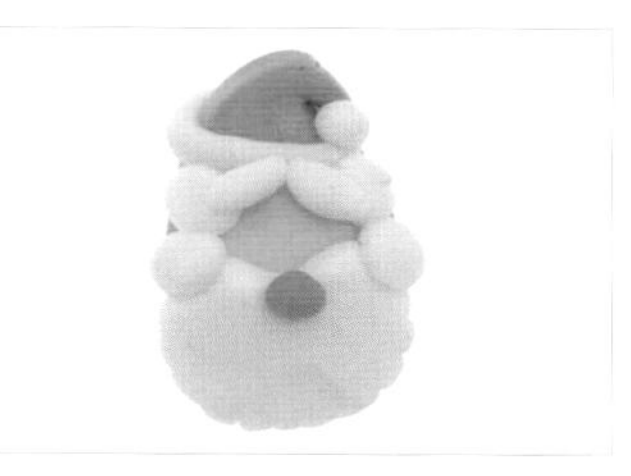

39　如圖，聖誕老公公主體完成。

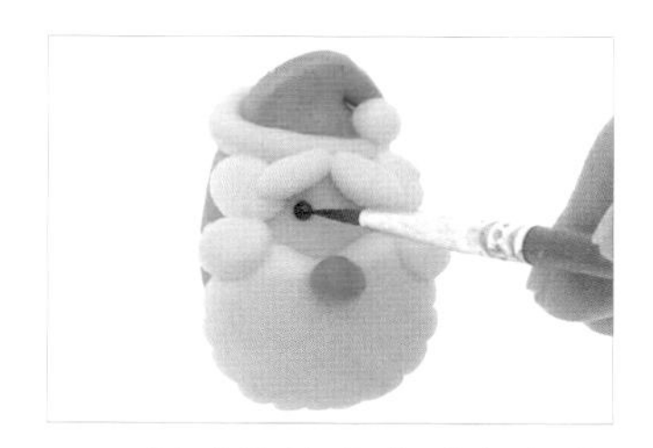

40　以畫筆沾取咖啡色色膏，畫出圓點，為左眼。

41　重複步驟 40，畫出右眼。

42　以畫筆沾取咖啡色色膏，畫出微笑弧線，為嘴巴。

43　如圖，聖誕老公公完成。

中
滿

湯圓

使用糯米團	製作部位	糯米團直徑
白色糯米團	麻將正面	2 公分
綠色糯米團	麻將背面	1 公分

★ 平面作品不建議做元宵，且麻將為兩塊糯米團相銜接，不太適合包餡。

步驟說明 Step by step

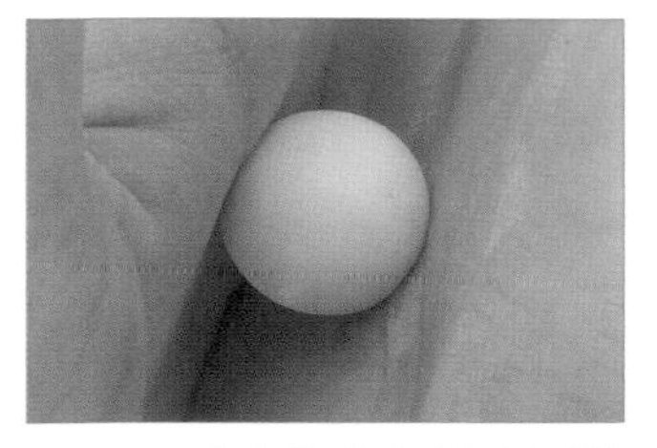

01 用手掌將白色糯米團搓揉成圓形。

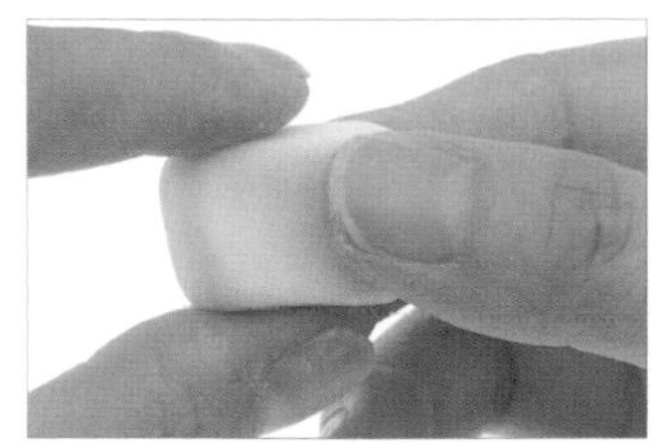

02 用指腹捏出白色圓形糯米團的四邊。

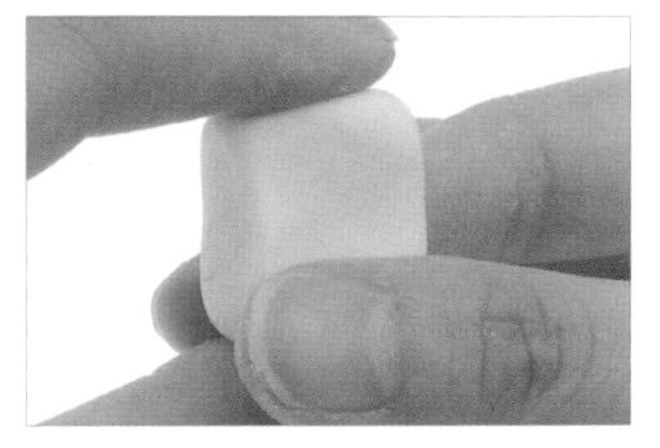

03 承步驟 2，將糯米團轉向，再次捏出糯米團的四邊，為長方體。

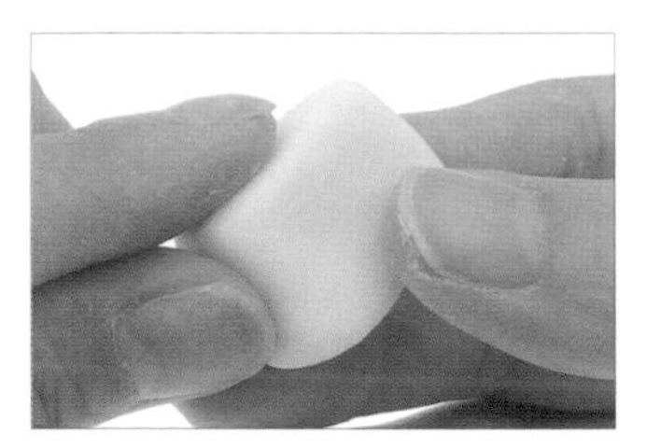

04 用指腹捏糯米團邊角，以加強長方體的 90 度角。

05 如圖，麻將正面完成。

06 先將綠色糯米團搓揉成圓形後，用指腹捏出糯米團的四邊。

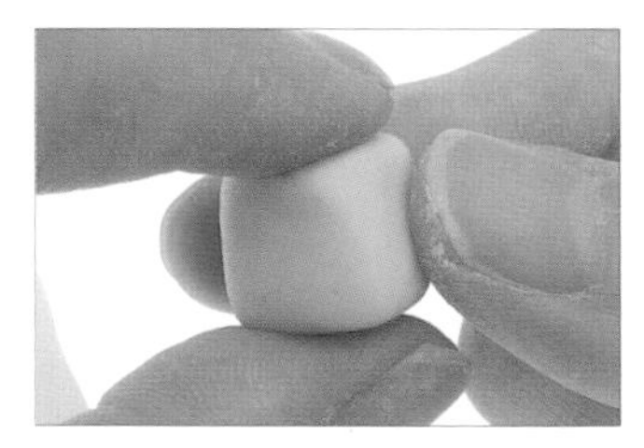

07 承步驟 6，將糯米團轉向，再次捏出糯米團的四邊，為長方體。

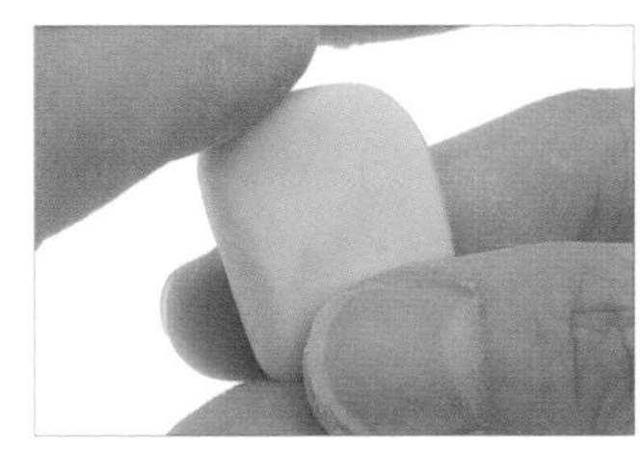

08 將糯米團壓成扁平狀。（註：厚度須為麻將正面的 1/2。）

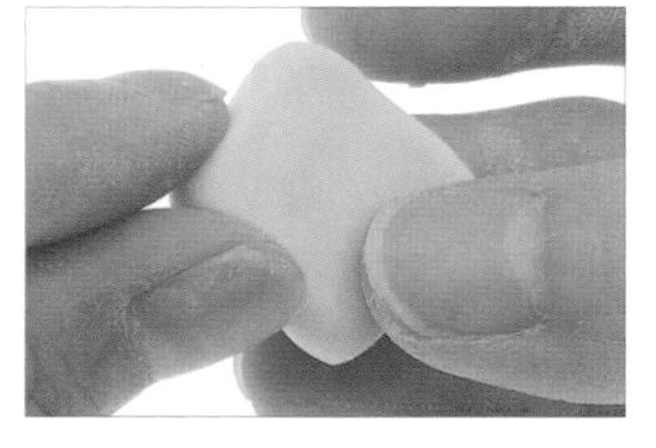

09 用指腹捏糯米團邊角，以加強長方體的 90 度角。

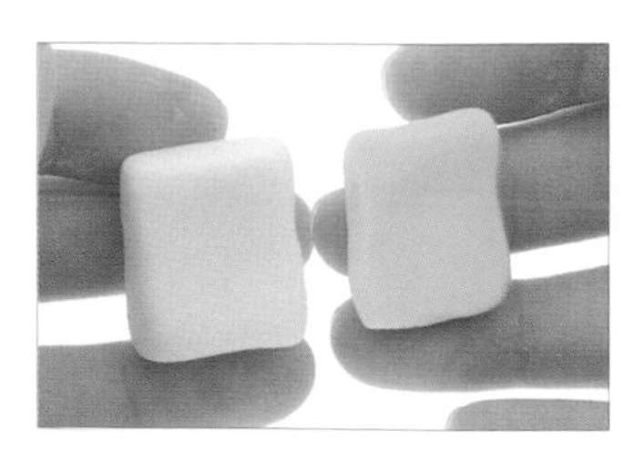

10 如圖，麻將背面完成。（註：長和寬須和麻將正面一樣。）

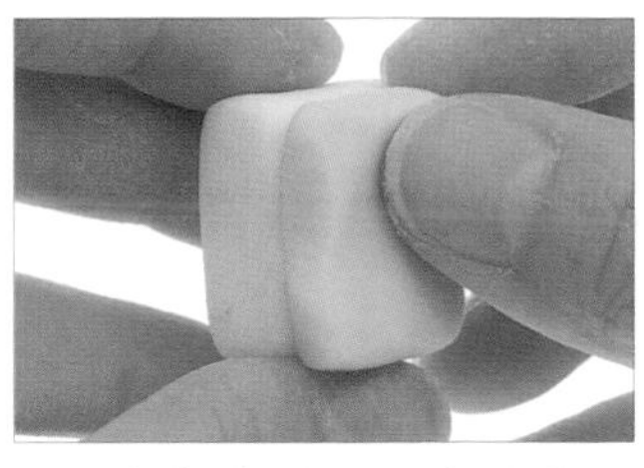

11 將麻將正面與麻將背面黏合，為麻將主體。

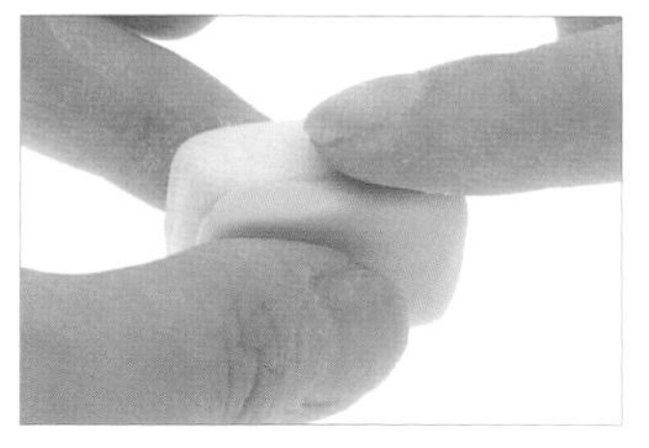

12 將麻將主體放在桌上，運用桌子調整糯米團，使糯米團更平整。

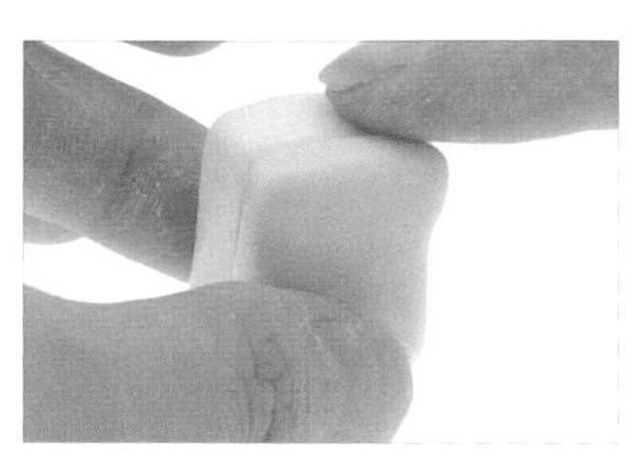

13 重複步驟 12，調整麻將主體的四邊。

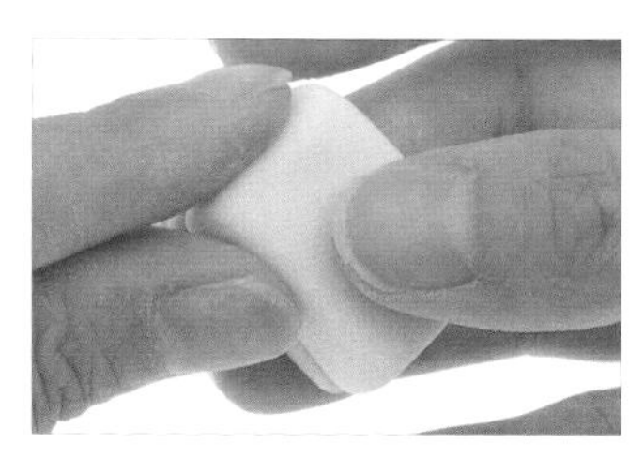

14 用指腹捏糯米團邊角，以加強麻將主體的 90 度角。

15 如圖，麻將主體調整完成。

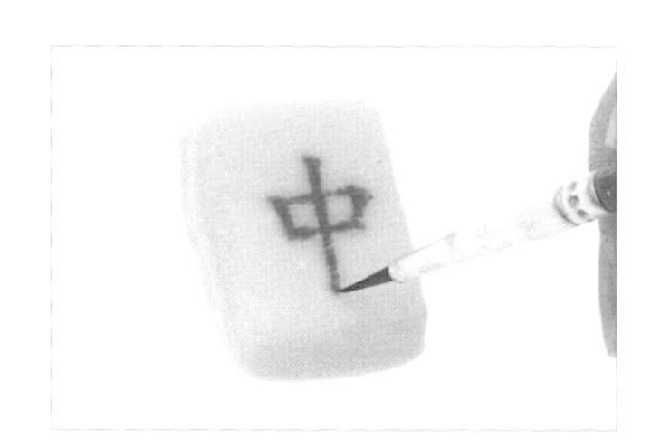

16 以畫筆沾取紅色色膏，寫出中字，即完成麻將。

Tips

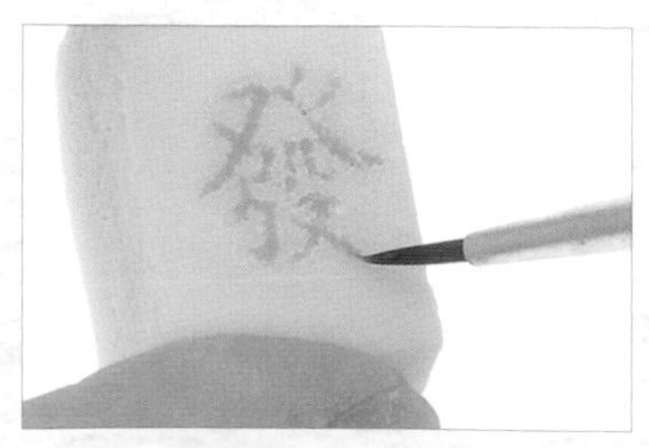

麻將有不同的花色，以及中文字，在製作麻將湯圓時，可依照喜好寫上所須的文字。

Festival & Fairy

年節系列

元寶

湯圓

使用糯米團	製作部位	糯米團直徑
黃色糯米團 a	底座	2 公分
黃色糯米團 b	半圓	0.5 公分

元宵

使用糯米團	製作部位	糯米團直徑
黃色糯米團 a	底座	4 公分
黃色糯米團 b	半圓	1 公分

步驟說明 Step by step

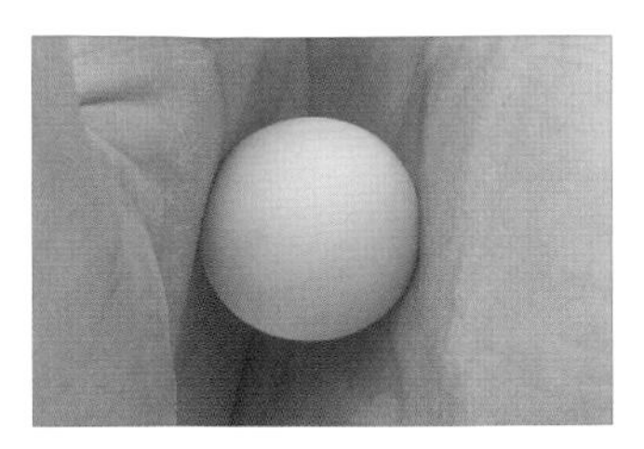

01 用手掌將黃色糯米團 a 搓揉成圓形。

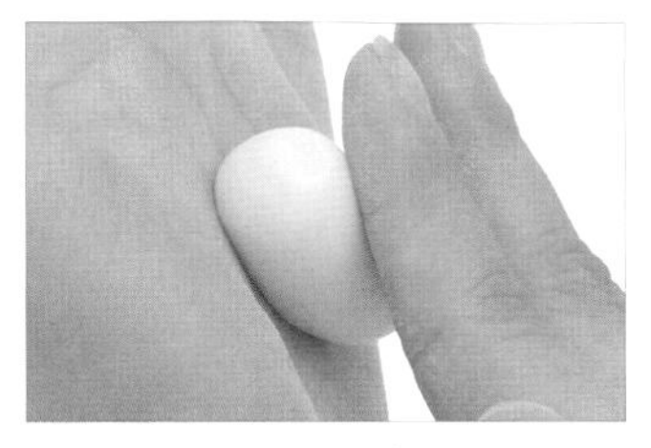

02 將黃色圓形糯米團 a 在掌心搓揉成長條形。

03 如圖，黃色長條形糯米團 a 完成。

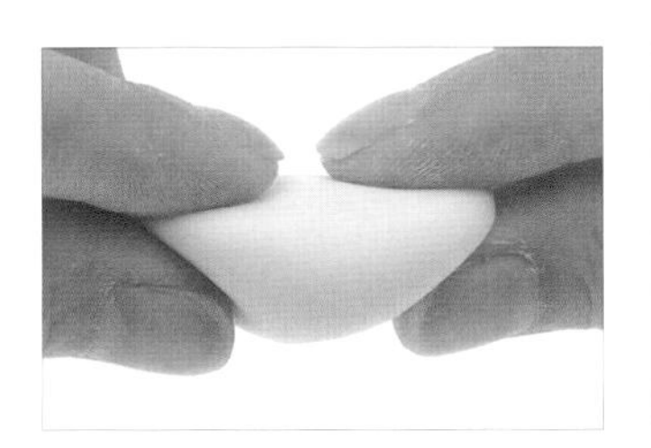

04 用指腹將黃色長條形糯米團 a 兩端捏尖。

05 如圖，底座完成。

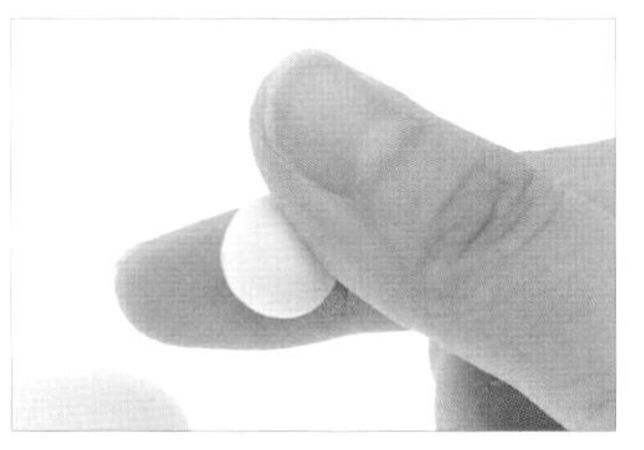

06 用指腹將黃色糯米團 b 搓揉成圓形。

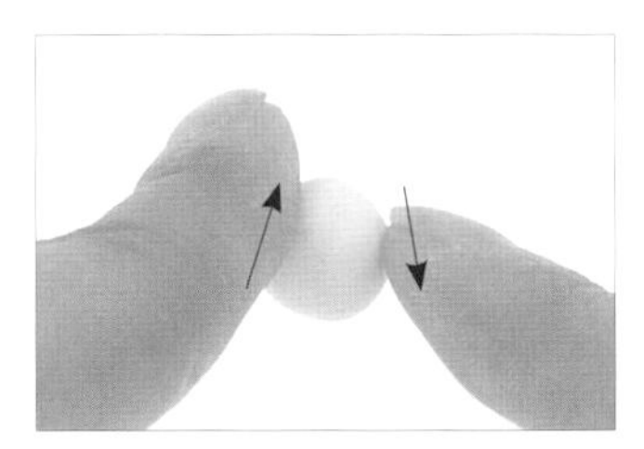

07 將黃色圓形糯米團 b 在桌上運用指腹搓成半圓形。

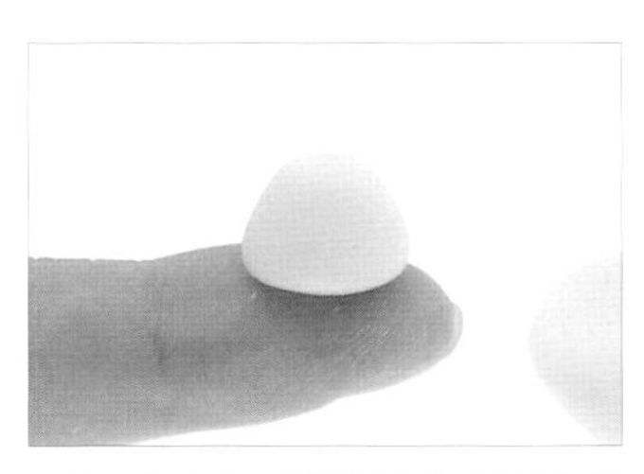

08 如圖，黃色半圓形糯米團 b 完成。

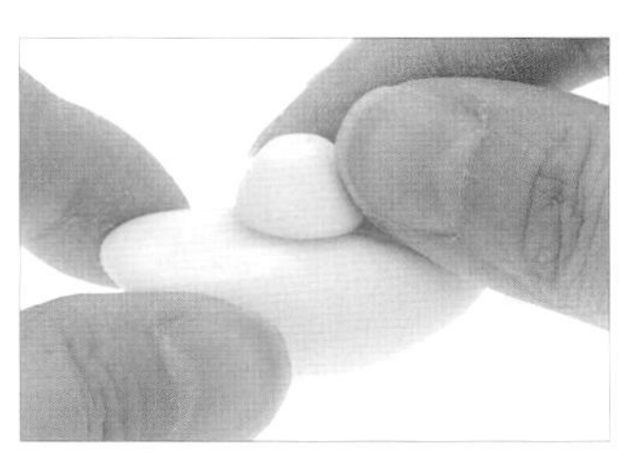

09 將黃色半圓形糯米團 b 放在底座上，並輕壓固定。

10 如圖，元寶完成。

骰子

item 01 湯圓

使用糯米團	製作部位	糯米團直徑
白色糯米團	骰子	1.5 公分

item 02 元宵

使用糯米團	製作部位	糯米團直徑
白色糯米團	骰子	3 公分

步驟說明 Step by step

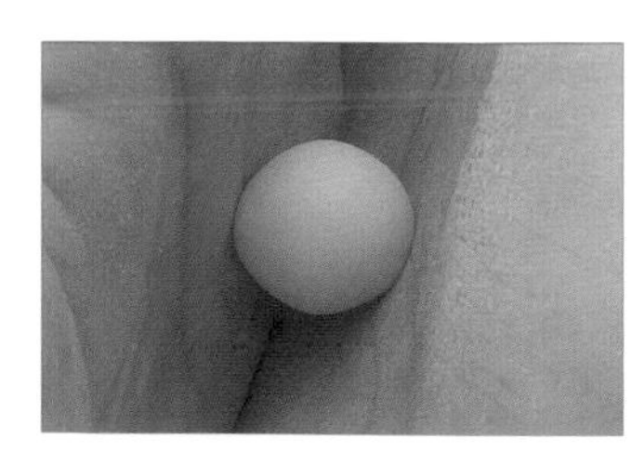

01 用手掌將白色糯米團搓揉成圓形。

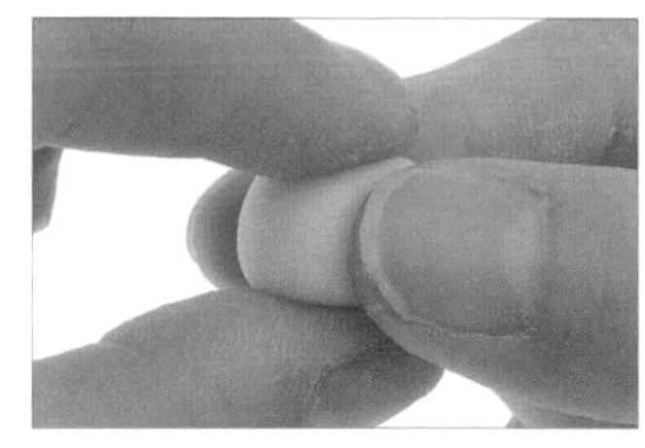

02 用指腹捏出白色圓形糯米團的四邊。

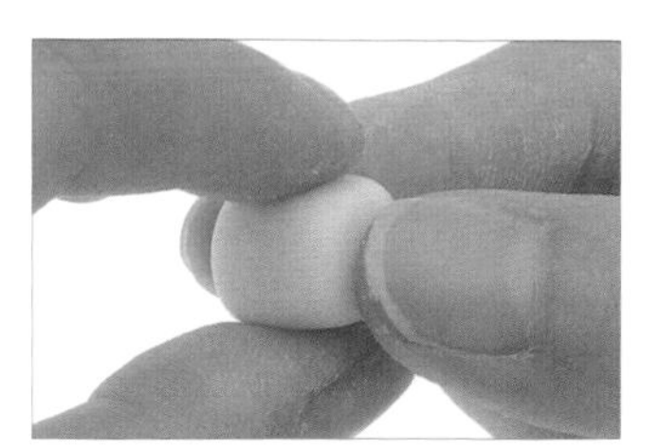

03 承步驟 2，將糯米團轉向，再次捏出糯米團的四邊，為正方體。

04 將正方體糯米團放在桌上，運用桌子調整糯米團，使糯米團更平整。

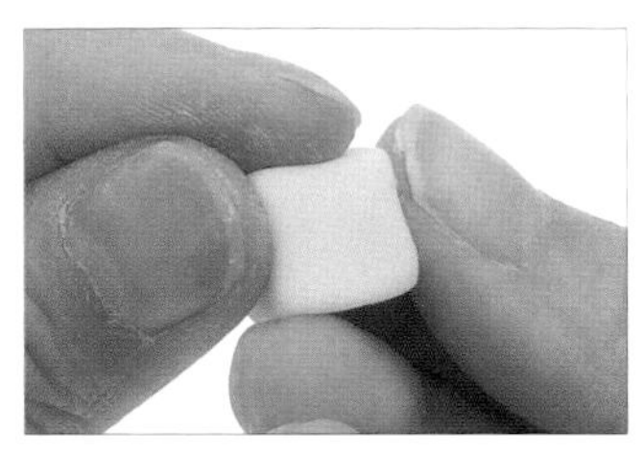

05 用指腹捏糯米團邊角，以加強正方體的 90 度角。

06 如圖，骰子主體完成。

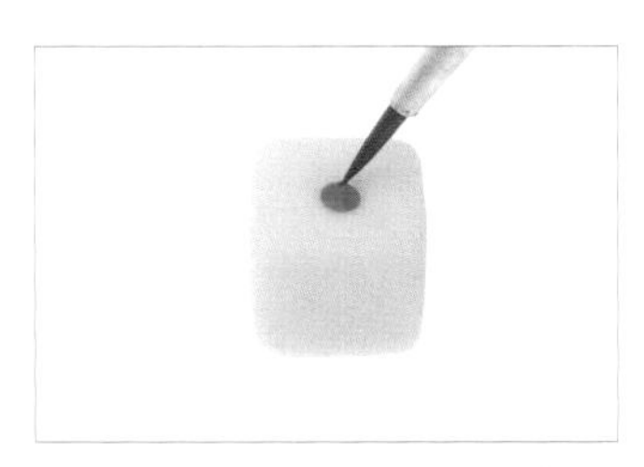

07 以畫筆沾取紅色色膏，畫出一個圓點，為 1 點。

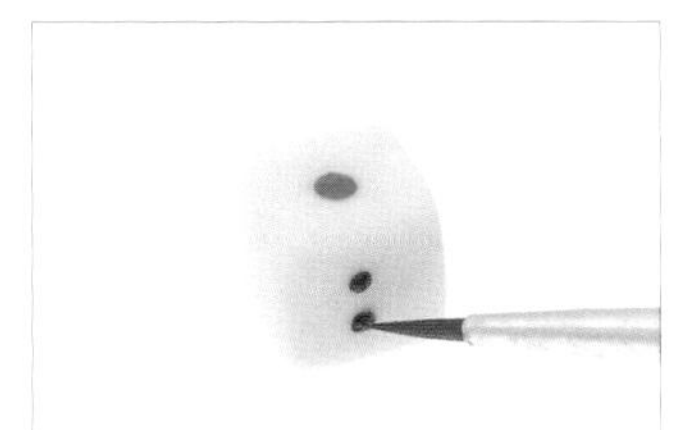

08 以畫筆沾取咖啡色色膏，畫出共兩個圓點，為 2 點。

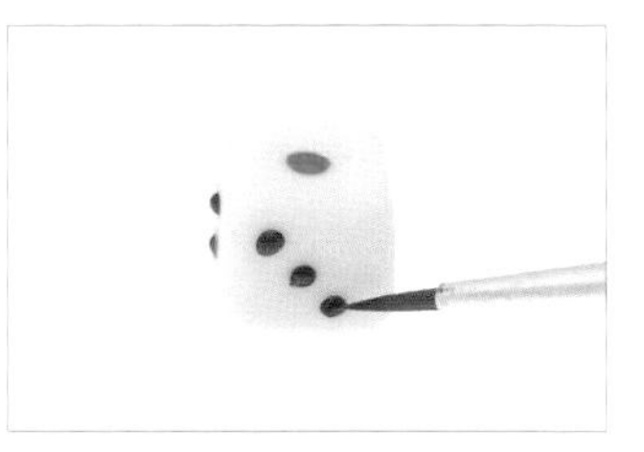

09 以畫筆沾取咖啡色色膏，畫出共三個圓點，為 3 點。

10 重複步驟 7-9，依序畫出骰子的點數即可。

11 如圖，骰子完成。

年節系列

招財貓

01 湯圓

使用糯米團	製作部位	糯米團直徑
白色糯米團 a	頭部	2 公分
棕色糯米團	花紋	1 公分
粉色糯米團 b1	耳朵	0.5 公分
粉色糯米團 b2	耳朵	0.5 公分
白色糯米團 c	手部	1 公分
粉色糯米團 d	項圈	0.5 公分
黃色糯米團 e1	鈴鐺	0.25 公分
黃色糯米團 e2	鈴鐺	0.25 公分

02 元宵

使用糯米團	製作部位	糯米團直徑
白色糯米團 a	頭部	4 公分
棕色糯米團	花紋	2 公分
粉色糯米團 b1	耳朵	1 公分
粉色糯米團 b2	耳朵	1 公分
白色糯米團 c	手部	2 公分
粉色糯米團 d	項圈	1 公分
黃色糯米團 e1	鈴鐺	0.5 公分
黃色糯米團 e2	鈴鐺	0.5 公分

步驟說明 Step by step

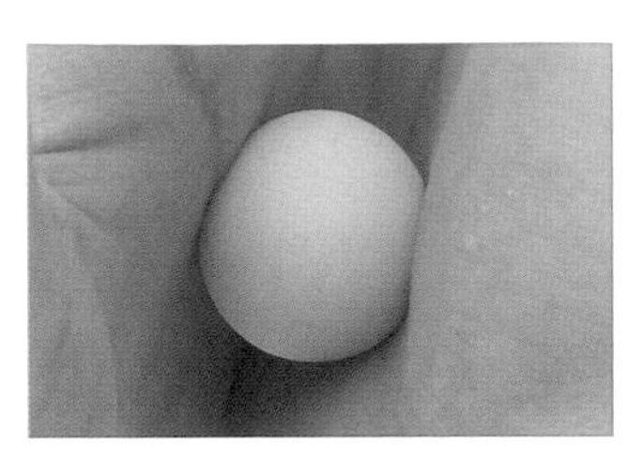

01 用手掌將白色糯米團a搓揉成圓形。

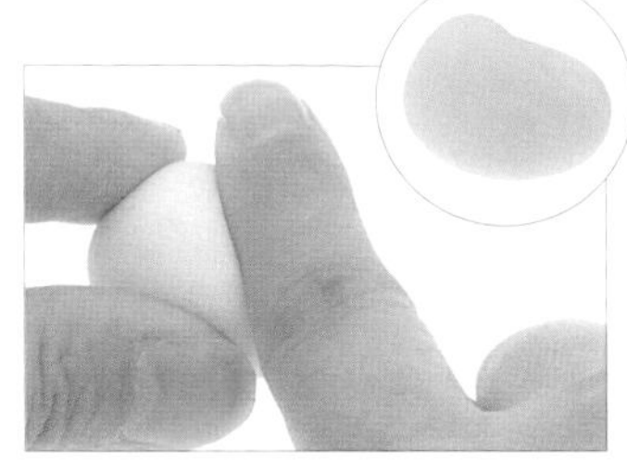

02 用指腹將白色圓形糯米團a左側壓出一個凹洞。

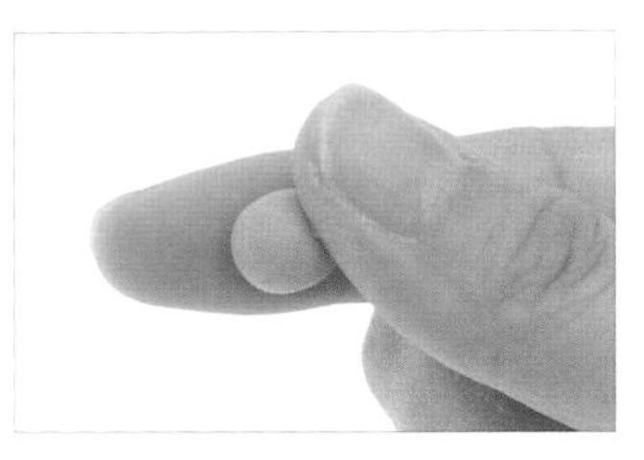

03 用指腹將棕色糯米團搓揉成圓形。

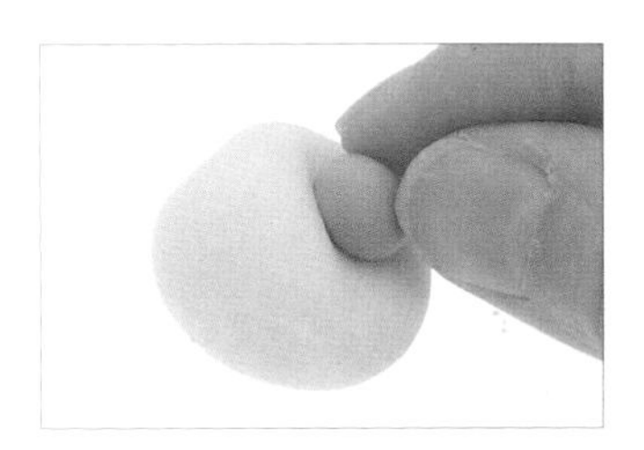

04 將棕色圓形糯米團放在凹洞處，並稍微輕壓。

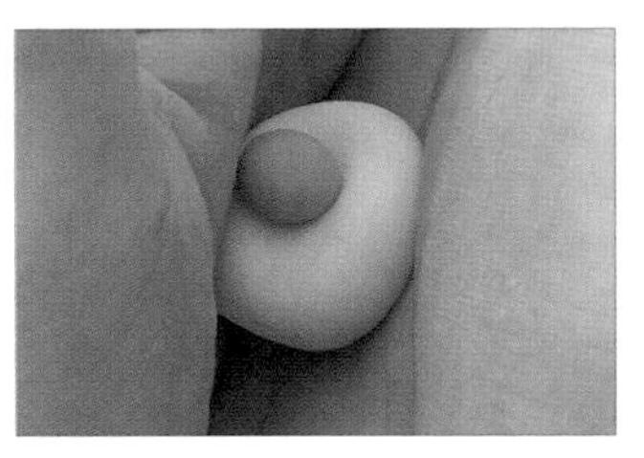

05 承步驟4，用手掌將糯米團搓揉成圓形，使糯米團融合。

06 如圖，花紋製作完成，為頭部。

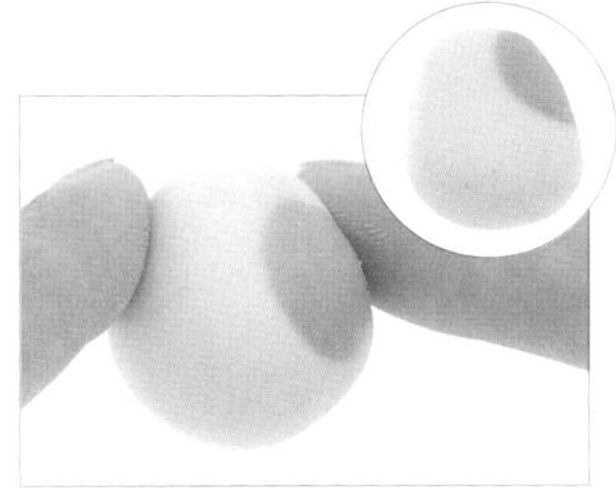

07 用指腹將頭部兩側稍微壓凹。

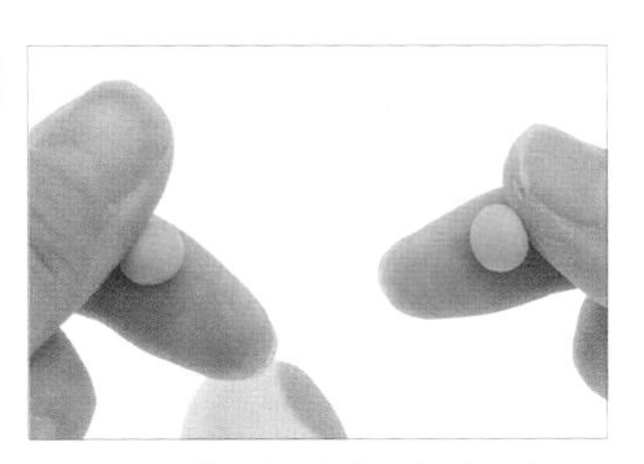

08 用指腹將粉色糯米團b1、b2搓揉成圓形。

09 用指腹將粉色圓形糯米團b1、b2放在頭部的兩側，並順勢捏尖。

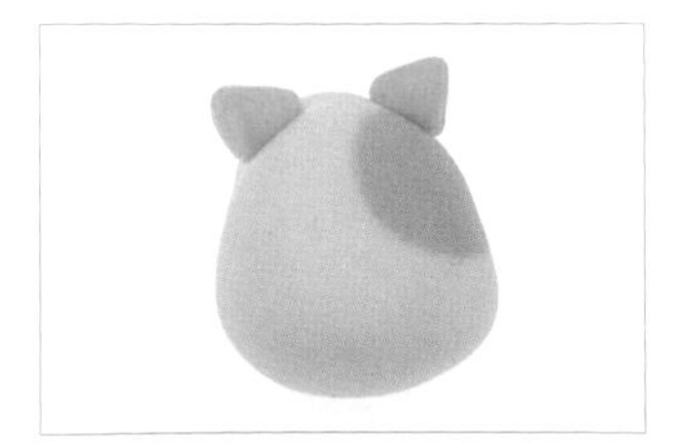

10 如圖，耳朵完成。

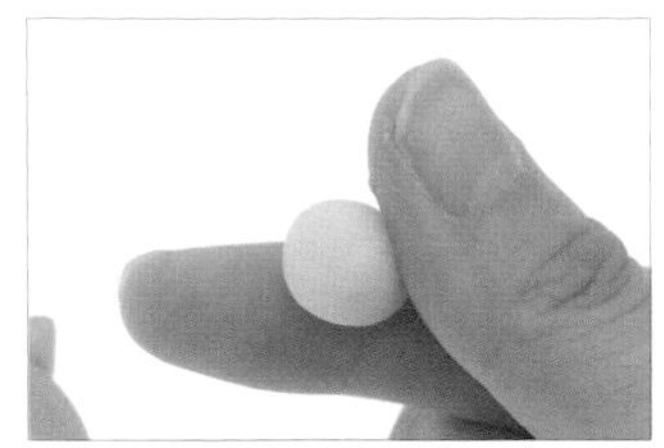

11 用指腹將白色糯米團c搓揉成圓形。

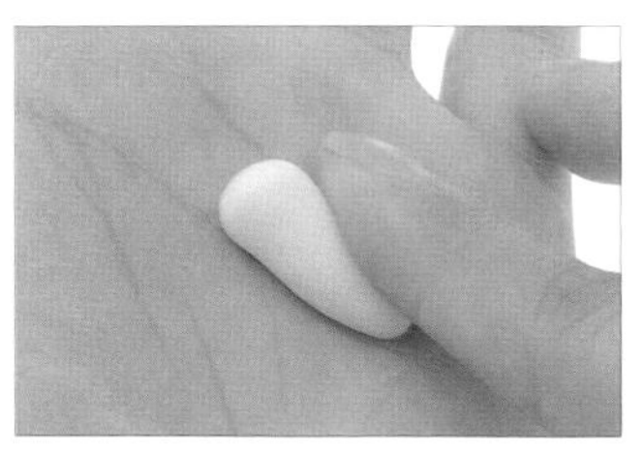

12 將白色圓形糯米團c在掌心搓成水滴形。

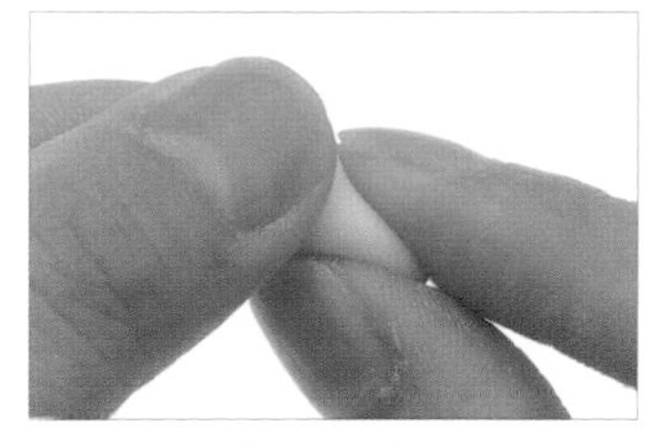

13 承步驟 12，將水滴形糯米團前端捏扁。

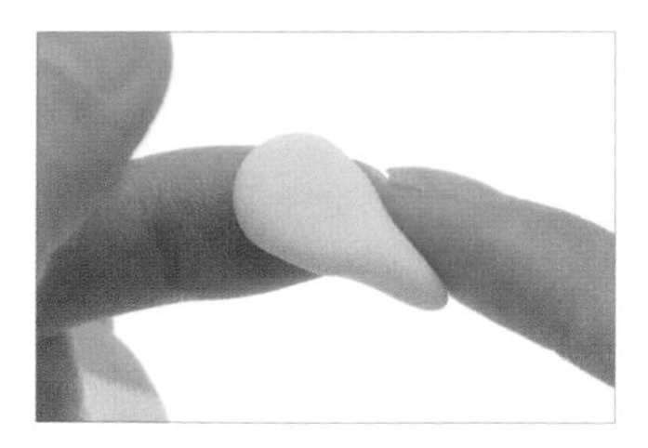

14 如圖，手部完成。

15 將手部放在頭部左側。

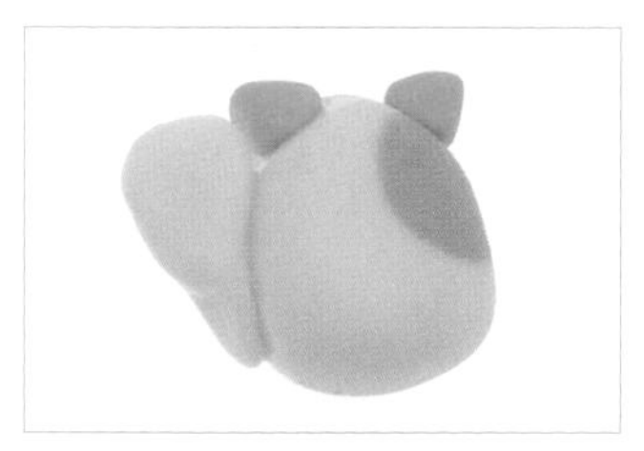

16 如圖，招財貓主體完成。

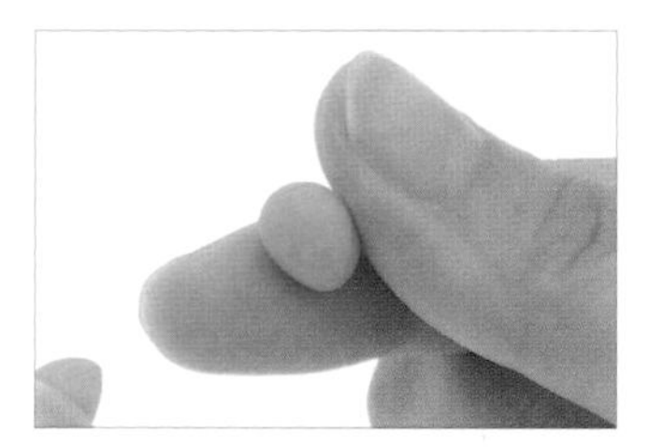

17 用指腹將粉色糯米團 d 搓揉成圓形。

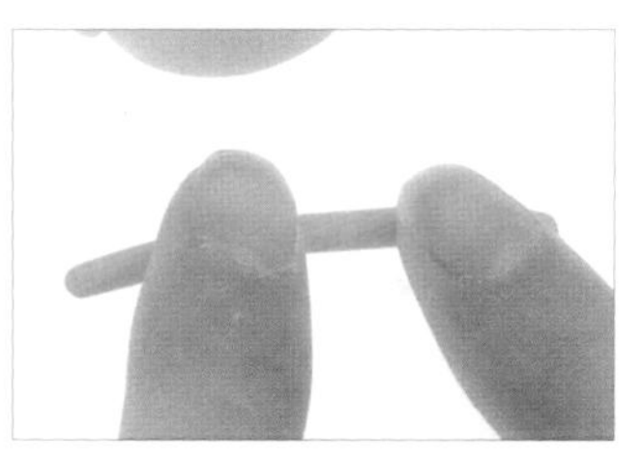

18 將粉色圓形糯米團 d 在桌面上搓成條狀，為項圈。

19 將項圈繞在招財貓主體下側（手部位置附近）。

20 承步驟 19，用指腹輕壓項圈兩側，以加強固定。

21 用指腹將黃色糯米團 e1、e2 搓揉成圓形，為鈴鐺。

22 將鈴鐺放在項圈上。

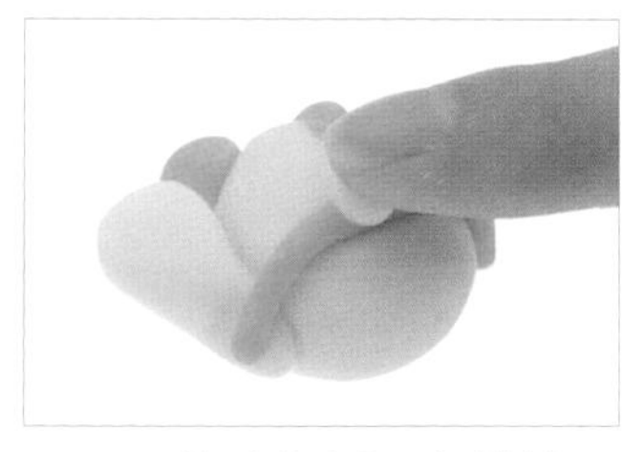

23 用指腹輕壓固定鈴鐺。

24 如圖，鈴鐺擺放完成，即完成招財貓主體。

25 以畫筆沾取咖啡色色膏，畫出微笑線，為左眼。

26 重複步驟25，畫出右眼。

27 以畫筆沾取紅色色膏畫倒三角形，為鼻子。

28 以畫筆沾取紅色色膏，畫出ω形，為嘴巴。

29 以畫筆沾取紅色色膏，在嘴巴左側畫出兩條橫直線，為鬍鬚。

30 重複步驟 29，在嘴巴右側畫出兩條橫直線。

31 以畫筆沾取紅色色膏，在腳掌處畫出圓點，為肉掌。

32 以畫筆沾取紅色色膏，肉掌側邊畫出圓點。

33 重複步驟 32，共畫出三個圓點，為左腳腳印。

34 如圖，招財貓完成。

Festival & Fairy

年節系列

福氣蛋

湯圓

使用糯米團	製作部位	糯米團直徑
粉色糯米團	頭部	2 公分
膚色糯米團	臉部	0.5 公分
黃色糯米團 a1	花紋	0.25 公分
黃色糯米團 a2	花紋	0.25 公分
黃色糯米團 a3	花紋	0.25 公分

元宵

使用糯米團	製作部位	糯米團直徑
粉色糯米團	頭部	4 公分
膚色糯米團	臉部	1 公分
黃色糯米團 a1	花紋	0.5 公分
黃色糯米團 a2	花紋	0.5 公分
黃色糯米團 a3	花紋	0.5 公分

步驟說明 Step by step

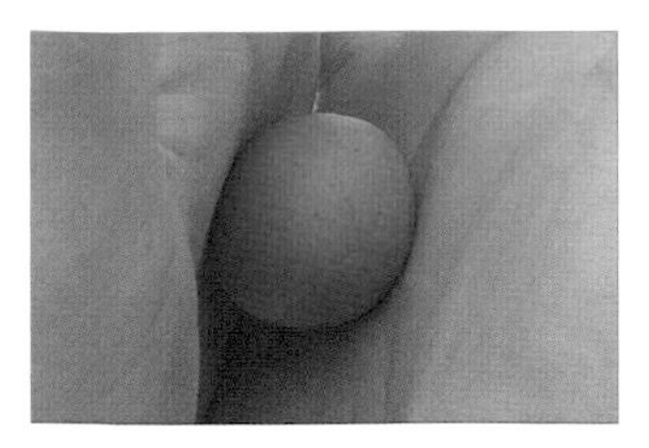

01 用手掌將粉色糯米團搓揉成圓形，即完成頭部主體。

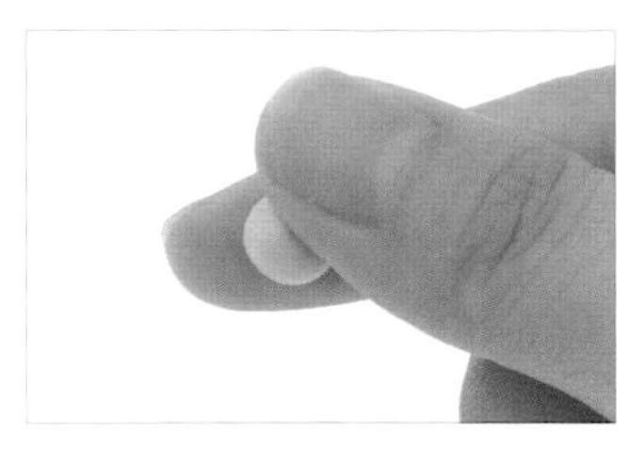

02 用指腹將膚色糯米團搓揉成圓形。

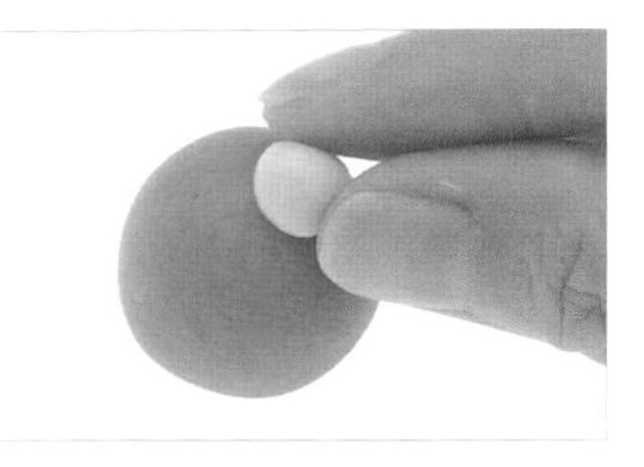

03 將膚色圓形糯米團放在頭部主體中間，即完成臉部。

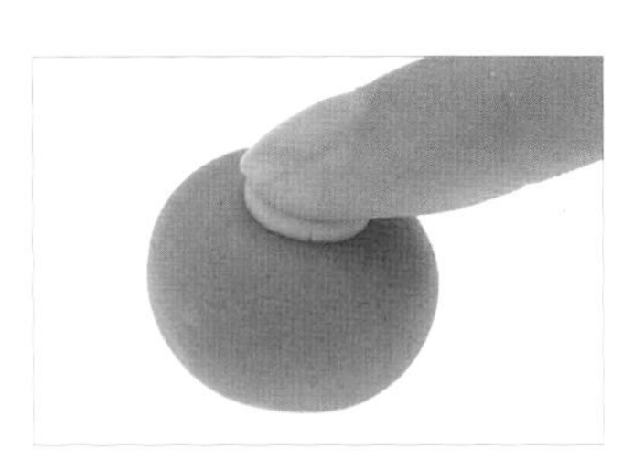

04 用指腹將膚色圓形糯米團輕壓固定後，放旁備用。

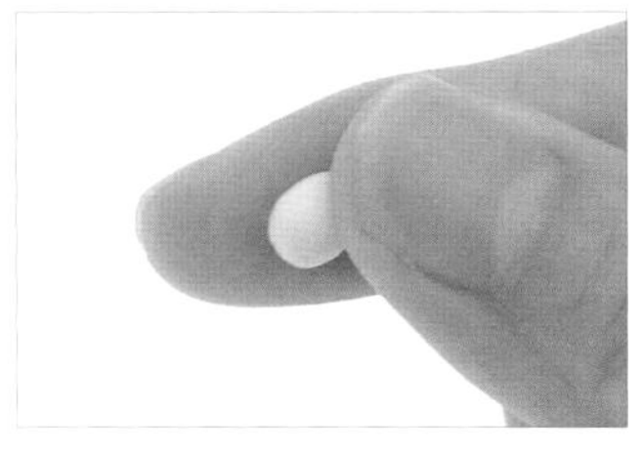

05 用指腹將黃色糯米團 a1 搓揉成圓形。

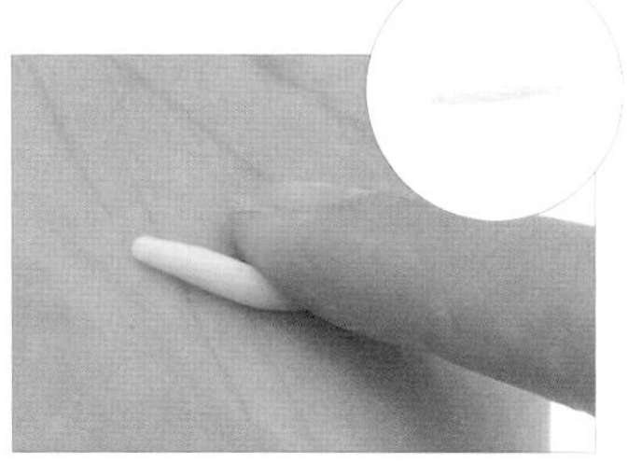

06 將黃色圓形糯米團 a1 在掌心搓成長條形。

07 重複步驟 5-6，取黃色糯米團 a2、a3 製作長條形糯米團，再以切刀棒切掉多餘的糯米團。

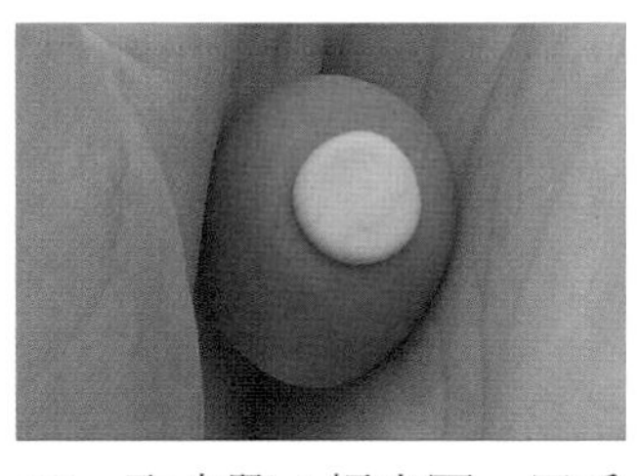

08 取步驟 4 糯米團，用手掌搓揉糯米團，使糯米團融合，為頭部。

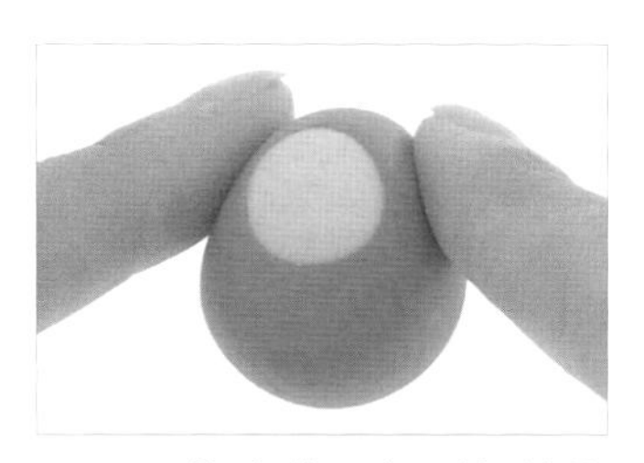

09 用指腹將頭部兩側稍微壓凹。

10 如圖，福氣蛋主體完成。

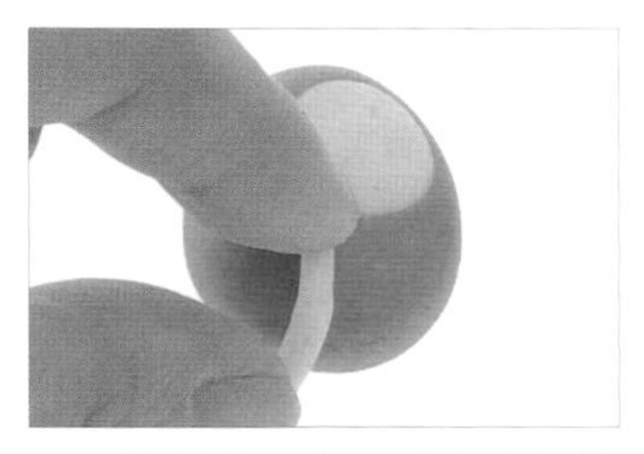

11 將長條形糯米團放在臉部下方。

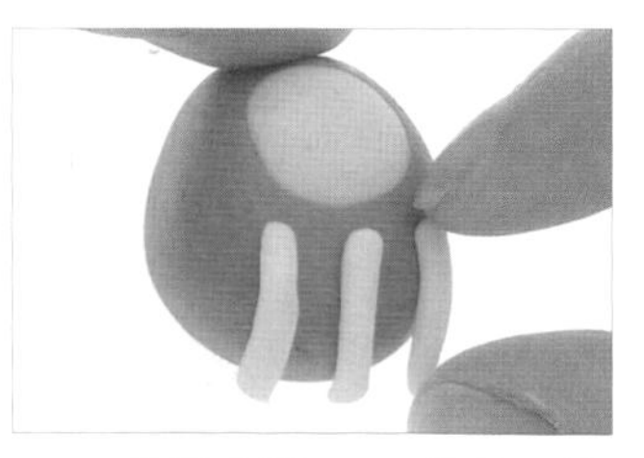

12 重複步驟 11，共放三條長條形糯米團。

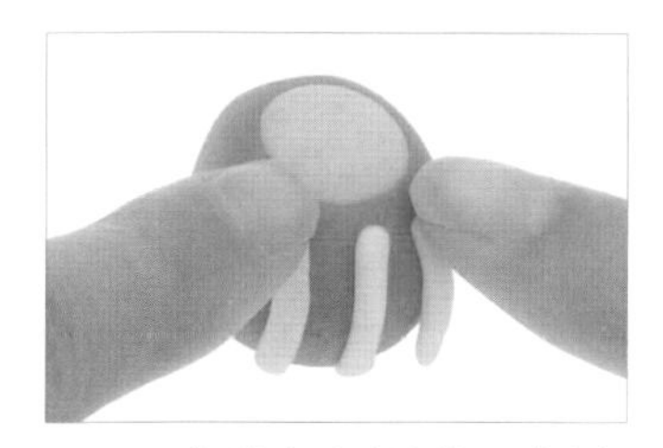

13 用指腹輕壓長條形糯米團前端。

14 用指腹輕壓長條形糯米團後端，以加強整體糯米團固定。

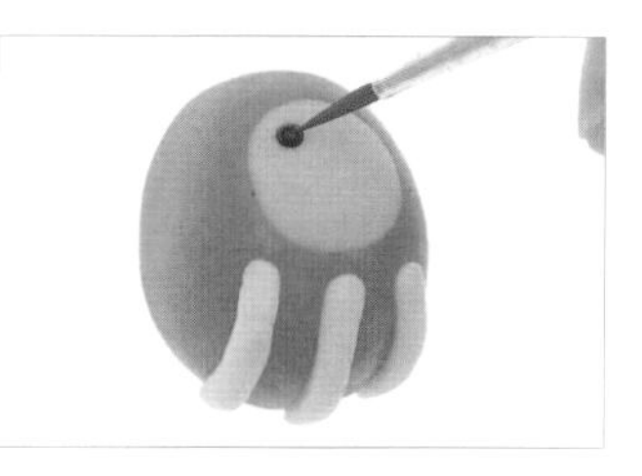

15 以畫筆沾取咖啡色色膏，畫出圓點，為左眼。

16 重複步驟 15，畫出右眼。

17 以畫筆沾取咖啡色色膏，在右側畫出波浪形，為鬍鬚。

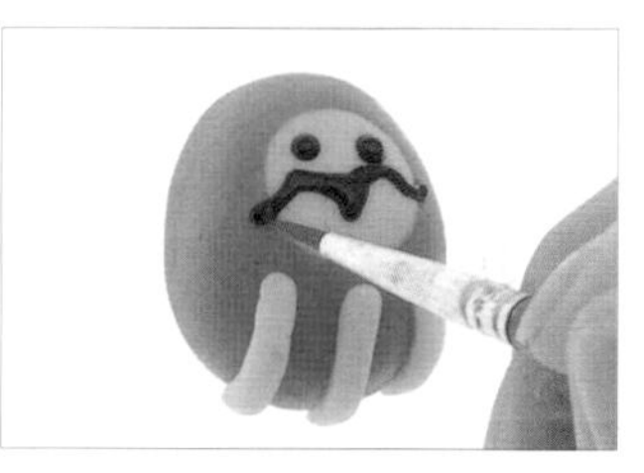

18 重複步驟 17，畫出左側鬍鬚。

19 如圖，鬍鬚繪製完成。

20 以畫筆沾取咖啡色色膏，畫出微笑線，為嘴巴。

21 如圖，福氣蛋完成。

Festival & Fairy

年節系列

米甕

 湯圓

使用糯米團	製作部位	糯米團直徑
棕色糯米團 a	甕缸	2 公分
紅色糯米團	春聯	0.5 公分
棕色糯米團 b	甕口	0.5 公分
白色糯米團	米	0.25 公分

 元宵

使用糯米團	製作部位	糯米團直徑
棕色糯米團 a	甕缸	4 公分
紅色糯米團	春聯	1 公分
棕色糯米團 b	甕口	1 公分
白色糯米團	米	0.5 公分

步驟說明 Step by step

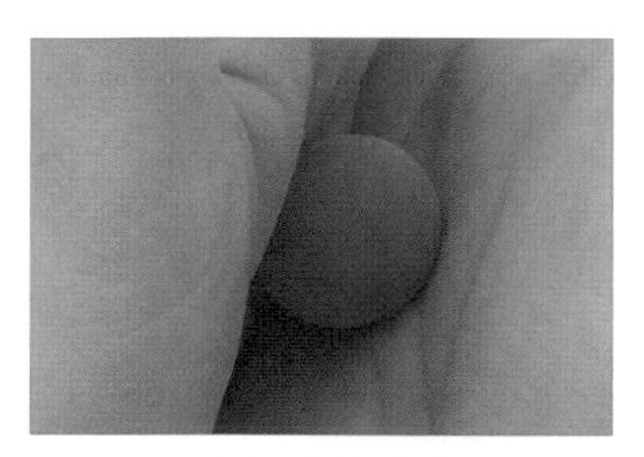

01 用手掌將棕色糯米團a搓揉成圓形，為甕缸。

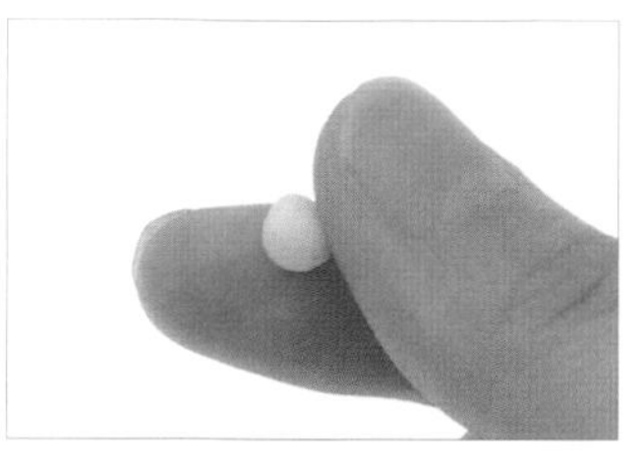

02 用指腹將白色糯米團搓揉成圓形，為米。

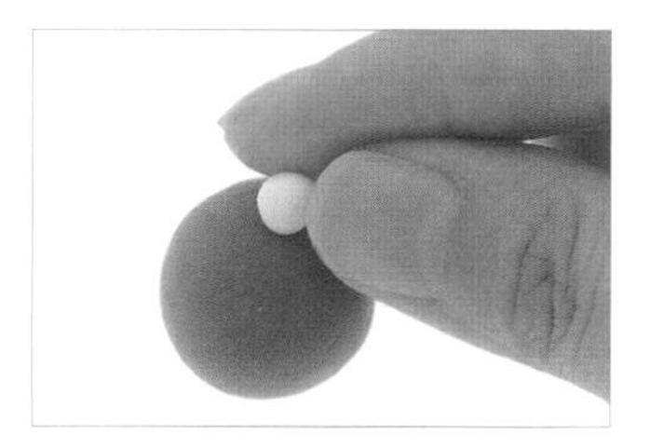

03 將米放在甕缸上方。

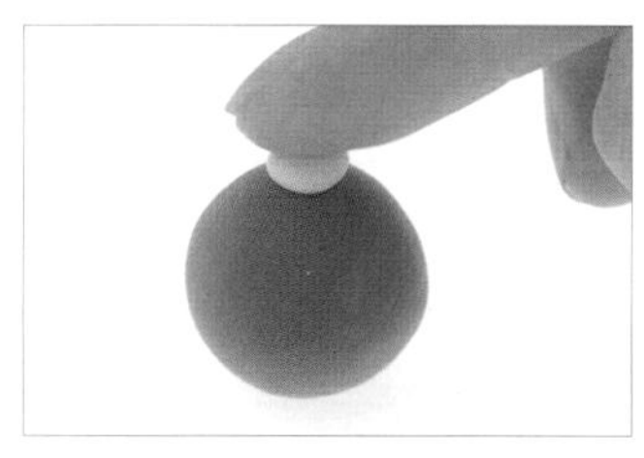

04 用指腹輕壓米，以加強固定。

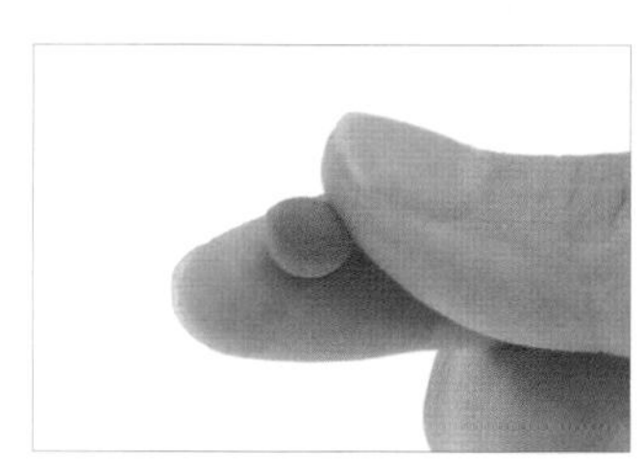

05 用指腹將棕色糯米團b搓揉成圓形。

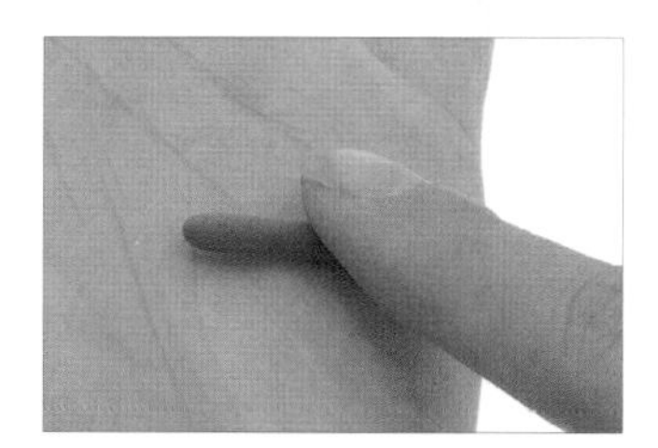

06 將棕色圓形糯米團b在掌心搓成長條形。

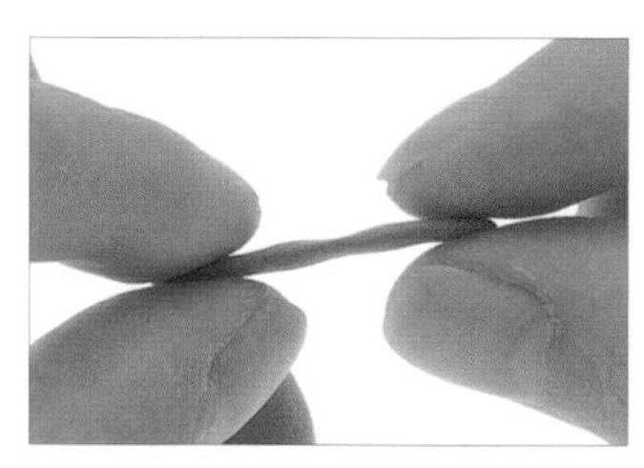

07 將棕色長條形糯米團b壓扁，為甕口糯米團。

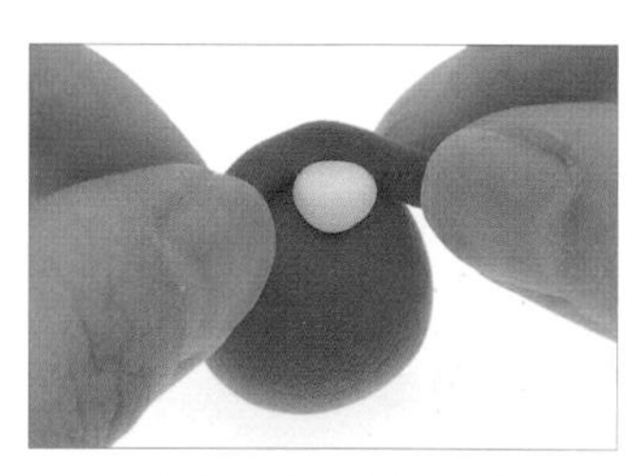

08 將甕口糯米團沿著米的邊緣包覆，以做出甕口。

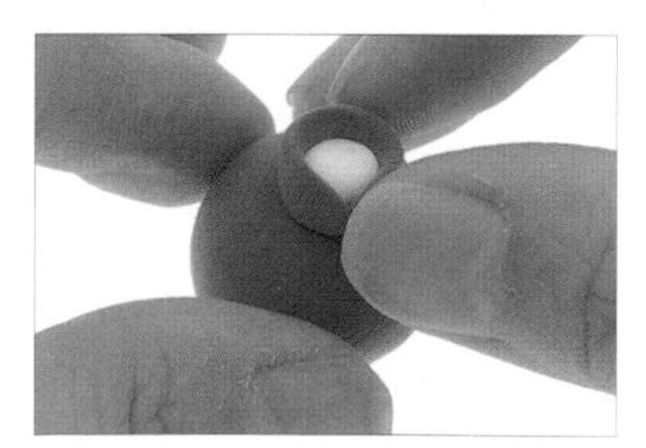

09 如圖，甕口完成。

10 用指腹輕壓甕口，以加強固定。

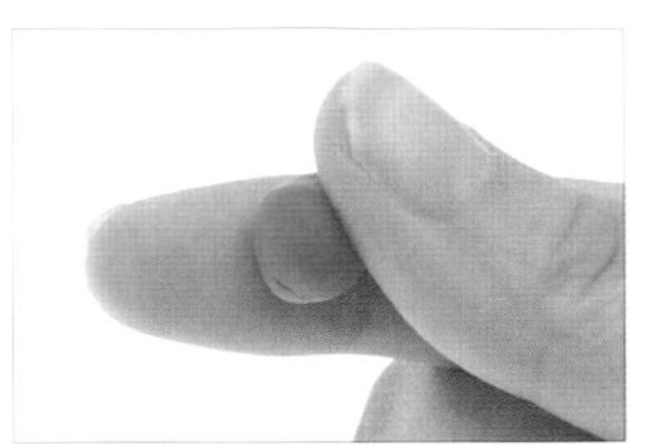

11 用指腹將紅色糯米團搓揉成圓形。

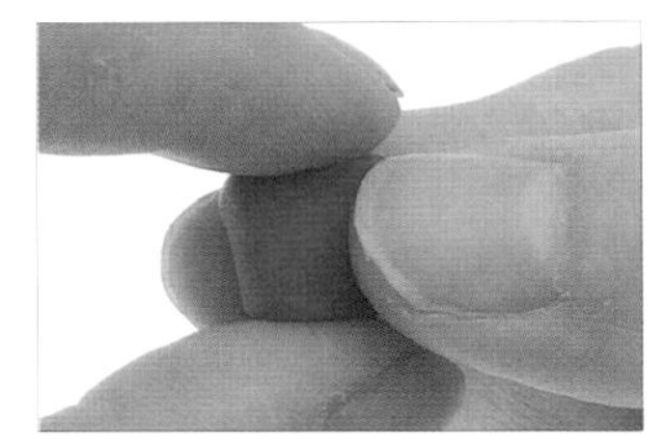

12 用指腹捏出紅色圓形糯米團的四邊，為正方形片。

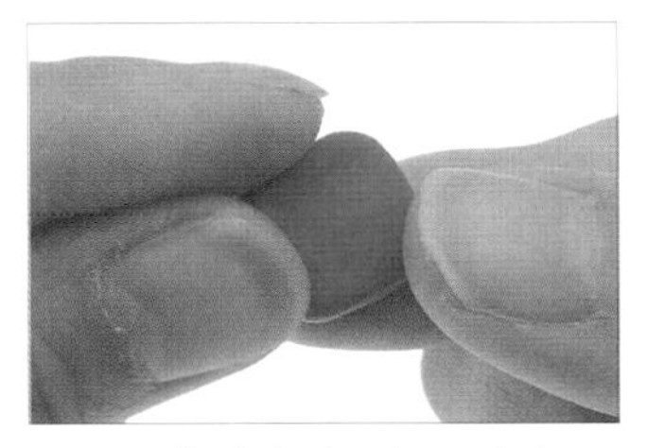

13 用指腹捏糯米團邊角，以加強正方形片的 90 度角，為春聯。

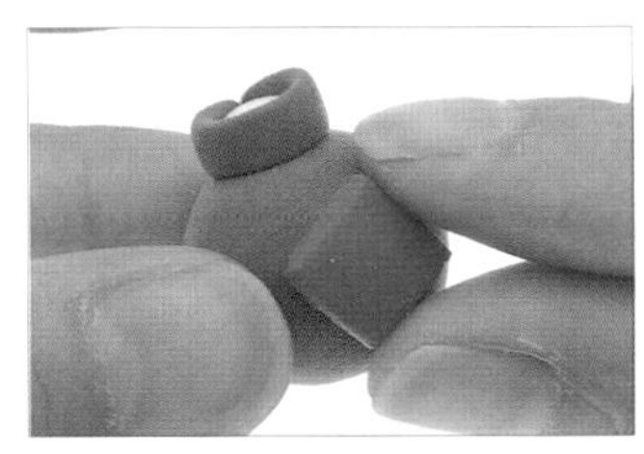

14 先將糯米團壓成扁平狀後，放在甕缸側邊。

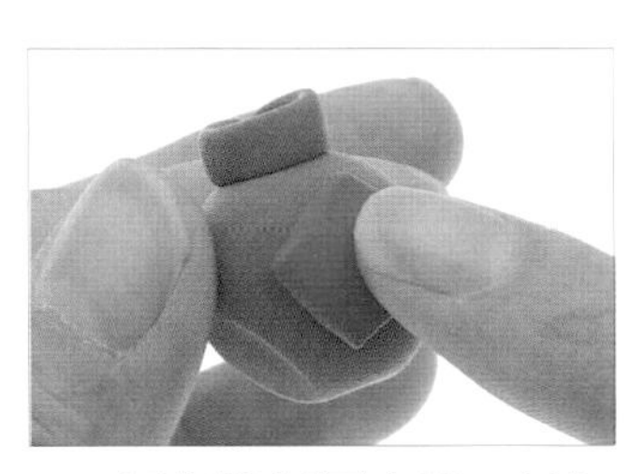

15 用指腹輕壓春聯，以加強固定。

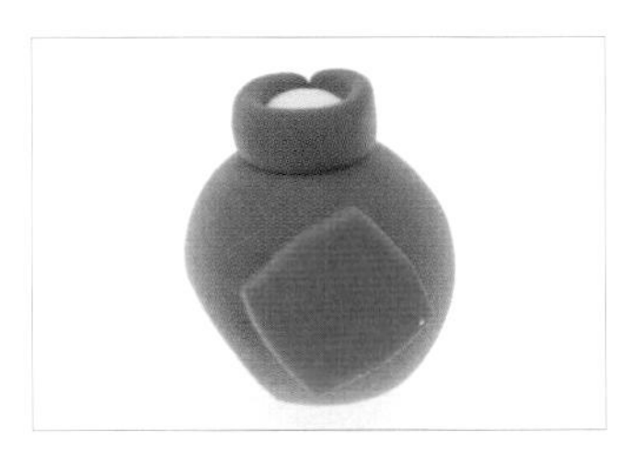

16 如圖，米甕主體完成。

17 以畫筆沾取咖啡色色膏寫出春字。（註：也可寫福等字。）

18 如圖，米甕完成。

財神

item 01 湯圓

使用糯米團	製作部位	糯米團直徑
膚色糯米團 a	頭部	2 公分
粉色糯米團 b	帽翅	1 公分
粉色糯米團 c	帽子	0.5 公分
粉色糯米團 d	舌頭	0.25 公分
膚色糯米團 e	鼻子	0.25 公分
黃色糯米團 f1	裝飾寶石	0.25 公分
黃色糯米團 f2	裝飾寶石	0.25 公分
黃色糯米團 f3	裝飾寶石	0.25 公分
膚色糯米團 g1	耳朵	0.5 公分
膚色糯米團 g2	耳朵	0.5 公分

item 02 元宵

使用糯米團	製作部位	糯米團直徑
膚色糯米團 a	頭部	4 公分
粉色糯米團 b	帽翅	2 公分
粉色糯米團 c	帽子	1 公分
粉色糯米團 d	舌頭	0.5 公分
膚色糯米團 e	鼻子	0.5 公分
黃色糯米團 f1	裝飾寶石	0.5 公分
黃色糯米團 f2	裝飾寶石	0.5 公分
黃色糯米團 f3	裝飾寶石	0.5 公分
膚色糯米團 g1	耳朵	1 公分
膚色糯米團 g2	耳朵	1 公分

步驟說明 Step by step

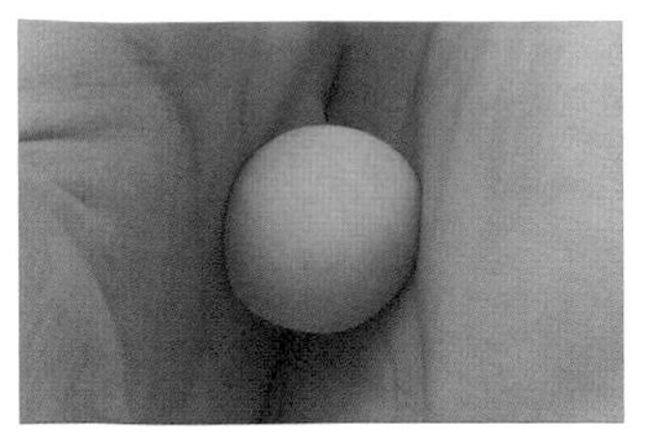

01 用手掌將膚色糯米團 a 搓揉成圓形，為頭部。

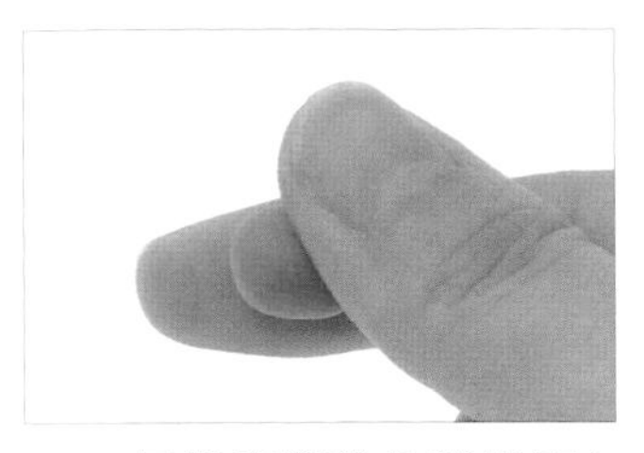

02 用指腹將粉色糯米團 b 搓揉成圓形。

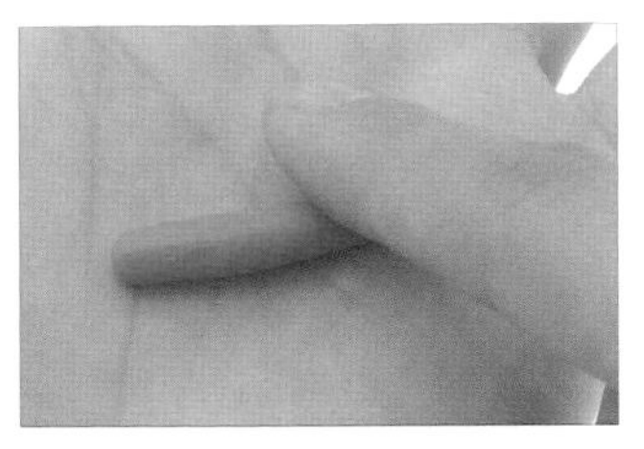

03 將粉色圓形糯米團 b 在掌心搓成長條形，為帽翅。

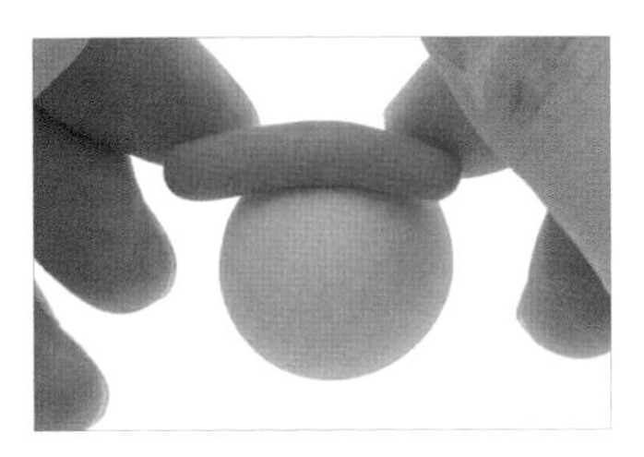

04 將帽翅放在頭部上方，並輕壓固定。

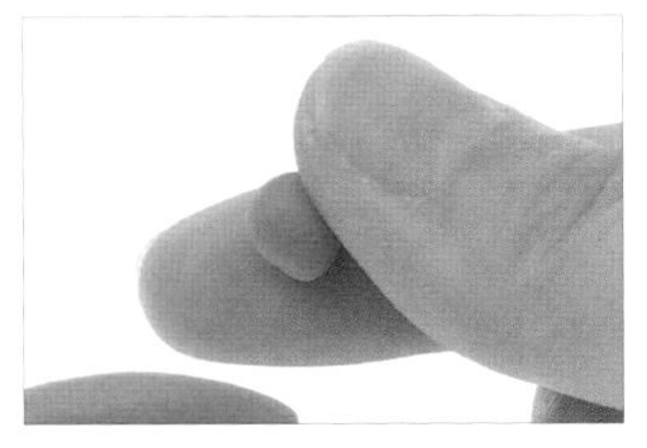

05 用指腹將粉色糯米團 c 搓揉成圓形。

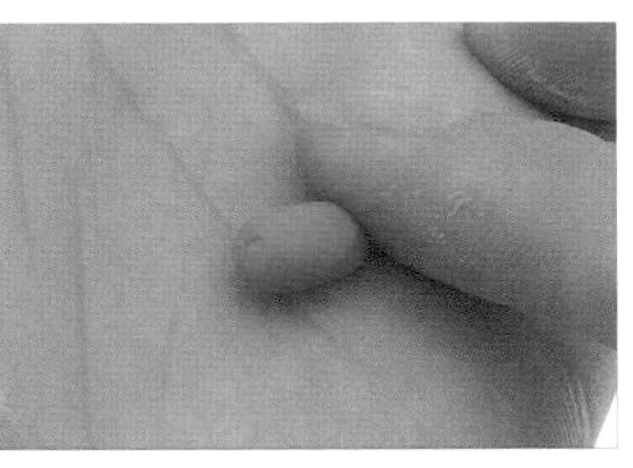

06 將粉色圓形糯米團 c 在掌心搓成長條形，為帽子。

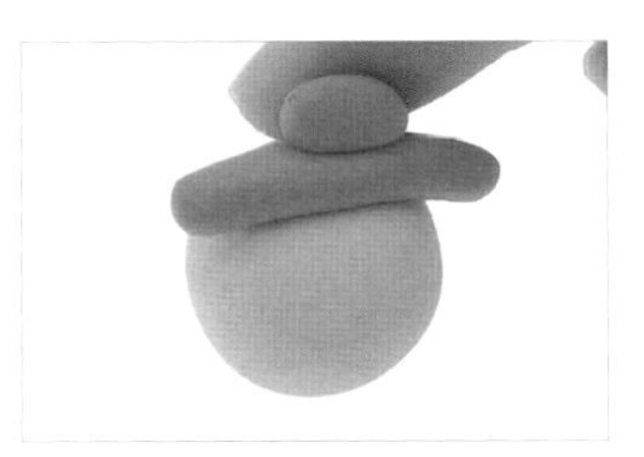

07 將帽子放在帽翅上方，並輕壓固定。

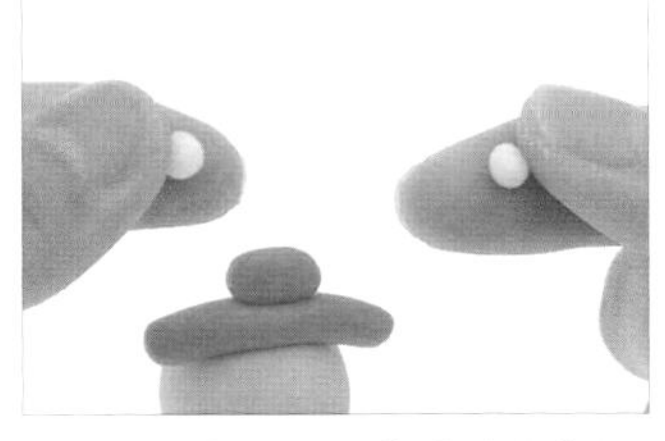

08 用指腹將黃色糯米團 f1、f2 搓揉成圓形，為裝飾寶石。

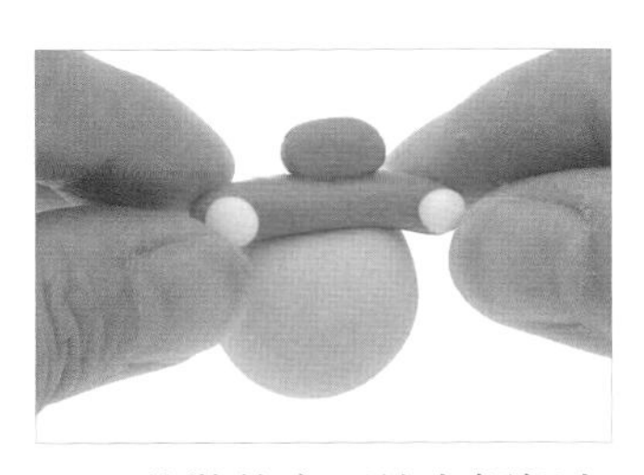

09 將裝飾寶石放在帽翅上。

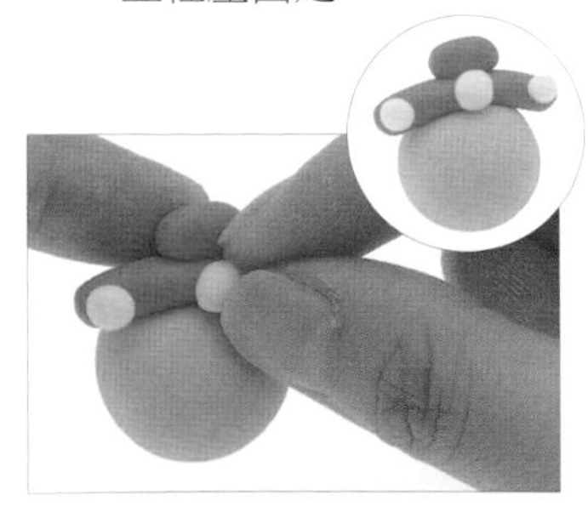

10 重複步驟 8-9，取黃色糯米團 f3 完成帽翅上的裝飾寶石擺放。

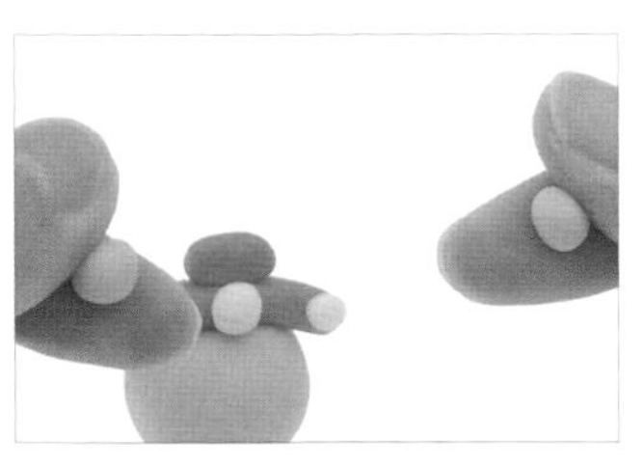

11 用指腹將膚色糯米團 g1、g2 搓揉成圓形。

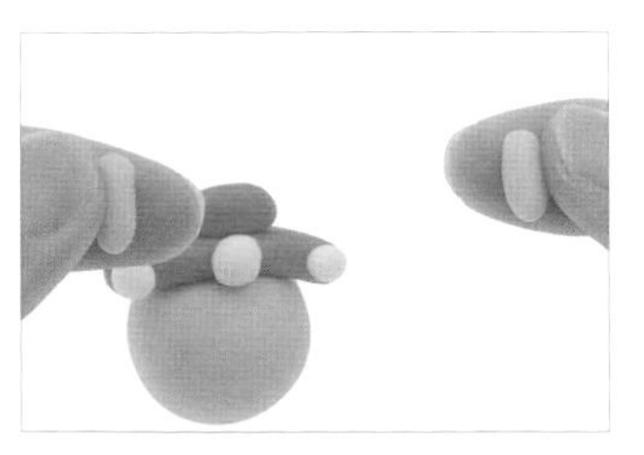

12 用指腹將膚色圓形糯米團 g1、g2 搓成長條形，為耳朵。

13 將耳朵放在頭部兩側，並輕捏扁。

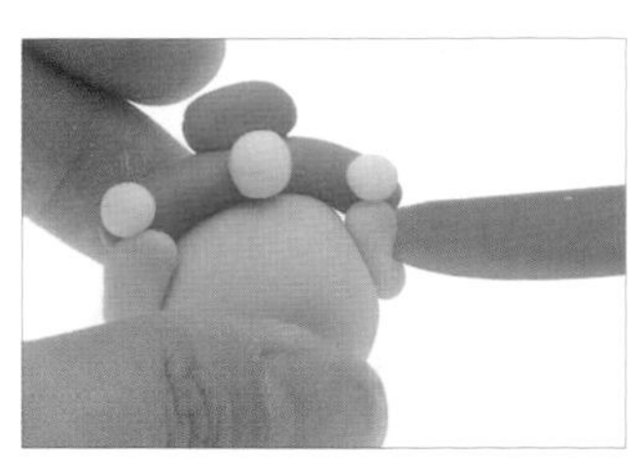

14 以切刀棒切出右側耳朵的凹陷處。

15 以切刀棒切出左側耳朵的凹陷處。

16 如圖，耳朵完成。

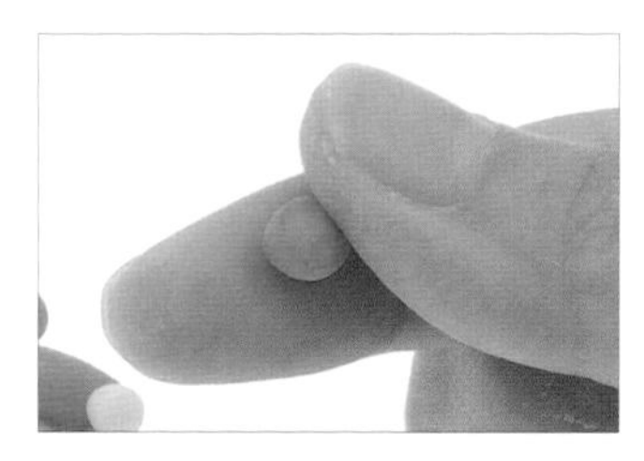

17 用指腹將粉色糯米團 d 搓揉成圓形。

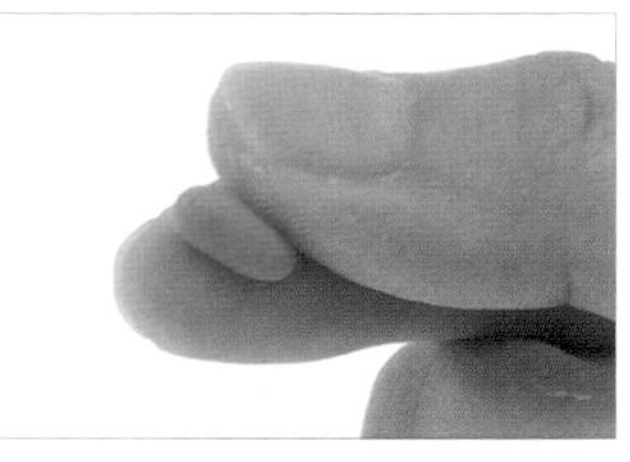

18 用指腹將粉色圓形糯米團 d 搓成長條形。

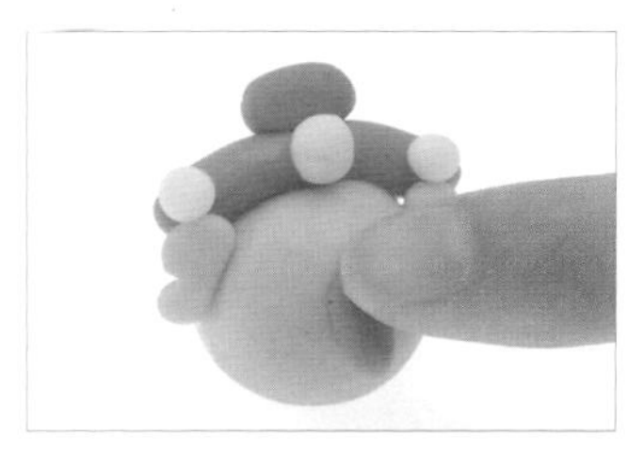

19 將粉色長條形糯米團 d 放在臉上，並輕壓糯米團上方，以加強固定。

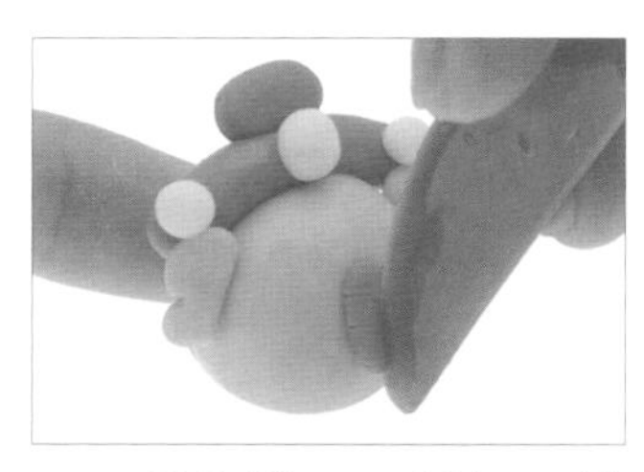

20 承步驟 19，以切刀棒由下往上切出短直線。

21 如圖，舌頭完成。

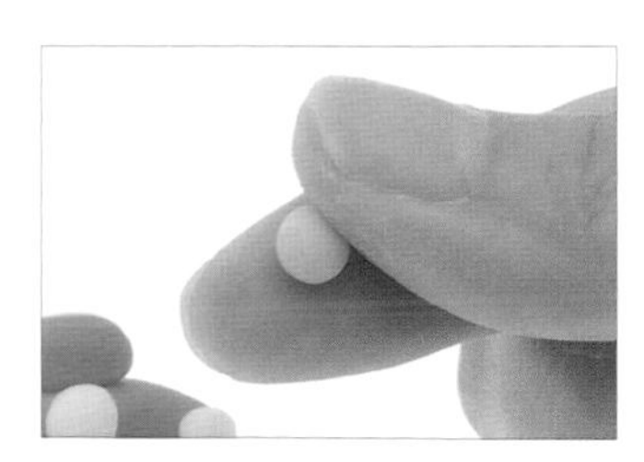

22 用指腹將膚色糯米團 e 搓揉成圓形，為鼻子。

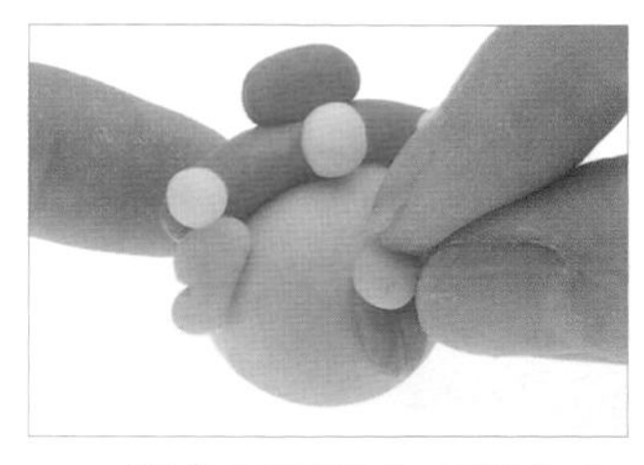

23 將鼻子壓放在舌頭上方。

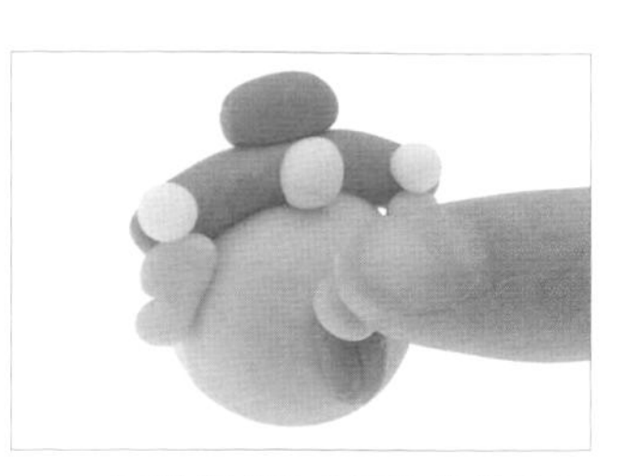

24 用指腹將鼻子輕壓固定。

25 如圖，財神主體完成。

26 以畫筆沾取咖啡色色膏，沿著耳朵側邊畫出直線，為鬢角。

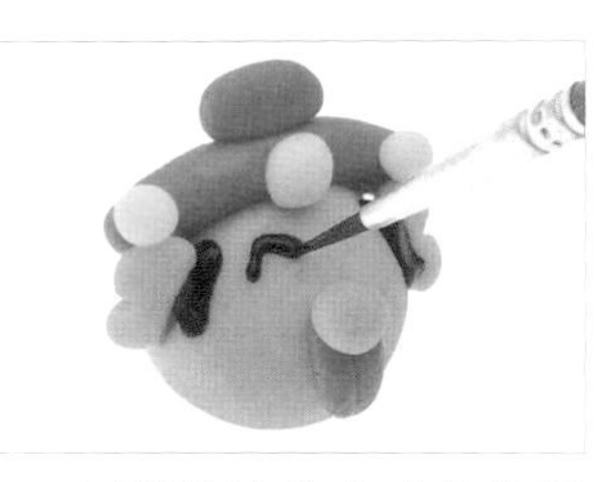

27 以畫筆沾取咖啡色色膏，畫出弧線，為左側眉毛。

28 重複步驟27，畫出右側眉毛。

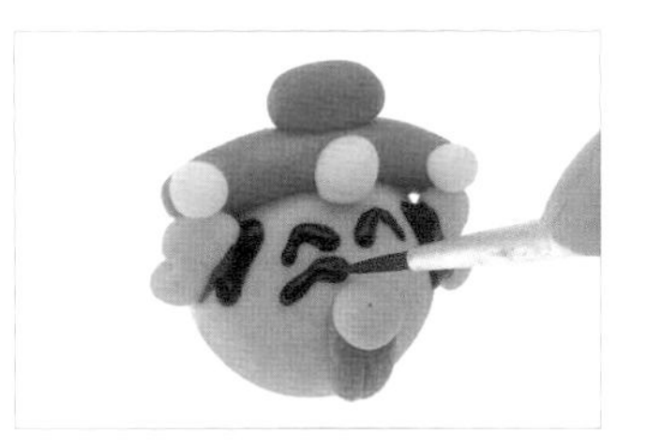

29 以畫筆沾取咖啡色色膏，畫出微笑線，為左眼。

30 重複步驟29，畫出右眼。

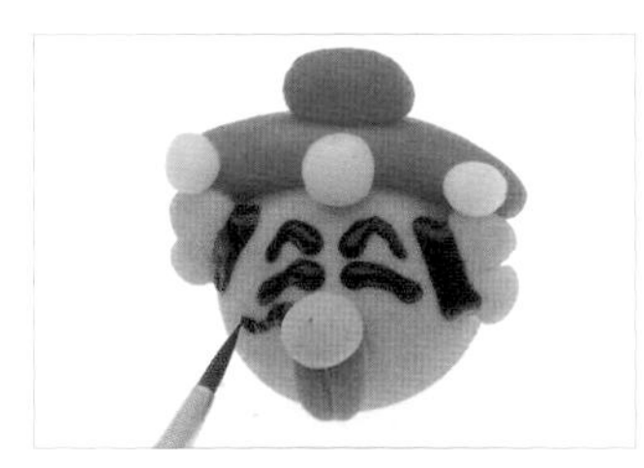

31 以畫筆沾取咖啡色色膏，在左側畫出波浪形，為鬍鬚。

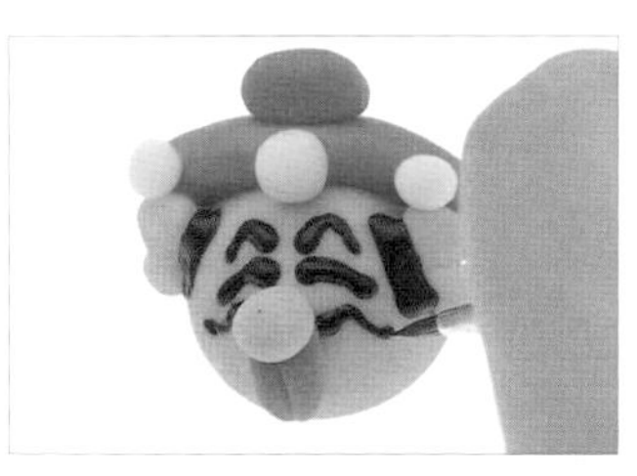

32 重複步驟31，畫出右側鬍鬚。

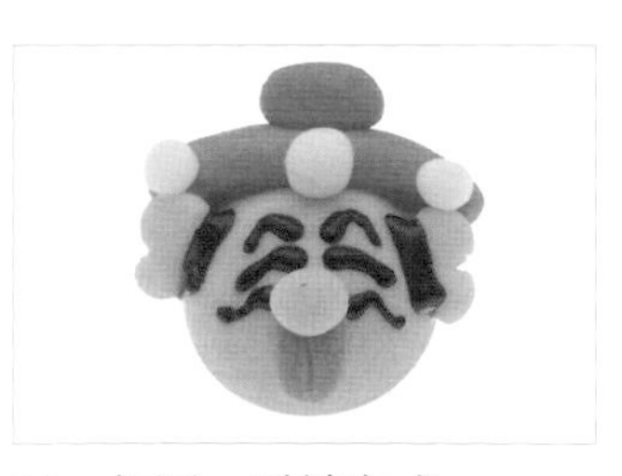

33 如圖，財神完成。

GÂTEAU AUX NOIX
PÂTISSERIE
I
U

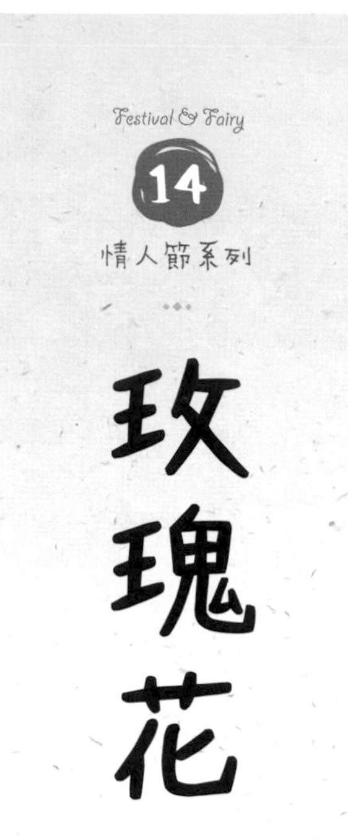

玫瑰花

湯圓

使用糯米團	製作部位	糯米團直徑
粉色糯米團 a1	花瓣	2 公分
粉色糯米團 a2	花瓣	2 公分
粉色糯米團 a3	花瓣	2 公分
粉色糯米團 a4	花瓣	2 公分
粉色糯米團 a5	花瓣	2 公分
粉色糯米團 a6	花瓣	2 公分

使用糯米團	製作部位	糯米團直徑
綠色糯米團 b1	葉子	1 公分
綠色糯米團 b2	葉子	1 公分
綠色糯米團 b3	葉子	1 公分
綠色糯米團 b4	葉子	1 公分

★ 此作品不建議做元宵，因玫瑰是由片狀糯米團拼接製成。

步驟說明 Step by step

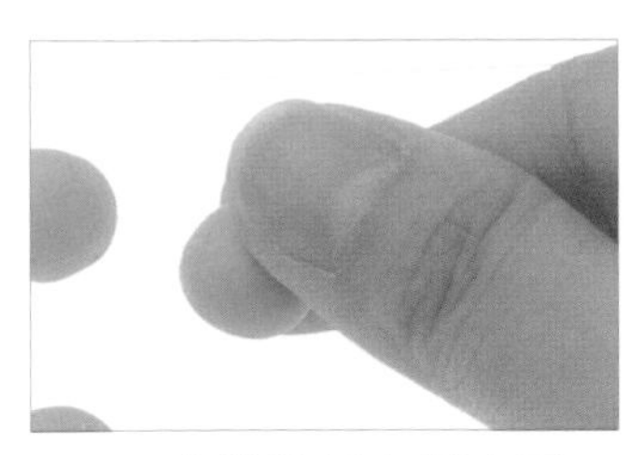

01 用指腹將粉色糯米團 a1 搓揉成圓形。

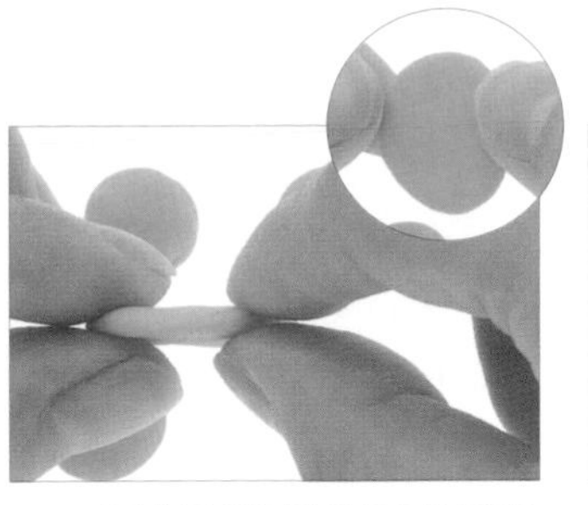

02 用指腹將粉色圓形糯米團 a1 壓成均勻厚薄，為花瓣。

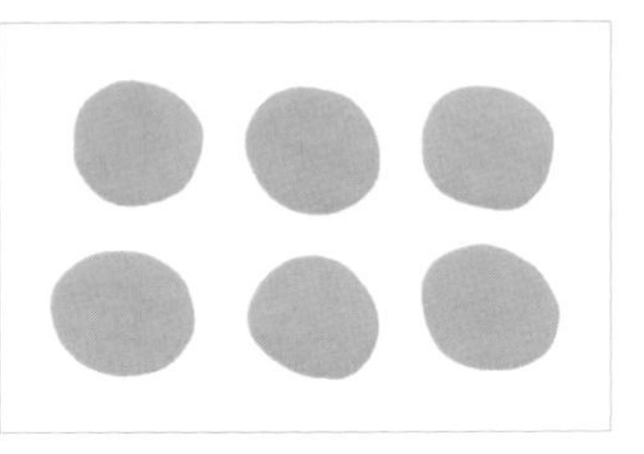

03 重複步驟 1-2，取粉色糯米團 a2 ～ a6，做出共六片花瓣。

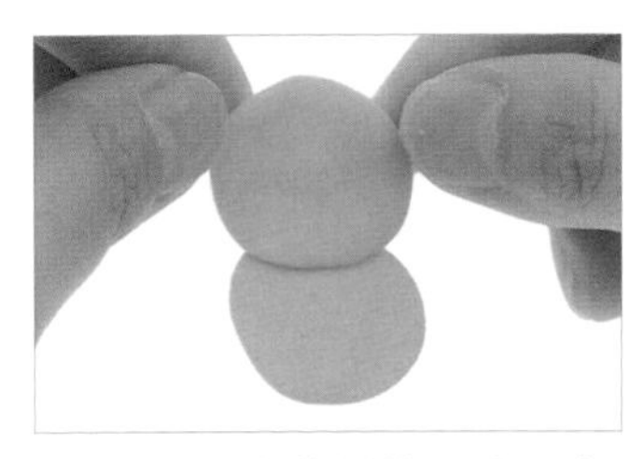

04 將兩片花瓣堆疊在一起。

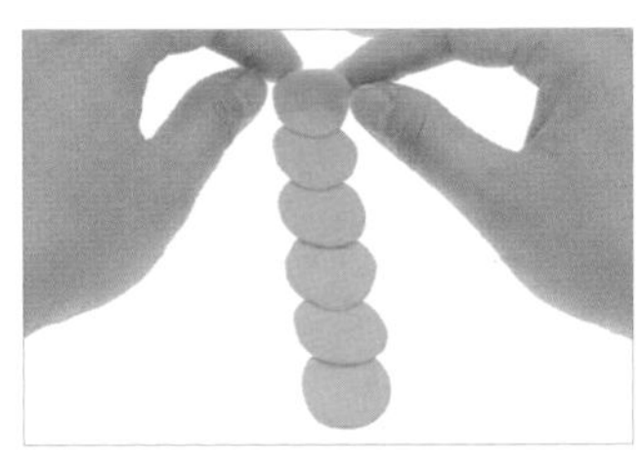

05 承步驟 4，將六片花瓣堆疊在一起。

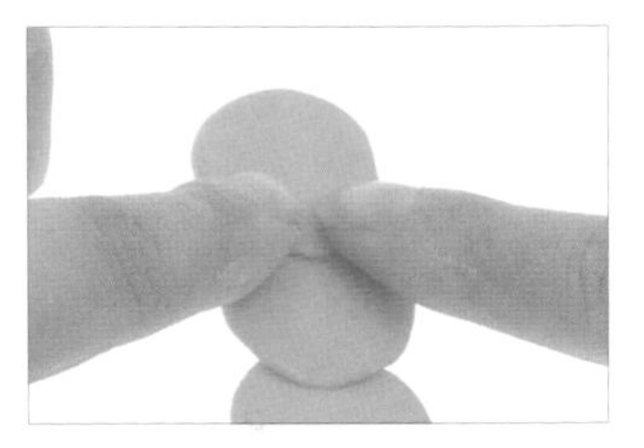

06 用指腹按壓花瓣堆疊處，以加強固定。

07 將堆疊的花瓣捲起。

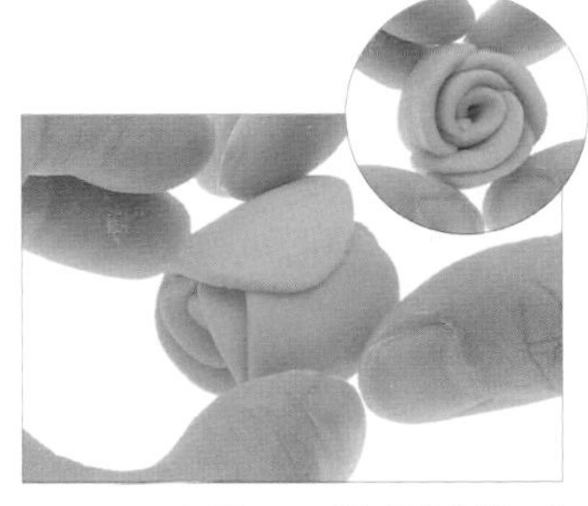

08 承步驟 7，將花瓣捲至底。

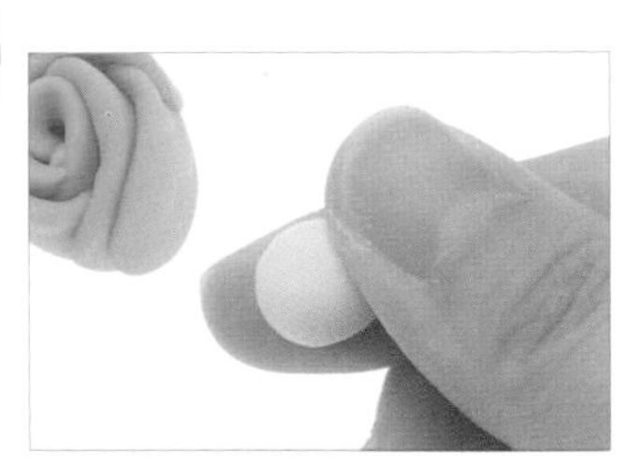

09 用指腹將綠色糯米團 b2 搓揉成圓形。

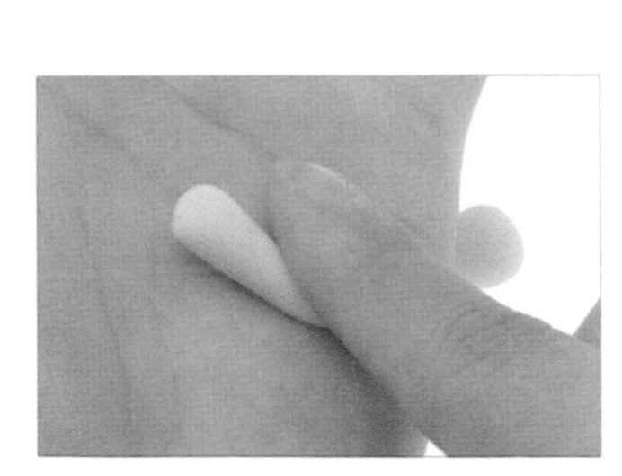

10 將綠色圓形糯米團 b1 在掌心搓成水滴形。

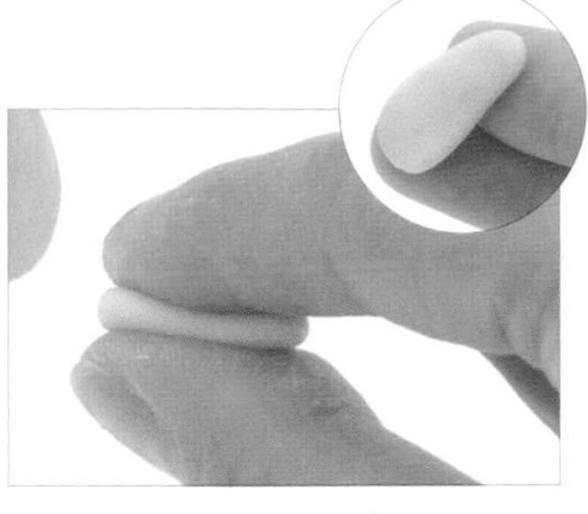

11 將綠色水滴形糯米團 b1 捏扁，為葉子。

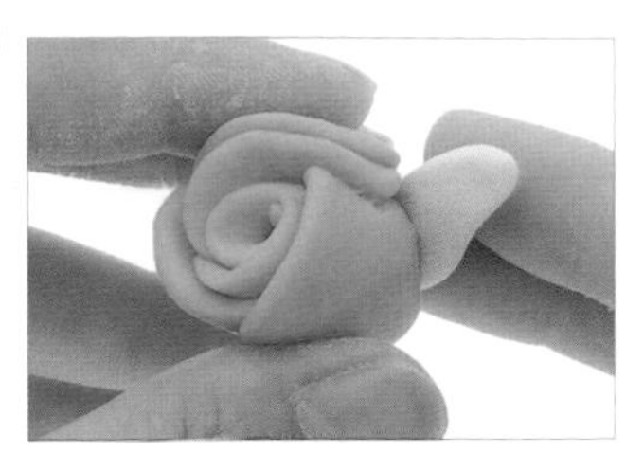

12 將葉子放在玫瑰下方。

13　承步驟 12，將葉子輕壓至玫瑰側邊。

14　重複步驟 9-13，擺放第二片花瓣。

15　重複步驟 9-13，擺放第三片花瓣。

16　重複步驟 9-13，擺放第四片花瓣。

17　將葉子稍微向外扳開，製造葉子的自然感。

18　如圖，玫瑰完成。

Tips

花瓣製作方法：運用粗吸管。

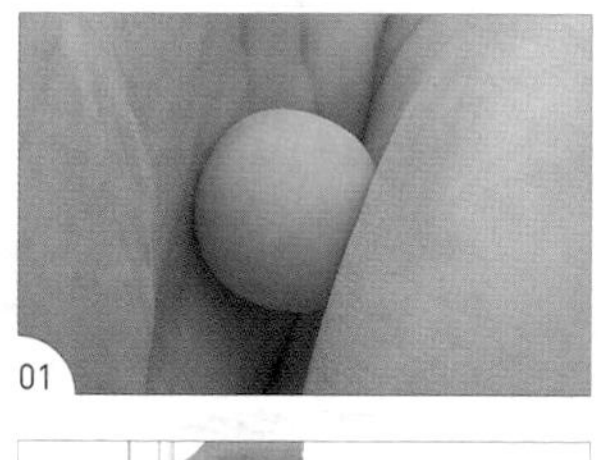

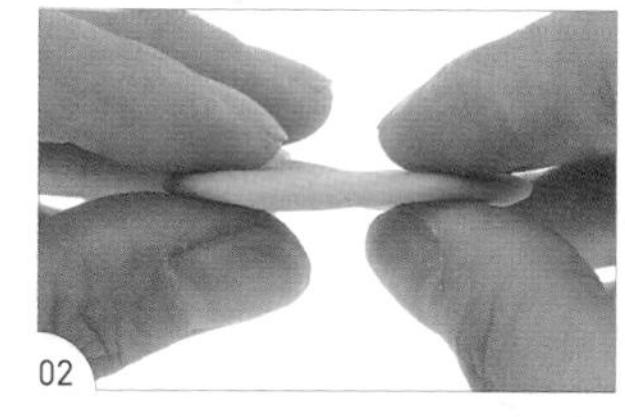

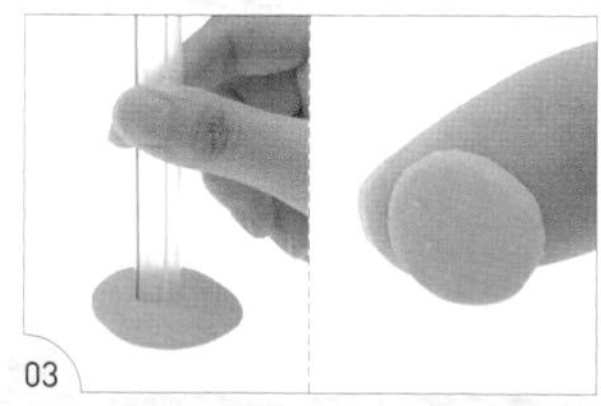

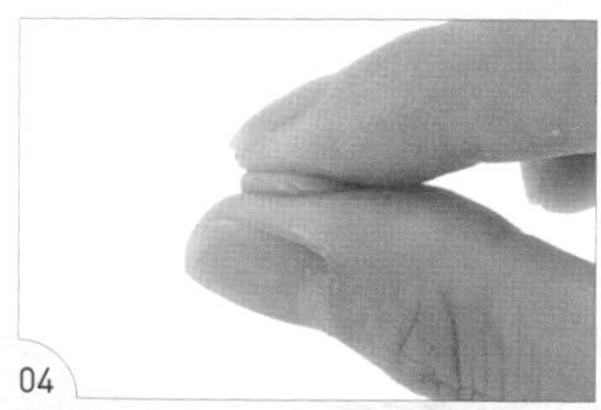

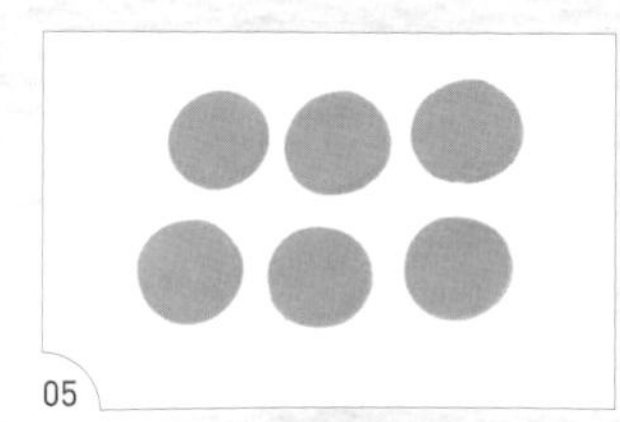

01　用手掌將粉色糯米團搓揉成圓形。

02　用指腹將粉色圓形糯米團壓成均勻厚薄。

03　以粗吸管壓出粉色圓形扁型糯米團。（註：也可使用模具。）

04　用指腹將粉色扁形糯米團捏壓成均勻厚薄，為花瓣。

05　重複步驟 1-4，取粉色糯米團，做出共六片花瓣。

06　如圖，捲出來的玫瑰花形。

愛心

01 湯圓

使用糯米團	製作部位	糯米團直徑
紅色糯米團	愛心	2 公分

02 元宵

使用糯米團	製作部位	糯米團直徑
紅色糯米團	愛心	4 公分

步驟說明 Step by step

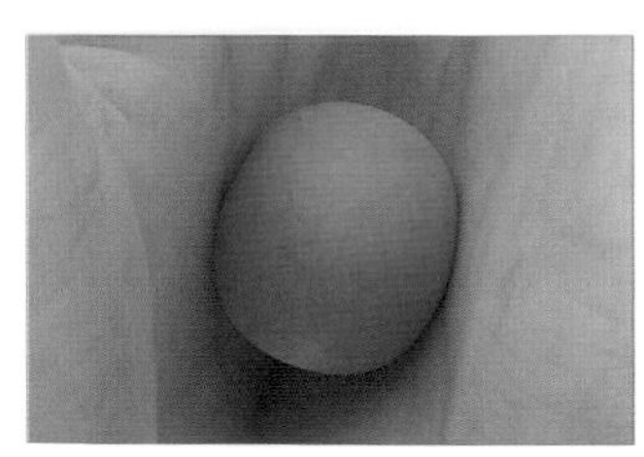

01 用手掌將紅色糯米團搓揉成圓形。

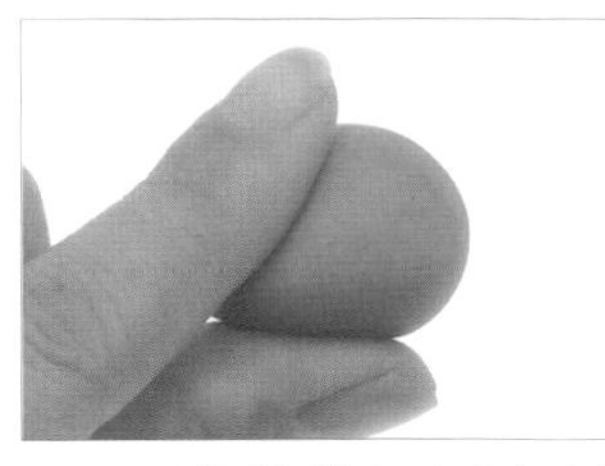

02 用指腹將紅色圓形糯米團一側捏尖。

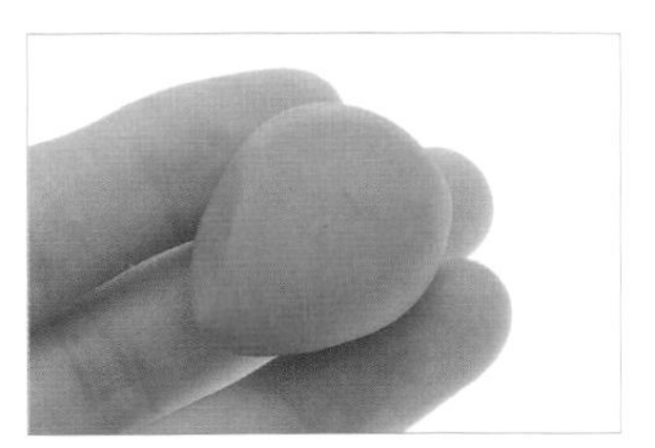

03 如圖，紅色水滴形糯米團完成。

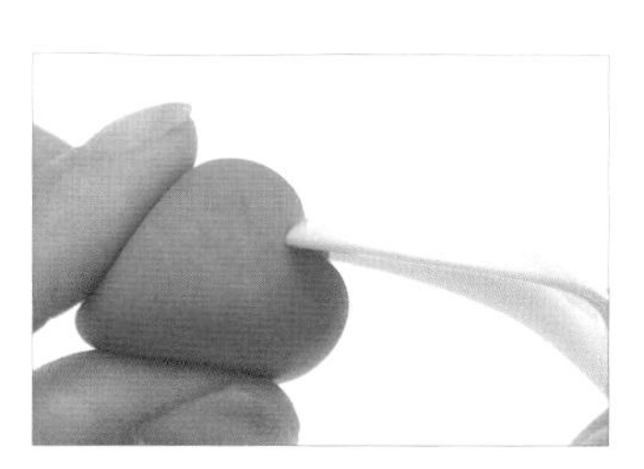

04 以湯匙切出短直線。（註：有弧度的工具皆可使用。）

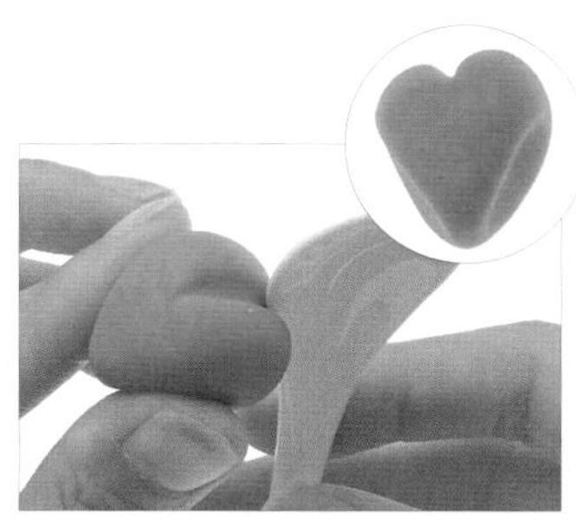

05 承步驟4，順勢往下切。

06 承步驟5，以湯匙切糯米團正面，使弧度更明顯。

07 如圖，愛心主體完成。

08 用指腹將愛心主體的尾端捏彎。

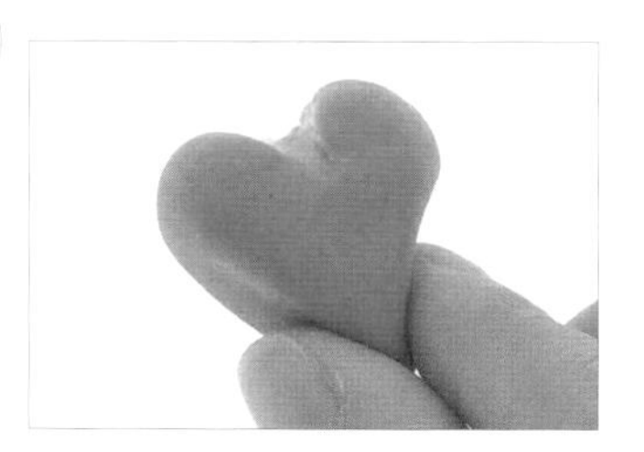

09 用指腹調整愛心的弧度。

10 如圖，愛心完成。

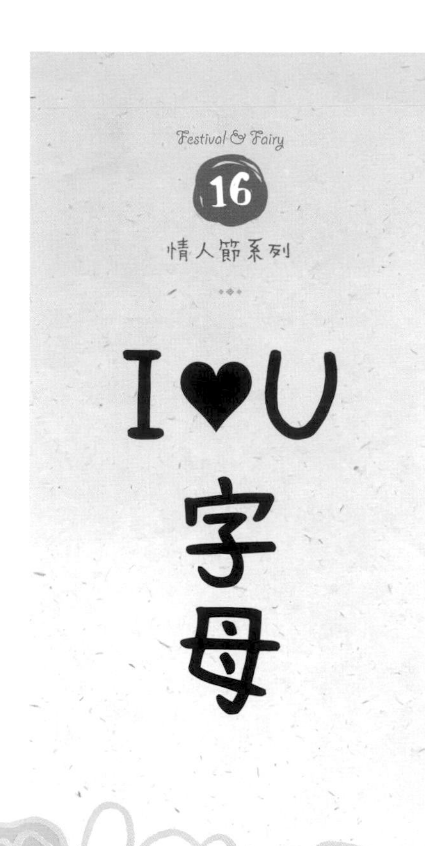

I♥U字母

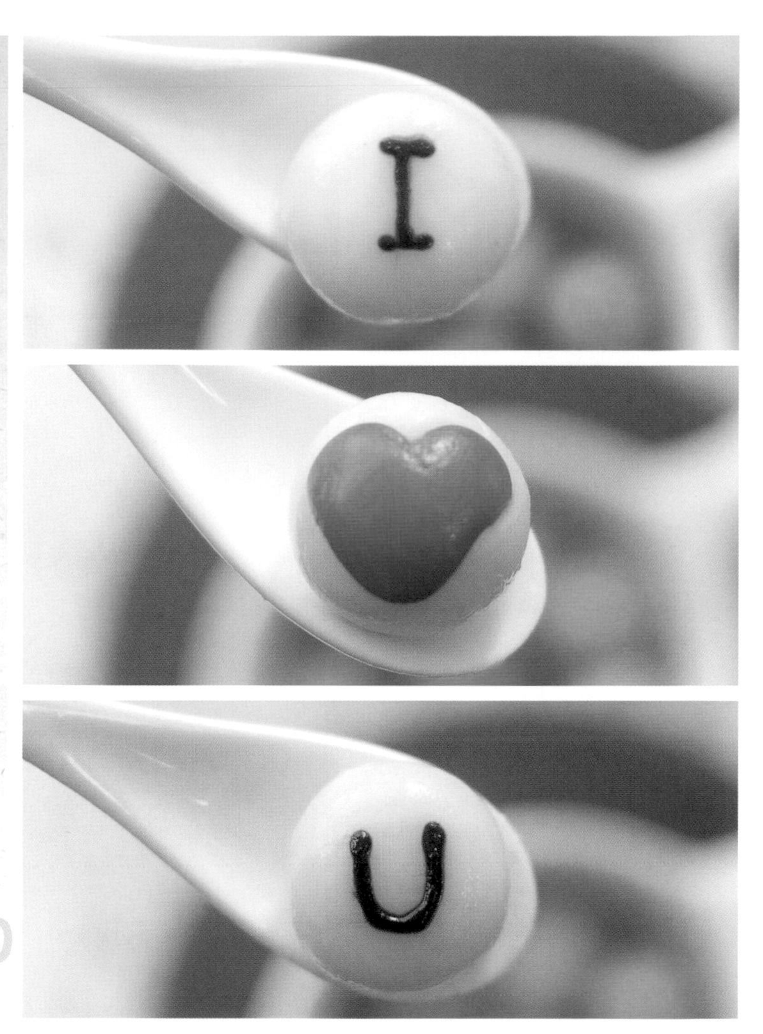

湯圓

使用糯米團	製作部位	糯米團直徑
白色糯米團 a	底座	2 公分
白色糯米團 b	底座	2 公分
白色糯米團 c	底座	2 公分
紅色糯米團	愛心	1 公分

元宵

使用糯米團	製作部位	糯米團直徑
白色糯米團 a	底座	4 公分
白色糯米團 b	底座	4 公分
白色糯米團 c	底座	4 公分
紅色糯米團	愛心	2 公分

步驟說明 Step by step

◎ 愛心

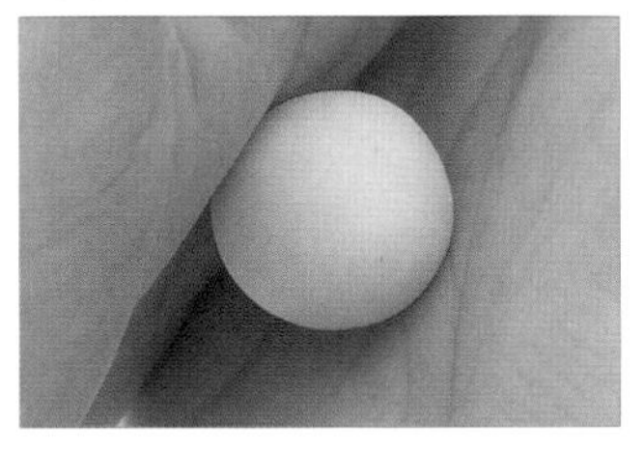

01 用手掌將白色糯米團a搓揉成圓形，為底座。

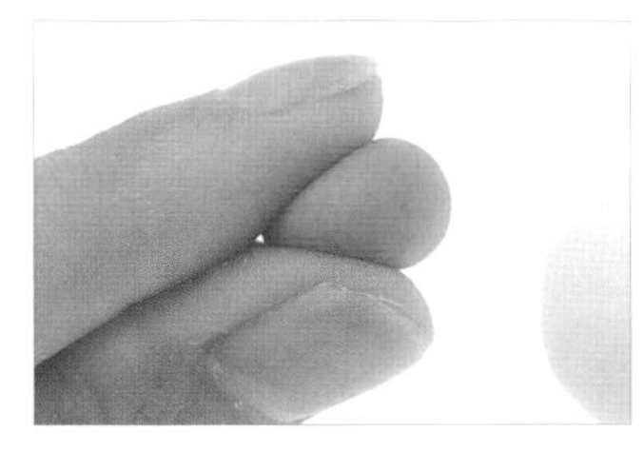

02 用指腹將紅色糯米團搓揉成圓形後，將糯米團一側捏尖。

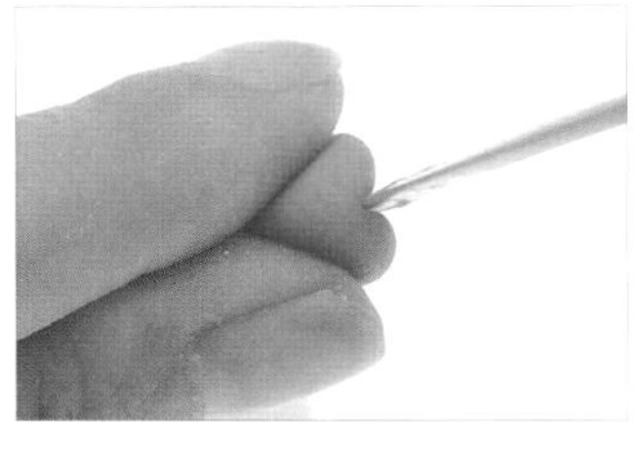

03 以切刀棒切出短直線。

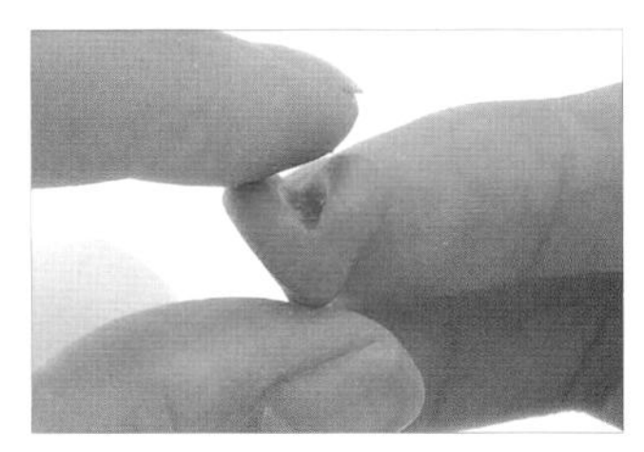

04 如圖，愛心主體完成。

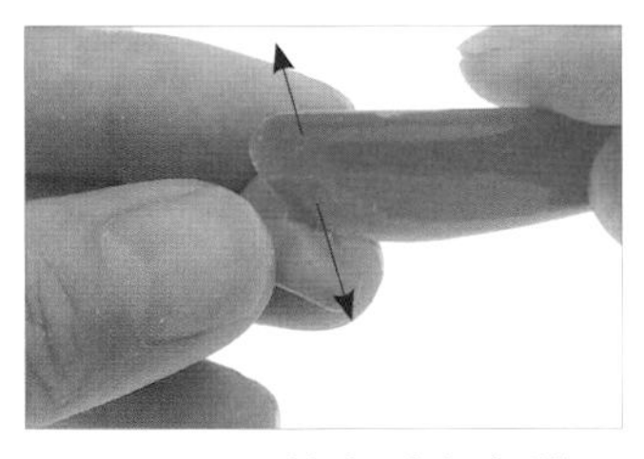

05 以切刀棒在愛心主體凹陷處前後輕壓，使愛心向外擴大。

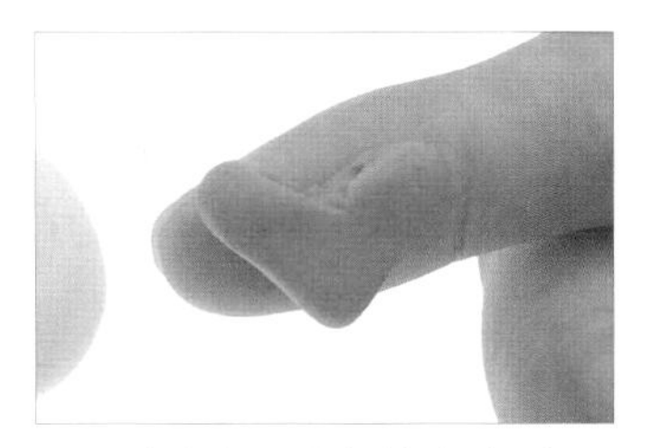

06 如圖，愛心擴大完成。

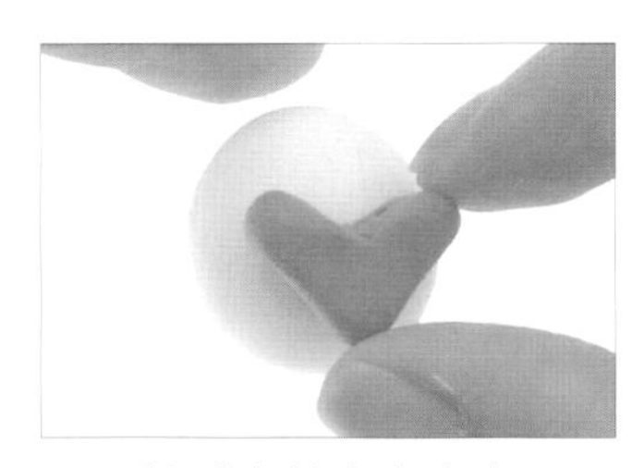

07 將愛心放在底座上。

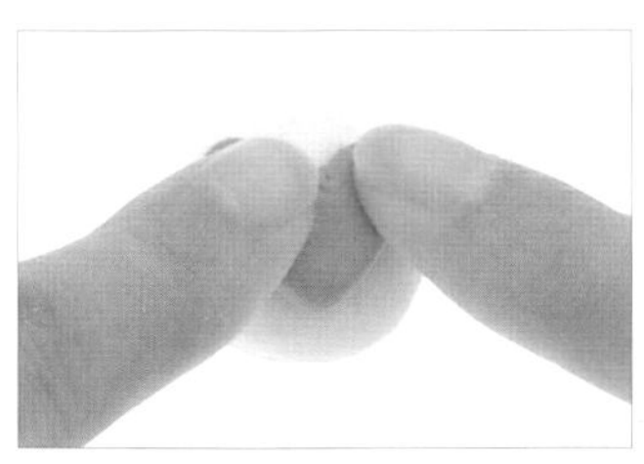

08 用指腹將愛心輕壓固定。

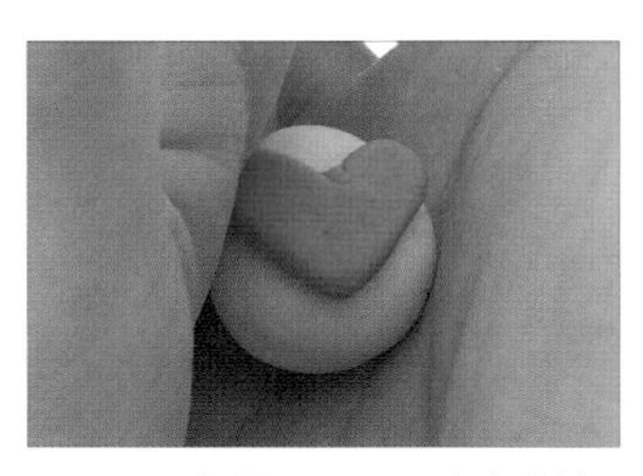

09 承步驟8，用手掌搓揉糯米團，使糯米團融合。

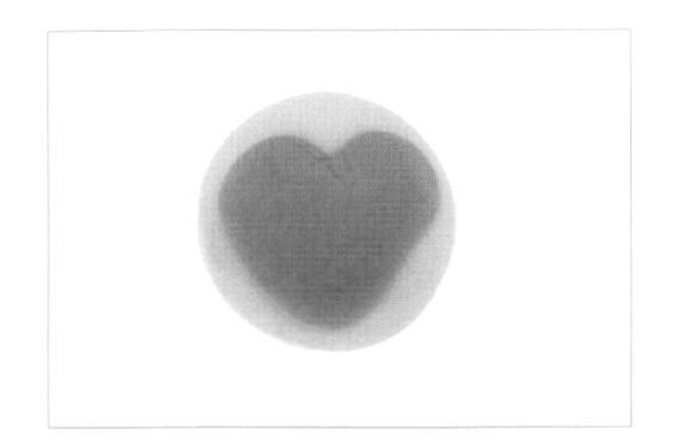

10 如圖，愛心完成。

11 重複步驟 1，取白色糯米團 b、c 製作出兩個底座。

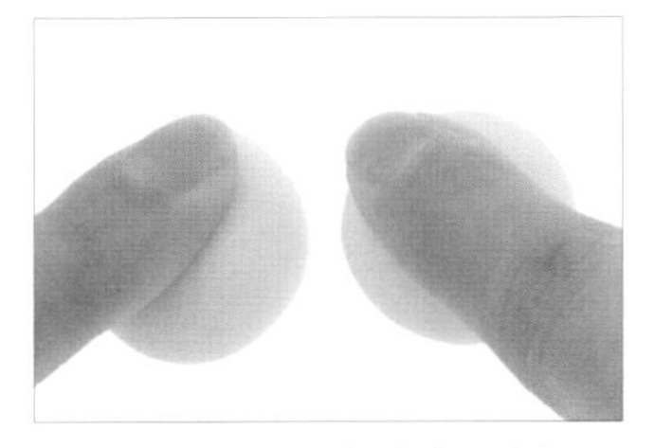

12 用指腹將底座輕壓出平面。

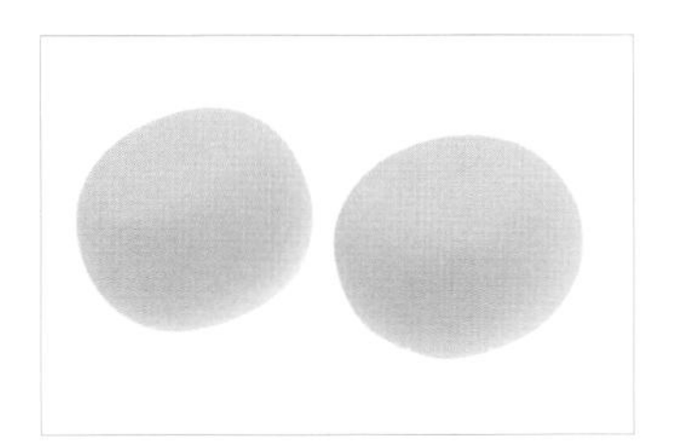

13 如圖，底座按壓完成。

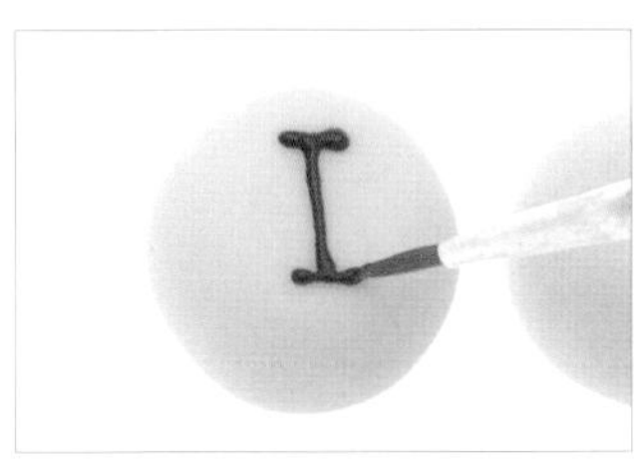

14 以畫筆沾取咖啡色色膏，寫出 I 字。

15 如圖，I 完成。

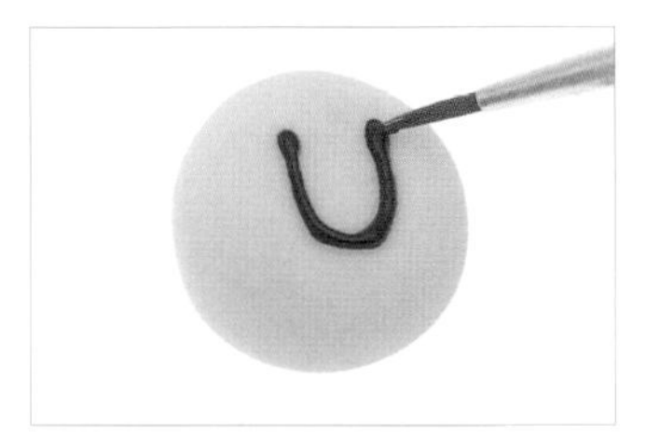

16 以畫筆沾取咖啡色色膏，寫出 U 字。

17 如圖，U 完成。

18 如圖，I♥U 字母完成。

嘴唇

湯圓

使用糯米團	製作部位	糯米團直徑
紅色糯米團 a	上嘴唇	2 公分
紅色糯米團 b	上嘴唇	2 公分

★ 此作品不建議做元宵，因嘴唇是由兩塊糯米團拼接製成。

步驟說明 Step by step

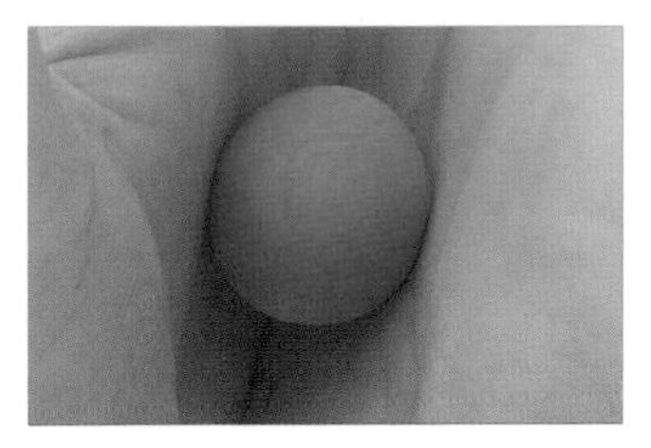

01 用手掌將紅色糯米團 a 搓揉成圓形。

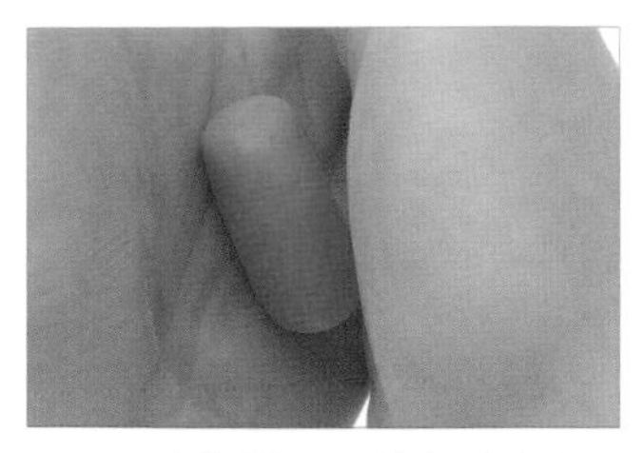

02 承步驟 1，將紅色圓形糯米團 a 搓成長條形。

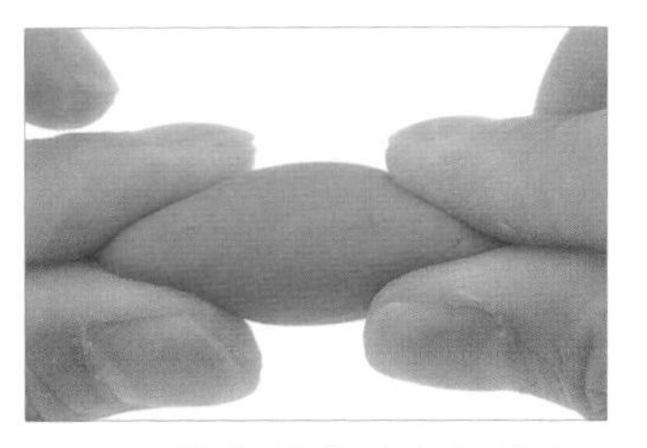

03 用指腹將紅色圓形糯米團 a 兩側捏尖。

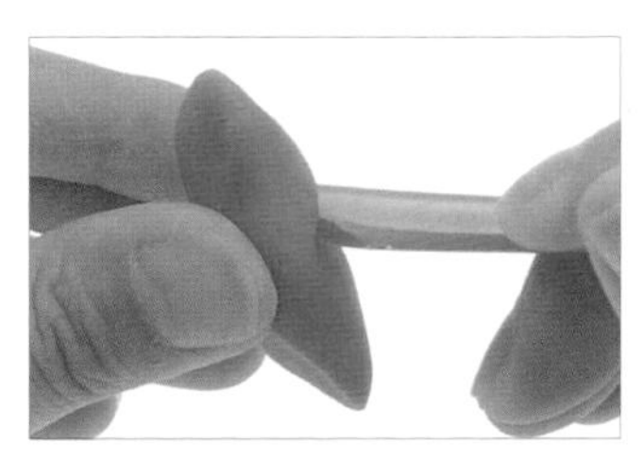

04 承步驟 3，以切刀棒在糯米團中間切出短直線。

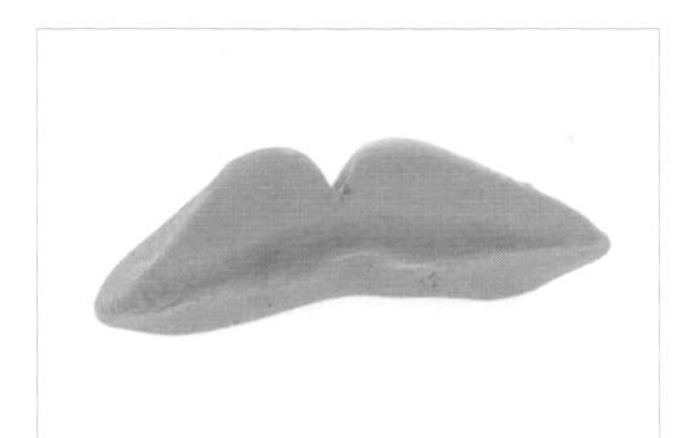

05 如圖，上嘴唇完成。

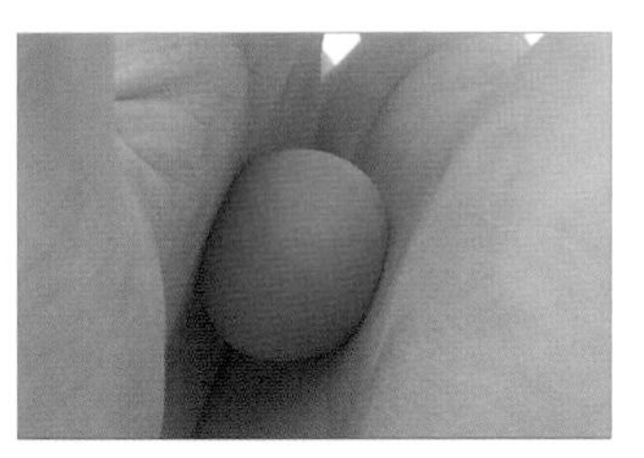

06 用手掌將紅色糯米團 b 搓揉成圓形。

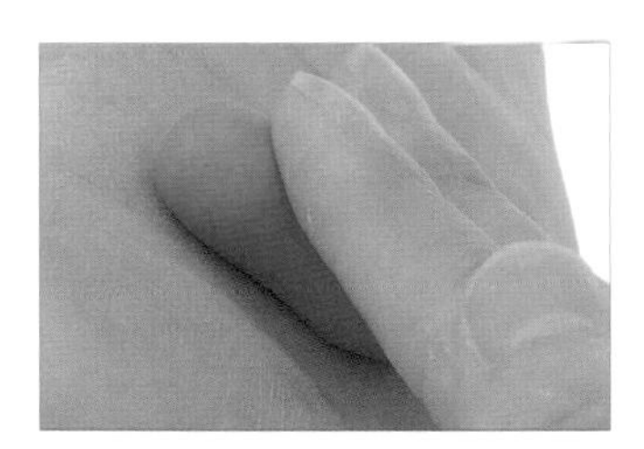

07 承步驟 6，將紅色圓形糯米團 b 搓成長條形。

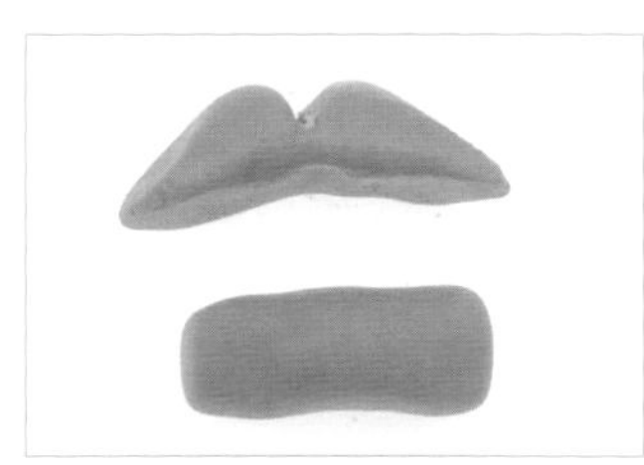

08 將紅色長條形糯米團 b 比對上嘴唇長度。（註：須比上嘴唇短。）

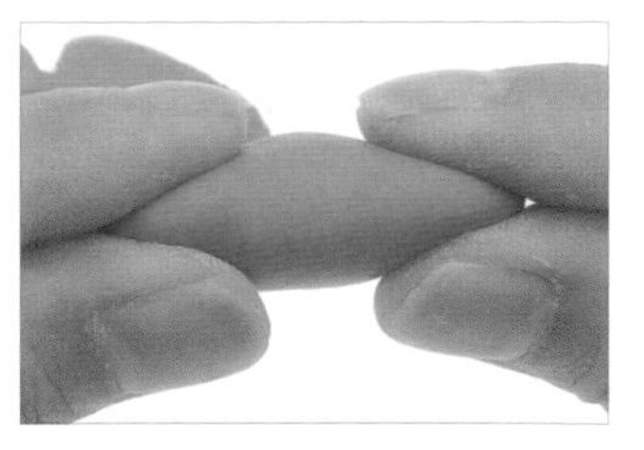

09 用指腹將紅色圓形糯米團 b 兩側捏尖。

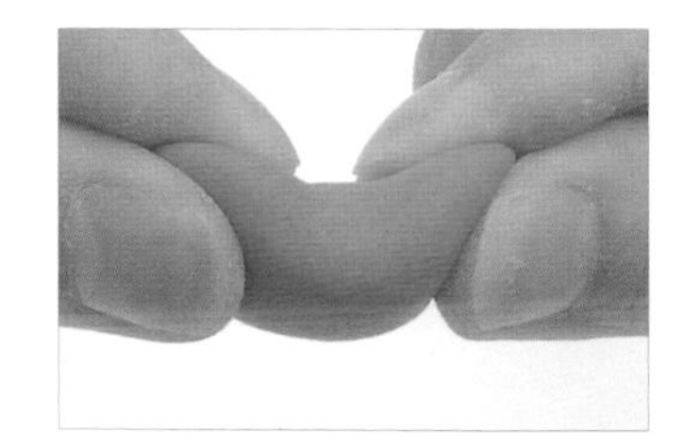

10 承步驟 9，順勢將糯米團向上凹。

11 如圖，下嘴唇完成。

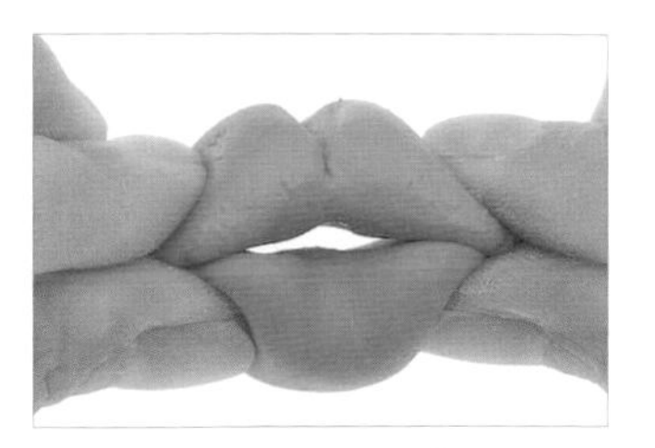

12 用指腹捏緊上嘴唇和下嘴唇兩側，以黏合糯米團。

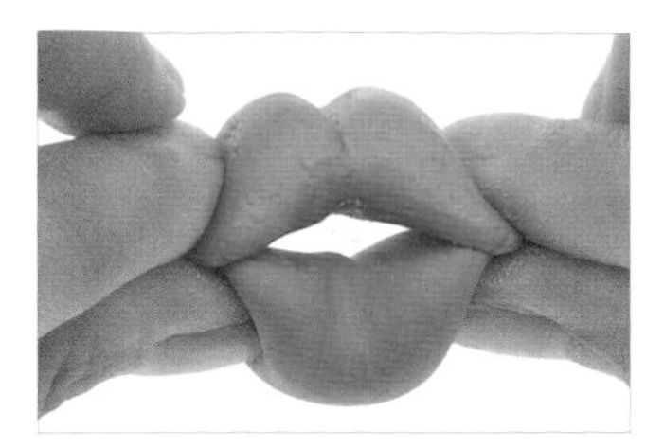

13 承步驟 12，將嘴唇往中間擠，以製造出嘟嘴的效果。

14 如圖，嘴唇主體完成。

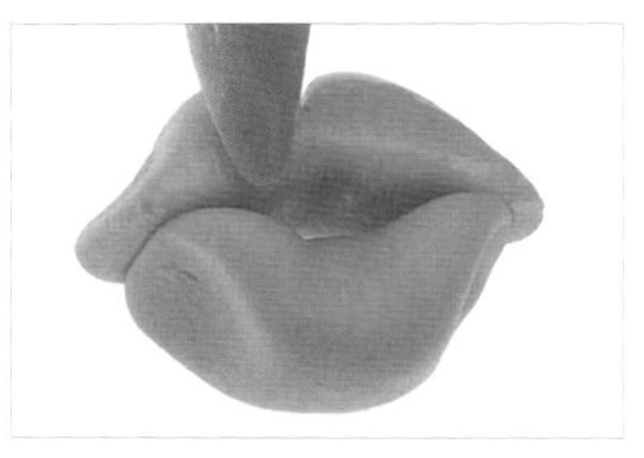

15 以切刀棒在上嘴唇切出短直線，以製造出嘴唇上的皺褶。

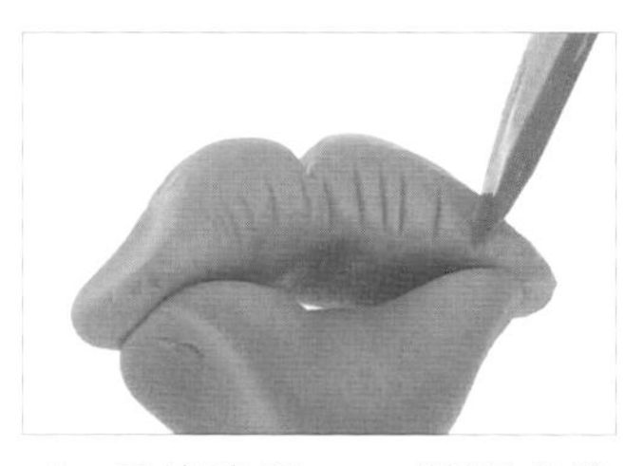

16 重複步驟 15，將短直線切至底。

17 如圖，上嘴唇皺褶製作完成。

18 以切刀棒在下嘴唇切出短直線，以製造出嘴唇上的皺褶。

19 重複步驟 18，將短直線切至底，即完成下嘴唇。

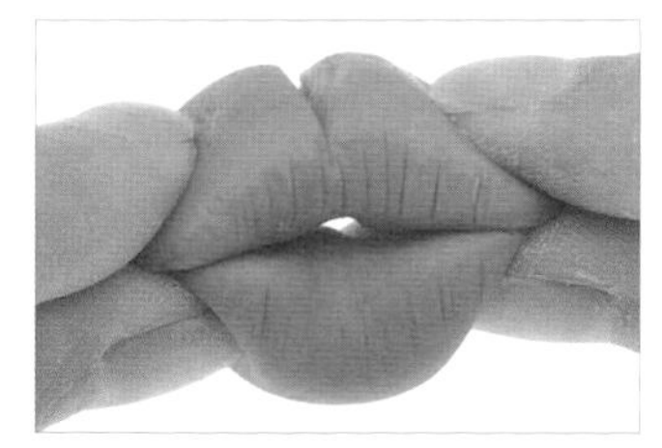

20 將嘴唇往中間擠，以加強嘟嘴的效果

21 如圖，嘴唇完成。

BISCUIT
DE
AVOIE
GALETTE
PÂTISSERIE
GÂTEAU
AUX
NOIX

Festival & Fairy

18

童話故事系列

小矮人

item 01 湯圓

使用糯米團	製作部位	糯米團直徑
膚色糯米團 a	頭部	2 公分
黃色糯米團 b	帽子	1 公分
黃色糯米團 c	帽簷	0.5 公分
黃色糯米團 d	鈕扣	0.25 公分
白色糯米團 e	鬍子	1 公分
膚色糯米團 f1	手	0.5 公分
膚色糯米團 f2	手	0.5 公分
膚色糯米團 g	鼻子	0.25 公分
白色糯米團 h	眉毛	0.25 公分

item 02 元宵

使用糯米團	製作部位	糯米團直徑
膚色糯米團 a	頭部	4 公分
黃色糯米團 b	帽子	2 公分
黃色糯米團 c	帽簷	1 公分
黃色糯米團 d	鈕扣	0.5 公分
白色糯米團 e	鬍子	2 公分
膚色糯米團 f1	手	1 公分
膚色糯米團 f2	手	1 公分
膚色糯米團 g	鼻子	0.5 公分
白色糯米團 h	眉毛	0.5 公分

步驟說明 Step by step

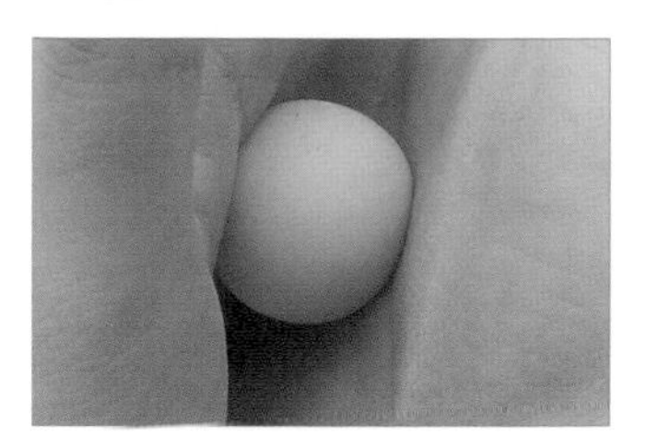

01 用手掌將膚色糯米團 a 搓揉成圓形，為頭部。

02 用指腹將膚色糯米團 f1、f2 搓揉成圓形，為手。

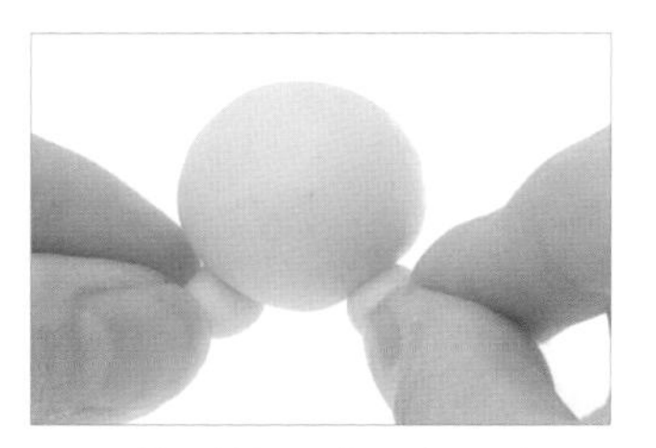

03 將手放置在頭部下側。

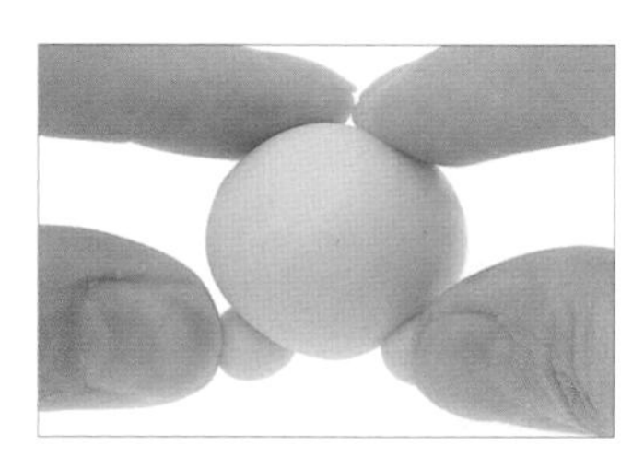

04 承步驟 3，用指腹將手輕壓固定。

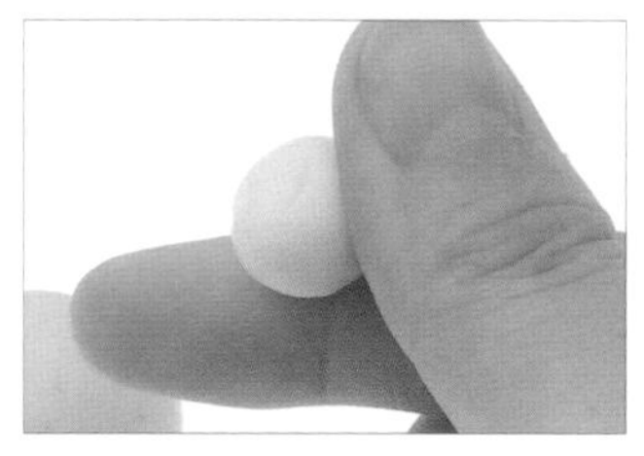

05 用指腹將白色糯米團 e 搓揉成圓形。

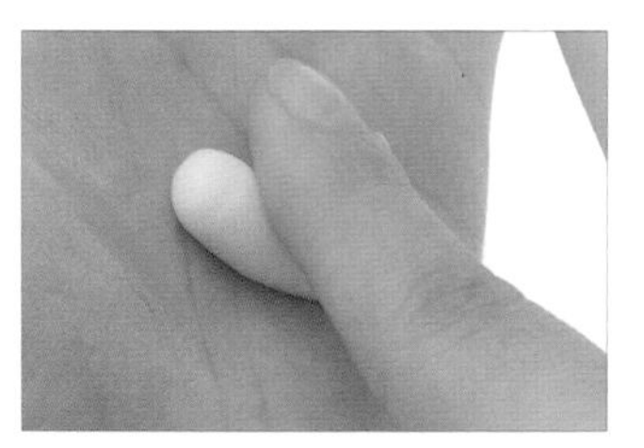

06 將白色圓形糯米團 e 在掌心搓成長條形。

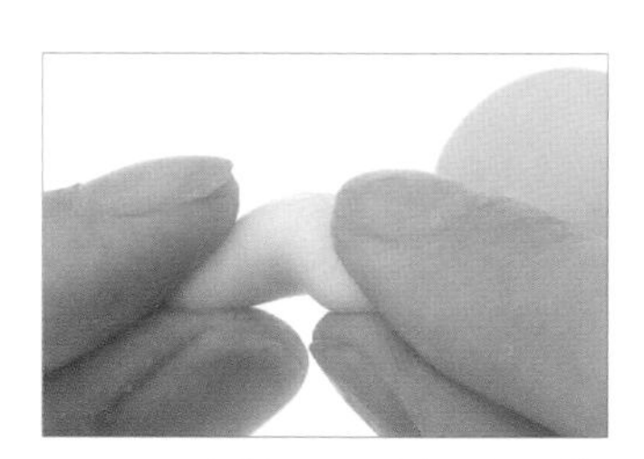

07 承步驟 6，將糯米團彎成倒 V 形。

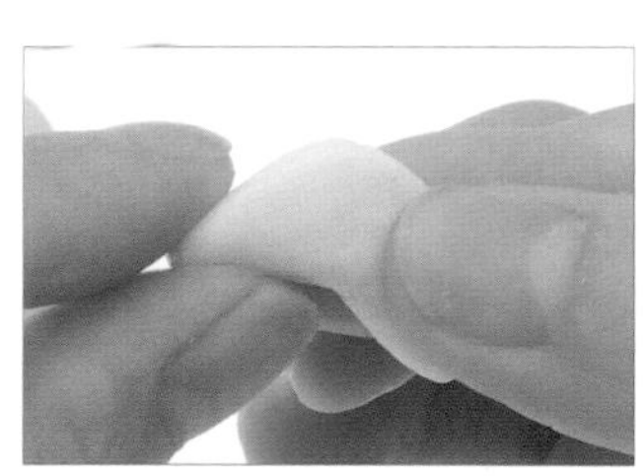

08 將白色倒 V 形糯米團 e 壓扁，為鬍子。

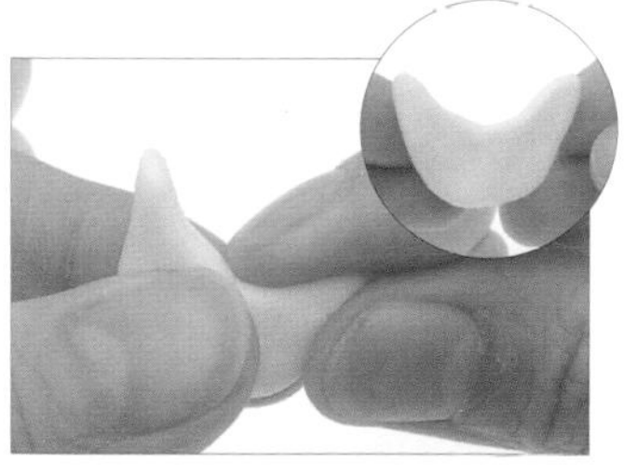

09 將鬍子兩側捏尖。

10 將鬍子放在臉部下側。

11 用指腹輕壓以固定鬍子。

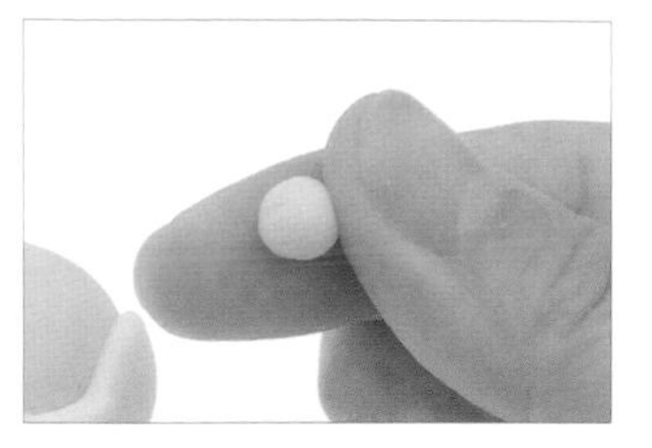

12 用指腹將膚色糯米團 g 搓揉成圓形，為鼻子。

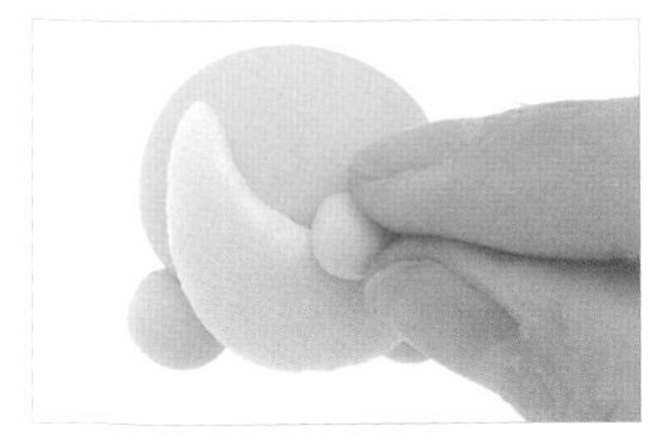

13 將鼻子壓放在鬍子上側。

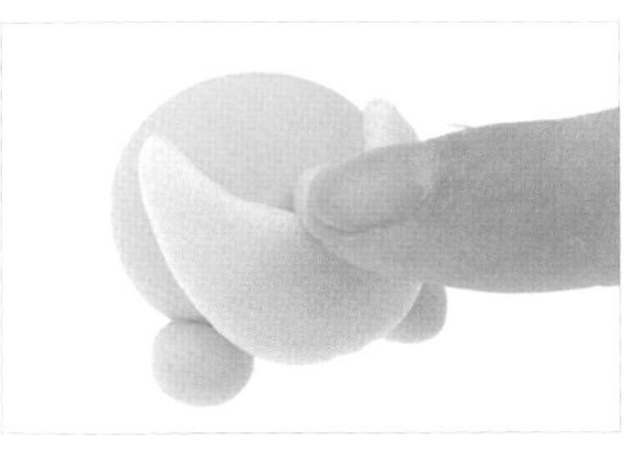

14 用指腹輕壓固定鼻子。

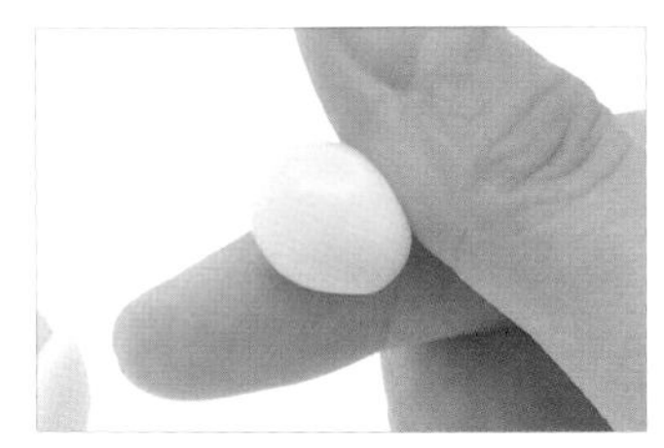

15 用指腹將黃色糯米團b搓揉成圓形。

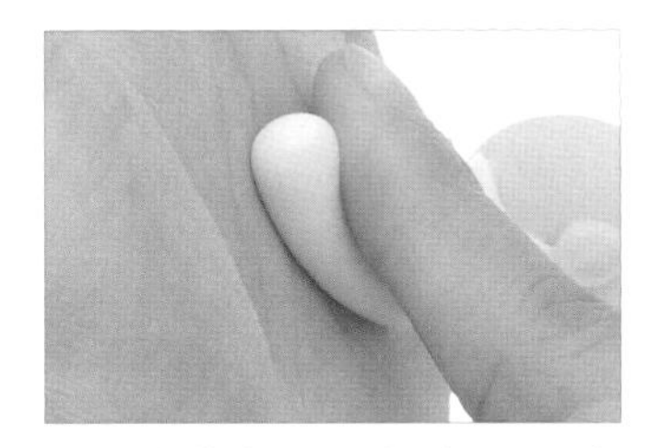

16 將黃色圓形糯米團b在掌心搓成長條形。

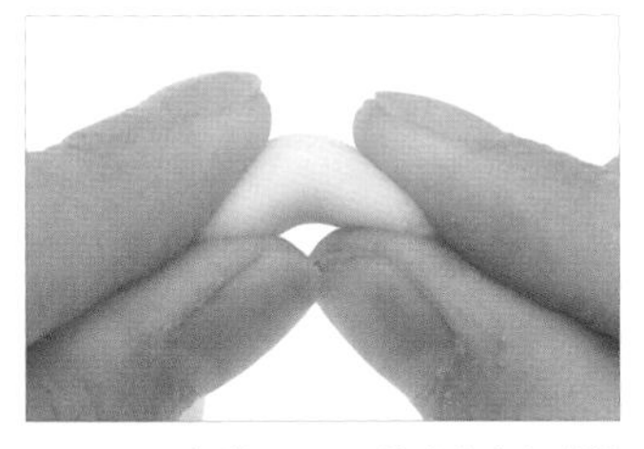

17 承步驟16，將糯米團彎成倒V形。

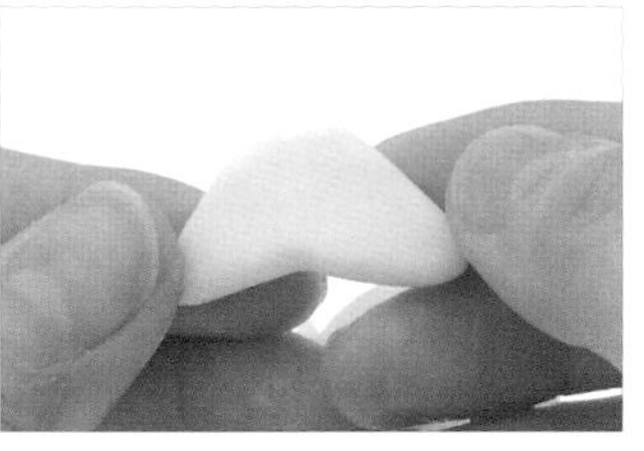

18 將黃色倒V形糯米團b壓扁，為帽子。

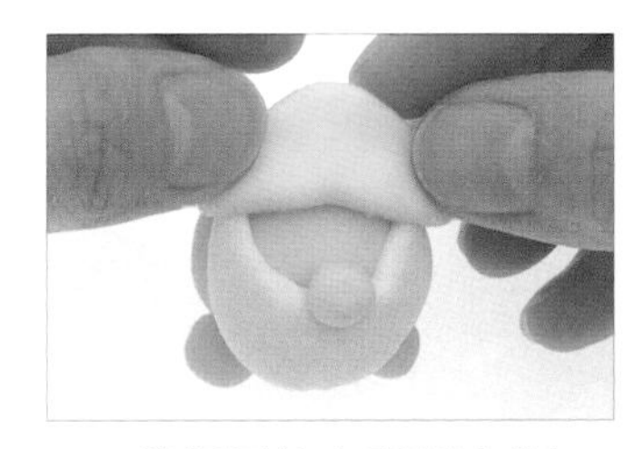

19 將帽子放在頭部上側。

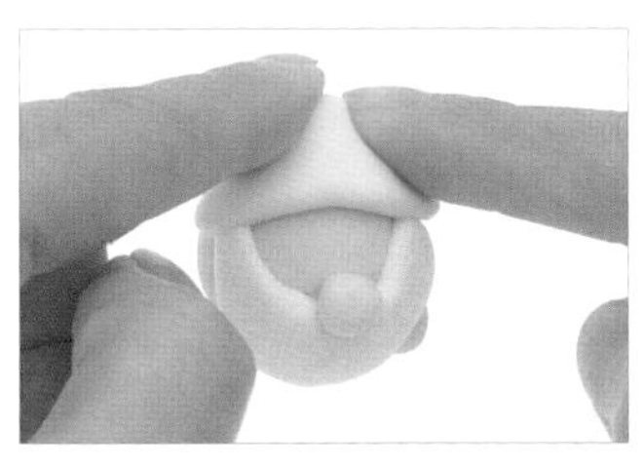

20 用指腹輕壓以固定帽子。

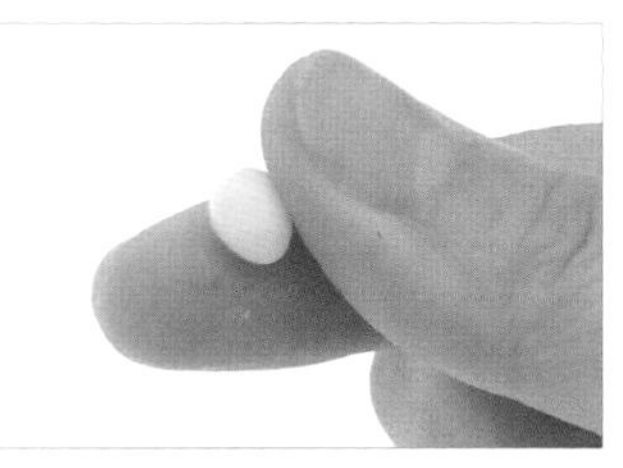

21 用指腹將黃色糯米團d搓揉成圓形，為鈕扣。

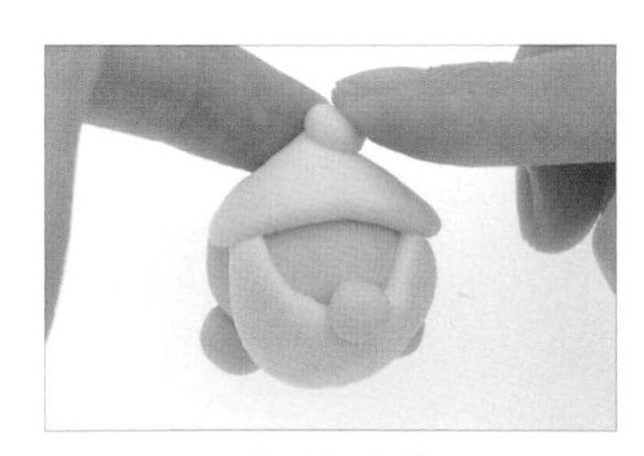

22 將鈕扣放在帽子的尖端，並用指腹輕壓固定。

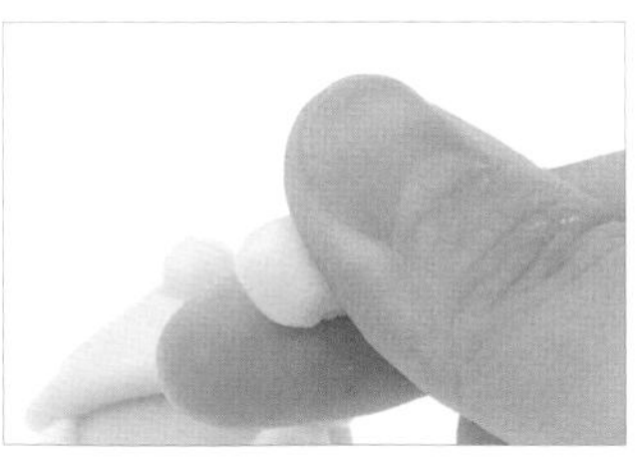

23 用指腹將黃色糯米團c搓揉成圓形。

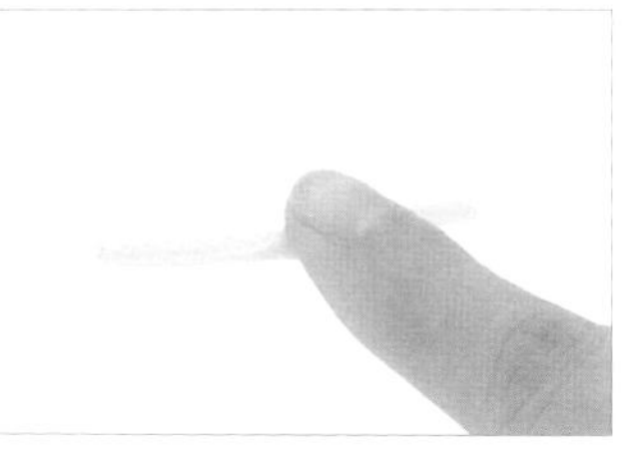

24 將黃色圓形糯米團c在桌面上搓成條狀，為帽簷。

25 將帽簷沿著帽子邊緣擺放。

26 用指腹輕壓帽簷兩側，以加強固定。

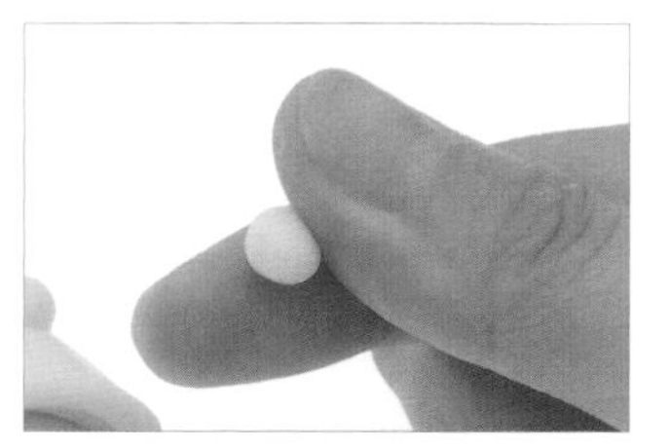

27 用指腹將白色糯米團 h 搓揉成圓形。

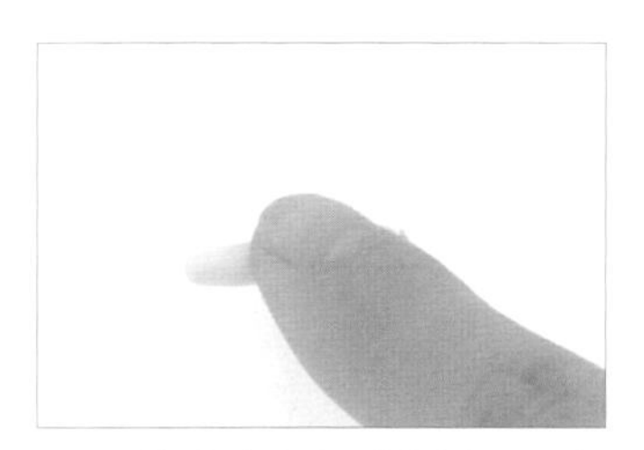

28 將白色圓形糯米團 h 在桌上搓成條狀。

29 承步驟 28，以切刀棒對切成 1/2，為眉毛。

30 以牙籤為輔助，將眉毛放在帽簷下方。

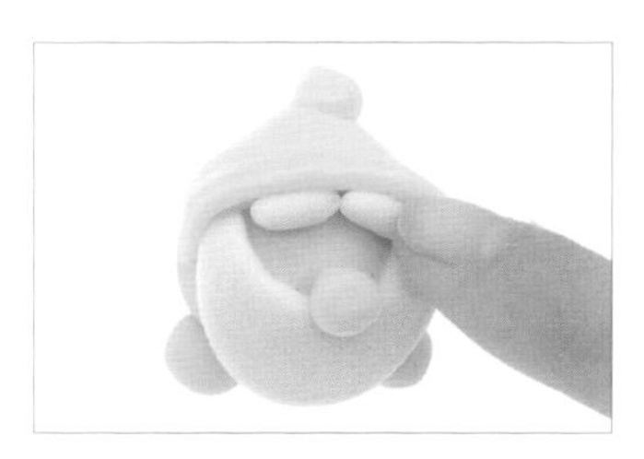

31 用指腹輕壓眉毛，以加強固定。

32 如圖，小矮人主體完成。

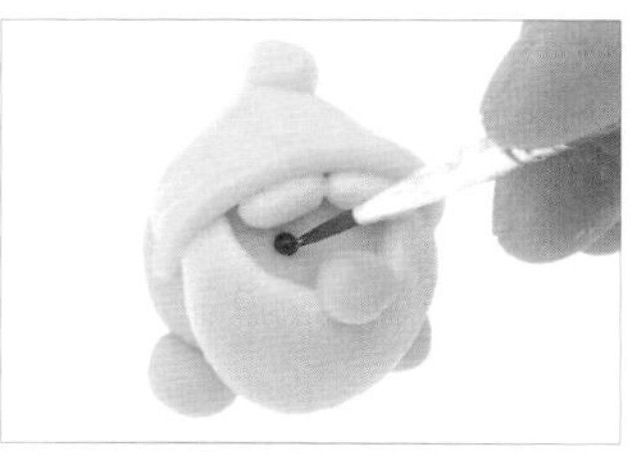

33 以畫筆沾取咖啡色色膏，畫出圓點，為左眼。

34 重複步驟 33，畫出右眼。

35 以畫筆沾取咖啡色色膏，畫出微笑線，為嘴巴。

36 如圖，小矮人完成。

茶壺

湯圓

使用糯米團	製作部位	糯米團直徑
白色糯米團 a	壺身	2 公分
咖啡色糯米團	茶蓋、茶鈕	1 公分
黃色糯米團	裝飾邊、把手	2 公分
白色糯米團 b	壺嘴	0.25 公分
白色糯米團 c	壺底	0.25 公分

元宵

使用糯米團	製作部位	糯米團直徑
白色糯米團 a	壺身	4 公分
咖啡色糯米團	茶蓋、茶鈕	2 公分
黃色糯米團	裝飾邊、把手	4 公分
白色糯米團 b	壺嘴	0.5 公分
白色糯米團 c	壺底	0.5 公分

步驟說明 Step by step

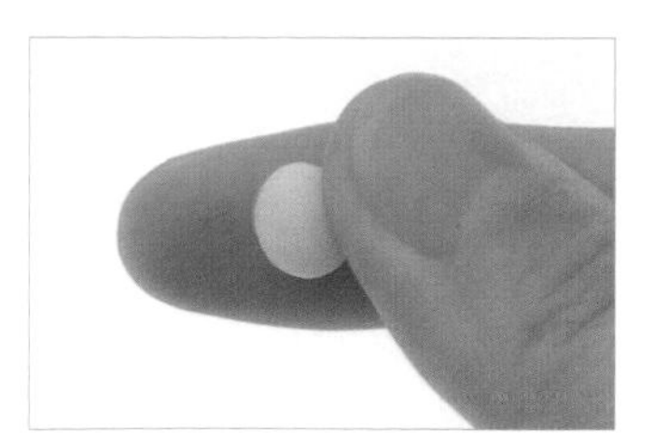

01 用指腹將白色糯米團 c 搓揉成圓形，為壺底。

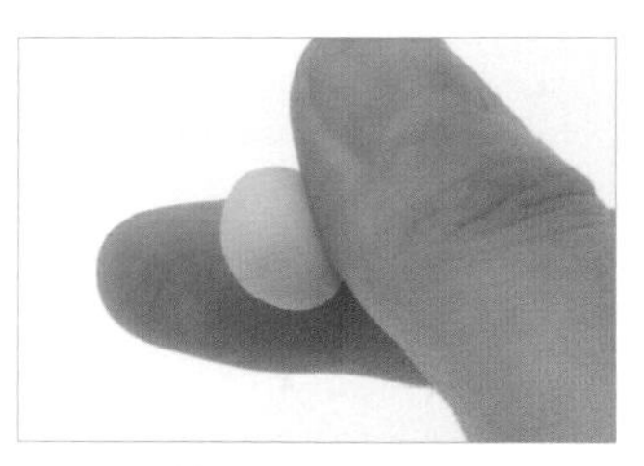

02 用指腹將黃色糯米團搓揉成圓形。

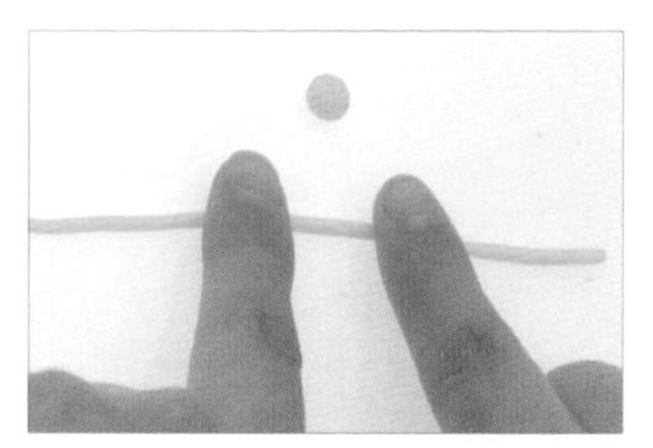

03 將黃色圓形糯米團在桌面上搓成條狀（約 10 公分）。

04 承步驟 3，以切刀棒切出約 1.5 公分的裝飾邊。（註：須預留剩下糯米團。）

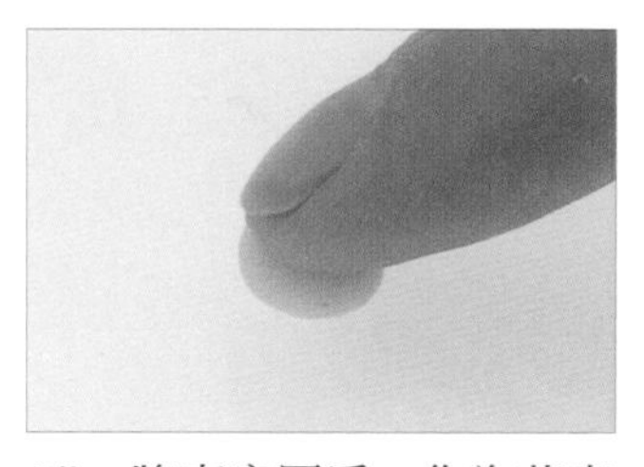

05 將壺底壓扁，作為茶壺基底。

06 將裝飾邊圍繞茶壺基底。

07 以牙籤為輔助，將裝飾邊兩端黏合。（註：操作較細微部份時，可以牙籤輔助。）

08 用指腹將白色糯米團 a 搓揉成圓形，為壺身。

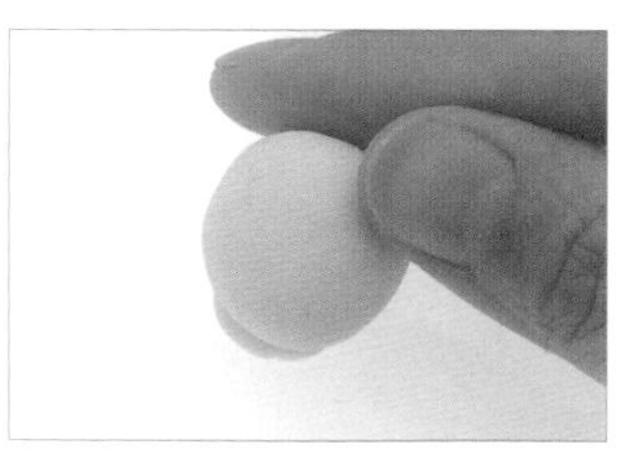

09 將壺身放在壺底上方。

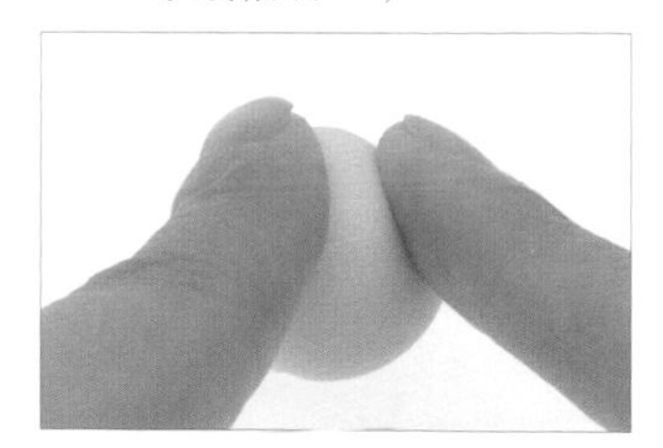

10 用指腹輕壓壺身兩側，以製造壺身的弧度。

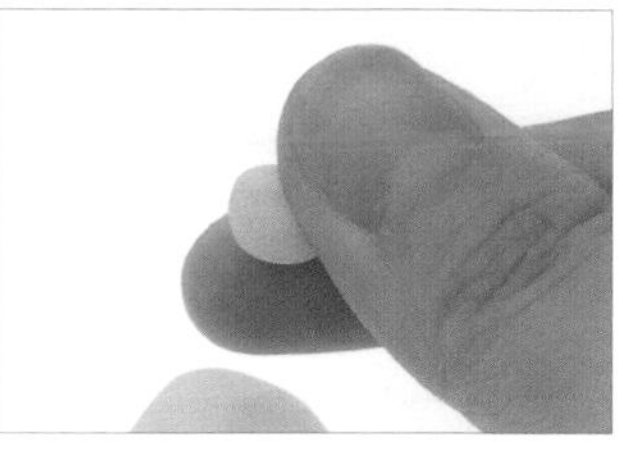

11 用指腹將白色糯米團 b 搓揉成圓形。

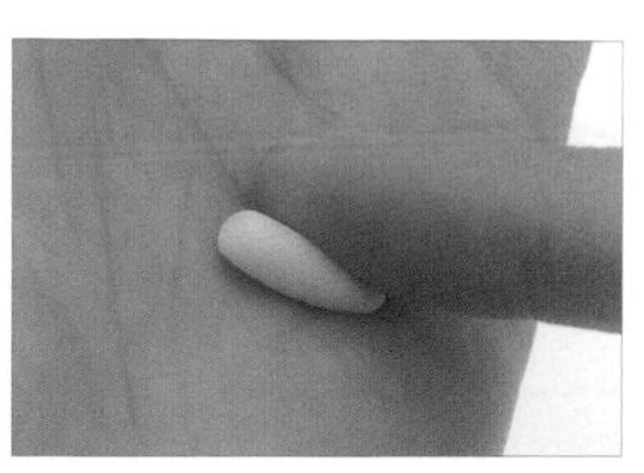

12 將白色圓形糯米團 b 在掌心搓成水滴形，為壺嘴。

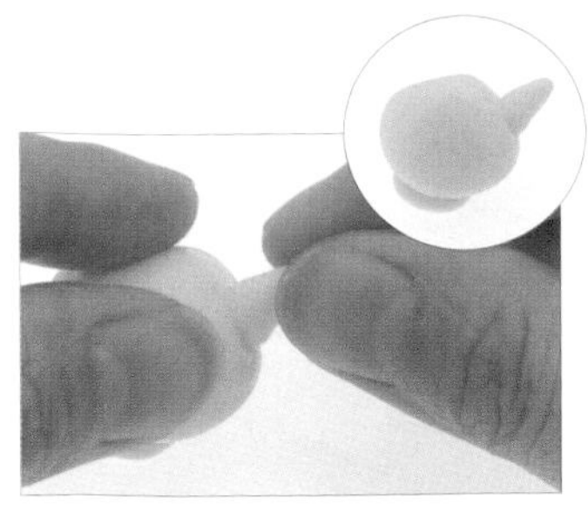

13　將壺嘴放在壺身右側。

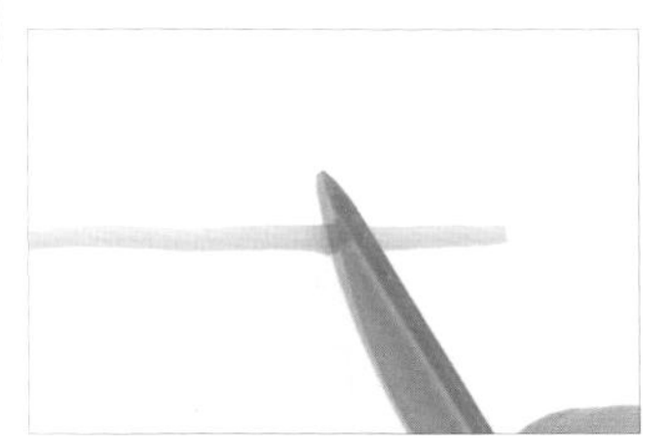

14　取預留的黃色條狀糯米團，再以切刀棒切長約1公分的糯米團。

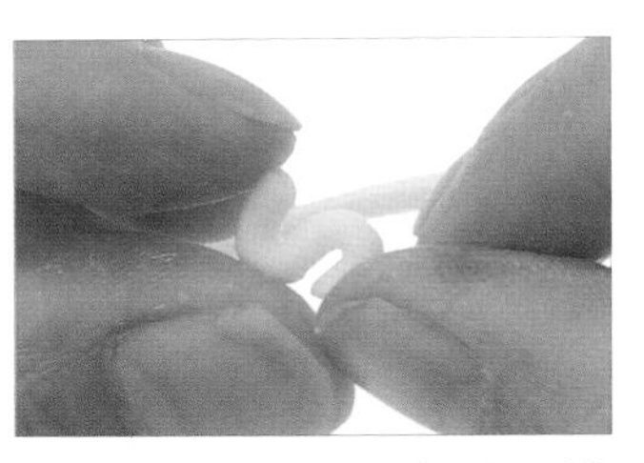

15　承步驟14，將糯米團彎成S形，為把手。

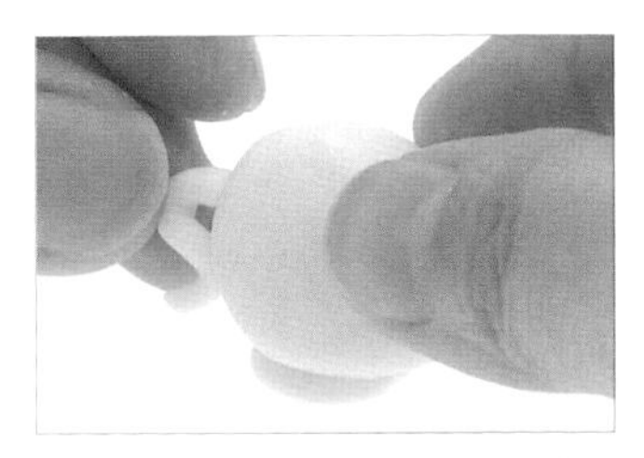

16　將把手放在壺嘴的對側。

17　以牙籤調整把手形狀，並順勢輕壓固定。

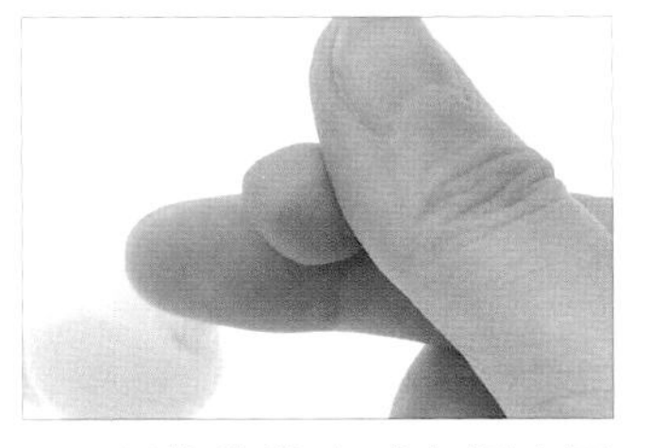

18　用指腹將咖啡色糯米團搓揉成圓形。

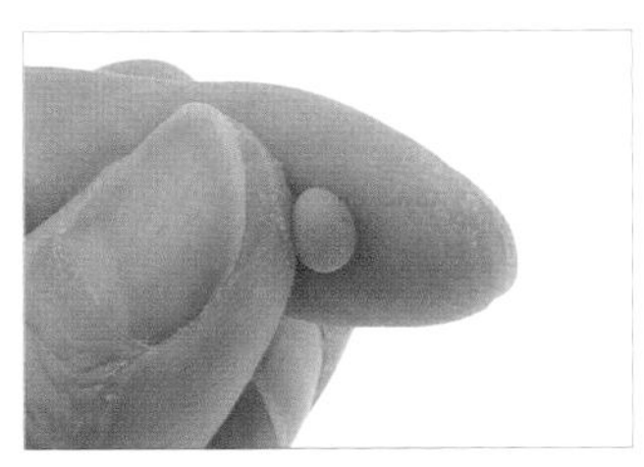

19　承步驟18，取出茶鈕糯米團（0.25公分），剩餘糯米團為茶蓋。

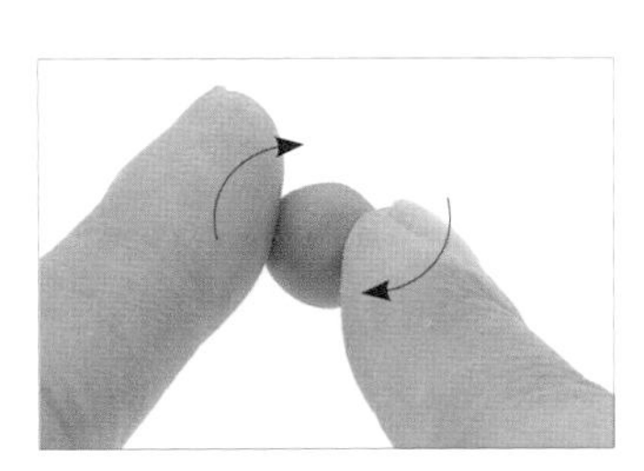

20　將茶蓋糯米團放在桌上，並用指腹搓成半圓形。

21　承步驟20，將糯米團輕壓扁，即完成茶蓋。

22　將茶蓋放在壺身上方。

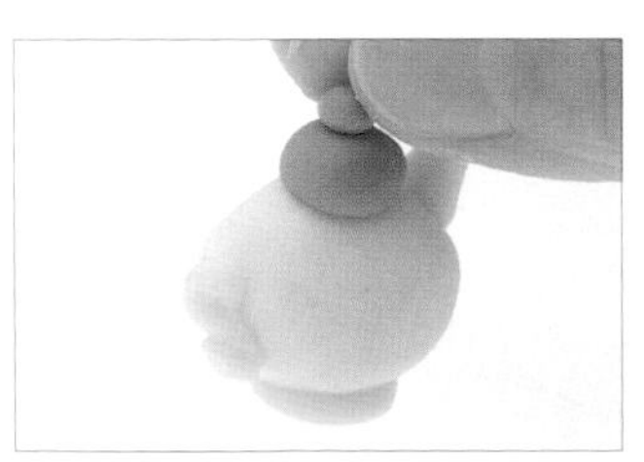

23　將茶鈕放在茶蓋上方。

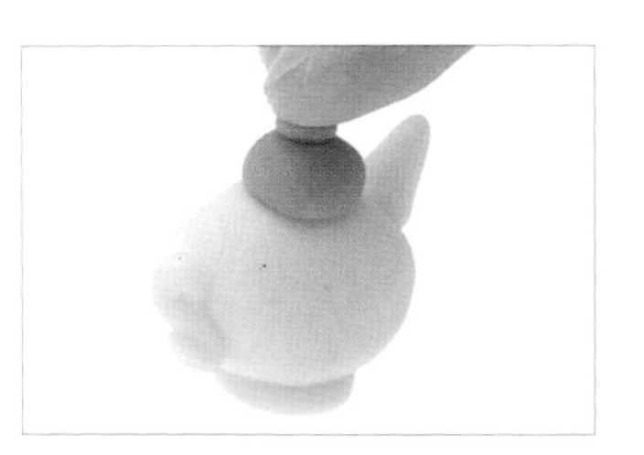

24　用指腹輕壓茶鈕、茶蓋，以加強固定。

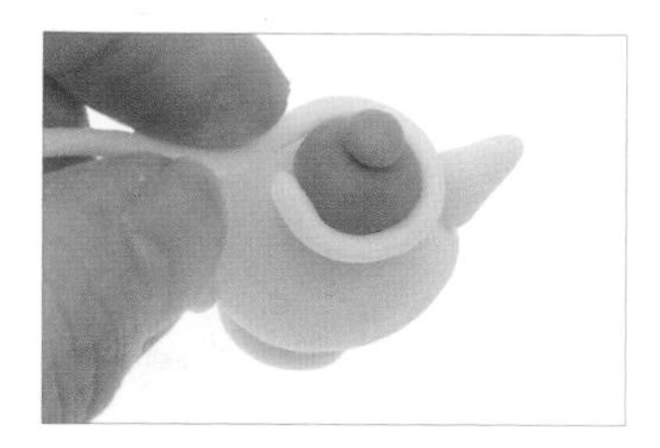

25 取剩下的黃色條狀糯米團，沿著茶蓋邊緣擺放。

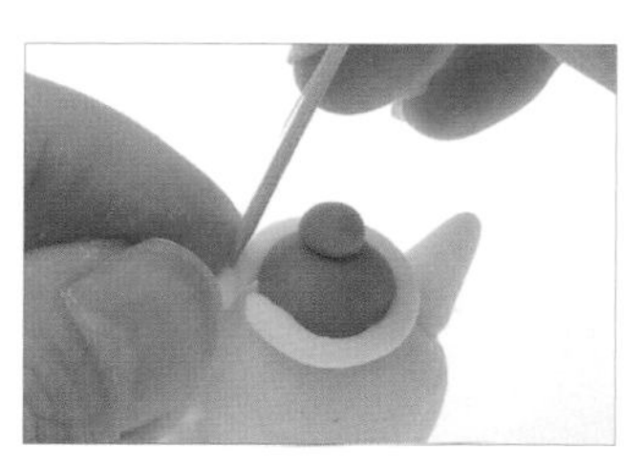

26 承步驟25，以牙籤切除多餘糯米團，為裝飾邊。

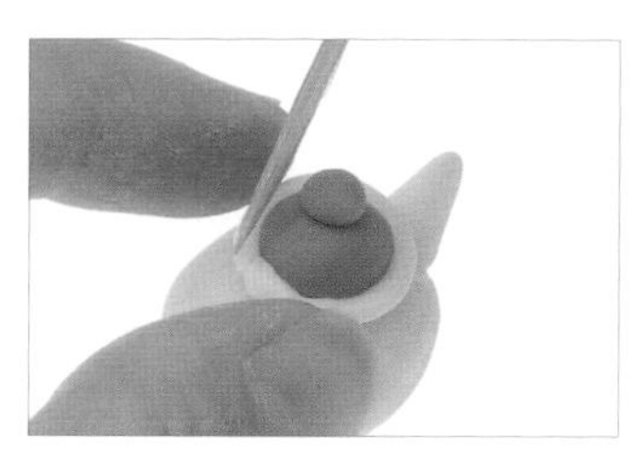

27 以牙籤為輔助，將裝飾邊兩端黏合。

28 如圖，茶壺主體完成。

29 以畫筆沾取咖啡色色膏，畫出弧線，即為左側眉毛。

30 重複步驟29，畫出右側眉毛。

31 以畫筆沾取咖啡色色膏，畫出微笑線，為左眼。

32 重複步驟31，畫出右眼。

33 以畫筆沾取紅色色膏，畫出微笑線，為嘴巴。

34 以畫筆沾取紅色色膏，畫出圓點，為酒窩。

35 如圖，茶壺完成。

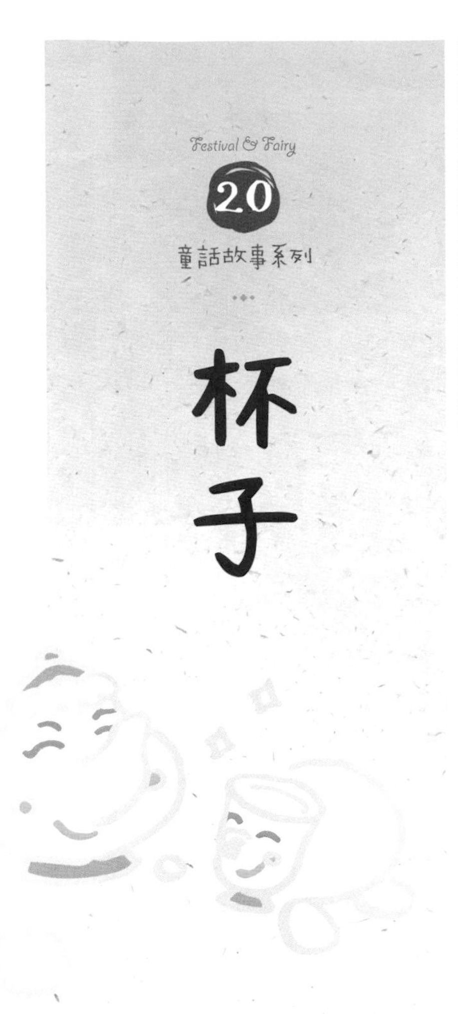

杯子

item 01 湯圓

使用糯米團	製作部位	糯米團直徑
黃色糯米團	裝飾邊、把手	1 公分
白色糯米團 a	杯身	1 公分
白色糯米團 b	杯底	0.5 公分

item 02 元宵

使用糯米團	製作部位	糯米團直徑
黃色糯米團	裝飾邊、把手	2 公分
白色糯米團 a	杯身	2 公分
白色糯米團 b	杯底	1 公分

步驟說明 Step by step

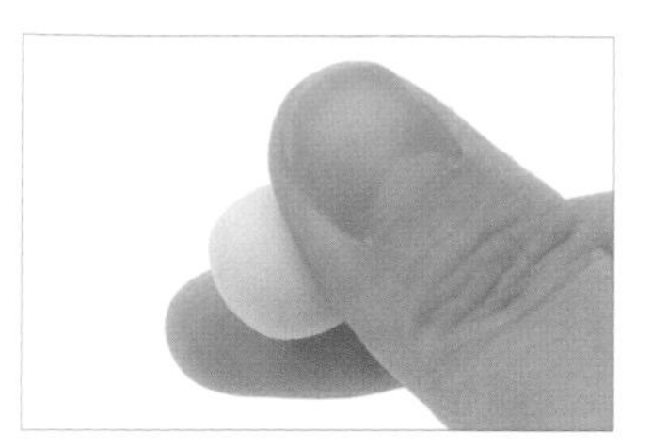

01　用指腹將白色糯米團 a 搓揉成圓形。

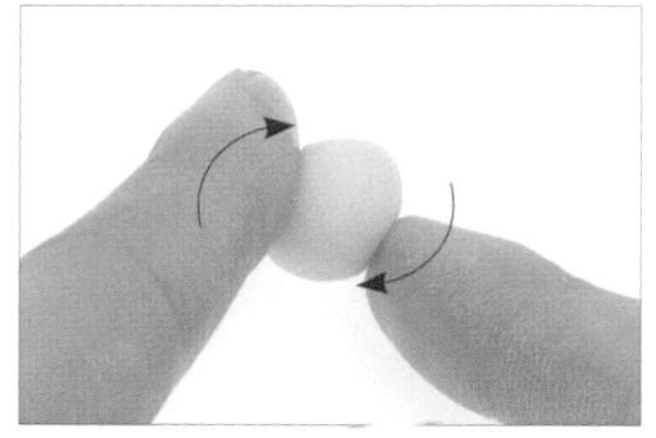

02　將白色圓形糯米團 a 放在桌上，並用指腹搓成半圓形。

03　如圖，杯身完成。

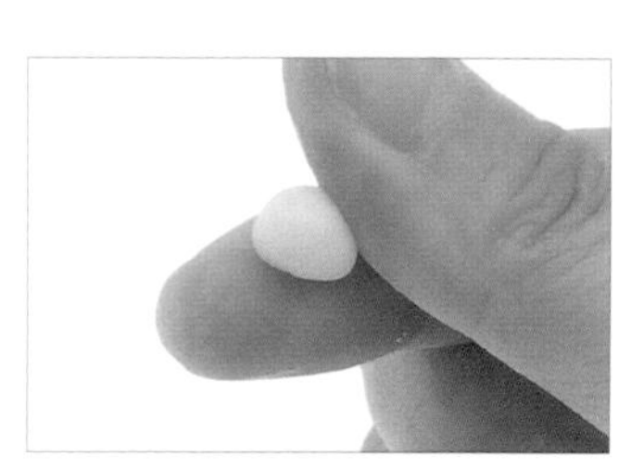

04　用指腹將白色糯米團 b 搓揉成圓形。

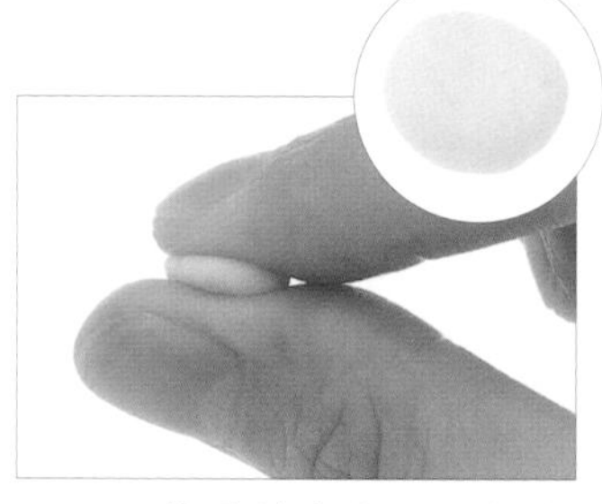

05　用指腹將白色圓形糯米團 b 壓扁，為杯底。

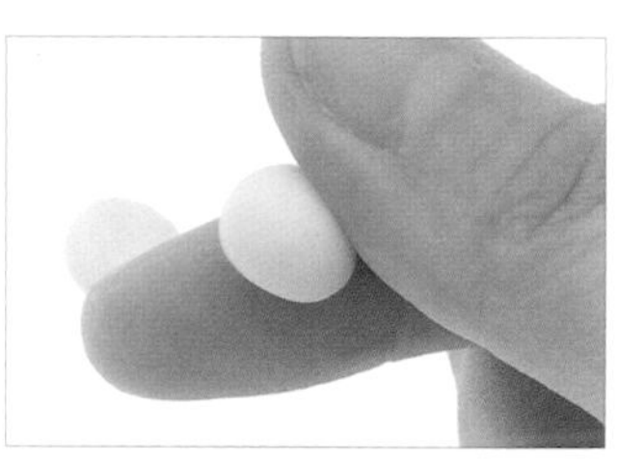

06　用指腹將黃色糯米團搓揉成圓形。

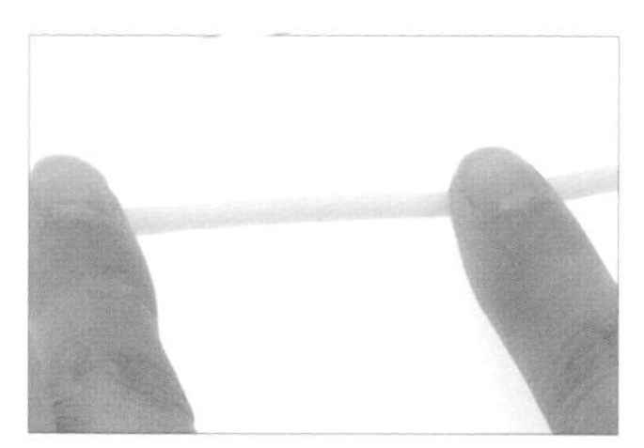

07　將黃色圓形糯米團在桌上搓成條狀。

08　承步驟 7，以切刀棒切出約 1 公分的裝飾邊。（註：須預留剩下糯米團。）

09　將裝飾邊圍繞杯底。

10　以牙籤為輔助，將裝飾邊兩端黏合。（註：操作較細微部份時，可以牙籤輔助。）

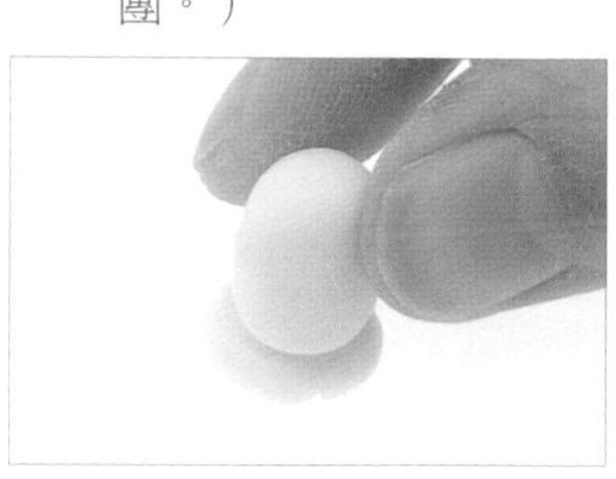

11　將杯身放在杯底上方。

12　用指腹按壓杯身，以加強固定。

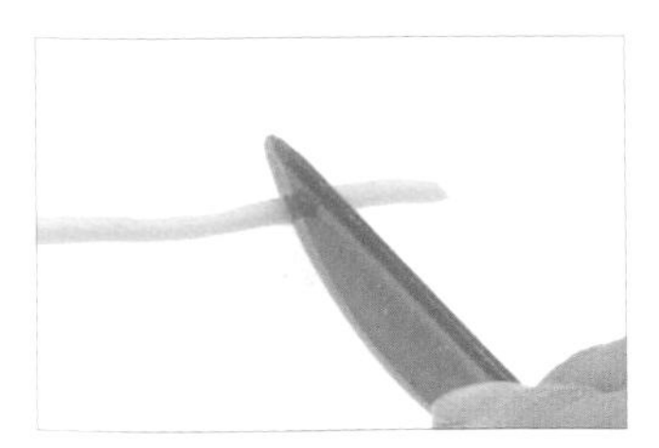

13 取預留的黃色條狀糯米團，再以切刀棒切長約1公分的糯米團。

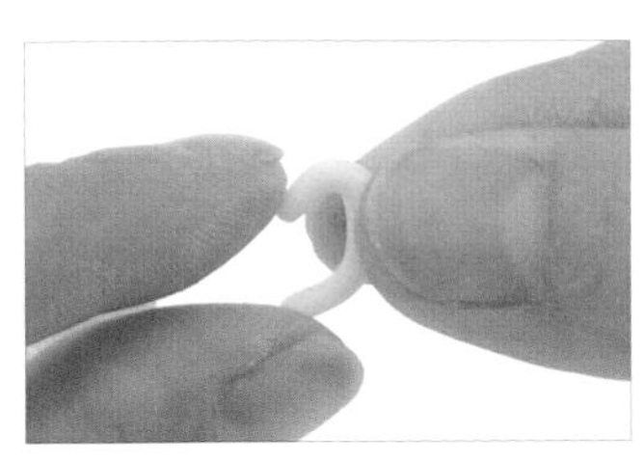

14 承步驟13，將糯米團彎成C形，為把手。

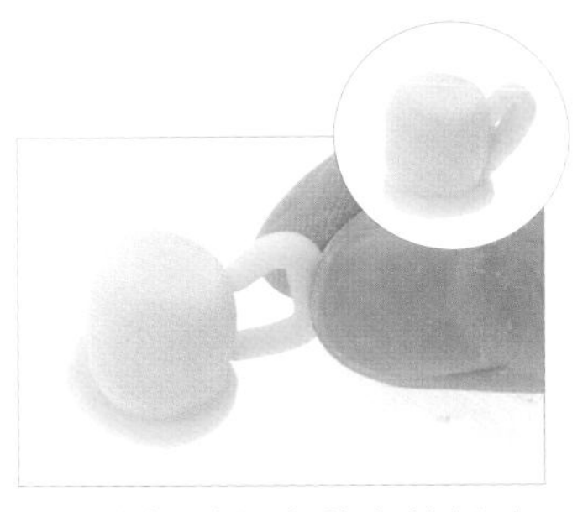

15 將把手放在茶身的側邊。

16 取剩下的黃色條狀糯米團，再以切刀棒切長約1.5公分的糯米團。

17 以裝飾邊圍繞杯口。

18 承步驟17，以牙籤切除多餘的糯米團。

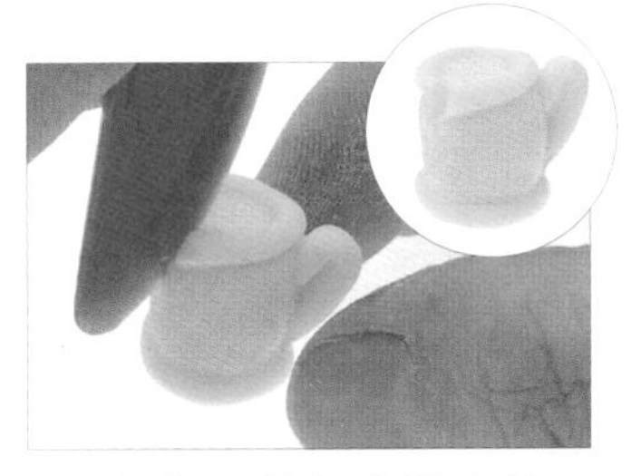

19 以切刀棒切出短直線，為杯子的缺口。

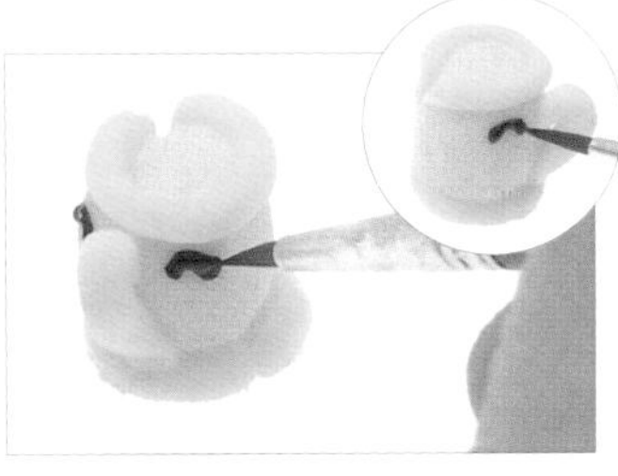

20 以畫筆沾取咖啡色色膏，畫出弧線，為眉毛。

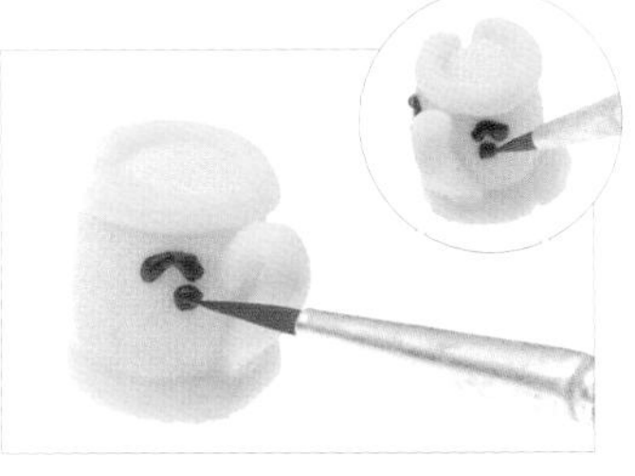

21 以畫筆沾取咖啡色色膏，畫出圓點，為眼睛。

22 以畫筆沾取咖啡色色膏畫出微笑線，為嘴巴。

23 以畫筆沾取紅色色膏，畫出圓點，為酒窩。

24 如圖，杯子完成。

童話故事系列

白雪公主

湯圓

使用糯米團	製作部位	糯米團直徑
膚色糯米團 a	頭部	2 公分
膚色糯米團 b	手部	1 公分
膚色糯米團 c	耳朵	0.5 公分
黑色糯米團 d1	瀏海	0.5 公分
黑色糯米團 d2	瀏海	0.5 公分
黑色糯米團 e1	頭髮	1 公分
黑色糯米團 e2	頭髮	1 公分
黑色糯米團 e3	頭髮	1 公分
黑色糯米團 e4	頭髮	1 公分
黑色糯米團 e5	頭髮	1 公分
黑色糯米團 e6	頭髮	1 公分
紅色糯米團	蝴蝶結	0.5 公分

元宵

使用糯米團	製作部位	糯米團直徑
膚色糯米團 a	頭部	4 公分
膚色糯米團 b	手部	2 公分
膚色糯米團 c	耳朵	1 公分
黑色糯米團 d1	瀏海	1 公分
黑色糯米團 d2	瀏海	1 公分
黑色糯米團 e1	頭髮	2 公分
黑色糯米團 e2	頭髮	2 公分
黑色糯米團 e3	頭髮	2 公分
黑色糯米團 e4	頭髮	2 公分
黑色糯米團 e5	頭髮	2 公分
黑色糯米團 e6	頭髮	2 公分
紅色糯米團	蝴蝶結	1 公分

步驟說明 Step by step

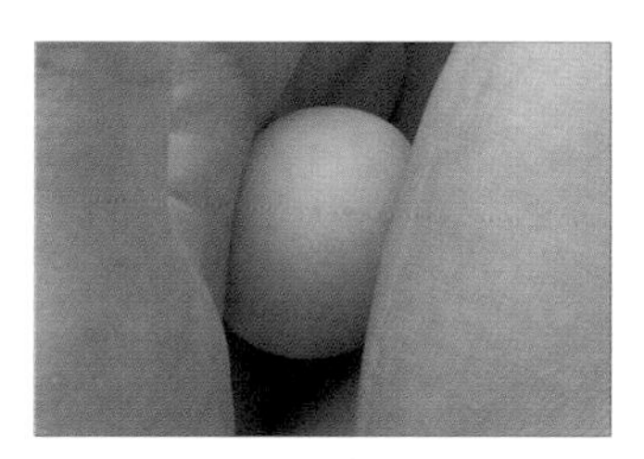

01 用手掌將膚色糯米團 a 搓揉成圓形，為頭部。

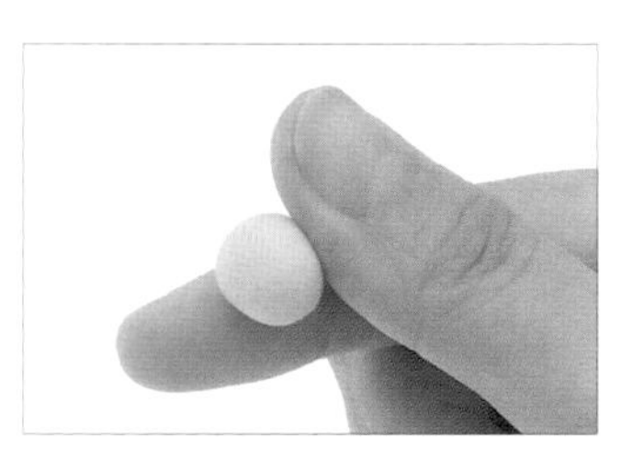

02 用指腹將膚色糯米團 b 搓揉成圓形。

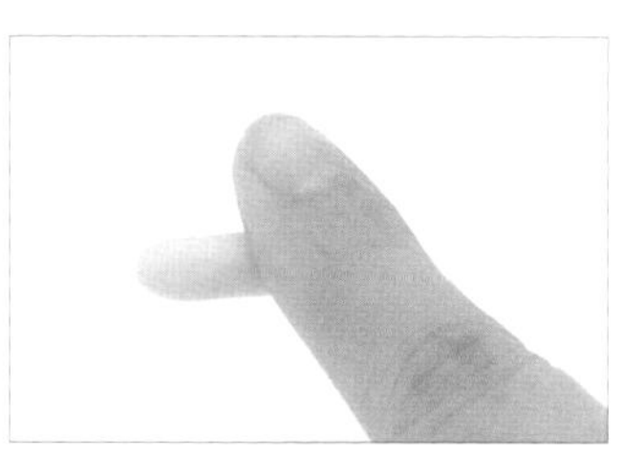

03 將膚色圓形糯米團 b 在桌上搓成條狀。

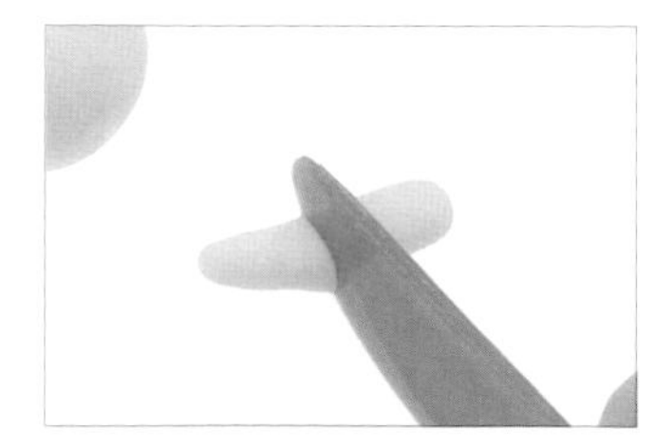

04 承步驟 3，以切刀棒將糯米團對切成 1/2，為手部糯米團。

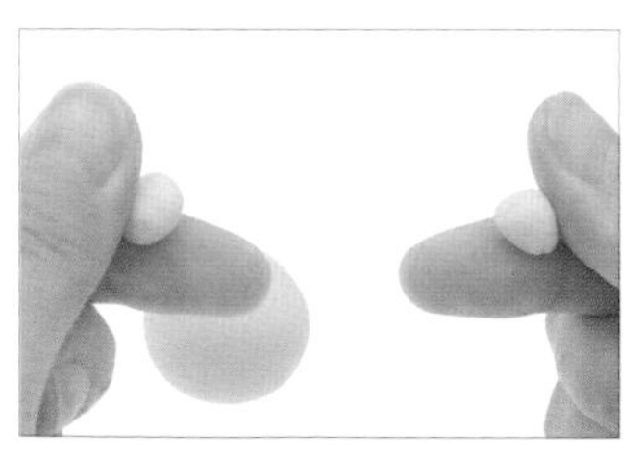

05 用指腹將手部糯米團搓揉成圓形。

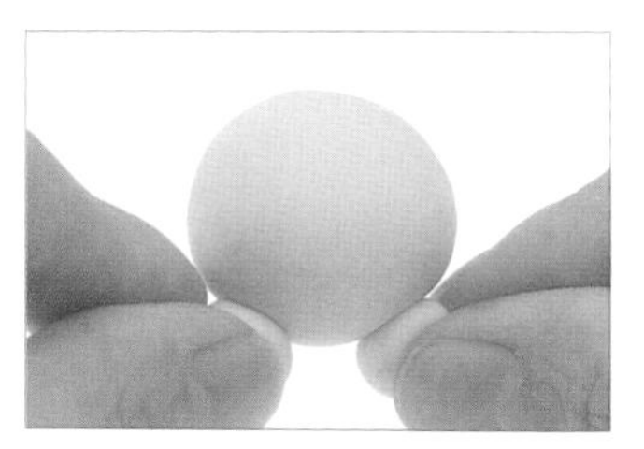

06 將手部糯米團放在頭部下側。

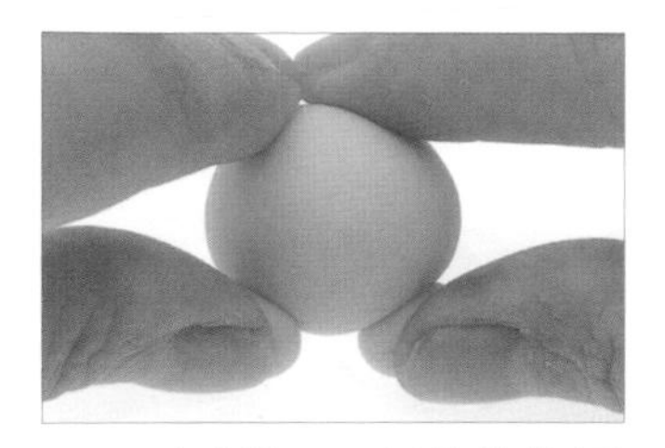

07 承步驟 6，用指腹按壓固定，即完成手部。

08 用指腹將黑色糯米團 e1、e2 搓揉成圓形。

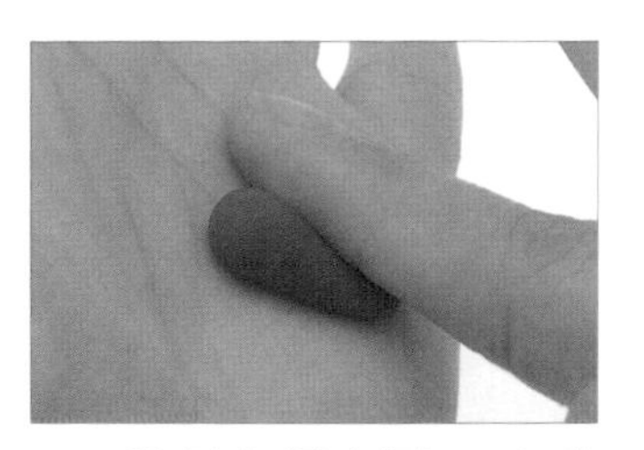

09 將黑色糯米團 e1 在掌心搓成水滴形。

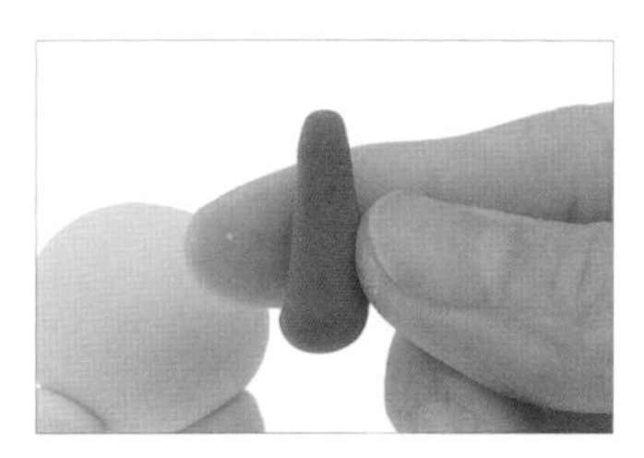

10 如圖，頭髮 e1 完成。

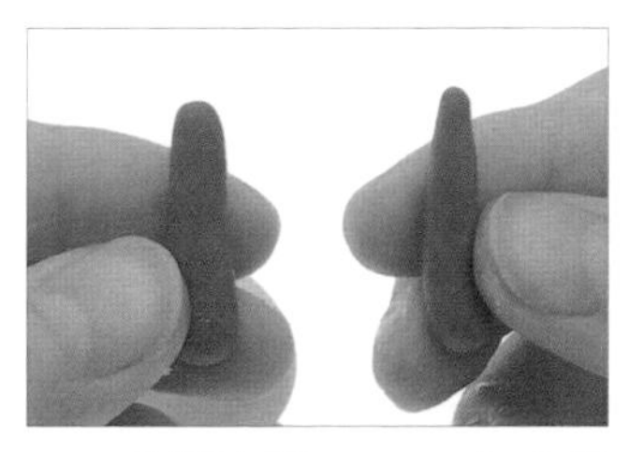

11 重複步驟 8-10，完成頭髮 e2。

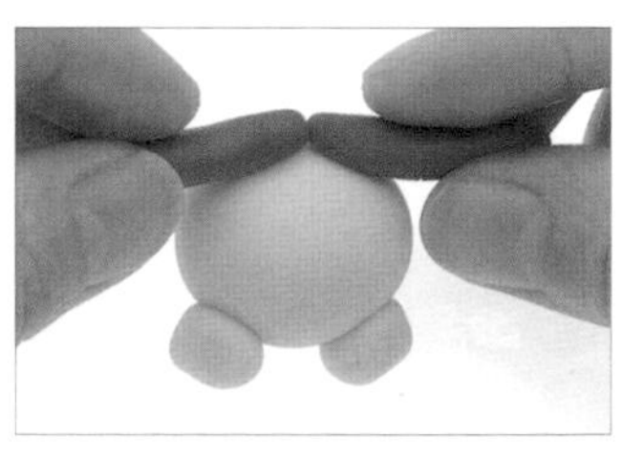

12 將頭髮 e1、e2 並列放在頭部上方。

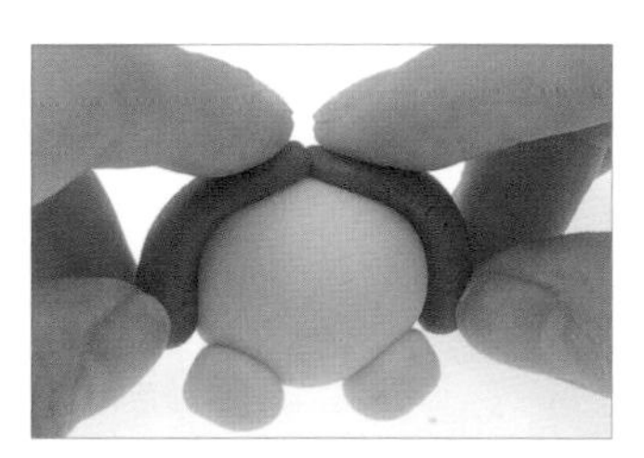

13 承步驟 12，將頭髮 e1、e2 順勢往下壓，以加強黏合。

14 重複步驟 8-10，取黑色糯米團 d1、d2，完成瀏海。

15 將瀏海壓放在頭髮 e1、e2 側邊。（註：稍微與頭髮疊合，能蓋住鏤空處。）

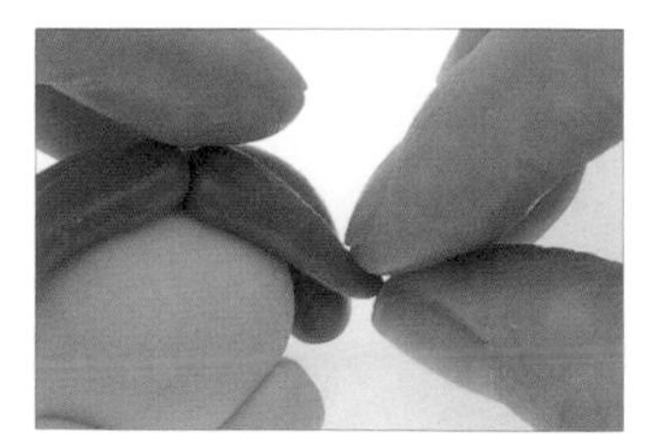

16 將瀏海稍微往上扳，可製造自然感。

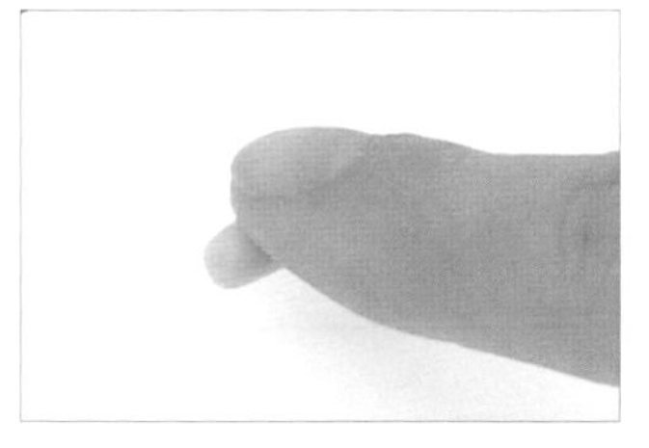

17 用指腹將膚色糯米團 c 搓揉成圓形後，在桌上搓成條狀。

18 承步驟 17，以切刀棒將糯米團對切成 1/2，為耳朵糯米團。

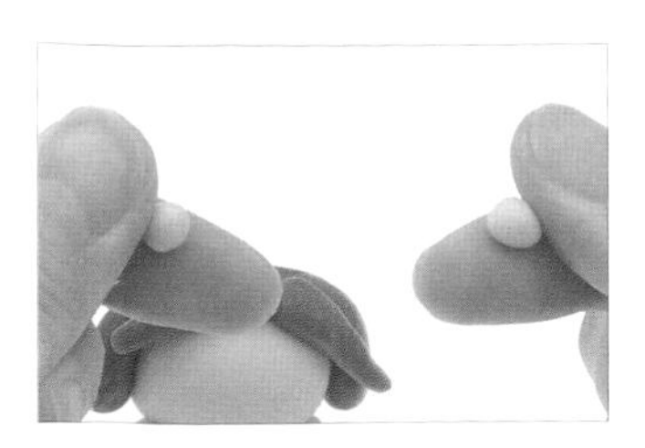

19 用指腹將耳朵糯米團搓揉成圓形。

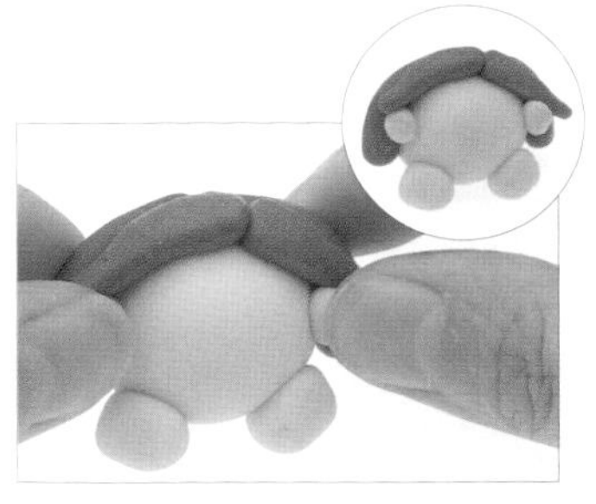

20 將耳朵糯米團放在頭部兩側，並輕壓固定。

21 重複步驟 8-10，取黑色糯米團 e3 ～ e6，完成頭髮 e3 ～ e6。

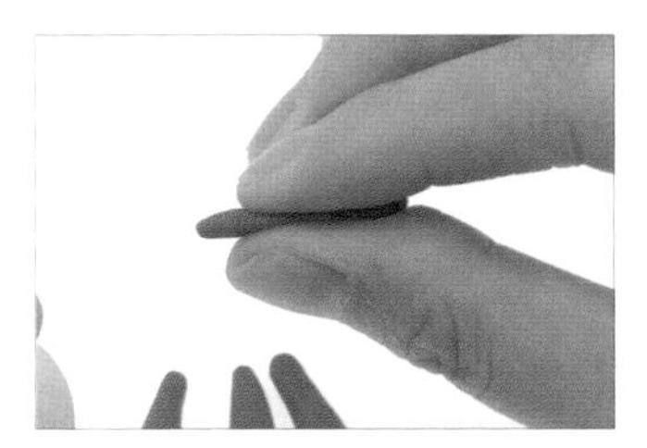

22 將頭髮 e3 壓扁。

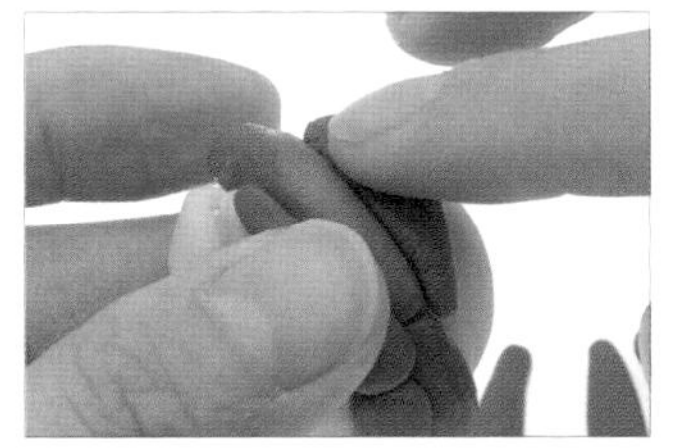

23 將頭髮e3放在頭髮 e1、e2 後側，以填補後腦勺。

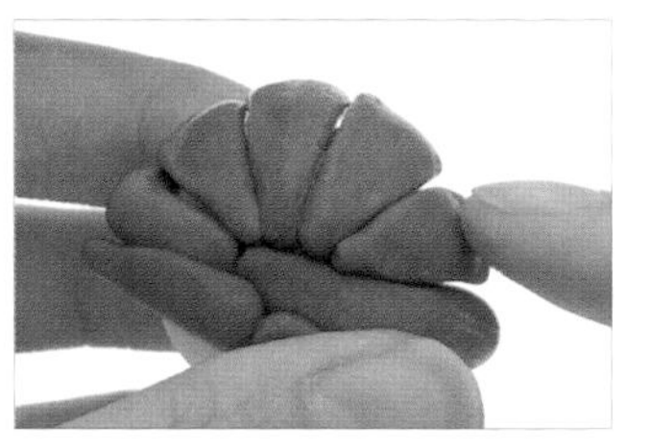

24 重複步驟 22-23，依序將頭髮 e3 ～ e6 放置完成。

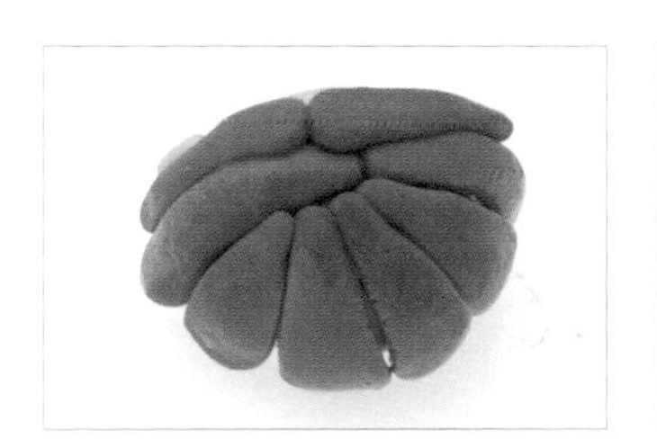

25 如圖，頭髮放置完成。

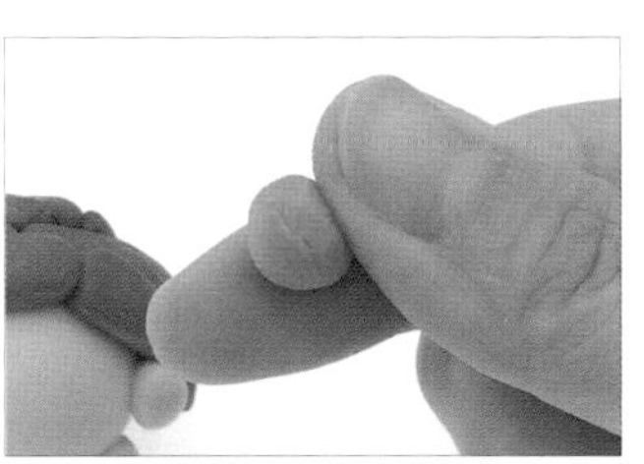

26 用指腹將紅色糯米團搓揉成圓形。

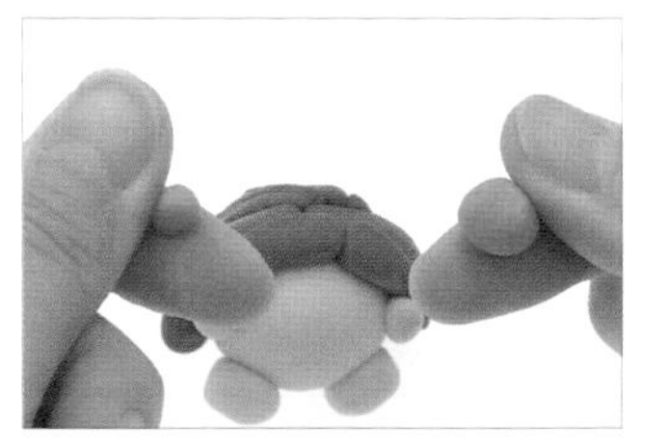

27 承步驟 26，將糯米團分成 2/3 的緞帶糯米團，和1/3的緞帶結糯米團，並用指腹搓成圓形。

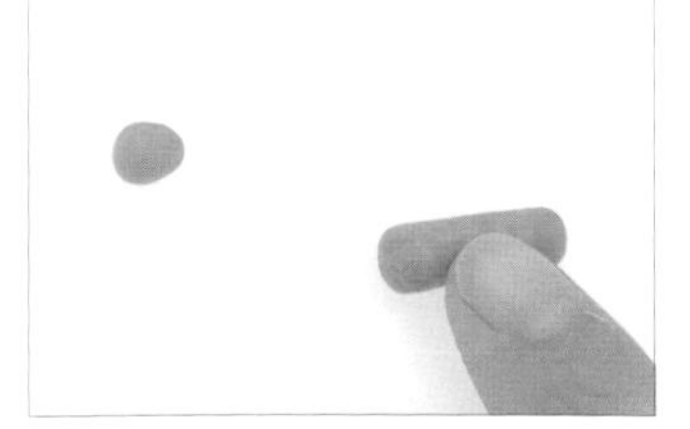

28 將緞帶糯米團在桌上搓成條狀。

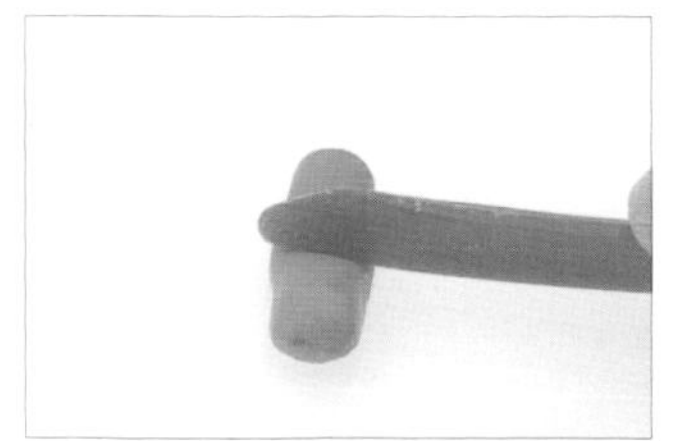

29 承步驟 28，以切刀棒在糯米團中心稍微壓出切痕。

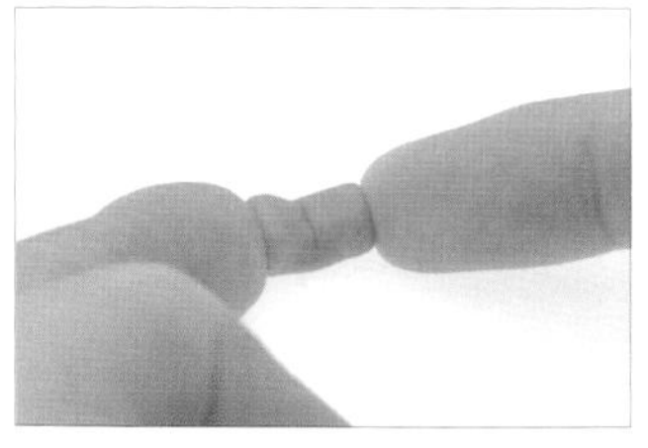

30 承步驟 29，用指腹將糯米團向上扳，為蝴蝶結。

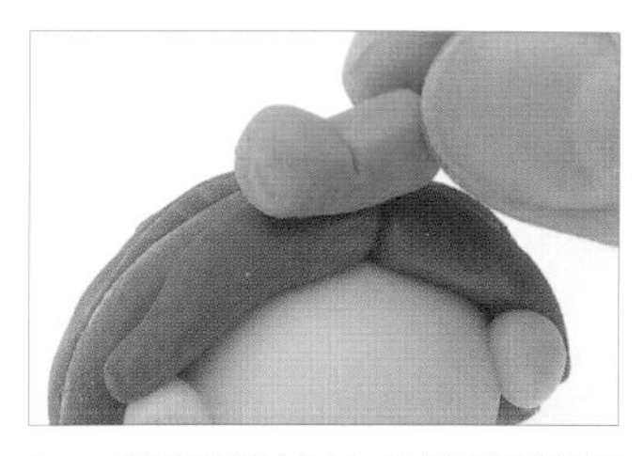

31 將蝴蝶結放在瀏海與頭髮的中間。

32 如圖，蝴蝶結擺放完成。

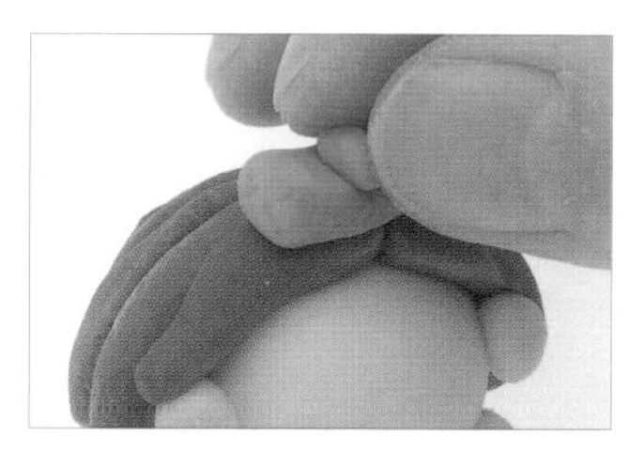

33 先將緞帶結糯米團搓成長條形後，放在蝴蝶結中間。（註：長度不可超過蝴蝶結。）

34 如圖，白雪公主主體完成。

35 以畫筆沾取咖啡色色膏，畫出弧線，即為左側眉毛。

36 重複步驟35，畫出右側眉毛。

37 以畫筆沾取咖啡色色膏，畫出微笑線，為左眼。

38 重複步驟37，畫出右眼。

39 以畫筆沾取咖啡色色膏，在眼睛下側畫出微笑線，為嘴巴。

40 以畫筆沾取紅色色膏，畫出圓點，為左側酒窩。

41 重複步驟40，畫出右側酒窩。

42 如圖，白雪公主完成。

Festival & Fairy

22

童話故事系列

美人魚

湯圓

使用糯米團	製作部位	糯米團直徑
膚色糯米團 a	頭部	2 公分
綠色糯米團	尾巴	2 公分
粉色糯米團 b1	頭髮	1 公分
粉色糯米團 b2	頭髮	1 公分
粉色糯米團 b3	頭髮	1 公分
粉色糯米團 c1	大瀏海	1 公分
粉色糯米團 c2	小瀏海	0.5 公分
膚色糯米團 d	耳朵	0.5 公分
膚色糯米團 e	手部	1 公分
白色糯米團	珍珠	0.25 公分

元宵

使用糯米團	製作部位	糯米團直徑
膚色糯米團 a	頭部	4 公分
綠色糯米團	尾巴	4 公分
粉色糯米團 b1	頭髮	2 公分
粉色糯米團 b2	頭髮	2 公分
粉色糯米團 b3	頭髮	2 公分
粉色糯米團 c1	大瀏海	2 公分
粉色糯米團 c2	小瀏海	1 公分
膚色糯米團 d	耳朵	1 公分
膚色糯米團 e	手部	2 公分
白色糯米團	珍珠	0.5 公分

步驟說明 Step by step

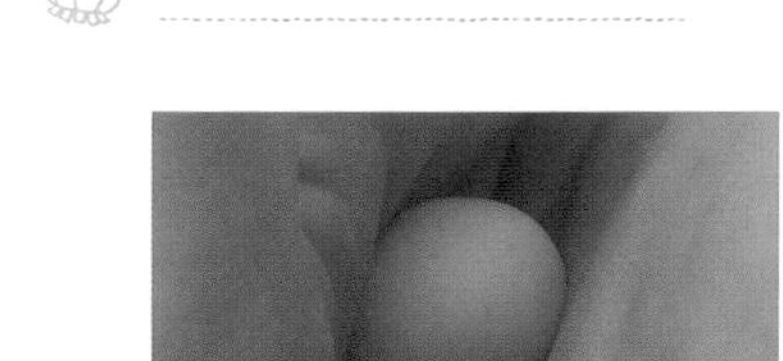

01 用手掌將膚色糯米團 a 搓揉成圓形，為頭部。

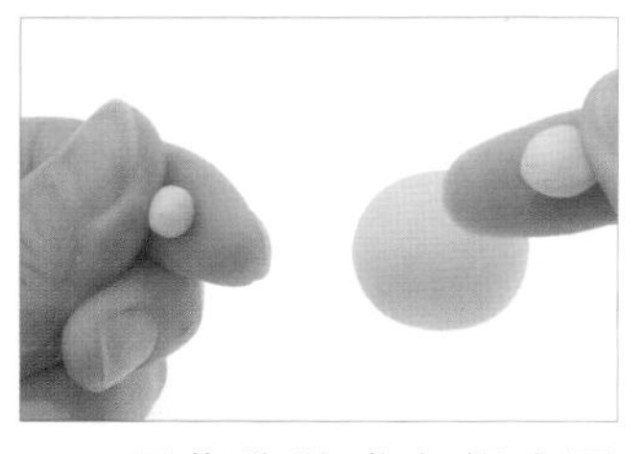

02 用指腹將膚色糯米團 d、e 搓揉成圓形。

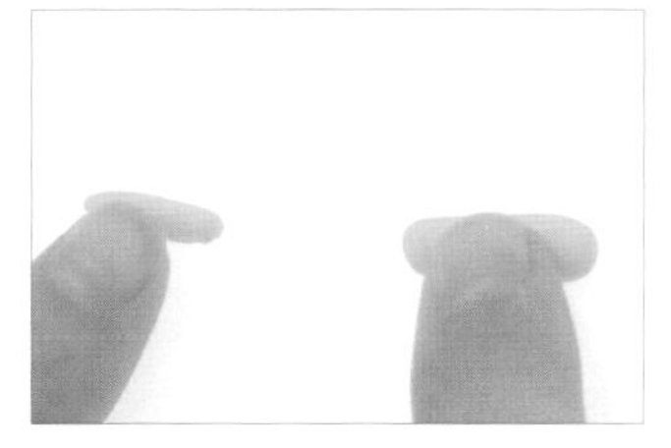

03 將膚色圓形糯米團 d、e 在桌上搓成長條形。

04 承步驟 3，以切刀棒將糯米團 d 對切成 1/2，為耳朵糯米團。

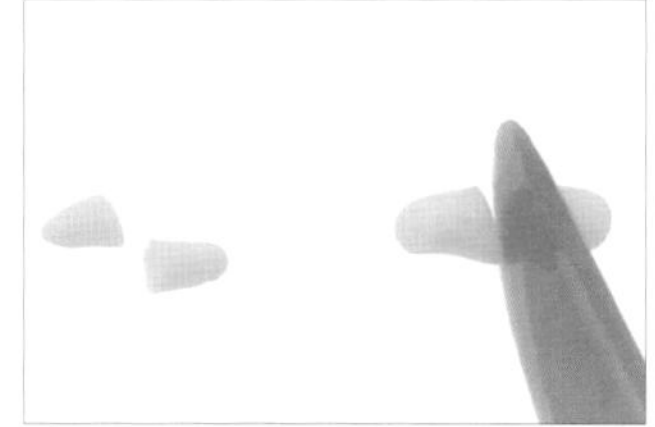

05 承步驟 3，以切刀棒將糯米團 e 對切成 1/2，為手部糯米團。

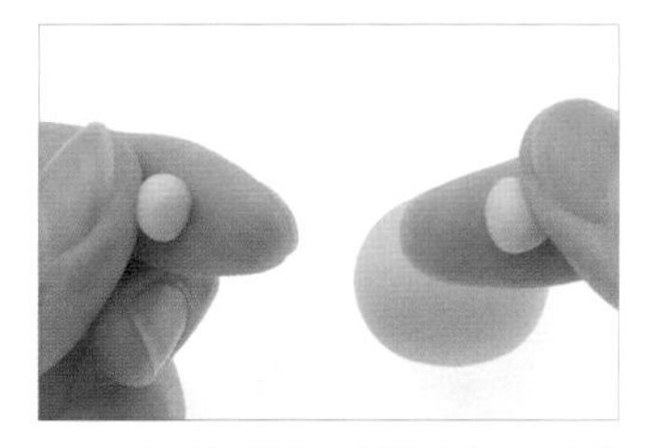

06 用指腹將手部糯米團搓揉成圓形。

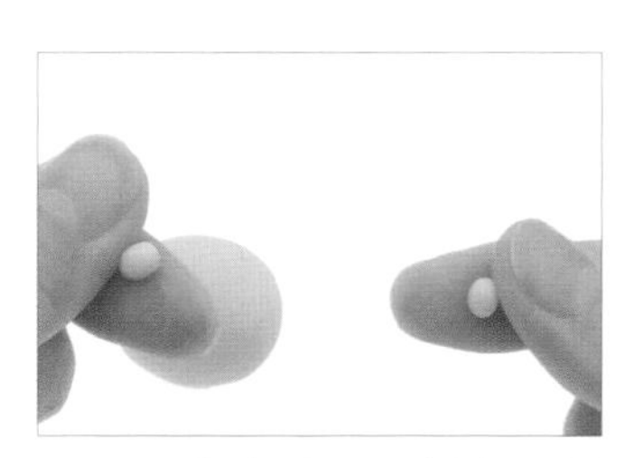

07 用指腹將耳朵糯米團搓揉成圓形。

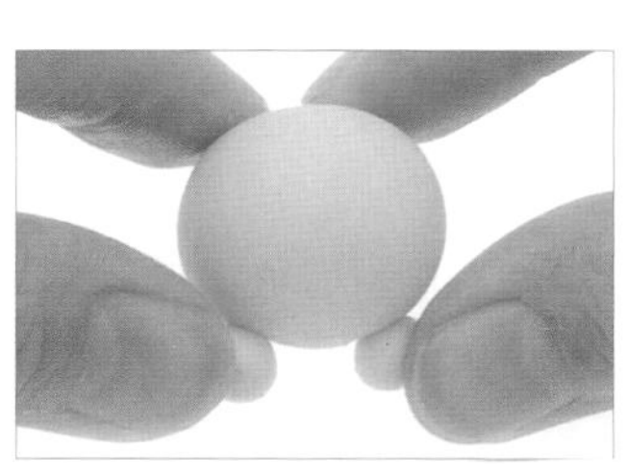

08 將手部糯米團放在頭部下側。

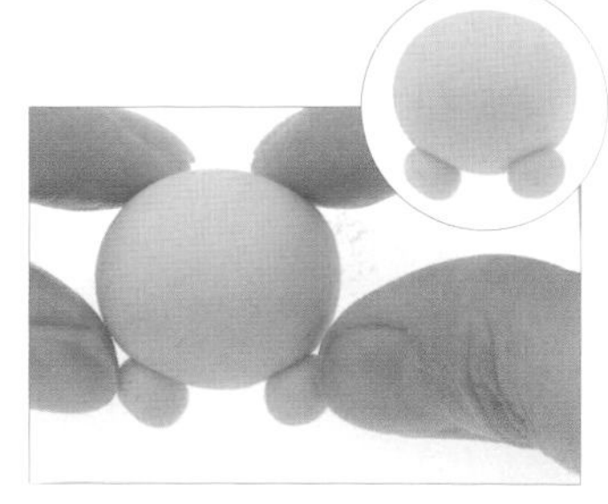

09 承步驟 8，用指腹按壓固定，即完成手部。

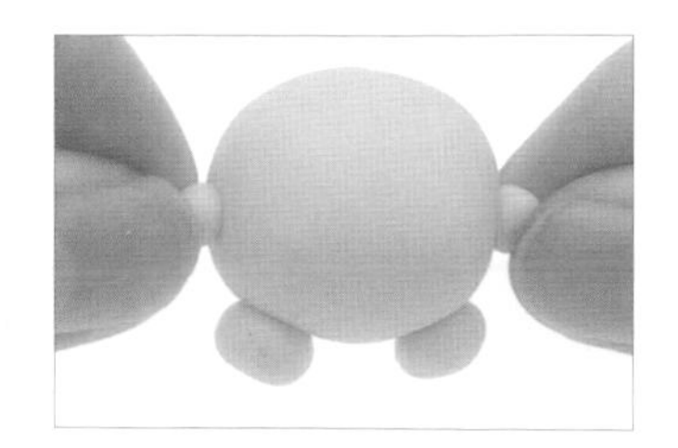

10 將耳朵糯米團放在頭部兩側，並用指腹輕壓固定。

11 如圖，耳朵完成。

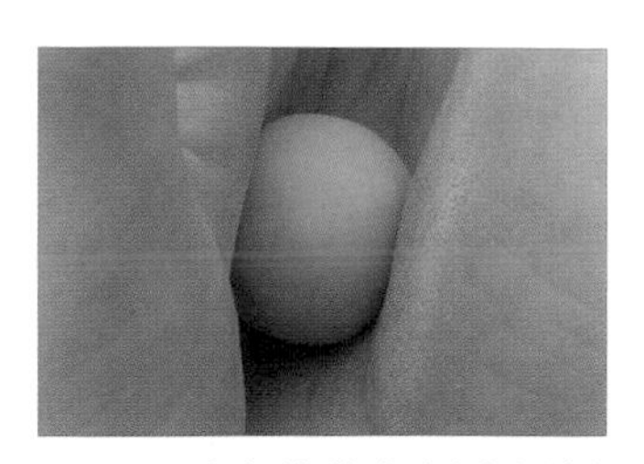

12 用手掌將綠色糯米團搓揉成圓形。

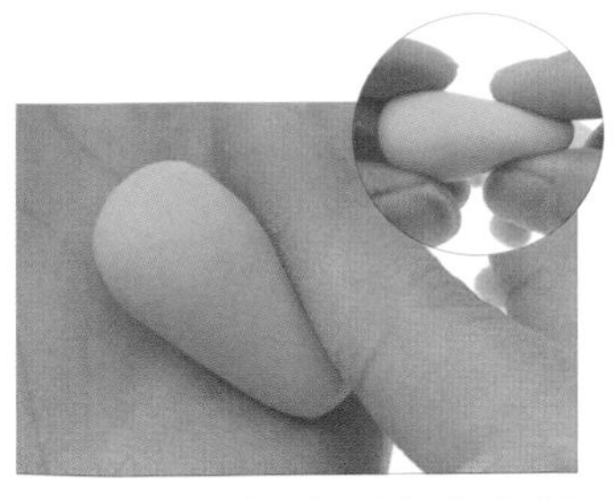

13 將綠色糯米團在掌心搓成水滴形。

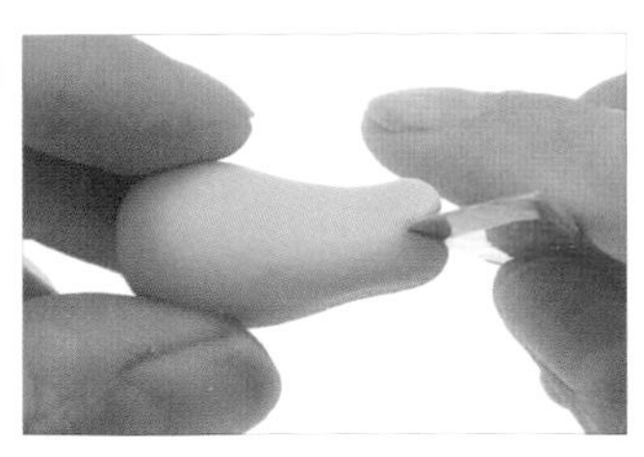

14 以切刀棒在水滴形糯米團尖端切出短直線。

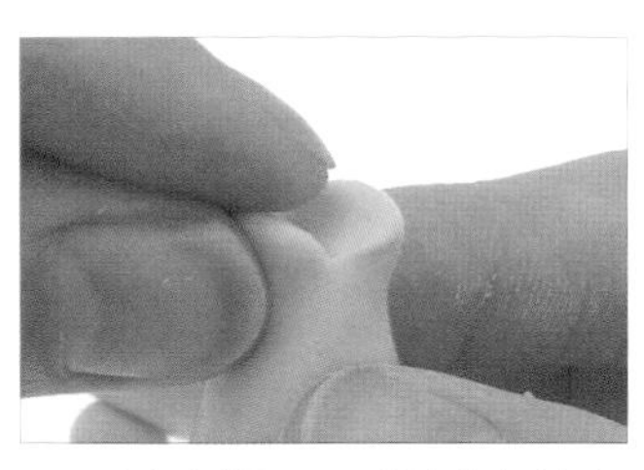

15 承步驟 14，將短直線向外扳開，以製作尾鰭。

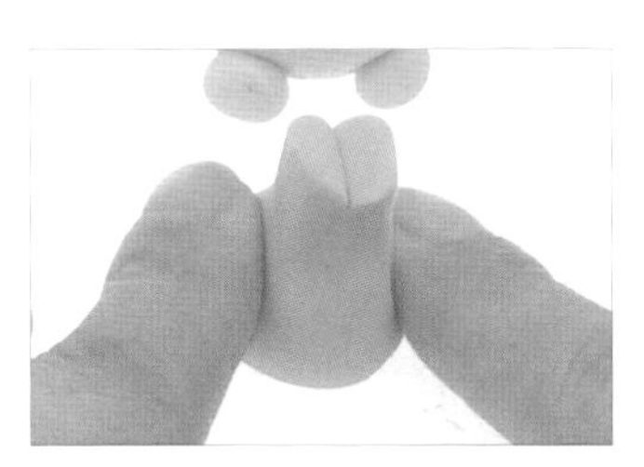

16 用指腹調整魚尾的寬度及線條，即完成魚尾。

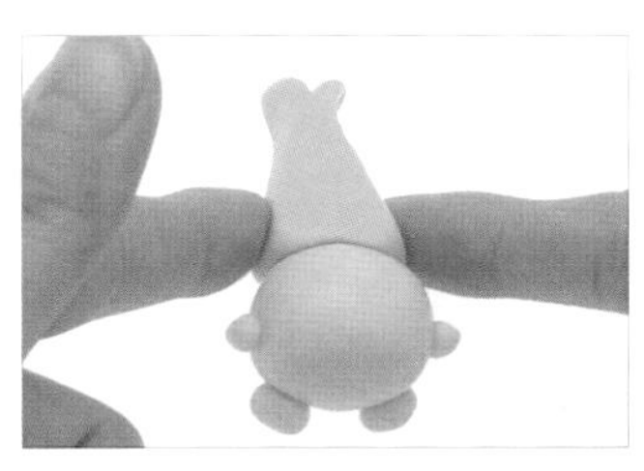

17 將魚尾放在頭部後方。

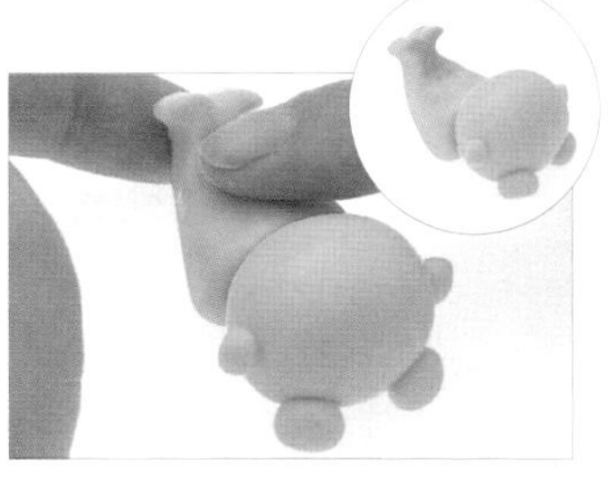

18 將尾鰭向上扳，以製造出往上翹的效果。

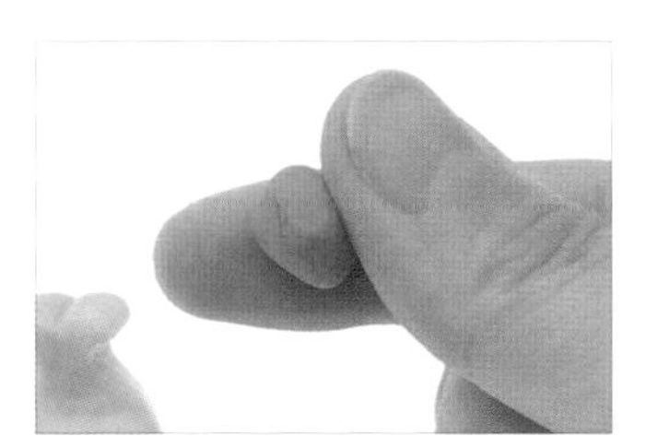

19 用指腹將粉色糯米團 b1 搓揉成圓形。

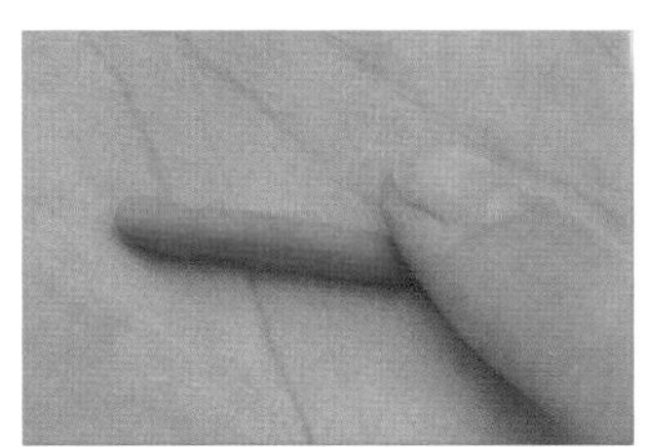

20 將粉色圓形糯米團 b1 在掌心搓成長條形，為頭髮 b1。

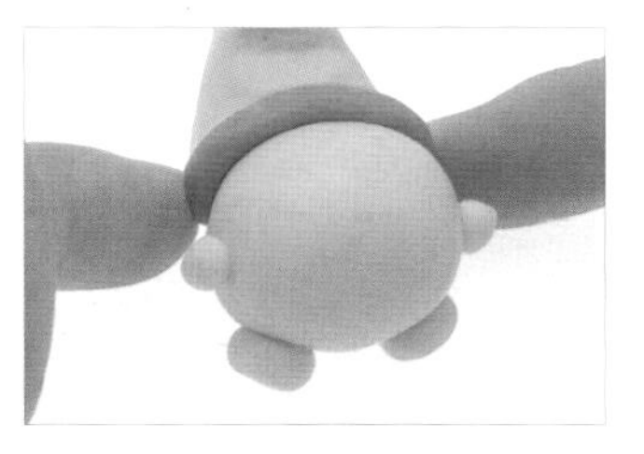

21 將頭髮 b1 放在頭部和魚尾的銜接處，並用指腹輕壓固定。

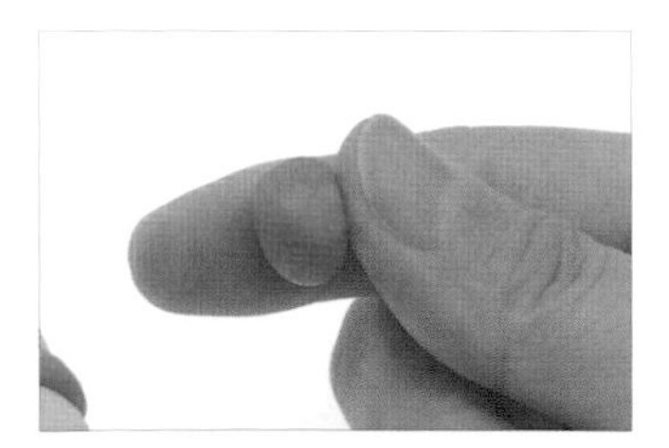

22 用指腹將紅色糯米團 b2 搓揉成圓形。

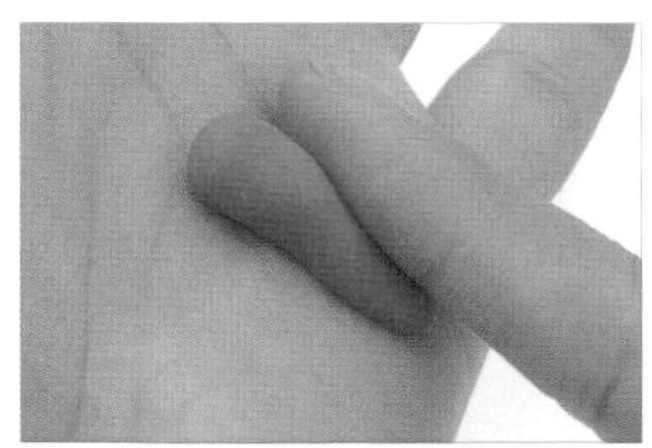

23 將粉色圓形糯米團 b2 在掌心搓成水滴形，為頭髮 b2。

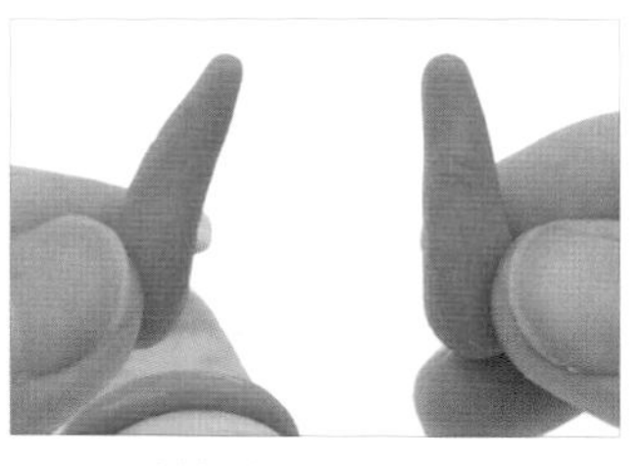

24 重複步驟 22-23，完成頭髮 b3。

25 將頭髮 b2、b3 並列放在頭部上方。

26 將頭髮 b2、b3 順勢往下壓，以加強黏合。

27 承步驟 26，按壓頭髮的銜接處，使糯米團接合。

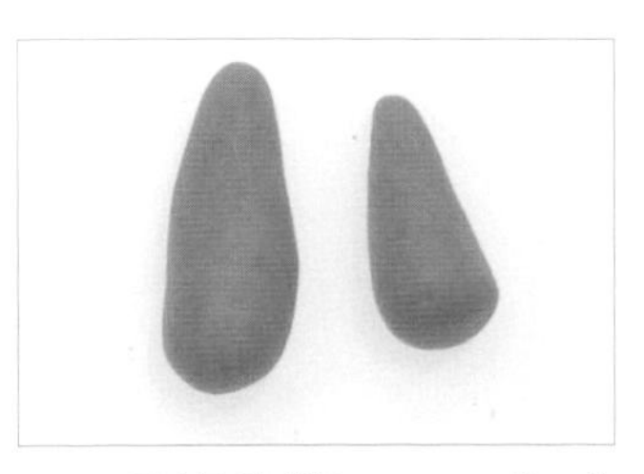

28 重複步驟 22-23，完成大瀏海 c1、小瀏海 c2。

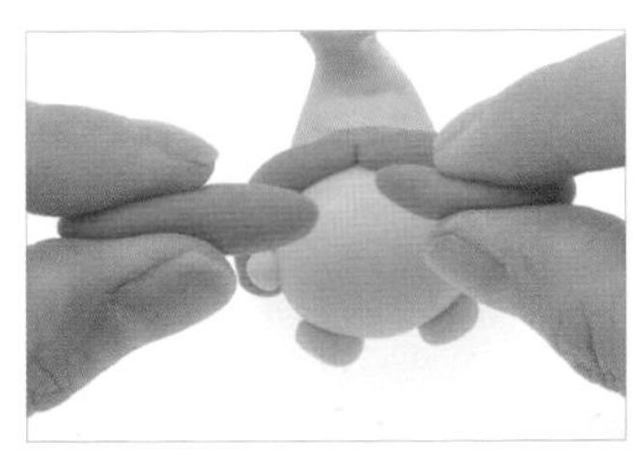

29 將大瀏海 c1、小瀏海 c2 壓扁。

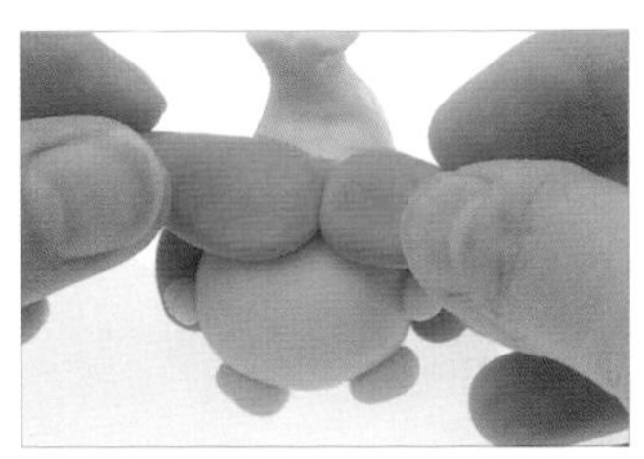

30 將瀏海壓放在頭髮b2、b3側邊。（註：稍微與頭髮疊合，以蓋住鏤空處。）

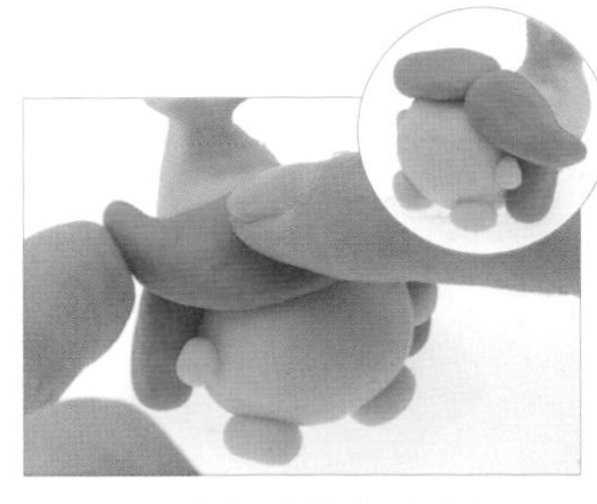

31 將瀏海稍微往上扳，可製造自然感。

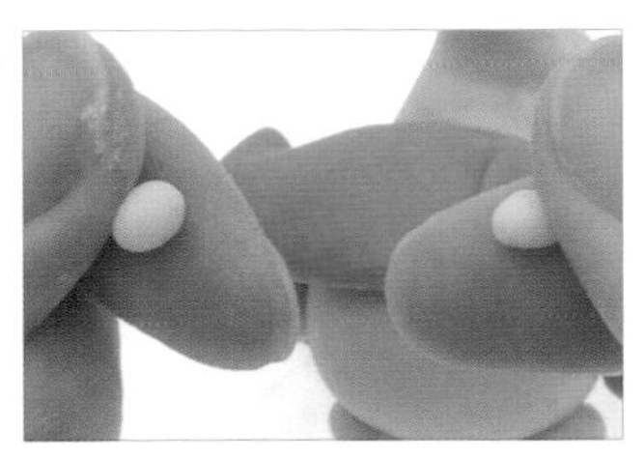

32 用指腹將白色糯米團搓揉成圓形，為珍珠。

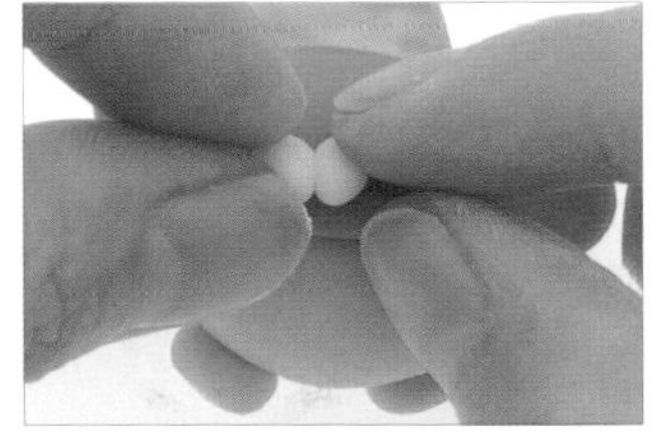

33 將珍珠放在左側瀏海上。

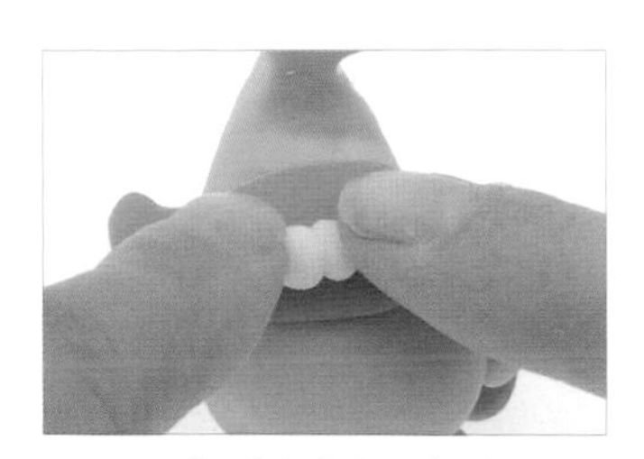

34 用指腹輕壓固定珍珠。

35 如圖，美人魚主體完成。

36 以畫筆沾取咖啡色色膏，畫出短直線，即為左側眉毛。

37　重複步驟36，畫出右側眉毛。

38　以畫筆沾取咖啡色色膏，畫出圓點，為左眼。

39　承步驟38，將畫筆輕往上撇，為睫毛。

40　重複步驟38-39，畫出右眼。

41　以畫筆沾取紅色色膏，在眼睛下側畫出微笑線，為嘴巴。

42　以畫筆沾取紅色色膏，畫出圓點，即為左側酒窩。

43　重複步驟42，畫出右側酒窩。

44　如圖，美人魚完成。

長髮公主

01 湯圓

使用糯米團	製作部位	糯米團直徑
膚色糯米團 a	頭部	2 公分
膚色糯米團 b	手部	1 公分
黃色糯米團 c1	辮子	1 公分
黃色糯米團 c2	辮子	1 公分
黃色糯米團 c3	辮子	1 公分
黃色糯米團 d1	瀏海	0.5 公分
黃色糯米團 d2	瀏海	0.5 公分
黃色糯米團 e1	頭髮	0.5 公分
黃色糯米團 e2	頭髮	0.5 公分
黃色糯米團 e3	頭髮	0.5 公分
黃色糯米團 e4	頭髮	0.5 公分
黃色糯米團 e5	頭髮	0.5 公分
膚色糯米團 f	耳朵	0.5 公分

02 元宵

使用糯米團	製作部位	糯米團直徑
膚色糯米團 a	頭部	4 公分
膚色糯米團 b	手部	2 公分
黃色糯米團 c1	辮子	2 公分
黃色糯米團 c2	辮子	2 公分
黃色糯米團 c3	辮子	2 公分
黃色糯米團 d1	瀏海	1 公分
黃色糯米團 d2	瀏海	1 公分
黃色糯米團 e1	頭髮	1 公分
黃色糯米團 e2	頭髮	1 公分
黃色糯米團 e3	頭髮	1 公分
黃色糯米團 e4	頭髮	1 公分
黃色糯米團 e5	頭髮	1 公分
膚色糯米團 f	耳朵	1 公分

步驟說明 Step by step

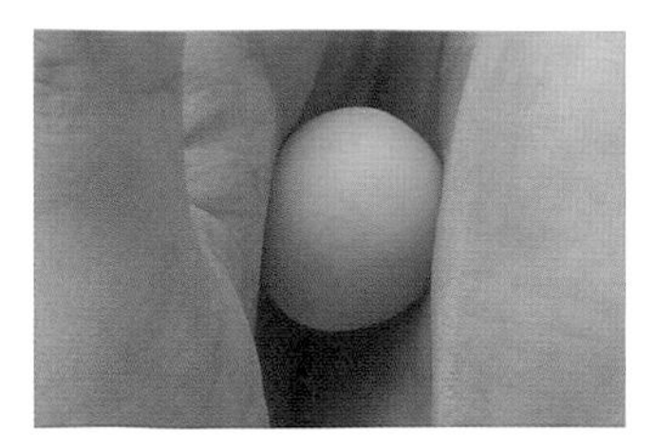

01 用手掌將膚色糯米團 a 搓揉成圓形，為頭部。

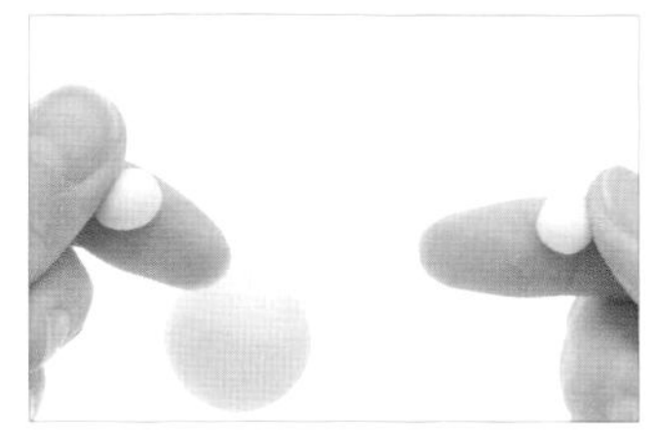

02 用指腹將黃色糯米團 d1、d2 搓揉成圓形。

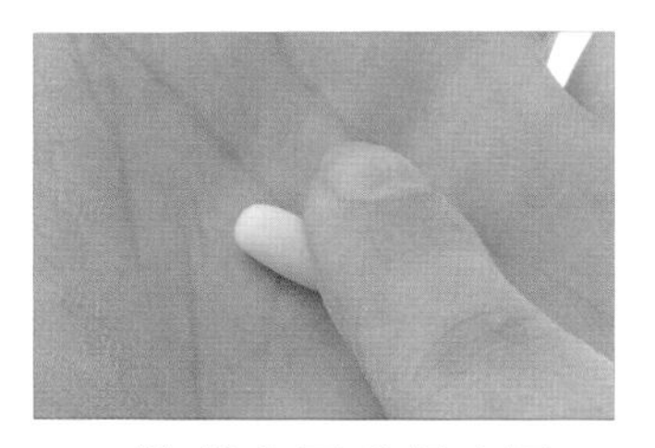

03 將黃色圓形糯米團 d1 在掌心搓成長條形。

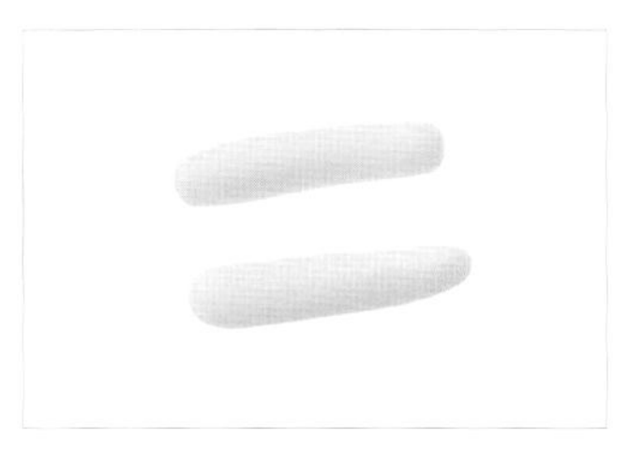

04 重複步驟 3，將黃色圓形糯米團 d2 搓成長條形，為瀏海。

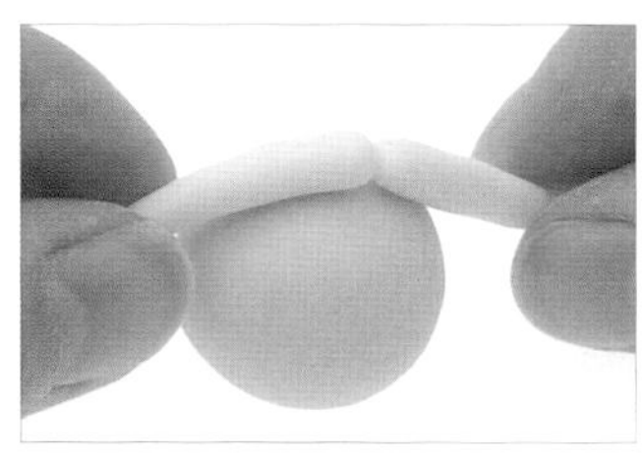

05 將瀏海 d1、d2 並列放在頭部上方。

06 用指腹按壓瀏海 d1、d2 的銜接處，使糯米團接合。

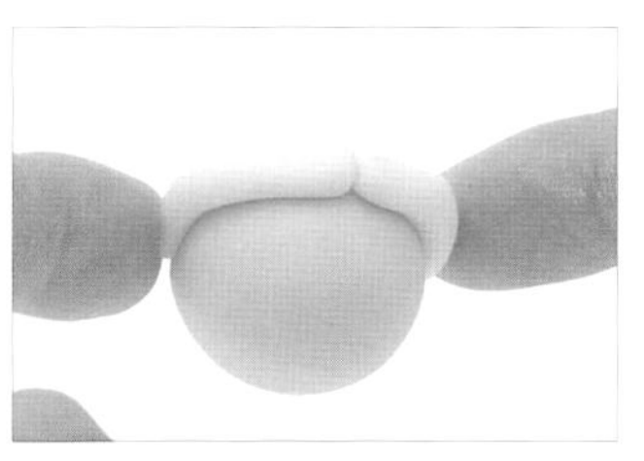

07 承步驟 6，將瀏海順勢往下壓，以加強黏合。

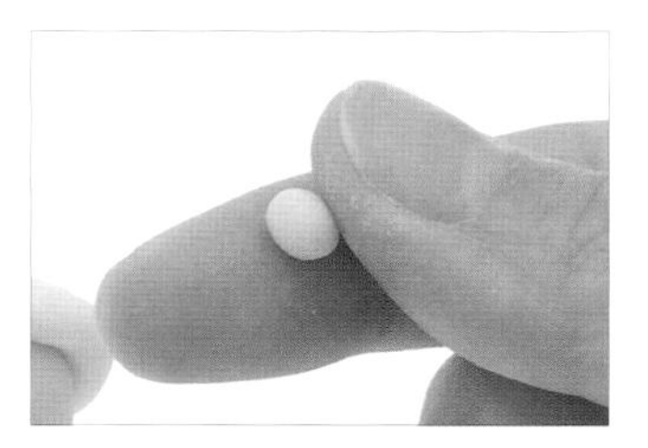

08 用指腹將膚色糯米團 f 搓揉成圓形。

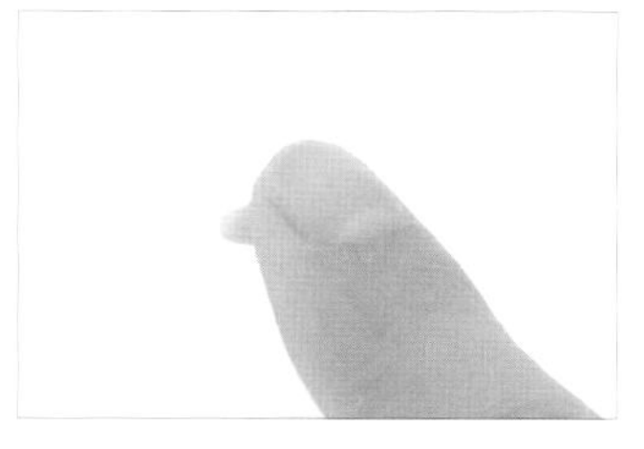

09 將膚色圓形糯米團 f 在桌上搓成長條形。

10 承步驟 9，以切刀棒將糯米團對切成 1/2，為耳朵糯米團。

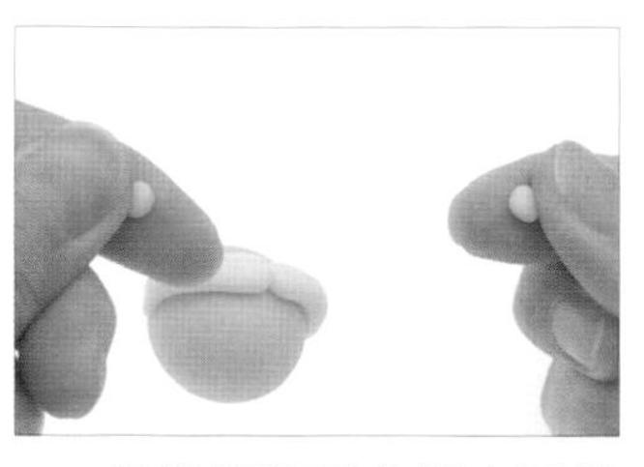

11 用指腹將耳朵糯米團搓揉成圓形。

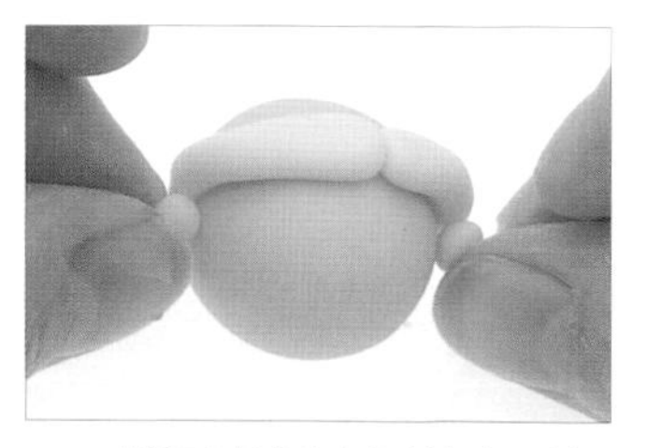

12 將耳朵糯米團放在頭部兩側。

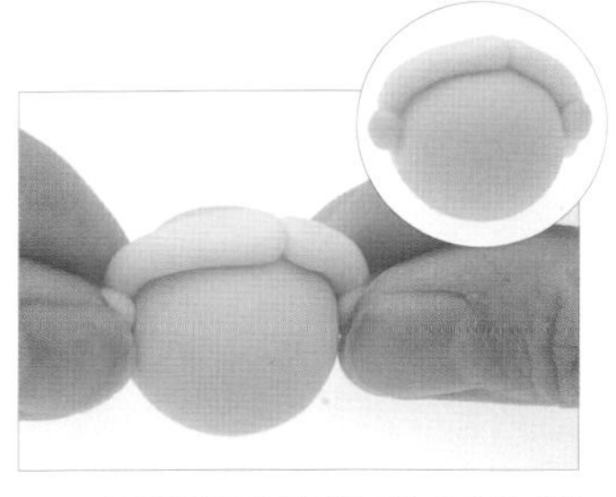

13 用指腹輕壓固定耳朵糯米團，即完成耳朵。

14 用指腹將黃色糯米團 e1 搓揉成圓形。

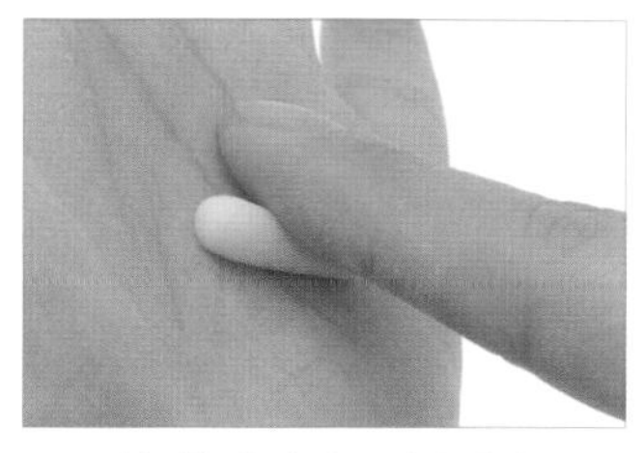

15 將黃色圓形糯米團 e1 在掌心搓成水滴形，為頭髮 e1。

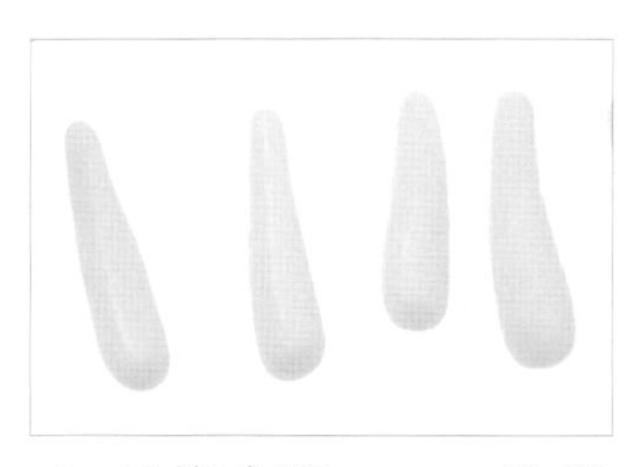

16 重複步驟 14-15，取黃色糯米團 e2 ～ e5，完成頭髮 e2 ～ e5。

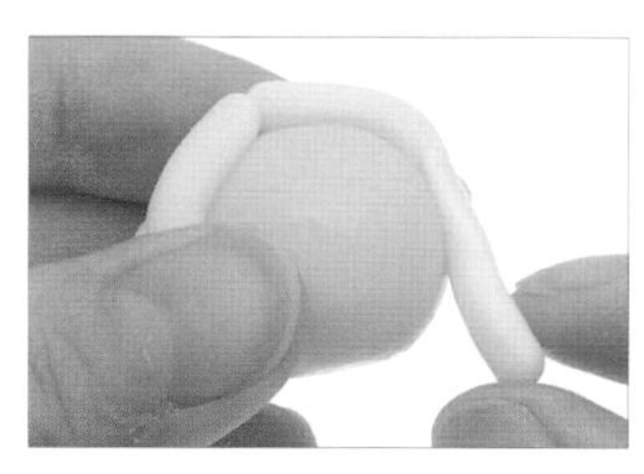

17 將頭髮 e2 斜放在瀏海側邊。

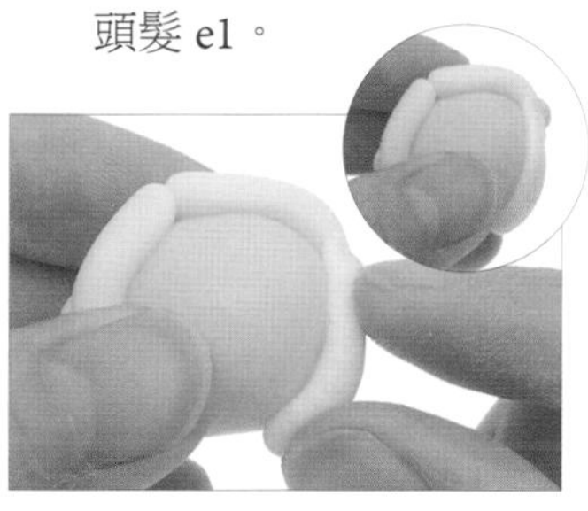

18 將頭髮 e2 順勢往下壓，以加強黏合。

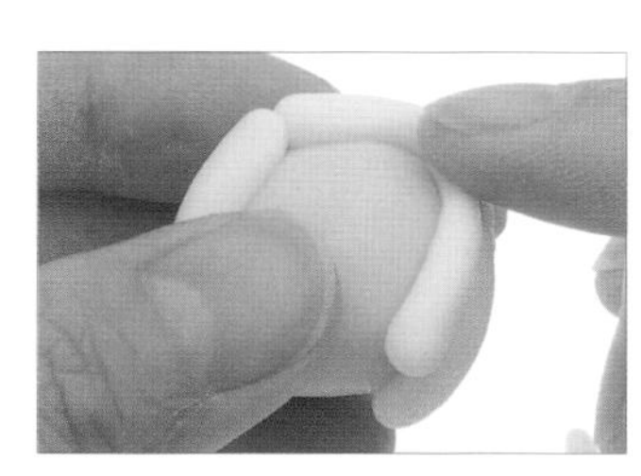

19 重複步驟 17-18，將頭髮 e3 沿著頭髮 e2 擺放。

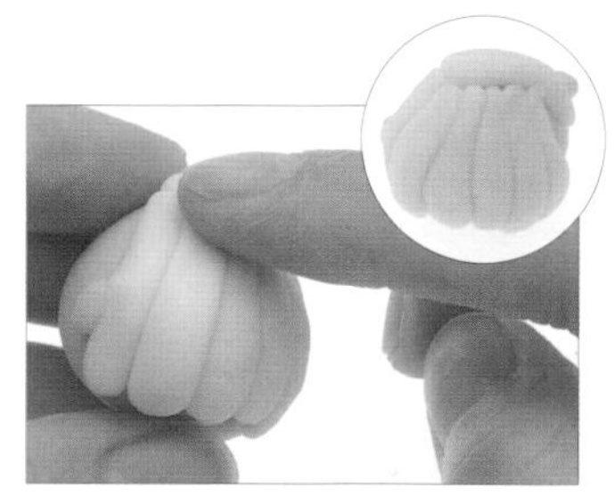

20 重複步驟 17-18，依序將頭髮放置在後腦勺。

21 用指腹將黃色糯米團 c1、c2 搓揉成圓形。

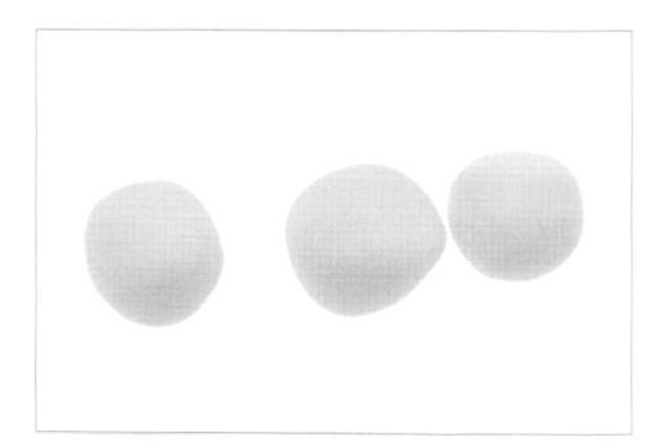

22 重複步驟 21，將黃色糯米團 c3 搓揉成圓形。

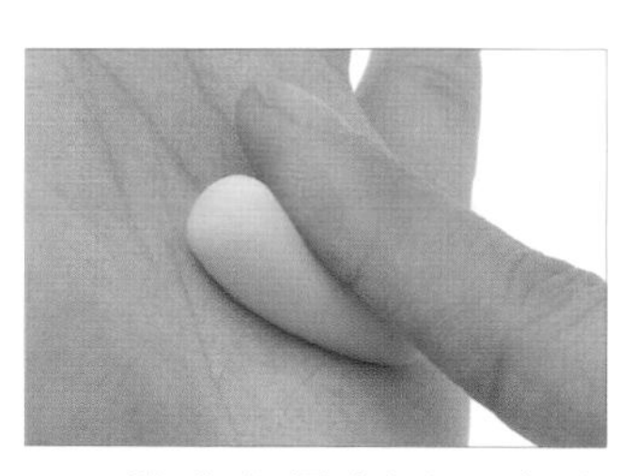

23 將黃色糯米團 c1 在掌心搓成長條形。

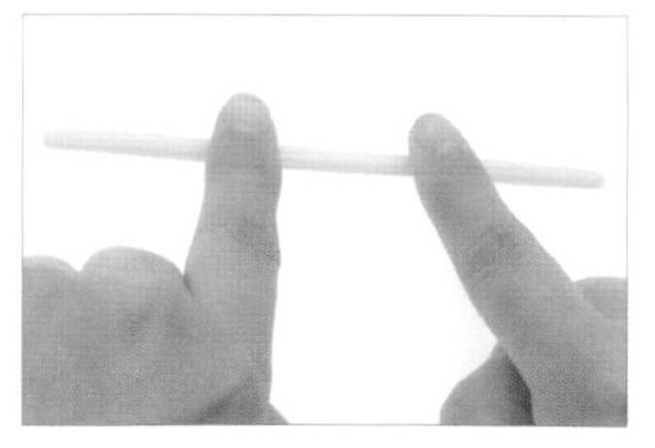

24 將黃色長條形糯米團 c1 在桌上搓成條狀（約 5 ～ 8 公分），為髮束 c1。

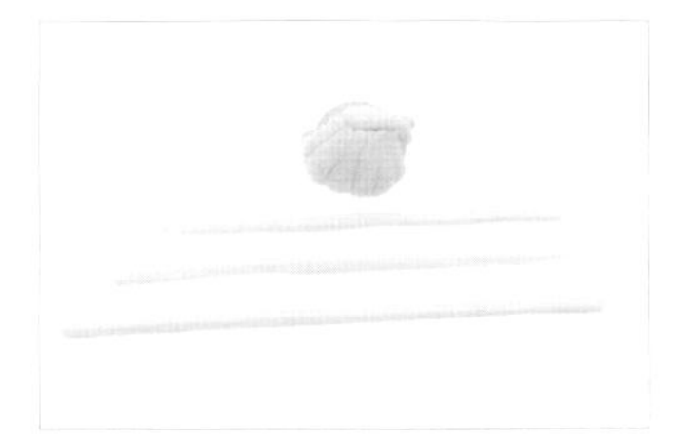

25 重複步驟 23-24，完成髮束 c2、c3。

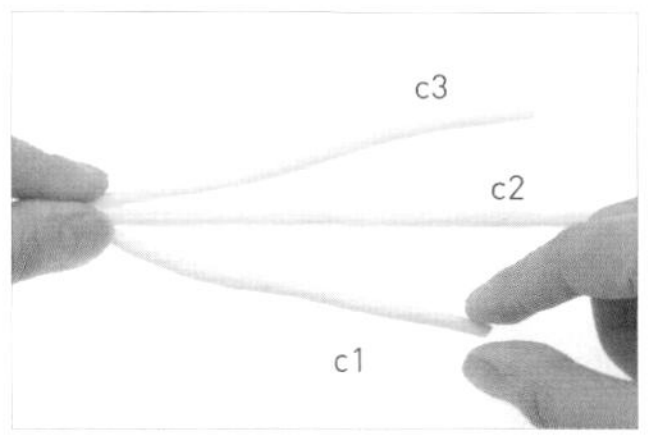

26 將髮束排成爪狀，並將前段捏合。

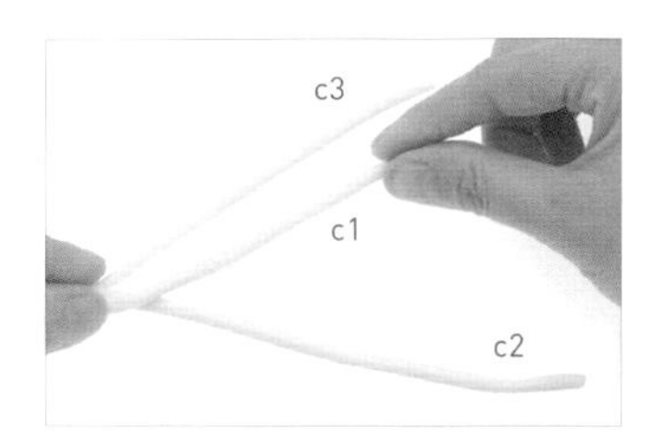

27 將髮束 c1 壓在髮束 c2 上。

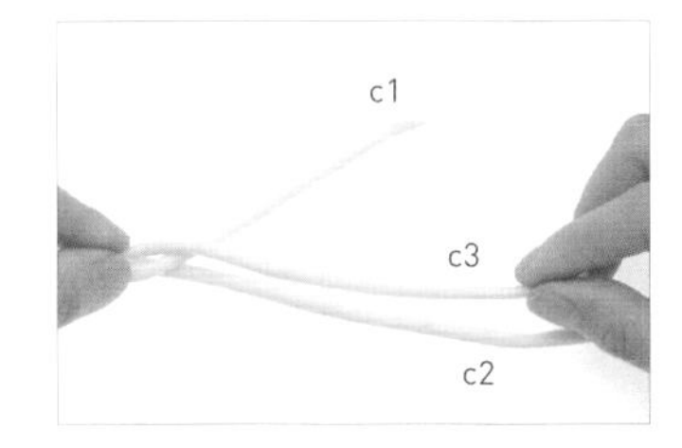

28 將髮束 c3 壓在髮束 c1 上。

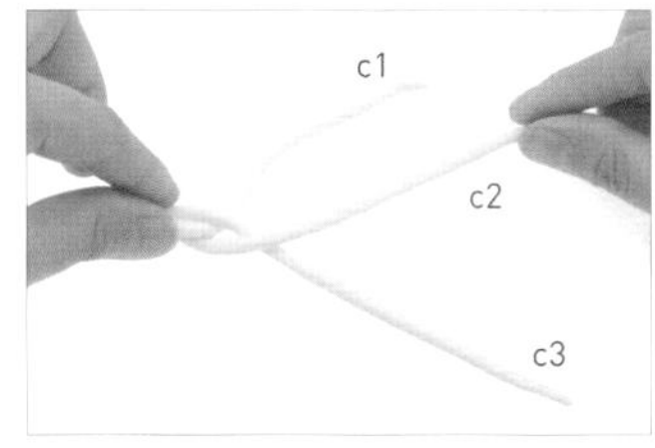

29 將髮束 c2 壓在髮束 c3 上。

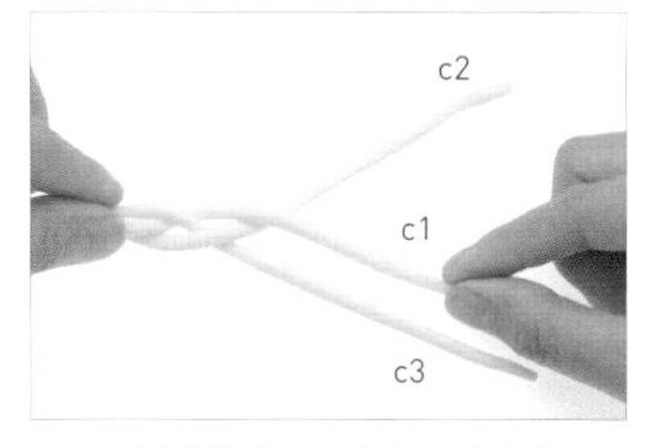

30 將髮束 c1 壓在髮束 c2 上。

31 重複步驟 27-30，編至髮束尾端，並捏合尾端，為辮子。

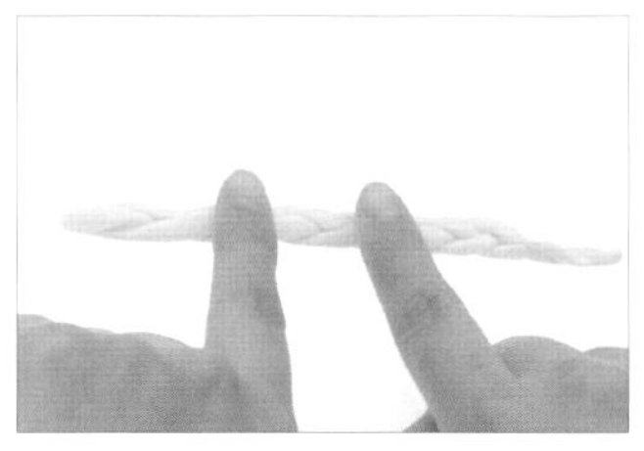

32 將辮子稍微搓平，以避免在煮時糯米團分離。

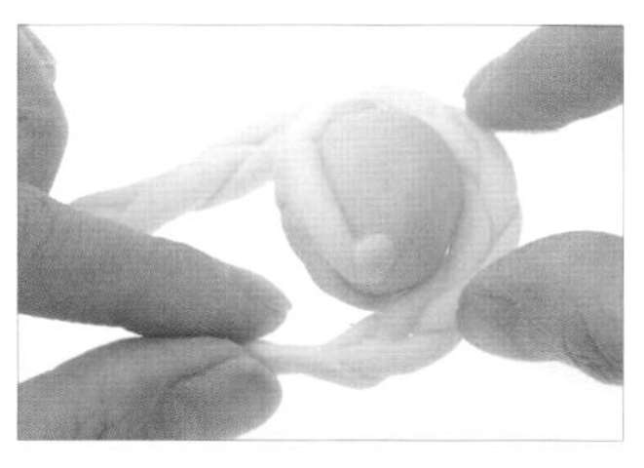

33 將辮子沿著頭部環繞。

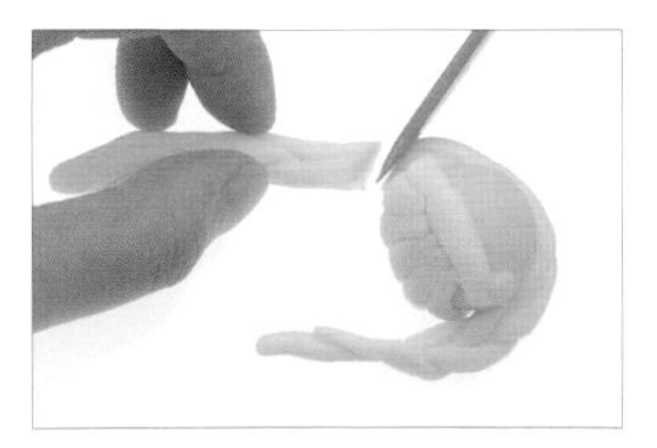

34 以切刀棒切去一側多餘的糯米團。

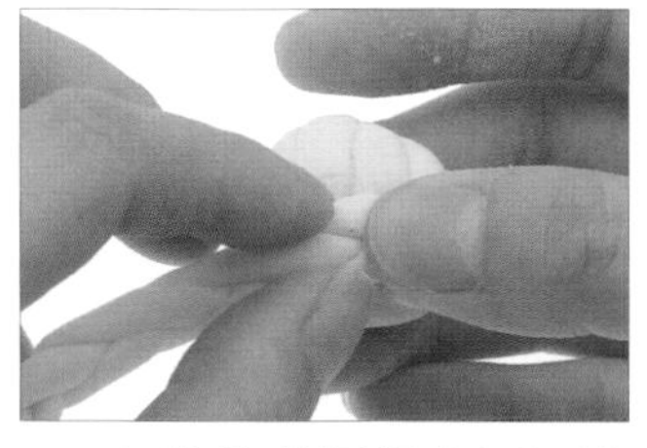

35 用指腹按壓糯米團切邊至頭部。

36 將辮子沿著頭部環繞。

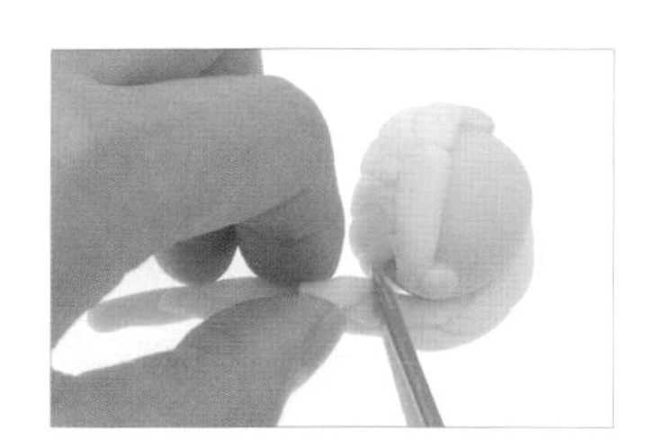

37 以切刀棒切去另一側多餘的糯米團。

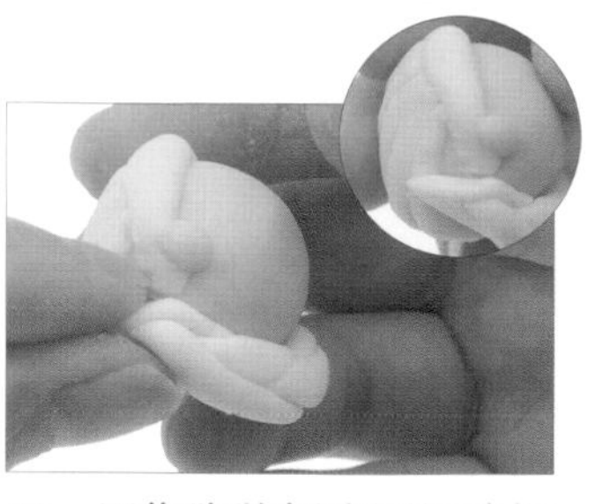

38 用指腹將糯米團切邊捏尖，以製作辮子尾端。

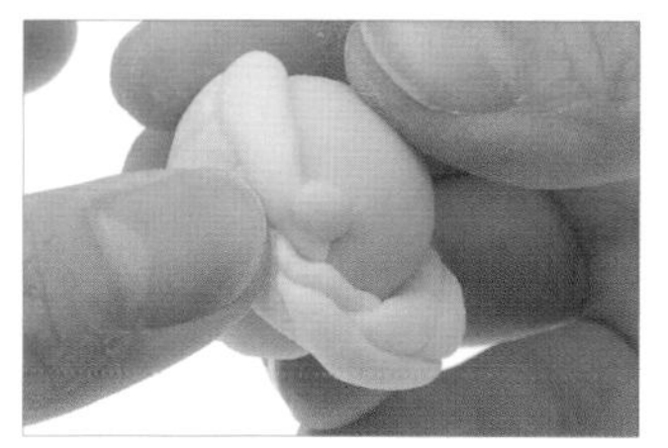

39 承步驟38，將糯米團按壓至頭部，以加強黏合。

40 用指腹將膚色糯米團b分成1/2後，搓揉成圓形，為手部。

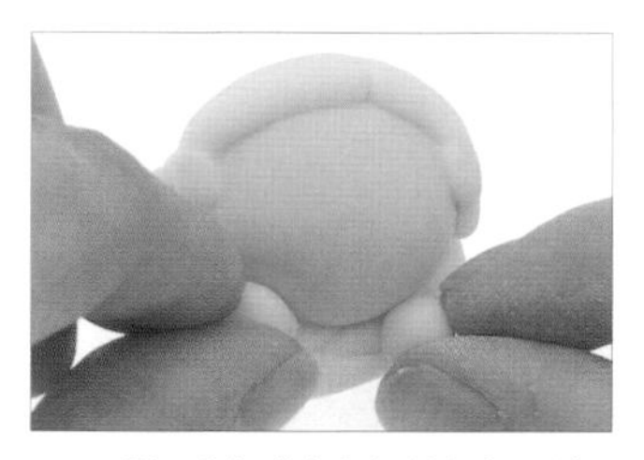

41 將手部糯米團放在頭部下側。

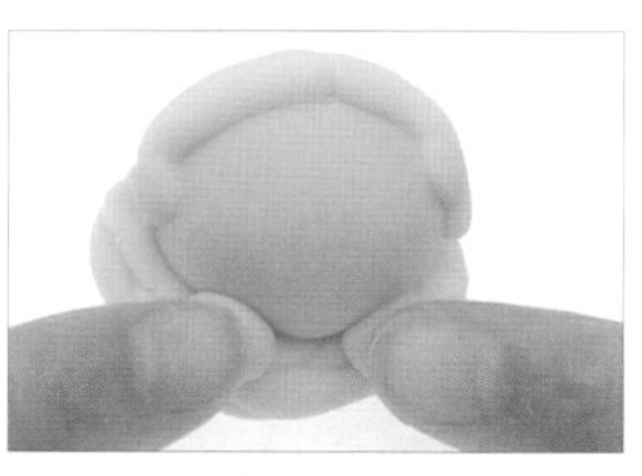

42 承步驟41，用指腹按壓固定，即完成手部。

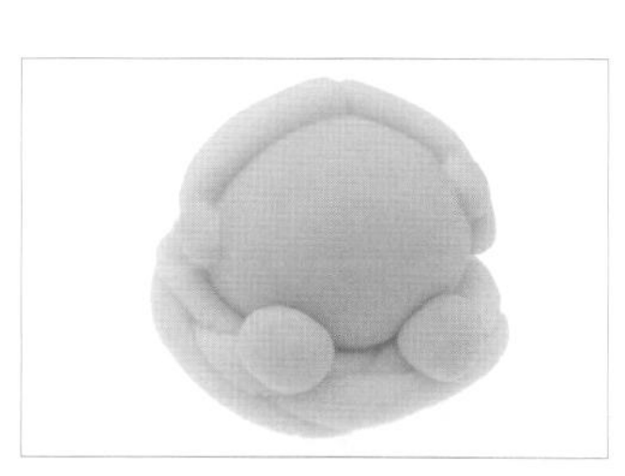

43 如圖，長髮公主主體完成。

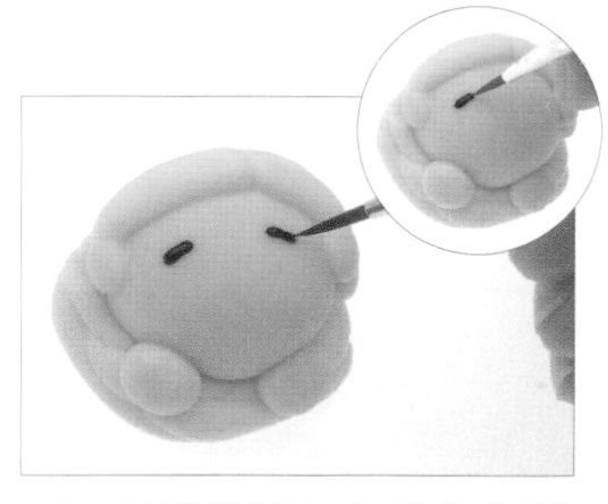

44 以畫筆沾取咖啡色色膏，畫出短直線，為眉毛。

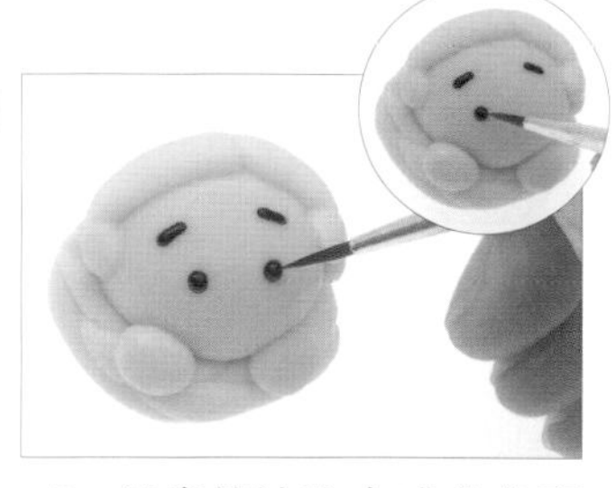

45 以畫筆沾取咖啡色色膏，畫出圓點，為眼睛。

46 以畫筆沾取咖啡色色膏，在眼睛下側畫出微笑線，為嘴巴。

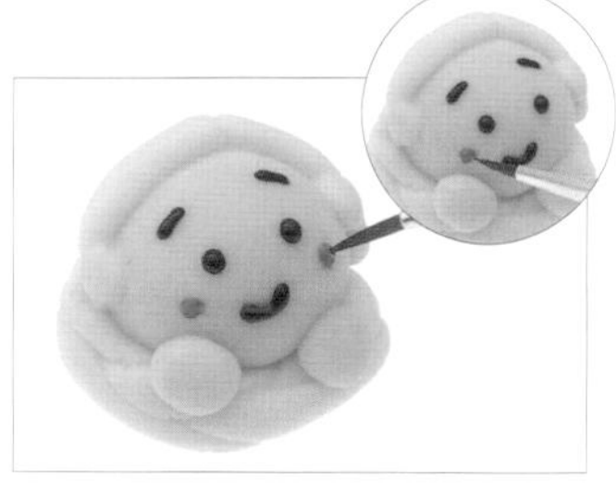

47 以畫筆沾取紅色色膏，畫出圓點，為酒窩。

48 如圖，長髮公主完成。

童話故事系列

貝兒

湯圓

使用糯米團	製作部位	糯米團直徑
膚色糯米團 a	頭部	2 公分
咖啡色糯米團 b	髮包	1 公分
黃色糯米團	髮圈	0.5 公分
咖啡色糯米團 c1	瀏海	0.5 公分
咖啡色糯米團 c2	瀏海	0.5 公分
咖啡色糯米團 d1	頭髮	0.5 公分
咖啡色糯米團 d2	頭髮	0.5 公分
咖啡色糯米團 d3	頭髮	0.5 公分
咖啡色糯米團 d4	頭髮	0.5 公分
咖啡色糯米團 d5	頭髮	0.5 公分
膚色糯米團 e	手部	1 公分
膚色糯米團 f	耳朵	0.5 公分

元宵

使用糯米團	製作部位	糯米團直徑
膚色糯米團 a	頭部	4 公分
咖啡色糯米團 b	髮包	2 公分
黃色糯米團	髮圈	1 公分
咖啡色糯米團 c1	瀏海	1 公分
咖啡色糯米團 c2	瀏海	1 公分
咖啡色糯米團 d1	頭髮	1 公分
咖啡色糯米團 d2	頭髮	1 公分
咖啡色糯米團 d3	頭髮	1 公分
咖啡色糯米團 d4	頭髮	1 公分
咖啡色糯米團 d5	頭髮	1 公分
膚色糯米團 e	手部	2 公分
膚色糯米團 f	耳朵	1 公分

步驟說明 Step by step

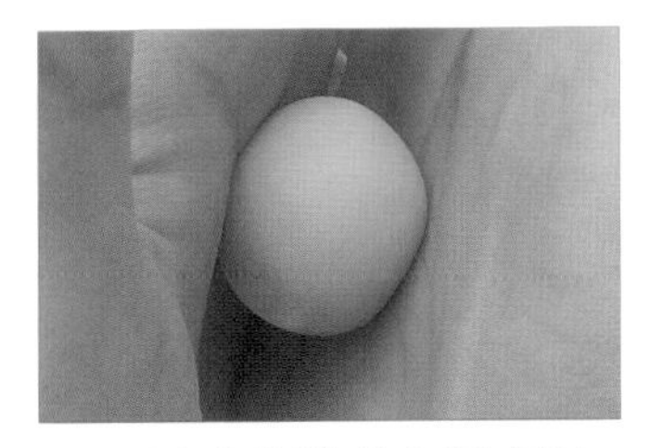

01 用手掌將膚色糯米團 a 搓揉成圓形，為頭部。

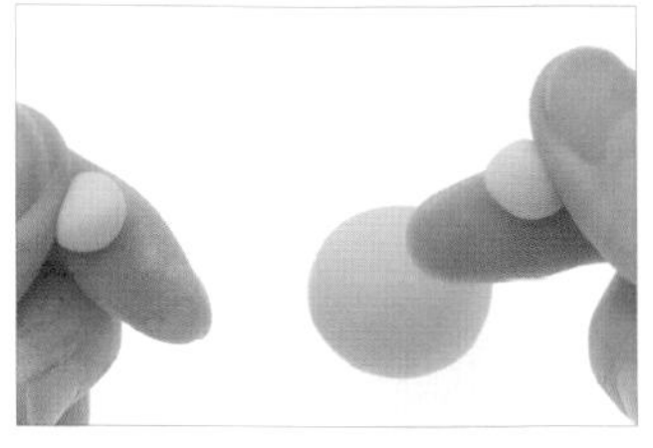

02 用指腹將膚色糯米團 e 分成 1/2 後，搓揉成圓形，為手部。

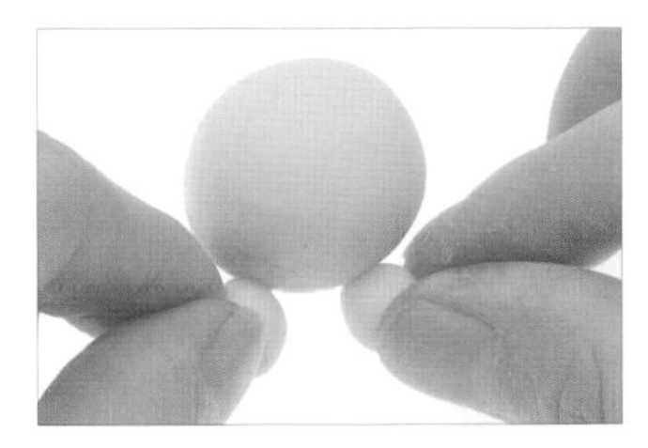

03 將手部放在頭部下側。

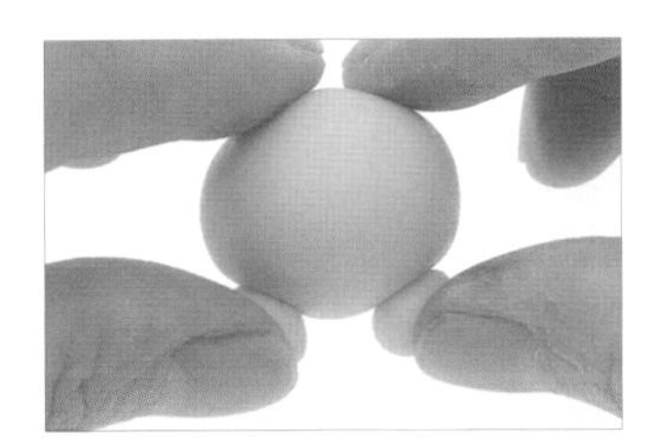

04 承步驟 3，用指腹按壓固定，即完成手部。

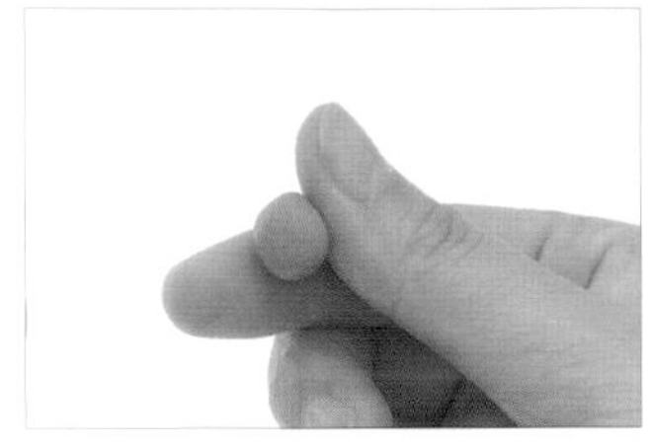

05 用指腹將咖啡色糯米團 c1 搓揉成圓形。

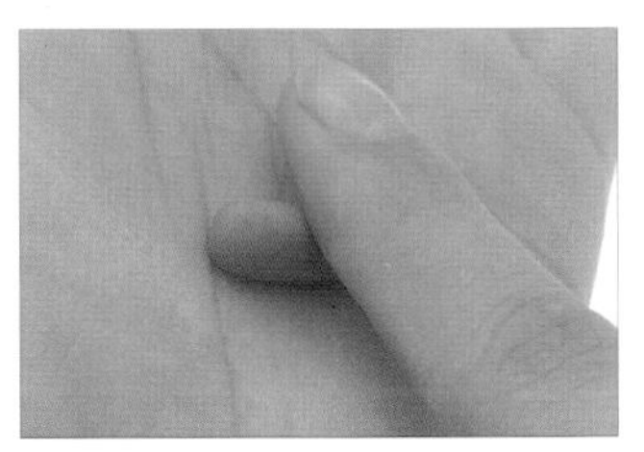

06 將咖啡色糯米團 c1 在掌心搓成長條形，即完成瀏海 c1。

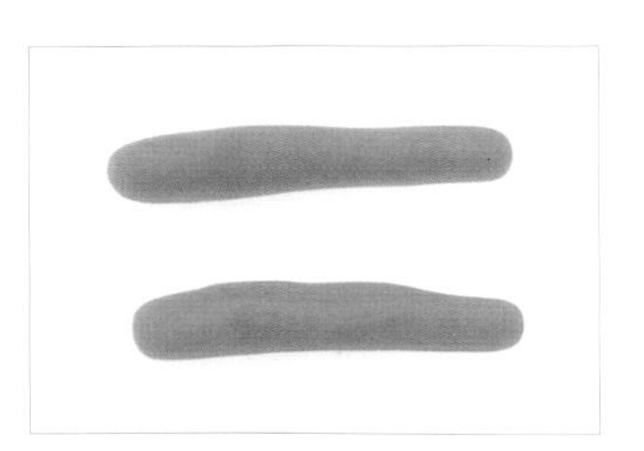

07 重複步驟 5-6，完成瀏海 c2。

08 將瀏海 c1、c2 前端放在頭部中間。

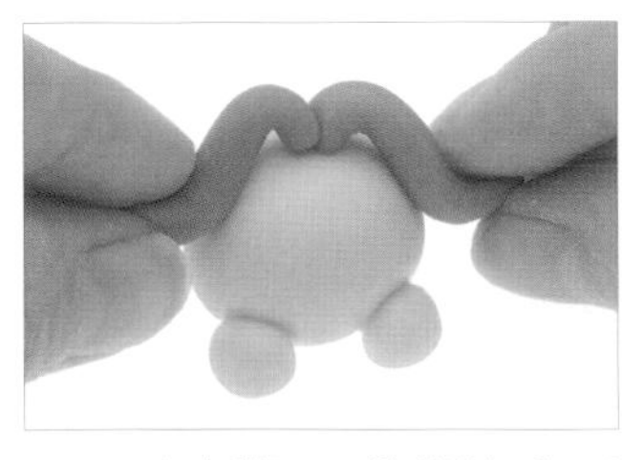

09 承步驟 8，將瀏海向下彎成 M 字形。

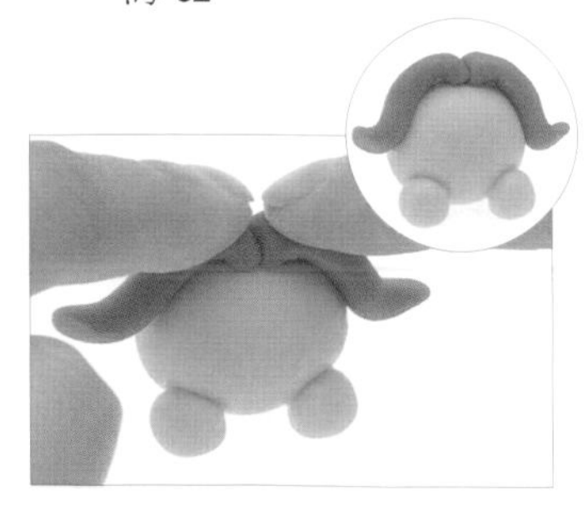

10 用指腹輕壓瀏海前端。

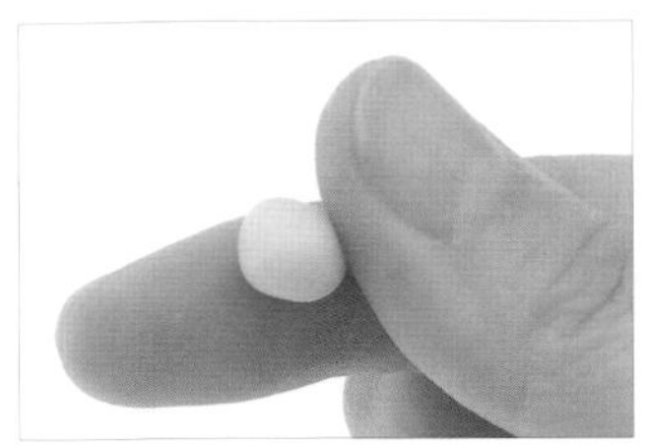

11 用指腹將膚色糯米團 f 搓揉成圓形。

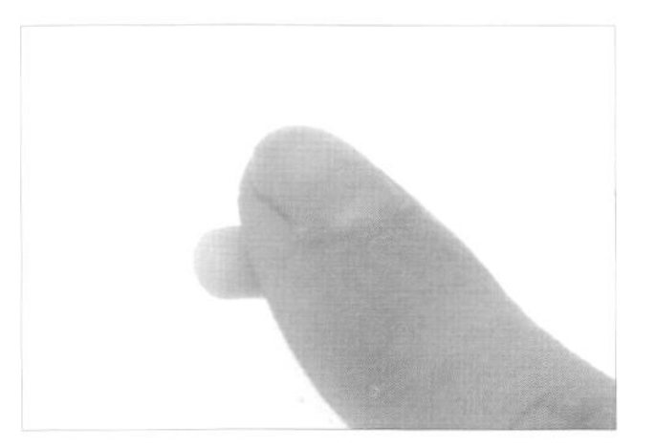

12 將膚色圓形糯米團 f 在桌上搓成長條形。

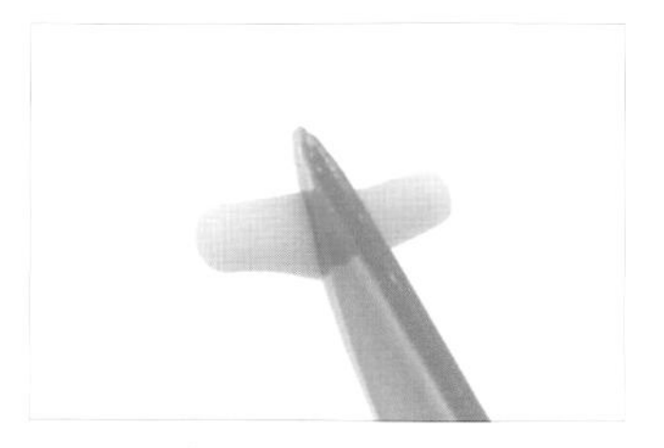

13 承步驟 12，以切刀棒將糯米團對切成 1/2，為耳朵糯米團。

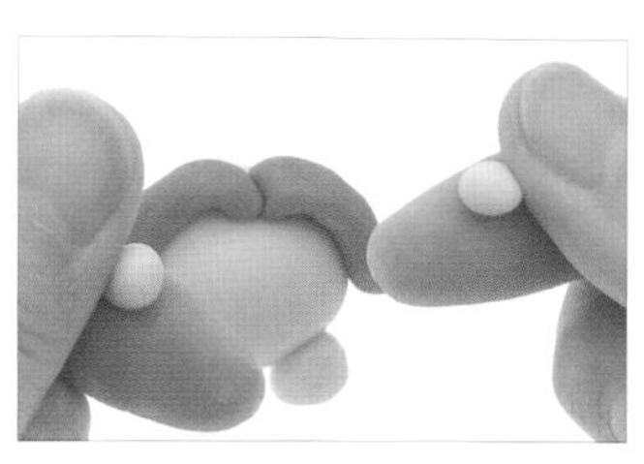

14 用指腹將耳朵糯米團搓揉成圓形。

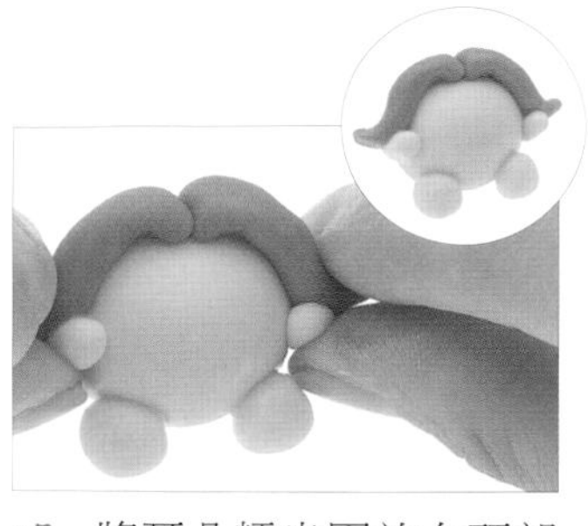

15 將耳朵糯米團放在頭部兩側，並輕壓固定。

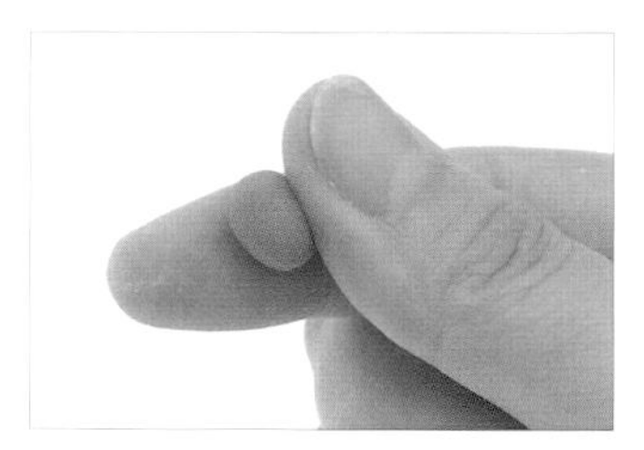

16 用指腹將咖啡色糯米團 d1 搓揉成圓形。

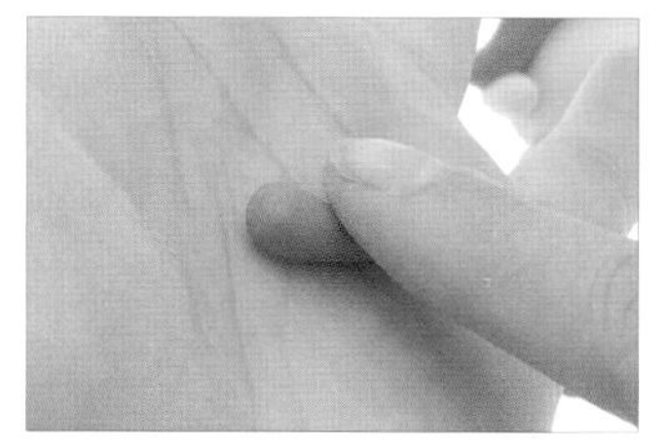

17 將咖啡色糯米團 d1 在掌心搓成水滴形。

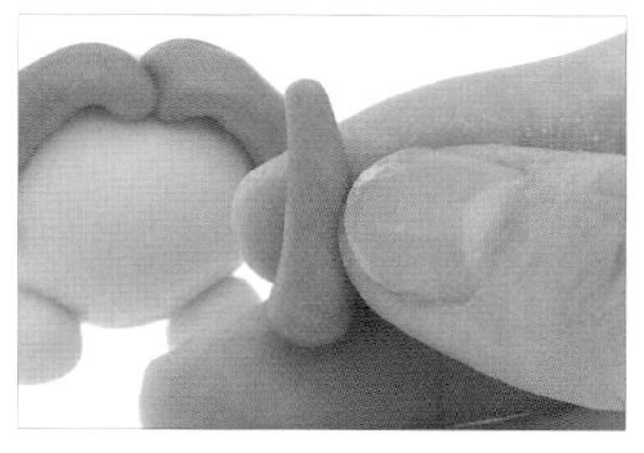

18 如圖，頭髮 d1 完成。

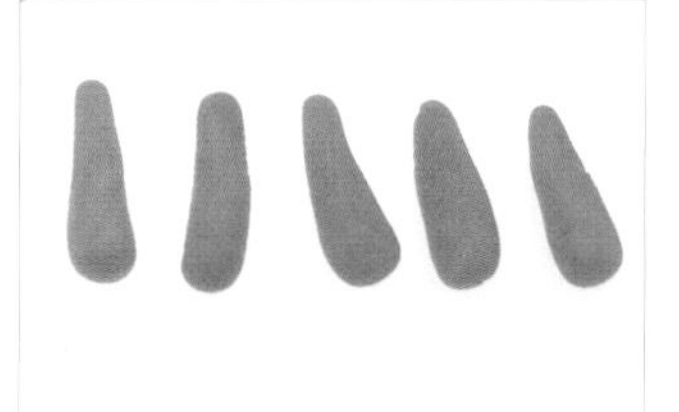

19 重複步驟 16-18，取咖啡色糯米團 d2 ～ d5，完成頭髮 d2 ～ d5。

20 將頭髮 d1 壓扁。

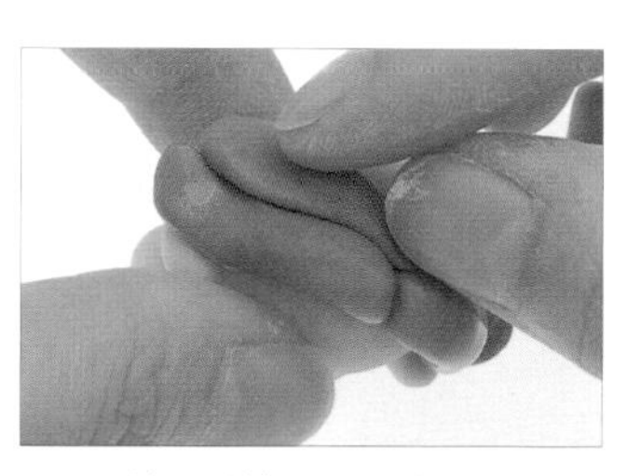

21 將頭髮 d1 放在瀏海後側，以填補後腦勺。

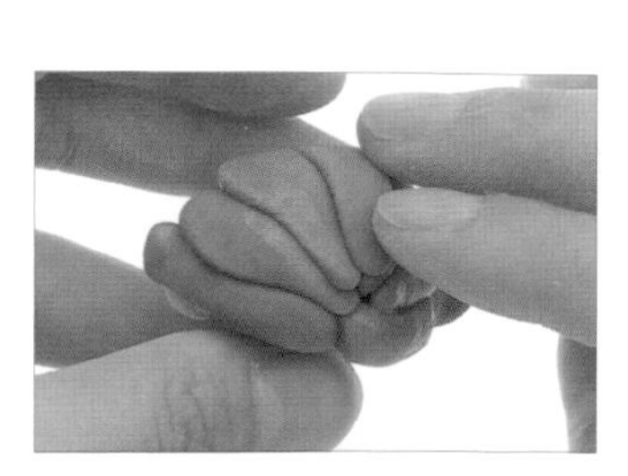

22 重複步驟 20-21，依序將頭髮放置完成。

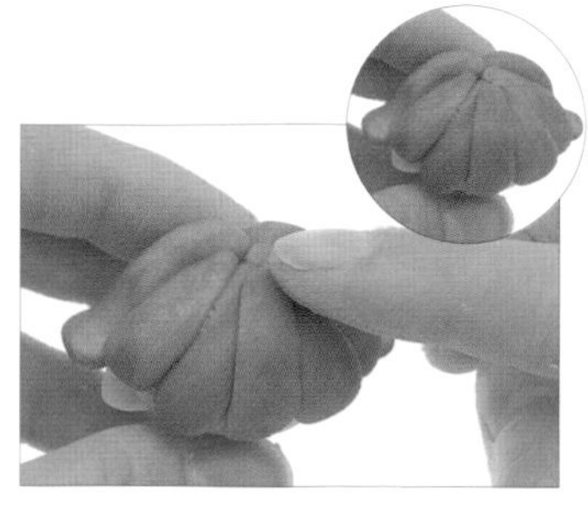

23 用指腹輕壓頭髮頂端，以加強固定。

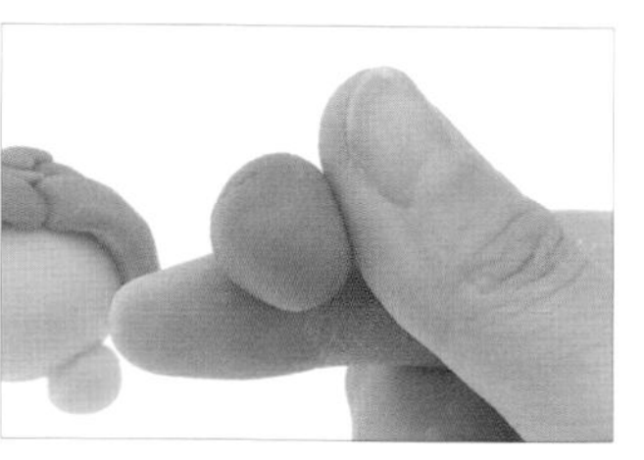

24 用指腹將咖啡色糯米團 b 搓揉成圓形。

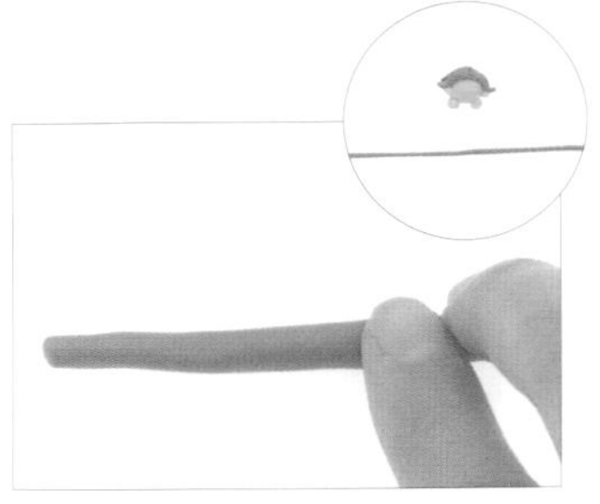

25 將咖啡色圓形糯米團 b 在桌上搓成條狀。

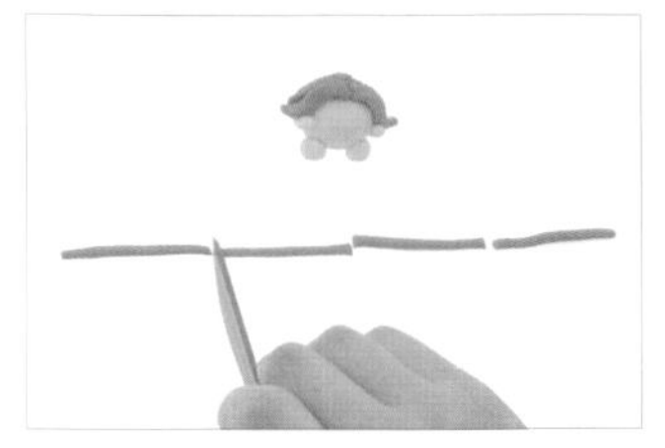

26 以切刀棒將條狀糯米團切成四份。

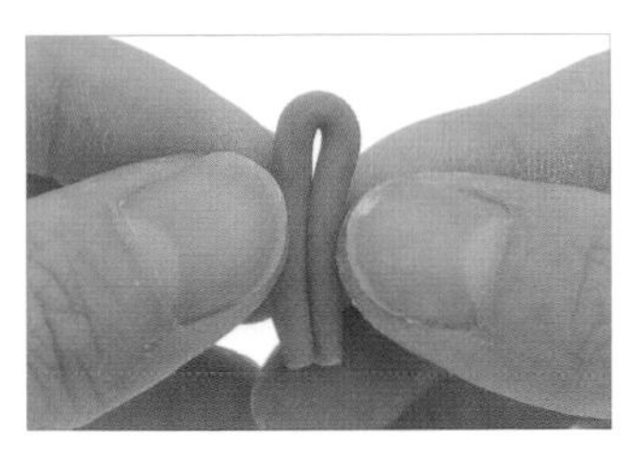

27 將 1/4 的糯米團對折。

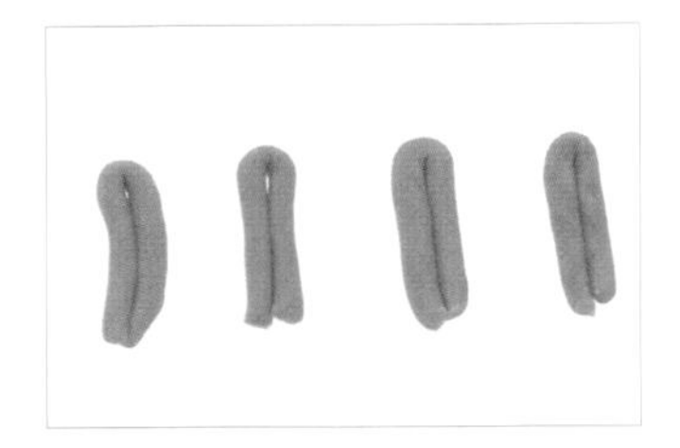

28 重複步驟 27，依序將糯米團對折。

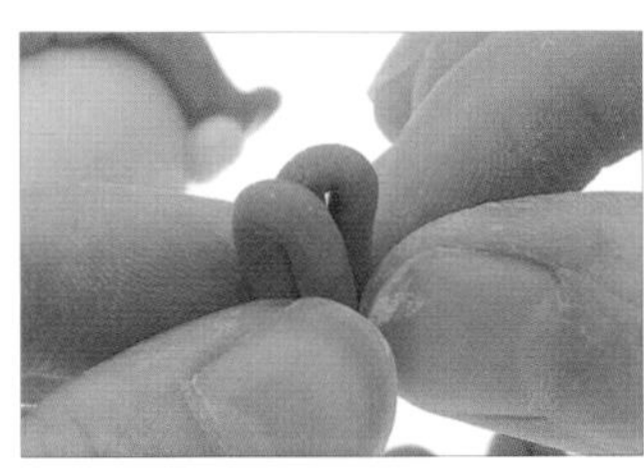

29 將兩個對折的糯米團並列。

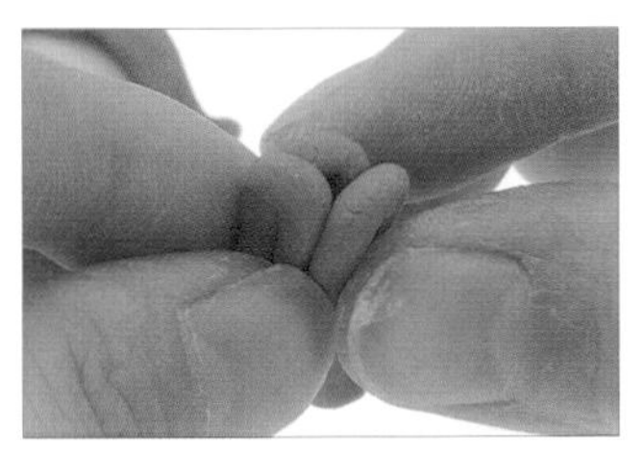

30 承步驟 29，取第三個對折糯米團放在側邊。

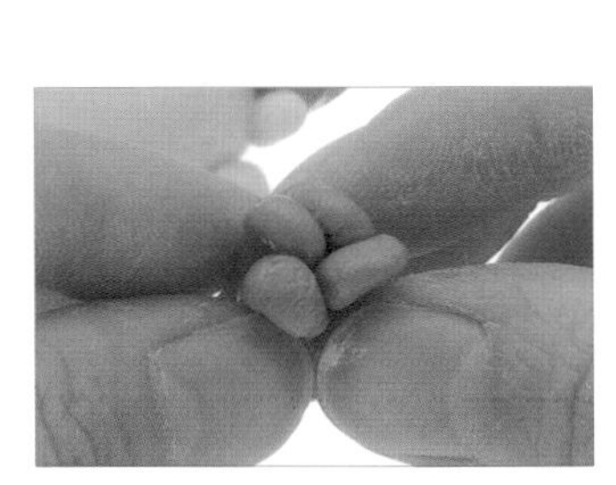

31 將第四個對折糯米團放在步驟 30 糯米團左側，為髮包。

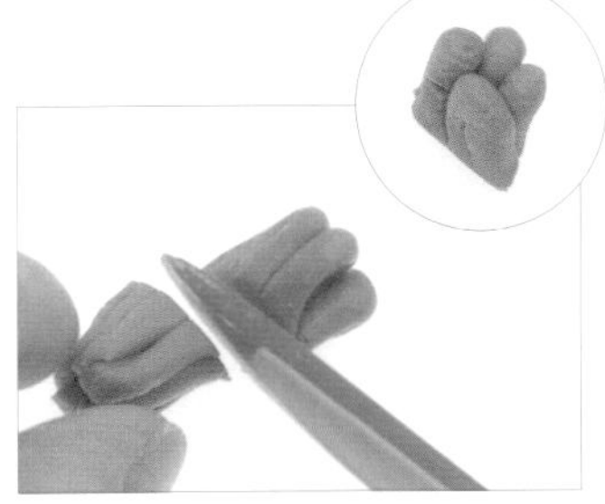

32 以切刀棒切取髮包需要的長度。（註：剩餘糯米團須保留，後續會使用。）

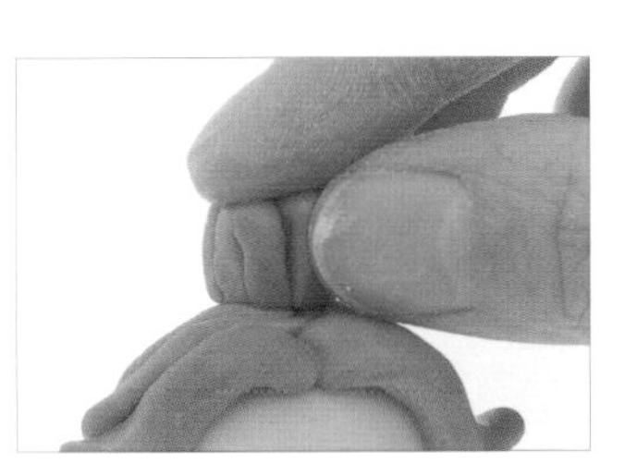

33 將髮包放在頭頂上方。

34 用指腹按壓髮包以加強固定。

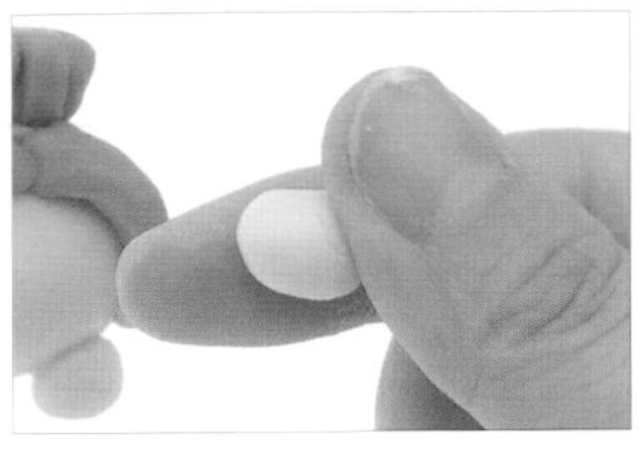

35 用指腹將黃色糯米團搓揉成圓形。

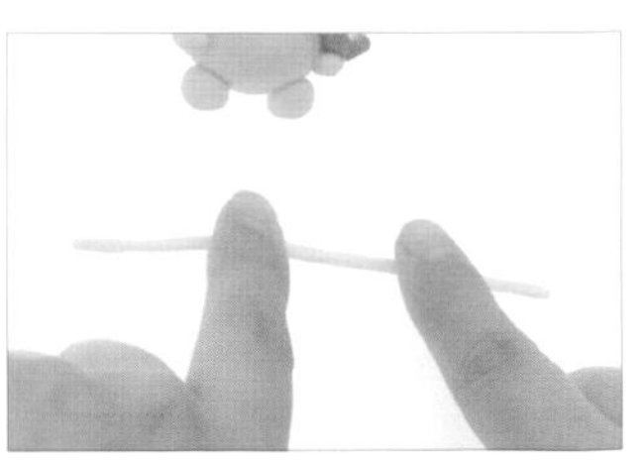

36 將黃色圓形糯米團在桌上搓成條狀，為髮圈。

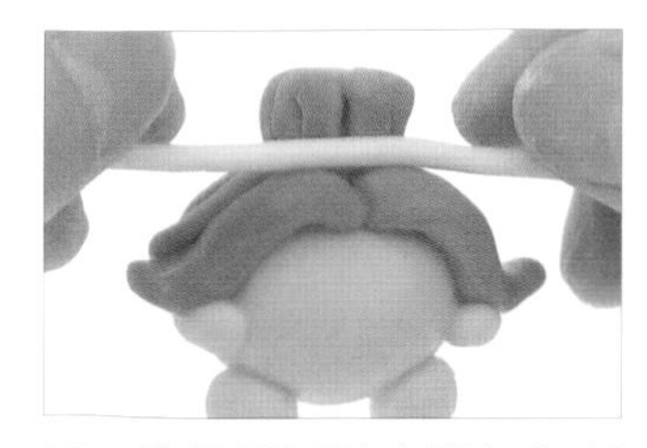

37　將髮圈圍繞在髮包與頭髮的交界處。

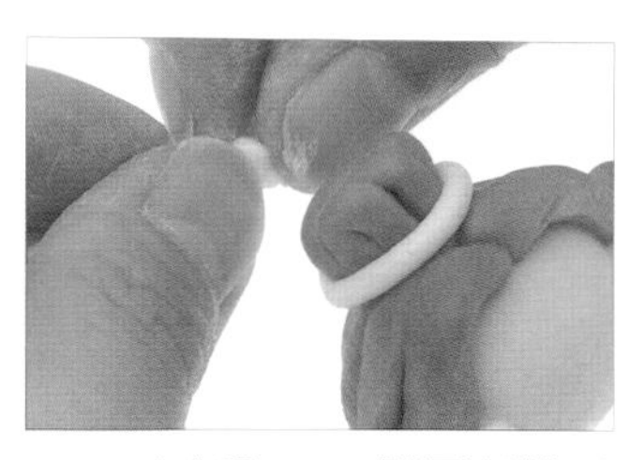

38　承步驟37，髮圈環繞至底後，再切斷多餘的糯米團。

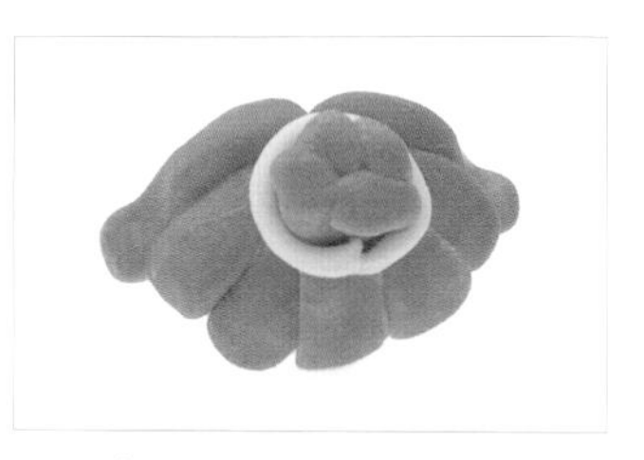

39　如圖，髮圈包覆完成。

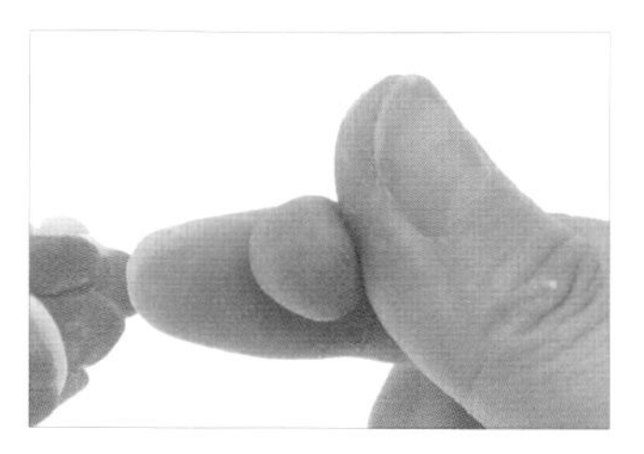

40　取步驟32預留的糯米團，搓揉成圓形。

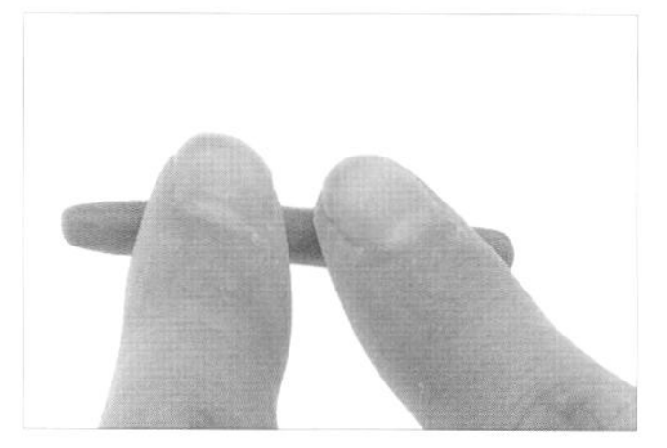

41　將糯米團在桌上搓成條狀。

42　以切刀棒將條狀糯米團切成三份。

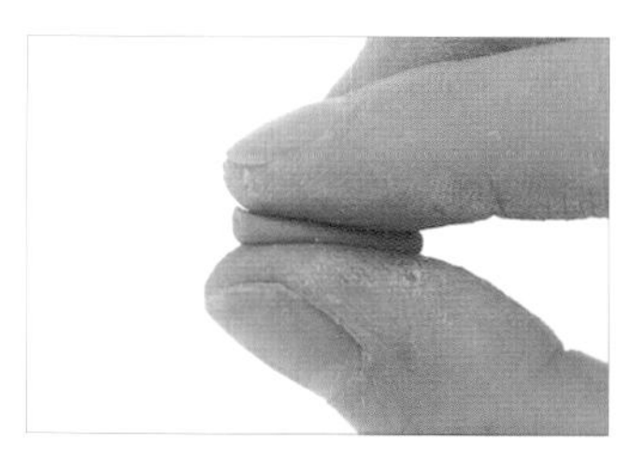

43　將1/3的糯米團壓扁，為頭髮。

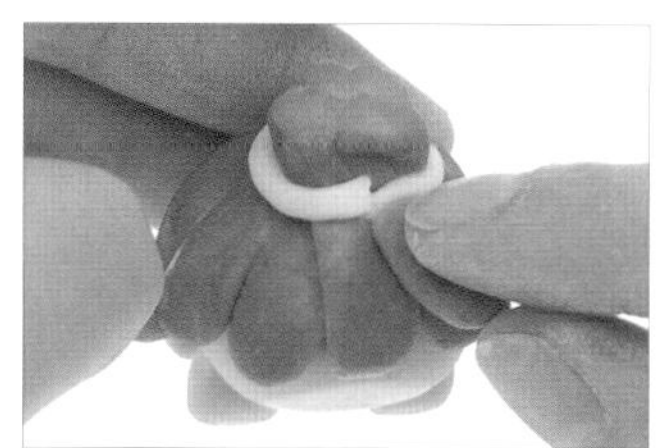

44　將頭髮放在髮圈銜接處下方，並輕壓固定。

45　重複步驟43-44，將剩餘兩份糯米團製作成頭髮，並放至髮圈下方。

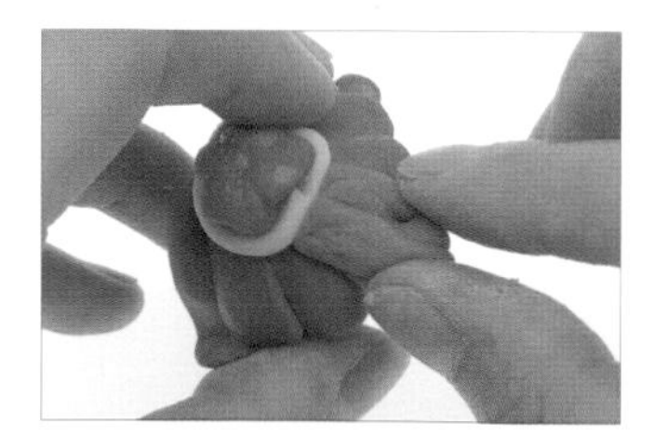

46　承步驟45，將三份髮束聚集，製造出馬尾的效果。

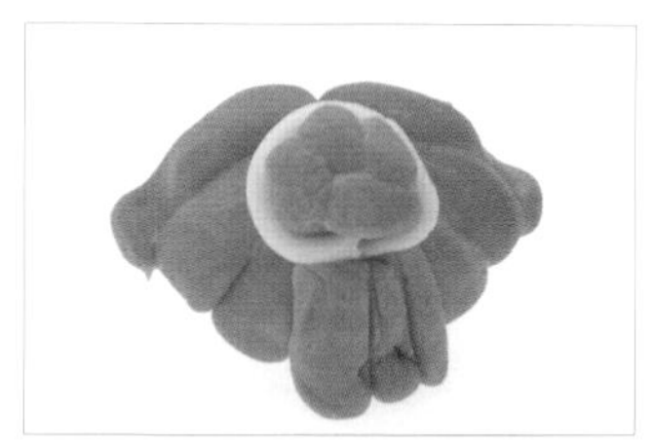

47　如圖，馬尾製作完成。

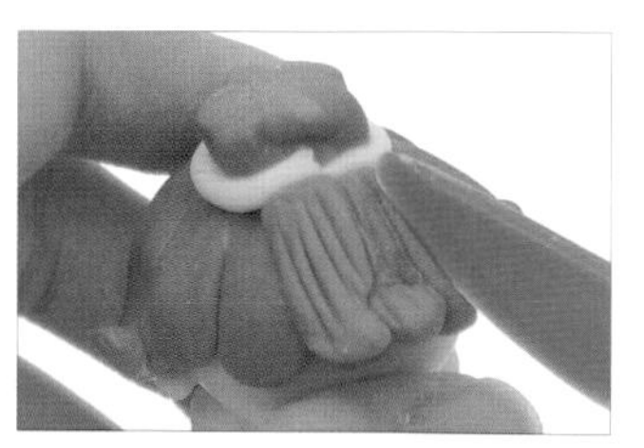

48　以切刀棒切出短直線，以製造馬尾的髮絲。

49 如圖，髮絲製作完成。

50 如圖，貝兒主體完成。

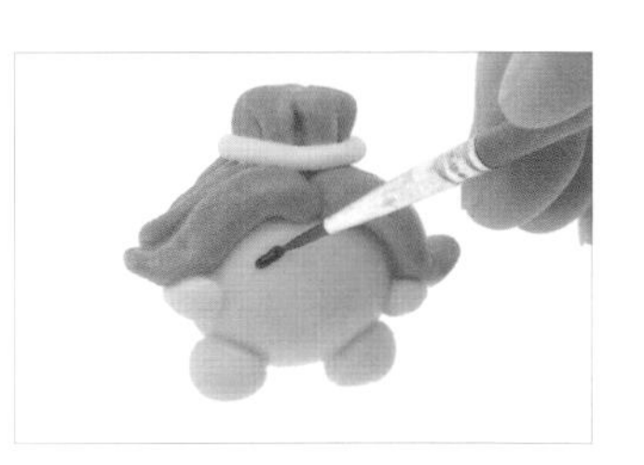

51 以畫筆沾取咖啡色色膏，畫出短直線，為左側眉毛。

52 重複步驟 51，畫出右側眉毛。

53 以畫筆沾取咖啡色色膏，畫出圓點，為左眼。

54 重複步驟 53，畫出右眼。

55 以畫筆沾咖啡色色膏，在眼睛下側畫出微笑線，為嘴巴。

56 以畫筆沾取紅色色膏，畫出圓點，即為左側酒窩。

57 重複步驟 56，畫出右側酒窩。

58 如圖，貝兒完成。

Q萌造型 療癒系暖心甜品
湯圓×元宵
Cute style Tangyuan × Yuan Xiao

書　　名　Q 萌造型湯圓 X 元宵：療癒系暖心甜品
作　　者　董馨濃
發 行 人　程安琪
總 策 劃　程顯灝
總 企 劃　盧美娜
主　　編　譽緻國際美學企業社 · 莊旻嬑
美　　編　譽緻國際美學企業社 · 羅光宇
封面設計　洪瑞伯
攝　　影　吳曜宇

藝文空間　三友藝文複合空間
地　　址　106 台北市大安區安和路 2 段 213 號 9 樓
電　　話　(02) 2377-1163

發 行 部　侯莉莉
出 版 者　橘子文化事業有限公司
總 代 理　三友圖書有限公司
地　　址　106 台北市安和路 2 段 213 號 4 樓
電　　話　(02) 2377-4155
傳　　真　(02) 2377-4355
E-mail　service@sanyau.com.tw
郵政劃撥　05844889 三友圖書有限公司

總 經 銷　大和書報圖書股份有限公司
地　　址　新北市新莊區五工五路 2 號
電　　話　(02) 8990-2588
傳　　真　(02) 2299-7900

初　　版　2019 年 2 月
定　　價　新臺幣 420 元
ISBN　978-986-364-137-7（平裝）

國家圖書館出版品預行編目 (CIP) 資料

Q 萌造型湯圓 x 元宵：療癒系暖心甜品 / 董馨濃作 . -- 初版 . -- 臺北市：橘子文化, 2019.02
面；　公分
ISBN 978-986-364-137-7(平裝)

1. 點心食譜

427.16　　107023413

三友官網

三友 Line@